Jürgen Oßenbrügge

Umweltrisiko und Raumentwicklung

Wahrnehmung von Umweltgefahren
und ihre Wirkung auf den regionalen
Strukturwandel in Norddeutschland

Mit 48 Abbildungen und 57 Tabellen

Springer-Verlag
Berlin Heidelberg New York
London Paris Tokyo
Hong Kong Barcelona
Budapest

Professor Dr. rer. nat. Jürgen Oßenbrügge
Institut für Geographie
Technische Universität Berlin
Budapester Straße 44-46
W-1000 Berlin

Privatanschrift:
Eichenstraße 44
W-2000 Hamburg 20

Die Deutsche Bibliothek-Einheitsaufnahme
Oßenbrügge, Jürgen:
Umweltrisiko und Raumentwicklung: Wahrnehmung von Umweltgefahren und ihre Wirkung auf
den regionalen Strukturwandel in Norddeutschland; mit 57 Tabellen / Jürgen Oßenbrügge.-Berlin;
Heidelberg; New York; London; Paris; Tokyo, Hong Kong; Barcelona; Budapest: Springer, 1993
  Zugl.: Hamburg, Univ., Habil.-Schr., 1991

  ISBN-13: 978-3-642-77721-9   e-ISBN-13: 978-3-642-77720-2
  DOI: 10.1007/978-3-642-77720-2

Einbandgestaltung: E. Kirchner, Heidelberg
Satz: Reproduktionsfertige Vorlage vom Autor
32/3145-5 4 3 2 1 0 - Gedruckt auf säurefreiem Papier

Vorwort

Umweltprobleme stellen Menschheitsgefahren dar. Obwohl diese bedrückende
Aussage inzwischen Bestandteil des Alltagswissens geworden ist, steckt das Handeln
zum Schutz der Umwelt noch in den Anfängen. Da Umweltprobleme besonders in
agraren und industriellen Produktionsräumen sowie in den Stadtregionen entstehen,
liegt die Frage nahe, ob ihre Wahrnehmung zu umweltentlastenden Handlungsmustern
geführt hat, die ihrerseits Rückwirkungen auf die jeweiligen Raumstrukturen
aufweisen und möglicherweise den Beginn einer umweltentlastenden Regionalentwicklung erkennen lassen. In der vorliegenden Arbeit wird diese generelle Fragestellung in Form dreier Fallstudien umgesetzt, die jeweils einen historisch-, sozial-
und wirtschaftsgeographischen Schwerpunkt aufweisen. Neben fachlichen Überlegungen ist die Auswahl der Einzelthemen auch ein Ergebnis der eigenen Betroffenheit von Prozessen der Umweltzerstörung in Norddeutschland und im Unterelberaum sowie eine Form der Aufarbeitung von Erfahrungen in der Umweltbewegung
seit Mitte der siebziger Jahre. Diese Identifizierung mit der Region hat sicherlich die
Darstellung ebenso geprägt wie die wissenschaftliche Diskussion und das Bemühen
um methodische Stringenz.

Der vorliegende Text ist wesentlicher Bestandteil meiner Habilitationsschrift
gewesen, die der Fachbereich Geowissenschaften der Universität Hamburg im
Februar 1991 angenommen hat. Veröffentlicht wurde bereits eine speziellere Untersuchung über die regionalökonomischen Effekte des Umweltschutzmarktes im
Kontext des raumwirtschaftlichen Ansatzes der Wirtschaftsgeographie (Oßenbrügge
1991). Die Durchführung der empirischen Teile der vorliegenden Untersuchung
erfolgte mit einer Sachbeihilfe der Deutschen Forschungsgemeinschaft. Die
Fallstudien bauen auf der Befragung von etwa 650 Personen im Unterelberaum und
300 Betrieben des Produzierenden Gewerbes und des Dienstleistungssektors in
Norddeutschland auf. Den daran beteiligten Personen und Unternehmen sowie den
unterstützenden Institutionen sei hiermit verbindlich gedankt.

Bei der Erstellung der Fragebögen, der Aufbereitung der Daten, der statistischen
und kartographischen Auswertung sowie der Manuskripterstellung waren als studenti-
sche Hilfskräfte Jörn Hauser, Margarete Möller, Sieglinde Ritz, Wolfgang Schneider,
Vera Tiedemann, Martin Touwen und besonders Anna Wegener beteiligt, die durch
ihre Anregungen und Verbesserungsvorschläge zum Gelingen der Untersuchung wesentlich beigetragen haben. Die Abbildungen sind überwiegend von Dipl. Ing. Claus
Carstens angefertigt worden, der dadurch das Erscheinungsbild der vorliegenden

Arbeit mitgeprägt hat. Allen Mitarbeitern der Wirtschaftsgeographischen Abteilung der Universität Hamburg, der ich bis 1991 als Hochschulassistent angehört habe, danke ich für ihre inhaltlichen, technischen und moralischen Hilfestellungen. Die erfolgreiche Beendigung des Habilitationsprojektes und die Fertigstellung dieses Buches ist nicht zuletzt auf die von ihnen geprägte lebhafte und freundschaftliche universitäre Lebenswelt zurückzuführen. Neben den Doktoranden und studentischen Mitarbeitern haben dazu gehört: Astrid Zibull, Jutta Alpheis, Gabi Tomaschek, Thomas Böge, Liselotte Jenkins, Claus Carstens, Mechtild Rössler, Wiebeke Böge, Beate Ratter, Jochen Krebs, Hans Spielmann, Helmut Nuhn und Gerhard Sandner. Die beiden letztgenannten waren die Schlüsselpersonen für meinen wissenschaftlichen Werdegang in Hamburg, denen ich daher nicht nur viel verdanke, sondern trotz aller Unterschiede in einzelnen Fragen fachlich und persönlich verbunden bin.

Hamburg, im September 1992   Jürgen Oßenbrügge

Inhaltsverzeichnis

Einleitung

Die vorliegende Arbeit knüpft an zwei Diskussionszusammenhänge an, die seit den siebziger Jahren in den raumbezogenen Wissenschaften starke Beachtung gefunden haben. Der eine Zusammenhang wird durch den Protest und die Konfliktbereitschaft der Bürgerinitiativen und neuen sozialen Bewegungen gebildet, die bestimmte Formen der Raumentwicklung zum Gegenstand politischer Auseinandersetzungen gemacht haben. Dazu gehört besonders die Kritik an umweltbeeinträchtigenden Großanlagen, am Ausbau der Verkehrsinfrastruktur mit den damit einhergehenden landschaftszerstörerischen Eingriffen oder an der Anonymität und den Legitimationsdefiziten regionalplanerischer Entscheidungen. Zur Debatte stand die vorherrschende Form der Raumpolitik: eine allein an quantitativen Wachstumszielen orientierte, regional nicht verankerte, aber sich dort konkret manifestierende Raumordnung und Wirtschaftsförderung. Begriffe wie 'Raumopfer' (Naschold 1978) oder 'regionale Fremdbestimmung' (Bartels 1978) wurden zu Schlagworten, die auf diese Problematik hinweisen.

Eine Ursache der zunehmenden Konflikte führt zum zweiten Diskussionszusammenhang. Das Thema 'Umwelt' fand durch die weltweit aufsehenerregenden Beiträge auf der Stockholmer Umweltkonferenz von 1972, die Veröffentlichung der Studie "Die Grenzen des Wachstums" (Meadows et al. 1972), den für den amerikanischen Präsidenten zusammengestellten Bericht "Global 2000" und weitere auflagenstarke Publikationen immer größere Beachtung und begann, ein in Inhalt und Form neuartiges Umweltbewußtsein in der Gesellschaft auszubilden. Die zunehmende Wahrnehmung ganz unterschiedlicher Umweltgefahren, über deren reale Existenz jedoch nahezu ständig Unsicherheit besteht, ließ die jederzeit und überall betroffene 'Risikogesellschaft' (Beck 1986) entstehen. Auch sie ist zwar durch Konflikte über den Inhalt und das Ausmaß umweltpolitischer Entscheidungen geprägt, typisches Merkmal für die Risikogesellschaft ist aber nicht mehr die Diskussion über kollektive Handlungsoptionen, die sich gegen die herrschende Politik und Ökonomie wenden, sondern die Verarbeitung der wahrgenommenen Umweltgefahren über individualisierte Strategien. Die Kritik an der Stadt-, Landschafts- und Umweltzerstörung hat sich zu einer allgemeinen gesellschaftlichen Attitüde entwickelt, von der aber gegenwärtig kein unmittelbar wirksamer politischer Druck ausgeht.

Dennoch haben sich die politisch-planerischen Aktivitäten in den letzten Jahren zweifellos geändert. Die Neuformulierung der raumwirksamen Politik des Bundes, der Länder und der Gemeinden erfolgt heute unter der Zielsetzung, Umwelt-, Siedlungs- und Wirtschaftspolitik konfliktminimierend zu integrieren sowie wirtschaftliche Strukturschwächen umweltverträglich auszugleichen. Entsprechende

Initiativen reichen von neuen Formen der regionalen Wirtschaftsförderung über rein beschäftigungspolitische Ansätze bis hin zu grundsätzlichen Eingriffen in die Produktions- und Konsumprozesse.

Mit den beiden genannten Reaktionsformen auf die Umweltkrise ist die Spannweite der in dieser Arbeit behandelten Themen umrissen. Das primäre Ziel der Untersuchung ist es, den grundlegenden Wandel im Systemzusammenhang von Umwelt, Raum und Gesellschaft aufzudecken und ihn in wesentliche Komponenten zu untergliedern. Historischer Ausgangspunkt ist die frühere Raumentwicklung, die bis zum Entstehen der Umweltbewegung Mitte der siebziger Jahre und der inzwischen nahezu allgemeinen Aufmerksamkeit gegenüber anthropogen verursachten Umweltrisiken als Prozeß der 'systemrationalen Überformung' gekennzeichnet werden kann. Raumwirksame Aktivitäten ließen sich überwiegend durch die Motivation erklären, die Kapitalakkumulation zu fördern und einen wachsenden Massenkonsum zu organisieren. Maßnahmen dazu waren u.a. die Bereitstellung flächenintensiver Gewerbegebiete, die Schaffung autogerechter Siedlungsstrukturen sowie zentralisierter Ver- und Entsorgungssysteme. Mit dem Auftreten der Konflikte über die Nutzung und Gestaltung städtischer und ländlicher Regionen ist diese Eindeutigkeit jedoch verloren gegangen und neue, Umweltrisiken antizipierende Konzepte und Strategien der Raumentwicklung überlagern die früher alles dominierenden wachstumsorientierten Perspektiven.

In der vorliegenden Arbeit soll eine Bilanz dieses Veränderungsprozesses gezogen werden. Die untersuchten Fragen lauten konkret: Wie bildet sich der (historische) Zusammenhang zwischen Umweltrisiko und Raumentwicklung in einer Region konkret ab? Welche strukturellen Wirkungen hat die Umweltbewegung auf die jüngere Raumentwicklung gehabt? Gibt es heute ein allgemein verbreitetes Umweltbewußtsein, das die raumrelevanten Handlungen der Menschen eindeutig beeinflußt? Können als Folge des handlungsrelevanten Umweltbewußtseins raumstrukturelle Belastungsverminderungen festgestellt werden? Welche raumwirtschaftlichen Auswirkungen haben umweltpolitische Maßnahmen? Führen sie zu einem umweltentlastenden Strukturwandel oder vermindern sie die Belastungsniveaus nur unwesentlich? Fördert die Umweltpolitik neue soziale und regionale Ungleichheiten oder hat Umweltpolitik auch das Potential, normative Anforderungen der Raumordnungspolitik und der Stadt/Regionalplanung wie die räumliche Gleichwertigkeit der Lebensverhältnisse zu erfüllen? Die letzte Frage wird durch das Auftreten neuer räumlicher Disparitäten unterstrichen: Regionen mit großen Strukturproblemen und Umweltgefährdungen, deren Ausmaß bis heute nicht abzusehen ist, stehen prosperierenden Regionen gegenüber, deren Umweltqualität ein unterstützender Faktor für Wachstumsprozesse ist. Auch auf der urbanen Ebene werden zunehmend heterogene, ungleiche Raumstrukturen sichtbar, die durch die soziale Wahrnehmung und das tatsächliche Ausmaß der Umweltbelastung verstärkt und überlagert werden.

Inhaltlich knüpft die vorliegende Untersuchung an frühere theoretische und empirische Arbeiten über soziale Konflikte um die Nutzung und Gestaltung des Raumes an (vgl. zusammenfassend Oßenbrügge 1983). Nachdem es in den damaligen Untersuchungen primär um die Auseinandersetzung mit gesellschaftlichen und raumbezogenen Ursachen für manifeste Interessengegensätze ging, steht hier das 'Ergebnis' dieser Konflikte im Sinne ihrer Raumwirksamkeit im Vordergrund. Damit ist ein methodischer Wechsel von der Ursachen- zur Wirkungsforschung verbunden. Es geht in den folgenden Kapiteln aber nicht um eine Implementationsforschung politischer Programme oder gar um eine Erfolgskontrolle administrativer Maßnahmen. Es sollen vielmehr grundsätzliche Wirkungszusammenhänge thematisiert werden, die es erlauben, den angenommenen Wandel im Systemzusammenhang von Umwelt, Raum und Gesellschaft theoretisch zu fassen und als mögliche Ursache für neuartige Konflikte in der Zukunft zu interpretieren.

Das Hauptinteresse der Arbeit liegt in der systematischen Beschreibung der durch die Wahrnehmung von Umweltgefahren, durch die Präferenzen für Umweltschutz und durch die Maßnahmen zur Umweltentlastung gesteuerten Gestaltung sozialer, politischer und ökonomischer Räume. Um die verschiedenen Strukturen, Prozesse und Verflechtungen aufeinander beziehen zu können, wird im ersten Schritt (Kapitel 1) eine konzeptionelle Skizze zur Wirtschafts- und Sozialgeographie des Umweltschutzes erstellt. Daran schließt die Vorstellung eines Wirkungsmodells des Zusammenspiels von Umwelt, Raum und Gesellschaft an, das gleichzeitig die Begründung für die nachfolgenden Analysen und deren Zusammenhang liefert.

Die erste Detailstudie (Kapitel 2) setzt sich mit der historischen Entwicklung des Widerspruchs zwischen Ökologie und Ökonomie auseinander. Langfristig angelegte Ursachen der heutigen Umweltbelastungen werden dabei mit Fragen der Raumordnung und Landesplanung sowie mit der Bewertung von Umweltpotentialen aus der Ökosystemforschung verbunden. Obwohl die 'ökologische Problematik' sicherlich erst seit Anfang der siebziger Jahre ins Zentrum wissenschaftlicher Forschung gerückt ist, lassen sich Zusammenhänge zwischen Umweltfragen und Formen der Regionalentwicklung weit in die Geschichte zurückverfolgen. Insbesondere im Verlauf der Industrialisierung und der damit verbundenen Urbanisierung traten die ersten für die heutige Situation noch stark bestimmenden Widersprüche auf. Die Entwicklung der städtischen Entsorgungstechnik mit dem damit verbundenen räumlichen Export von Umweltproblemen in das ländliche Umland war einerseits eine wesentliche Voraussetzung für die Herausbildung von Verdichtungsräumen, hat aber andererseits eine frühzeitige Auseinandersetzung mit der Frage nach den Verursachern von

Umweltproblemen verhindert. Am Beispiel der Städtereinigungs- bzw. Flußverunreinigungsfrage soll dieser Prozeß für das 19. Jahrhundert nachgezeichnet und für
die Region Hamburg/Unterelbe konkretisiert werden.

Während die rapide Urbanisierung des 19. Jahrhunderts die ökologischen
Potentiale des Umlands voll ausnutzen konnte, verminderte besonders die Industrialisierung der Landwirtschaft seit Mitte des 20. Jahrhunderts die Fähigkeit der
ländlichen Räume zur Schadstoffassimilation und führte zu einer weiteren Belastung
aquatischer Ökosysteme. Auch dieses läßt sich am Unterelberaum veranschaulichen.
Insgesamt wird sich zeigen, daß zu Beginn der systematischen Umweltdebatte Anfang
der siebziger Jahre der Raum bereits weitgehend durch das Industriesystem überformt
gewesen ist. Eine der Rahmenbedingungen für die erste sozial und politisch wirksame
umweltbezogene Risikowahrnehmung bilden daher die Erscheinungsformen des
industrialisierten Landnutzungssystems.

In der zweiten Analyse (Kapitel 3) geht es um die soziokulturelle und politisch-
soziologische Dimension der Umweltnutzung und Naturzerstörung. Das neuartige
Risikobewußtsein hat zunächst zu einer Reihe lokalisierbarer, manifester Konflikte
geführt und damit die Subsysteme der Wirtschaft und der Politik herausgefordert.
Hierin liegt der wesentliche Impuls für neuartige Aktivitäten, die den ablaufenden
regionalen Strukturwandel beeinflussen. Das 'ökologische Konfliktbewußtsein' ist ein
Stimulus für politische Programmatik und administratives Handeln und damit eine
wichtige Komponente zur Erklärung der gegenwärtigen Form der Regionalentwicklung in bezug auf die Umweltverträglichkeit. Dieser generelle Wirkungszusammenhang zeigt wesentliche Differenzierungen auf, die zum einen die Maßstabsabhängigkeit der Risikowahrnehmung betreffen (von der lokalen zur globalen Ebene) und zum
anderen auf eindeutige sozialräumliche Perzeptionsunterschiede zurückzuführen sind.
Entsprechend der horizontalen und vertikalen Differenzierung des Risikobewußtseins
artikulieren sich die sozialen Interessen bezüglich der umweltentlastenden Raumentwicklung. Analysiert werden die Wahrnehmung der Umweltgefahren und die
resultierenden ökonomisch und politisch wirksamen Handlungsformen der Bevölkerung Hamburgs und des Unterelberaumes. Dazu wird ein Entscheidungs- und
Handlungsmodell verwendet.

In der dritten Analyse (Kapitel 4) werden die Umwelteffekte des regionalen
Strukturwandels auf Rohstoffverbrauch, Emissionsintensität und Abfallaufkommen
untersucht. Dadurch soll nicht allein der aktuelle Bewegungsverlauf des Wirtschaftsprozesses sichtbar gemacht werden, um quantitative Belastungen zu beschreiben,
sondern es wird auch eine Antwort auf die qualitative Frage erarbeitet, ob inzwischen
ein umweltentlastender Strukturwandel eingetreten ist. Um dieses zu prüfen, werden
verschiedene Hypothesen getestet und Indikatoren zur Beurteilung der Regional-

entwicklung gebildet, die eine Veränderung der Umweltqualität anzeigen sollen. Autonom entstandene und induzierte Ursachen des Wandels werden dabei so weit wie möglich isoliert.

Diese Analyse wird ergänzt durch eine Zusammenfassung der Verteilungswirkungen der praktizierten Umweltpolitik. In der (alten) Bundesrepublik ist Umweltpolitik bis weit in die achtziger Jahre hinein medial ausgerichtet gewesen, d.h. zentral verordnete Maßnahmen zur Verbesserung der Luft und der Gewässersituation standen im Vordergrund. Ein Zusammenhang zwischen Umweltpolitik und Regionalentwicklung ergab sich nur über den Wirkungspfad, daß neue, 'raumunabhängig' konzipierte Umweltvorschriften die tatsächliche Raumstruktur und Formen des regionalen Strukturwandels unterschiedlich beeinflußt haben. Im Verlauf der Systeminternalisierung der Umweltschutzpolitik hat die rein mediale Orientierung abgenommen. Heute dominieren in der zentralen politischen Diskussion Fragen der grundsätzlichen Ausrichtung der Instrumente: marktwirtschaftliche Präferenzen stehen ordnungspolitischen Instrumenten und Lenkungsvorschriften gegenüber. Neben den bundesstaatlichen haben sich in den letzten Jahren die länderstaatlichen Instanzen um eine verstärkte Anpassung umweltpolitischer Belange an die jeweilige spezifische Regionalstruktur bemüht.

Beispiele sind Ansätze zur Integration von Umwelt- und Regionalpolitik. Sie sind unter der Bezeichnung 'Arbeit und Umwelt' in sozialdemokratisch regierten Ländern entstanden und stehen für umfassende Konzeptionen, die über wirtschaftlich positive Effekte von Umweltschutzmaßnahmen sowohl die Umweltprobleme als auch ökonomische Probleme, inbesondere die Beschäftigungsprobleme bekämpfen wollen. Als strategische Komponente tritt dabei das Umweltschutzgewerbe in den Vordergrund, das mit seinem Angebot an Umweltschutzleistungen die erwünschten Beschäftigungs- und Technologieeffekte erbringen soll. Die Verteilungswirkungen der praktizierten Umweltpolitik werden hier mit dem Disparitätenproblem konfrontiert. Ziel sind Aussagen darüber, ob Maßnahmen möglich sind, die gleichzeitig eine Verbesserung der Umweltqualität und den Ausgleich regionaler Disparitäten bewirken.

Der regionale Kontext ist in den ersten beiden Analysen der Wirtschaftsraum Hamburg/Unterelbe. Dieses ist aus zwei Gründen sinnvoll. Erstens beschreibt dieser Raum eine funktionale Region, die historisch und auch aktuell durch den Verdichtungsraum Hamburg geprägt ist. Ausschlaggebend waren und sind ökonomische Verflechtungen, die immer mit Umweltproblemen verbunden gewesen sind. Zweitens ist das umweltpolitische Hauptproblem der Region der Zustand der Unterelbe. Wirtschaftsregion und Umwelt-Problemregion fallen hier weitgehend zusammen. Das ermöglicht eine Verzahnung der ersten beiden empirischen Analysen.

Anders verhält es sich mit den folgenden Teiluntersuchungen. Die Frage nach dem Zusammenhang zwischen wirtschaftlichem Strukturwandel und seinen Umweltbe- bzw. -entlastungen sowie nach der Verbindung von Umwelt- und Regionalpolitik muß die kleinräumige Ebene verlassen. Länderstaatliche Politikorganisation und großräumige wirtschaftliche Veränderungen verlangen eine andere Gebietskulisse, die im folgenden als Norddeutschland bezeichnet wird und die vier Bundesländer Schleswig-Holstein, Hamburg, Niedersachsen und Bremen umfaßt.

Die Datengrundlagen für die empirischen Untersuchungen sind in einem von der Deutschen Forschungsgemeinschaft geförderten Projekt mit dem Titel "Auswirkungen von Umweltschutzaktivitäten auf den räumlichen Entwicklungsprozeß in Industriegesellschaften - Fallstudie Hamburg/Unterelbe" zwischen 1987 und 1989 erhoben worden. Als wichtigste Primärquellen dienten zwei umfangreiche Befragungen bei privaten Haushalten und Unternehmen, die beide im Winter 1988/89 durchgeführt wurden. Zur Darstellung der Umweltgeschichte Hamburgs und des Unterelberaumes ist weiteres Quellenmaterial erschlossen worden. Außerdem wurden die seit Mitte der siebziger Jahre regelmäßig publizierten Umweltstatistiken systematisch ausgewertet. Detaillierte Hinweise auf das methodische Vorgehen und die verwendeten Quellen und Daten sind in den einzelnen Kapiteln gegeben.

1 Konzeptionelle Elemente einer Wirtschafts- und Sozialgeographie des Umweltschutzes

Die Feststellung dürfte kaum überzogen sein, daß in den raumbezogenen Wissenschaften derzeit keine befriedigenden theoretischen und konzeptionellen Ansätze vorliegen, mit denen raumstrukturelle Wirkungen der Wahrnehmung von Umweltgefahren durch die Bevölkerung sowie spezieller politischer und ökonomischer Akteure erfaßt und bewertet werden können. Aus diesem Grund sollen in diesem Kapitel verschiedene Partialansätze vorgestellt und kritisiert werden (1.1), um auf der so gewonnenen Basis einen Untersuchungsansatz zu formulieren, der den Rahmen für die Beantwortung der erkenntnisleitenden Fragestellungen bilden wird (1.2).

1.1 Begriffliche und konzeptionelle Überlegungen zu einer Wirtschafts- und Sozialgeographie des Umweltschutzes

Traditionell wird das Wirkungsgefüge zwischen Umwelteigenschaften, Raumstruktur und gesellschaftlichen Prozessen als Forschungsgegenstand der Geographie angesehen. So wird beispielsweise die Aufgabe der Wirtschaftsgeographie als die Untersuchung des Spannungsverhältnisses von Wirtschaft, Natur und Gesellschaft bezeichnet (Otremba 1969,S.19), die sich nach Bartels (1982,S.49) insbesondere auf "mensch-ressourcenbezogene Phänomene des Wirtschaftens (i.w.S.)" beziehen soll. Seiner Auffassung nach ist die Umwelt bzw. die Natur eine komplexe Ressource für menschliche Nutzungen. Umwelt wird zum Zweck des Wirtschaftens in Wert gesetzt und so in eine Ressource überführt. Dieser Prozeß ist von verschiedenen, sich historisch verändernden Parametern abhängig, wie

- der zur Verfügung stehenden bzw. verwendeten Technologie, mit deren Hilfe die Ressourcen für die Wirtschaft aufbereitet werden;
- der gesellschaftlichen Wahrnehmung von Naturveränderungen und Ressourcenverknappungen und den daraus resultierenden Normen und technisch-instrumentellen Regelungen für die Nutzung von Umwelteigenschaften;
- den politischen Prioritätentscheidungen in Zielkonflikten zwischen Umweltschutz und anderen gesellschaftlichen Zielen wie soziale Gerechtigkeit, Entscheidungsfreiheit oder Beschäftigungssicherheit.

Die 'Inwertsetzung' der Umwelt ist daher auf verschiedenen Ebenen zu sehen. Diese schließen die Gestaltung sozialer Beziehungen ebenso mit ein wie die Verflechtungen zwischen ökonomischen und sozialen Beziehungen oder Formen der politischen Regulierung (Schamp 1983, 1984). Die gesellschaftliche Brisanz der Umweltprobleme hat nicht nur zu dieser erweiterten Fassung der Wirtschaftsgeographie geführt, sondern darüber hinaus auch die Diskussion über die methodische Einheit gesellschafts- und naturwissenschaftlicher Betrachtungsweisen in der Geographie stimuliert, die heute unter der Bezeichnung Humanökologie Beachtung findet (Weichhart 1975, 1989).

Trotz dieser Bemühungen liegt in der Geographie derzeit kein klärender, wissenschaftstheoretisch fundierter Integrationsansatz vor. Um einzelne Forschungsansätze trotzdem systematisch wiederzugeben und Perspektiven für Weiterentwicklungen an der Schnittstelle zwischen Sozial- und Naturwissenschaften aufzuzeigen, hält sich der Text weitgehend an die Terminologie zur Bestimmung der Wirtschafts- und Sozialgeographie von Bartels (1982), ohne damit dessen Auffassung über Inhalt und Organisation des Faches zu übernehmen. Herausgehoben werden die von ihm als Umweltpotentialforschung, Perzeptionsforschung und Raumentwicklungs- bzw. Disparitätenforschung bezeichneten Richtungen, die im folgenden mit der Thematik der problematisch gewordenen Umweltnutzung verbunden werden. Für diese Erweiterung und partielle Neuformulierung der Wirtschafts- und Sozialgeographie werden Definitionen und konzeptionelle Bausteine aus anderen Diskussionszusammenhängen übernommen, wie der durch den Rat der Sachverständigen für Umweltfragen (SRU) verkörperte institutionalisierte Umweltschutz (SRU 1987), die grundlegenden Arbeiten zur Ökosystemforschung und ökologischen Planung (Knauer 1986), die Theorie der öffentlichen Güter und daraus ableitbare Kriterien der Transformation von Umwelteigenschaften in gesellschaftliche Ressourcen (Siebert 1978) und die sozialwissenschaftliche Risikoforschung und Technologiefolgenabschätzung (Beck 1986).

Einen geeigneten Einstieg in die Frage, wie die Umweltproblematik in die Wirtschafts- und Sozialgeographie integriert werden kann, stellt die von Bartels (1982) formulierte Umweltpotentialforschung dar. Sie hat "die Erforschung der naturökologischen Eignungsräume und Tragfähigkeitsgrenzen für bestimmte Nutzungen, insbesondere des Belastungs- und Regenerationspotentials (oder mindestens der Deponiereserven) in bezug auf Schadstoffe in Luft, Gewässern und Boden" zum Gegenstand (Bartels 1982,S.51-52). Aufgabe der geographischen Umweltpotentialforschung sei es, naturwissenschaftliche Erkenntnisse und Aussagen über derartige, auch als Standortpotentiale bezeichneten Eigenschaften in sozio-ökonomische Bewertungsdimensionen zu überführen (Bartels 1982,S.45). Damit ist die grundlegende Frage angesprochen, ob und bis zu welcher Grenze die von menschlichen Nutzungen ausgehenden Eingriffe und Emissionen, die naturökologische Systeme verändern, für akzeptabel gehalten werden oder nicht. Hierzu theoretisch überzeugende und praktikable Antworten anzubieten, ist der Sinn der Wirtschafts- und Sozialgeographie des Umweltschutzes.

Dieser allgemeine Anspruch läßt sich in mehrere Aufgabenstellungen konkretisieren, die den Transfer naturwissenschaftlicher Erkenntnisse in politisch-planerische Handlungsanweisungen ermöglichen und das angesprochene Akzeptanzproblem lösen. Exemplarisch werden im folgenden vier raumbezogene Forschungsrichtungen zunächst kurz charakterisiert und anschließend hinsichtlich des bestehenden Forschungsstandes diskutiert.

1. Naturökologische Systeme vermögen die Folgen menschlicher Nutzungen zu 'verarbeiten'. Allerdings ist diese Fähigkeit regional unterschiedlich ausgeprägt. Ökotope haben in diesem Sinn ein regional differierendes Potential, Umweltbelastungen aufzunehmen. Durch Untersuchungen über die ökologische Verträglichkeit bestehender und geplanter Nutzungen und Grenzwertfestlegungen läßt sich das jeweilige regionale ökologische Potential ermitteln. Als Konsequenz können besonders belastende Nutzungen vermindert oder ausgeschlossen werden. Stichwort: Ökosystemforschung und ökologische Planung.

2. Während der zuerst genannte Aspekt stark abhängig ist vom Erkenntnisstand der Ökosystemforschung, läßt sich das Transferproblem auch ökonomisch über den Markt bzw. marktähnliche Prozesse lösen. Grundidee dieser Richtung ist die Vorstellung, daß die Folgewirkungen menschlicher Nutzungen für naturökologische Systeme dem Verursacher durch zusätzliche Kosten signalisiert werden müssen. Die Verursacher werden dann als ökonomisch rational handelnde Produzenten und Konsumenten nach Wegen suchen, diese Kosten und damit die Umweltbelastungen zu minimieren. Das ökologische Potential einer Region wird in der Folge entsprechend den Angebots- und Nachfragedeterminanten genutzt. Dieses verspricht eine effizientere Nutzung knapper Potentiale und einen umweltentlastenden Strukturwandel der Produktions- und Konsumprozesse. Stichwort: Umweltökonomische Bewertung von Standortpotentialen.

3. Weiterhin läßt sich die Frage, welche Veränderungen in naturökologischen Systemen für akzeptabel gehalten werden, über Forschungen zur subjektiven Umweltwahrnehmung und Risikobewertung beantworten. In diesem Ansatz wird unterstellt, daß es keine naturwissenschaftlich objektiven und allgemein konsensbildenden Erkenntnisse über Umweltprobleme gibt. Gleichzeitig wird verneint, daß sich eine 'neutrale', über Marktmechanismen gesteuerte, ökonomisch optimale Umweltnutzung herausbilden kann. Vielmehr werden ökologische Potentiale und ihre Übernutzung individuell und gesellschaftlich über Wahrnehmungs- und Bewertungs-

prozesse definiert. Politische und planerische Aktivitäten erfolgen demnach als Reaktion auf die Risikobewertung der Öffentlichkeit bzw. spezifischer sozialer Gruppen und Eliten. Stichwort: Umweltrisiken und Perzeptionsforschung.

4. Letzlich lassen sich Bewertungsmaßstäbe für die Auswirkungen menschlicher Nutzungen auf naturökologische Systeme normativ aus regional- und raumordnungspolitischen Zielen ableiten. So ist es als legitim anzusehen, daß zur Angleichung der regional unterschiedlichen Lebensverhältnisse eine entsprechend unterschiedlich intensive Nutzung ökologischer Potentiale stattfindet. Eignungsräume und Tragfähigkeitsgrenzen werden hier in einem Prozeß der Abwägung zwischen der Qualität des ökologischen Potentials und den raumordnungspolitischen Zielen hinsichtlich der infrastrukturellen Ausstattung, der Siedlungsstruktur und der ökonomischen Wettbewerbsfähigkeit der Regionen bestimmt. Gleichzeitig werden in diesem Ansatz die regionalwirtschaftlichen Wirkungen der Umweltschutzmaßnahmen untersucht, die durchaus auch bestehende Disparitäten verstärken oder auch ein Instrument der Wirtschaftsförderung darstellen können. Stichwort: Umweltschutzorientierte Raumordnungs- und Disparitätenforschung.

Bevor diese vier Forschungsrichtungen näher beleuchtet werden, ist der zentrale Begriff des 'ökologischen Potentials' zu bestimmen. Das letzte Umweltgutachten des 1971 eingerichteten Rates von Sachverständigen für Umweltfragen (SRU 1987) geht zur Klärung dieses Begriffs wie Bartels von menschlichen Nutzungsbedürfnissen aus. Auf der Grundlage dieser anthropozentrischen Definition, die in der umweltethischen Diskussion nicht unumstritten ist (vgl. z.B. Reiche u. Füllgraff 1987; Meyer-Abich 1985; Altner 1988), beschreibt der SRU den Begriff Umwelt in Anlehnung an funktionale Betrachtungsweisen der Raumordnung und Landesplanung sowie der Forstwissenschaft durch vier Hauptfunktionen. Danach ist ein ökologisches Potential gegeben, wenn naturökologische Systeme folgende Funktionen störungsfrei gewährleisten (SRU 1987,S.39f.):

1. Produktionsfunktionen. Sie kennzeichnen den Energie- und Stofffluß aus der natürlichen Umwelt in gesellschaftliche Umwandlungsbereiche der Produktion und des Konsums. Produktionsfunktionen ergeben sich aus nichtlebenden natürlichen, (nicht-) erneuerbaren Ressourcen oder aus lebenden, wildwachsenden oder aus kulturell geformten Ressourcen.

2. Trägerfunktionen. Sie bezeichnen die Fähigkeit der Umwelt, Aktivitäten, Erzeugnisse und Abfälle des menschlichen Handelns aufzunehmen. Der SRU untergliedert Trägerfunktionen nach den von Partzsch definierten Daseinsgrundfunktionen (u.a. Wohnen, Arbeit, Ver- und Entsorgung, Verkehr und Kommunikation, Freizeit und Erholung).

3. Informationsfunktionen. Sie beinhalten immaterielle Leistungen zur Orientierung

und zur Befriedigung dialogischer und ästhetischer Bedürfnisse (z.B. das Angebot von Orientierungspunkten, Potentiale für eine Identifikation mit der Umwelt als raumbezogene Identität, Formenharmonie).

4. Regelungsfunktionen. Sie kennzeichnen Fähigkeiten der Umwelt zur Stabilisierung und Selbstreinigung (Regulierungen über Speicherung, Abschirmung, Zurückhaltung, Selbstregulierung durch Abbau, Filterung, Wiederaufarbeitung).

Die von Bartels genannte Erforschung naturökologischer Eignungsräume und Tragfähigkeitsgrenzen ist nach dieser Begriffsbestimmung des SRU auf die regional vorhandenen Produktions-, Träger-, Informations- und Regelungsfunktionen der Umwelt zu beziehen. Damit stellt sich die Frage, wie leistungsfähig die zuvor angeführten Forschungsrichtungen sind, um das in die vier Funktionen untergliederte ökologische Potential in sozioökonomische Bewertungsmaßstäbe zu überführen, so daß sich darüber möglichst optimale Kombinationen von menschlichen Nutzungsinteressen und weitgehend ungeschädigten und möglichst unbelasteten naturökologischen Systemen herausbilden können.

Die Bewertung ökologischer Potentiale in der Ökosystemforschung und ökologische Planung

Die Ökosystemforschung analysiert die Wirkungen menschlicher Eingriffe in die Umwelt und die damit verbundenen Veränderungen und Gefährdungen der Umweltfunktionen in besonders ausgewiesenen Raumtypen (Knauer 1986). Auf Vorgehensweisen, mit denen sich der Raum nach ökologischen Kriterien untergliedern bzw. regionalisieren läßt, weist der SRU hin. Ökotope in terrestrischen, semiterrestrischen und aqatischen Ökosystemen können nach den Merkmalen (a) Klima, (b) Wasserhaushalt, (c) Boden bzw. Substrat und (d) Pflanzendecke charakterisiert und standörtlich fixiert werden. Dabei wird davon ausgegangen, daß Ökotope durch die genannten Merkmale in der Reihenfolge (a) - (d) geprägt werden und homogene Strukturregionen bilden (SRU 1987,S.39). In Kartenwerken realisierte Regionalisierungen sind z.B. die 'ursprüngliche Vegetation', die 'naturräumlichen Einheiten' und neuerdings die 'Geoökologische Karte' (vgl. Finke 1986; Leser 1991,S.29f.).

Die ohne menschliche Eingriffe durch Sukzessionen entstehenden Naturräume werden durch menschliche Nutzungen überformt, wobei sich die Merkmale vorwiegend in umgekehrter Reihenfolge von (d) nach (a) verändern. Um anthropogene Veränderungen der Naturräume zu berücksichtigen, hält der SRU eine Vielzahl von Merkmalen zur Bildung von Regionen für zulässig. Formen der

12

anthropogenen Nutzung können in die Regionalisierungsverfahren ebenso eingehen wie naturökologische. Die Auswahl von Klassifikationsmerkmalen soll außer im Bezug zu den natürlichen Verhältnissen lediglich in einem Zusammenhang mit den bereits erläuterten Umweltfunktionen stehen. Diese Grundregeln zur Ermittlung einer räumlichen Struktur ähneln generellen Prinzipien der Raumgliederung bzw. der Regionalisierung, die von der Verteilung einzelner Elemente oder Elementgruppen und ihren funktionalen Verknüpfungen ausgehen. Insbesondere durch die Integration der Merkmale für "vom Menschen geschaffene und veränderte Strukturen" (SRU 1987,S.39) ist eine direkte Übernahme der üblicherweise in der Wirtschafts- und Sozialgeographie verwendeten Regionalisierungsprinzipien möglich (Bartels 1970; Lauschmann 1976).

Bisher bilden allerdings naturökologische Raumeinheiten die Grundlage für Potential- und Wirkungsanalysen der Ökosystemforschung, die exemplarisch an den von Ellenberg, Fränzle und Müller konzipierten Ansätzen erläutert werden können (Ellenberg et al. 1978). In dem von ihnen durchgeführten Forschungsprogramm werden für ausgewählte Ökosystemtypen wie Fließgewässer, Ästuarien, Sümpfe, Moore und Hochgebirgsregionen flächendeckende Bestandsaufnahmen gemacht und Hauptforschungsräume als "multidisziplinäre Langfristbeobachtungsflächen" aus- gewiesen (Knauer 1986). Neben der primär naturwissenschaftlich orientierten Daten- gewinnung und Theoriebildung sollen auch Bewertungen der Flächen und Räume hinsichtlich ihrer Eignung für bestimmte Nutzungen durchgeführt werden. Ein wichtiges Forschungsziel ist die Bewertung der Gefahren und Risiken für Luft, Boden, Gewässer sowie für den Natur- und Artenschutz insgesamt durch bestehende und geplante Nutzungen. Letztlich geht es um die Festlegung von Tragfähig- keitsschwellen und Grenzwerten, die von den wirtschaftlichen Nutzungen nicht überschritten werden dürfen. Die Umweltverträglichkeitsprüfung für geplante Einrichtungen wird so zum wichtigsten Instrument, mit dem der Abgleich zwischen Umweltstandards einerseits und Wirkungen von emittierenden Einrichtungen auf den Raum andererseits erfolgen soll. "Von der Ökosystemforschung sind in erster Linie Hinweise zu erwarten, wo und in welcher Weise Umweltqualitätsziele und Eckwerte ausgewiesen werden müssen" (Uppenbrinck u. Knauer 1987,S.74).

Darüberhinaus trifft die Ökosystemforschung keine Aussage über Formen anthropogener Nutzungen von ökologischen Potentialen unterhalb dieser Grenzwerte, beispielsweise darüber, ob Umweltpotentiale als knappe Güter ökonomisch effizient in die Produktions- und Konsumptionsprozesse einbezogen werden. Ohne wei- tergehenden Bezug zu sozioökonomischen Bewertungsmaßstäben kann ein solcher Ansatz sich deshalb indirekt auch negativ auf die Belange der Umwelt auswirken, weil implizit Verschmutzungsrechte bis zu den Grenzwerten eingeräumt werden

(Hübler 1987,S.38). Es soll an dieser Stelle jedoch nicht beurteilt werden, ob Wissenschaft und Politik mit der Ökosystemforschung den Zielen des Umweltschutzes, wie der Beseitigung von Umweltschäden und der Ausschaltung bzw. Verminderung aktueller Umweltgefährdungen sowie der Vermeidung künftiger Umweltrisiken durch Vorsorgemaßnahmen, näherkommen oder nicht. Kritisch ist jedoch anzumerken, daß die ausschließliche Orientierung an naturräumlichen Gliederungsprinzipien und an dem ökosystemaren Wirkungsgefüge von den eigentlichen Determinanten der Regionalentwicklung und der durch sie bestimmten Umweltqualität wegführt. Denn es sind die ökonomischen, politischen und kulturellen Faktoren, die ein funktionales Verständnis von Umwelt erst ermöglichen und so auch die Basis für eine regionalisierende Betrachtung von 'Motivation für Umweltschutz' und 'Wirkung von Umweltschutzaktivitäten' bilden.

Daher soll als Zusammenfassung folgende These aufgestellt werden: Die bisher vorliegende, naturwissenschaftliche Ökosystemforschung löst das Problem der Koordination von Umweltbelastungen und Nutzungsinteressen nur unvollkommen. Bewertungsmaßstäbe zur Ableitung von Umweltqualitätszielen und Eckwerten mögen sich restriktiv auf stark umweltschädigende Nutzungen auswirken, setzen aber keine Signale für einen insgesamt umweltentlastenden Strukturwandel von Produktion und Konsum in den Regionen. Am Ende des zweiten Kapitels wird diese These am Beispiel der Belastungsanalyse für den Landkreis Stade (Müller et al. 1984) und der ökologischen Bestandsaufnahme für den Unterelberaum (Dornier-System 1985) in einem konkreten Kontext belegt. Im Zentrum der hier intendierten wirtschafts- und sozialgeographischen Umweltpotentialforschung steht dagegen die Analyse und evtl. die Kritik der herrschenden sowie die Erarbeitung alternativer sozioökonomischer Bewertungsmaßstäbe. Deshalb erfolgt an dieser Stelle ein Perspektivenwechsel, um die Leistungsfähigkeit wirtschafts- und sozialwissenschaftlicher Ansätze zu prüfen. Begonnen wird mit einer Argumentation, die sich auf die durch Märkte garantierte Selbstregulierung beruft und im Rahmen der Umweltökonomie entwickelt worden ist.

Ökonomische Bewertung von naturökologischen Standortpotentialen

In der Regionalökonomie wird der Begriff Umwelt nach seinen Funktionen für Produktions- und Konsumprozesse bestimmt. Umweltschäden und -gefahren gelten dabei als Fehlallokationen. Definiert sind solche Allokationsprobleme als die "nicht-marktmäßigen Interdependenzen zwischen ökonomischen Aktivitäten, die über die Umwelt ablaufen" (Zimmermann u. Nijkamp 1986,S.25). Damit sind primär solche Komponenten der Produktions- und Konsumprozesse angesprochen, die 'externe

Effekte' erzeugen und Träger- oder Regelungsfunktionen der Umwelt beanspruchen. Typischerweise ergeben sich solche externen Effekte dann, wenn die Nutzung bestimmter Umweltpotentiale, z.B. eine Schadstoffabgabe in die Luft, den Produzenten nichts oder wenig gekostet haben, auch wenn dadurch Immissionsschäden entstanden sind (Wachter 1990).

Die so umrissenen Allokationsprobleme lassen sich durch eine funktionale Differenzierung des Begriffs Umwelt im Bezug zum Wirtschaftsprozeß untergliedern, die der Einteilung des SRU sehr nahekommt. Siebert (1978) sowie Zimmermann und Nijkamp (1986) schlagen folgende Einteilung vor:

1. Umwelt als Lieferant von marktgängigen Ressourcen. Die Umwelt stellt für die Produktions- und Konsumprozesse Rohstoffe zur Verfügung (energetische, mineralische und biologische Ressourcen), die über den Markt gehandelt werden. Hinweise auf tatsächliche oder bevorstehende Knappheiten, wie sie u.a. durch die Analysen über die Endlichkeit der Rohstoffe bekannt geworden sind, wirken sich auf die Preise dieser Ressourcen aus. Auf diese Weise leistet das ökonomische System autonom Beiträge zur Lösung von Umweltproblemen, so zum Beispiel Ansätze zur Ressourceneinsparung bzw. Überlegungen zur Kompensation der begrenzt verfügbaren Rohstoffe oder strategische Konzepte für einen möglichst ungehinderten Zugang zu Ressourcen. Die durch die zunehmende Knappheit steigenden Preise führen 'automatisch' zu einem geringeren Verbrauch und zu einem effizienteren Ressourceneinsatz, die zusammengenommen als 'Gratiseffekt' einen marktwirtschaftlich koordinierten Schutz der Umweltressourcen darstellen.

Als besondere Untergruppe dieser Umweltfunktion ist das Angebot von Flächen für die unterschiedlichen menschlichen Nutzungen zu sehen, die von Zimmermann und Nijkamp als Raum- und Bodennutzungspotential bezeichnet wird. Auch hierbei handelt es sich um eine marktgängige Ressource, wobei der Preis für den Boden die Nutzungsform determiniert. Allerdings ist das Flächenangebot ebenso wie energetische, mineralische und biologische Ressourcen überhaupt nicht bzw. zumindest nicht beliebig vermehrbar. Daher sind der Handhabung von Flächen als private, mit Eigentumsrechten versehene Güter, die auf Märkten mit dem Medium Geld getauscht werden, relativ enge Grenzen gesetzt. Es können leicht Monopolsituationen entstehen, die den Marktmechanismus außer Kraft setzen. Aus diesem Grund ist das Raum- und Bodennutzungspotential auch als öffentliches Gut anzusehen.

2. Umwelt als Lieferant von öffentlichen (Konsum-)Gütern: Bestimmte Umweltressourcen werden nicht über den Markt gehandelt, sondern stehen allen Individuen zu staatlich festgelegten Preisen oder unentgeldlich zur Verfügung. Dabei handelt es sich sowohl um Ressourcen, die für das physische Überleben unabdingbar sind wie Luft und Wasser, als auch um sozialpsychologische Umweltpotentiale wie

Erholungs- und Freizeitfunktionen sowie um ästhetische Qualitäten der Umwelt. Öffentliche Güter weisen drei charakteristische Eigenschaften auf (vgl. Oßenbrügge 1983,S.82): Sie sind erstens unteilbar, somit sind sie für alle Individuen gleichermaßen zugänglich. Ihre zweite Eigenschaft ist die Nichtausschlußfähigkeit. Sie bezeichnet die Unmöglichkeit, Individuen am Konsum öffentlicher Güter zu hindern. Derzeit ist beispielsweise die Nutzung der Trägerfunktion der Umwelt durch Autofahrer weder eingeschränkt noch ausgeschlossen, obwohl Folgeeffekte wie das Waldsterben oder Smogerscheinungen bekannt sind. Drittens können öffentliche Güter von den Individuen aber auch nicht zurückgewiesen werden. Der letzte Punkt wird im Umweltschutz besonders dann relevant, wenn die Wiederherstellung des öffentlichen Guts 'funktionsfähiges ökologisches Potential' große Kosten verursacht, die über Steuern relativ gleichmäßig auf die Allgemeinheit umgelegt werden.

Aus den genannten Eigenschaften lassen sich staatliche Aufgaben und raumordnungspolitische Handlungsbedarfe ableiten, wenn die Qualität der Umweltpotentiale gefährdet ist bzw. wenn sie wiederhergestellt werden müssen oder wenn sie ungleich im Raum verteilt sind. Als Ausgangspunkt bietet sich die 'Neue Politische Ökonomie' und die 'Theorie der öffentlichen Güter' an (Barry 1975,S.32f., Oßenbrügge 1983,S.74f.).

3. Umwelt als Transport- und Transformationsmedium von Schadstoffen. Schadstoffe und Abfälle, die bei der Produktion und beim Konsum anfallen, werden an die Umwelt abgeben, dort assimiliert, transformiert und über ökologische Kreisläufe weitertransportiert. Da die gesamte Erde ein interagierendes Ökosystem ist, verteilen sich punktuelle Emissionen mit der Zeit. Die Politik der hohen Schornsteine ist ein bekanntes Beispiel für eine Dezentralisierung von Umweltproblemen in Gebiete, die nicht zur Belastung beitragen. Auch diese Umweltfunktion ist nur indirekt in ein wirtschaftliches Bewertungssystem einbezogen. Erst wenn die sich in der Umwelt befindenden Schadstoffe Größenordnungen erreichen, die sich negativ auf die verbleibenden Nutzungen der Umweltpotentiale auswirken, ergeben sich sogenannte 'Schadensfunktionen'. Damit sind die Kosten gemeint, die z.B. dann entstehen, wenn Kühlwasser aus Oberflächengewässern vorgereinigt werden muß.

Zwischen den Nutzungen privater und öffentlicher Umweltgüter bestehen wegen der Intensität der Nutzungsansprüche, der Überlastung vieler Umweltfunktionen, der Variabilität der Nutzungsinteressen in der Zeit sowie der nur begrenzten Realisierungsmöglichkeiten von Nutzungen auf den einzelnen Flächen häufig Konkurrenzen und Konflikte. Die bisherigen Defizite der Konfliktregelung und die Zunahme der Umweltprobleme werden häufig auf einen Mangel an 'Internalisierungsstrategien', d.h. auf die ungenügende Durchsetzung des Verursacherprinzips, zurückgeführt. Um die sozialen Kosten zur Wiederherstellung der Umweltfunktionen zu minimieren,

16

wird die Internalisierung der 'externen Effekte' zur wichtigsten umweltpolitischen Strategie, die bisher zugunsten privater Gewinne und auf Kosten der Umwelt nur unzureichend angewandt wird.

Als geeignetes Instrumentarium für die Internalisierung werden häufig Marktmechanismen vorgeschlagen (Wicke 1982; Brunowsky u. Wicke 1984; Binswanger 1988; Zimmermann u. Nijkamp 1986). Wichtigster Schritt sei die Überführung der Umweltpotentiale in marktgängige, d.h. in monetäre Größen, um sie handelbar zu machen. Es wird angenommen, daß der über den 'Umweltpotentialmarkt' entstehende und regulierte Preis der Potentiale tendenziell eine optimale Allokation herbeiführt. "Die Hoffnung ist, das private Interesse und die ihm entsprechende Mikrorationalität der dezentralen Entscheidungen so zu lenken, daß nicht Naturzerstörung, sondern Naturschutz als Resultat herauskommt" (Altvater 1986,S.135).

Dieser Strategiehinweis macht deutlich, daß in der Umweltökonomie eine Verbindung zwischen dem rationalen Wahlhandeln des einzelnen Produzenten/Konsumenten und einem utilitaristischen Natur- und Umweltbegriff hergestellt wird. Umweltschutzaktivitäten entstehen dann, wenn der einzelne über das Preissystem Signale bekommt, die zu einer reduzierten Nutzung der Umweltfunktionen motivieren. Als Ergebnis ist letzlich die für den Wirtschaftsprozeß optimale Allokation der Schadstoffe einerseits und Nutzungsrestriktionen andererseits zu erwarten. Wann dieser Gleichgewichtszustand erreicht ist, läßt sich nur ansatzweise bestimmen und bleibt Gegenstand politischer Abwägungsprozesse.

Diese allgemeinen Überlegungen führen zu verschiedenen raumbezogenen Betrachtungsweisen. Die Art der Umweltpotentiale und die Intensität ihrer Nutzung gehören wegen der unterschiedlichen Ausstattung der Regionen mit Umwelteigenschaften grundsätzlich zu den raumdifferenzierenden Faktoren. Sie können sowohl die Standortstruktur von Unternehmen und privaten Haushalten als auch die Raumentwicklung beeinflussen. Allerdings ist "mit größter Wahrscheinlichkeit ... von einem äußerst heterogenen ... Regionsraster" (Klemmer 1988,S.60) auszugehen, da sich Emissions-Immissions-Zusammenhänge räumlich nur schwer begrenzen lassen. Der Auffassung von Zimmermann und Nijkamp (1986), daß Umweltpotentiale überwiegend einen stationären Charakter haben, d.h., daß sie in der Region genutzt werden, in der sie auch entstehen, ist kaum zuzustimmen. Eine derartig begründete regionalisierte Umweltpolitik ist nicht haltbar. Die Frage, wie strukturelle oder funktionale Umweltregionen abgeleitet werden könnten, die eine Grundlage für die raumdifferenzierende Bewertung der Umweltfunktionen nach den generellen Kriterien des Umweltschutzes oder den spezielleren der Umweltökonomie bilden, ist bisher unbeantwortet geblieben.

Auch der in Analogie zur Produktzyklustheorie als 'Umweltzyklushypothese' bezeichnete raumentwicklungstheoretische Ansatz von Zimmermann und Nijkamp bleibt vage und spekulativ. Ausgehend vom neoklassischen Ansatz der Regionalökonomie besagt diese Hypothese, daß die Nutzungsintensität vorhandener Umweltpotentiale einer Region gesteigert werden kann, solange sie nicht zum Engpaßfaktor werden. Bis zum Erreichen dieses Zeitpunktes wird das ökonomische Wachstum dieser Region relativ schneller steigen als in solchen Regionen, in denen stärkere Restriktionen für die Nutzung der Umweltpotentiale vorhanden sind. Dieser Vorteil wird in dem Augenblick aufgehoben, in dem das ökologische Potential zu einem Engpaßfaktor wird. Denn jetzt muß die vordem bevorteilte Region "Umweltpotentiale neu schaffen oder regenerieren, was umso mehr reale Ressourcen absorbiert, je weiter der Status der Überlastung fortgeschritten ist" (Zimmermann u. Nijkamp 1986,S.31). Die zunehmenden Ausgaben für den Umweltschutz stehen dann für produktive Investitionen und für Konsumzwecke nicht mehr zur Verfügung und reduzieren auf diese Weise die regionale Wohlfahrt. Dagegen seien in solchen Regionen, in denen eine "Strategie der gebremsten Ausnutzung des Umweltpotentials über umweltfreundliche Kapitalanpassung [praktiziert wird, J.O.], langfristig komparative Kostenvorteile" zu erzielen. Sie seien letzlich die "Wettbewerbsgewinner" der regionalen Konkurrenz (Zimmermann u. Nijkamp 1986,S.32).

Wenn man einmal davon absieht, daß es wegen des bereits erwähnten Regionalisierungsproblems kaum möglich ist, die hypothetisch angesprochenen Wirkungszusammenhänge in komplementären Umwelt- und Wirtschaftsregionen empirisch zu testen, lassen sie dennoch die Zielsetzungen umweltökonomischer Forschungen erkennen. Die Schwerpunkte der raumbezogenen Umweltpotentialforschung können in den Aufgaben gesehen werden, (a) die bestehenden oder zukünftig zu erwartenden regionalen Engpaßfaktoren zu ermitteln, (b) Vorschläge für einen rationelleren Umgang mit den Engpaßfaktoren zu erarbeiten und (c) nach Substitutionsmöglichkeiten für die Engpaßfaktoren zu suchen.

Auch wenn diese Aufgabenbeschreibung recht eindeutig erscheint, sollte sie nicht darüber hinwegtäuschen, daß zum Erkennen eines Engpaßfaktors die Ermittlung des ökonomischen Wertes der Umweltfunktionen eine notwendige Vorraussetzung ist. Die Monetarisierung von Umweltpotentialen ist schon an sich ein schwieriges Problem (vgl. Beckenbach et al. 1988). Hinzu kommt, daß bisherige Schätzungen der Kosten von Umweltschäden die räumliche Dimension weitgehend unberücksichtigt lassen (Klemmer 1988,S.73). Die Suche nach weiteren Bewertungsmaßstäben, mit deren Hilfe die von Bartels angesprochene Transformation von Umwelteigenschaften in gesellschaftlich bewertbare Ressourcen zu leisten ist, bleibt daher notwendig.

Subjektive Risikobewertungen von Umweltgefahren - Perzeptionsforschung

Neben der naturwissenschaftlichen, ökosystemaren und der ökonomischen, auf Tauschwerten basierenden Bewertung der Umweltfunktionen und Umweltgefahren läßt sich eine weitere Forschungsrichtung der Wirtschafts- und Sozialgeographie abgrenzen, die ihren Schwerpunkt auf die individuelle Wahrnehmung und Bewertung der Umweltgefahren sowie auf die mentale 'Verarbeitung' dieser Information legt. Bartels beschreibt diese Richtung mit der Fragestellung, "wann und wie welche für unternehmerische oder private Standortentscheidungen objektiv wesentlichen Sachumstände der Raum- und Umwelterfahrung wahrgenommen werden und aus welchem Kenntnisstand dieser Umstände ein bestimmtes mehr oder weniger angemessenes Verhalten gewählt wird" (Bartels 1982,S.51). Standortentscheidungen sind bei Bartels zweiseitig definiert: Einerseits beziehen sie sich "auf die Wahl (Veränderung oder Beibehaltung) von Standorten für bestimmte Tätigkeiten", andererseits umfassen Standortentscheidungen auch die "Wahl von Tätigkeiten in Anpassung an und Ausnutzung von gegebenen Standortpotentialen" (Bartels 1982,S.46).

Übertragen auf das Erkenntnisinteresse dieser Arbeit steht damit zunächst der Einfluß von wahrgenommenen räumlichen Unterschieden der Umweltgefahren auf die Wahl der Standorte für Wohnen, Arbeiten und Freizeit im Vordergrund. Es kann unterstellt werden, daß generell als belastet empfundene Standorte gemieden werden, soweit dieses möglich ist. Raumdifferenzierende Handlungsmuster ließen sich dann in einer Matrix wiedergeben, die aus unterschiedlichen Risikobewertungen und aus unterschiedlichen Handlungspotentialen gebildet wird. Beispielsweise würde ein hohes Einkommen gekoppelt mit hoher Risikowahrnehmung zur Wahl belastungsarmer Standorte führen.

Im zweiten Teil der Definition von Bartels wird ein sehr komplexer Wirkungszusammenhang thematisiert. Hier geht es um die Frage, ob und wie weit das individuelle Handeln durch die Umwelt determiniert wird und ob eine rationale Nutzung der Umweltfunktionen gegeben ist. Dazu ist die Perzeption von Umweltgefahren in Beziehung zu den Standorteigenschaften des Ortes zu setzen, an dem der individuelle Wahrnehmungsprozeß stattfindet. So kann es nicht nur sein, daß Umweltgefahren von unterschiedlichen sozialen Gruppen verschieden wahrgenommen und bewertet werden, sondern auch, daß beispielsweise in einem Verdichtungsraum ein anderes Umweltbewußtsein vorherrscht als im ländlichen Raum. Denkbar ist außerdem, daß umweltpolitisch motivierte Handlungsstrategien einer Steuerung durch die jeweils unterschiedliche Ausstattung mit materieller Infrastruktur oder Information unterliegen. Derartige Hypothesen, die aus der zweigeteilten Definition von Bartels abgeleitet sind, werden in Kapitel 3 bearbeitet.

Der wirtschafts- und sozialgeographische Perzeptionsansatz ist aus der 'natural-hazard-research' entstanden. Hauptthema dieses Zweiges der Risikoforschung ist der Einfluß von Naturgefahren wie Überschwemmungen, Vulkanausbrüchen oder Erdbeben auf individuelle Standortentscheidungen sowie die Herausarbeitung räumlicher Folgen potentieller oder eingetretener Naturkatastrophen. Da die Risikoforschung heute auch 'man-made hazards' und 'social hazards' umfaßt, sind alle Umweltgefahren einbezogen, auf die sich die Gesellschaft über Anpassungsstrategien einzustellen hat. Für die Risikoforschung ergibt sich dadurch ein sehr anspruchvolles Programm, denn die Untersuchung von Gefahren "verlangt ... nach einem umfassenden, zwischen Gesellschaft, Wirtschaft, Technologie, der Rechtssphäre und der politischen Sphäre aufgespannten Bezugssystem" (Geipel 1987,S.81).

Am Beispiel eines Forschungsberichts für die Association of American Geographers (Zeigler et al. 1983) lassen sich generelle Themen, Probleme und Aufgaben der Risikoforschung im allgemeinen und speziell geographische Ansätze konkretisieren. Zeigler et al. gehen von dem Begriff 'technological hazard' aus, der hier als durch den Menschen unmittelbar oder mittelbar erzeugte Umweltgefahr übersetzt wird. Diese wird sowohl von reinen Naturgefahren abgegrenzt, als auch von solchen Risiken, die sich durch den persönlichen Lebensstil des Menschen ergeben. Anthropogen erzeugte Umweltgefahren werden weiterhin für zwei Bezugsebenen unterschieden: Zum einen existieren Umweltgefahren, die die gesamte Gesellschaft bedrohen. Sie entstehen bei der Gewinnung von Rohstoffen und der Produktion von Gütern, beim Transport und beim Konsum. Neben diesen gesellschaftlichen Umweltgefahren gibt es aber auch solche, die nur Gruppen und Einzelpersonen betreffen. Letztere umfassen Gefahren am Arbeitsplatz, individuelle Dispositionen zu krankhaften Reaktionen auf Schadstoffe oder existentielle Abhängigkeiten von Medizintechnologien. Als typische geographische Aufgabenstellungen nennen Zeigler et al. (1983,S.88f.) sechs verschiedene Bereiche:

1. Abgrenzung potentieller oder aktueller Gefahrenzonen und Analyse der räumlichen Gefahrenverteilung in diesen Zonen;
2. Vorschläge für raumplanerische Maßnahmen, um die Risiken für Siedlungen und Massentransportwege zu vermindern;
3. Erarbeitung raumbezogener Störfall- und Katastrophenpläne;
4. Durchführung von Technologiefolgenabschätzungen und Umweltverträglichkeitsprüfungen;
5. Analyse der sozialen und politischen Wahrnehmung von Umweltgefahren;
6. Untersuchungen zur Raumwirksamkeit unterschiedlicher Technologien, um gesellschaftliche Wahlmöglichkeiten und regionalpolitische Alternativszenarios zu erarbeiten.

Eine Auseinandersetzung mit allen Aspekten dieses Programmvorschlags für die geographische Risikoforschung erübrigt sich hier, da im Rahmen der Perzeptionsforschung nur die beiden zuletzt genannten Punkte wesentlich sind. Um diese zu vertiefen, ist es zunächst einmal sinnvoll, zwischen Gefahr und Risiko zu unterscheiden. Unter Umweltgefahr ist eine diffuse, latente Bedrohung der Menschen zu verstehen. Sie wird in verständigungsorientierter Kommunikation erkannt und auf diese Weise gesellschaftlich bedeutungsvoll gemacht. Für solche Umweltgefahren besteht zunächst ein hermeneutisches Verständnis. Durch Erfahrung, heute normalerweise durch wissenschaftliche Tätigkeit wird dieses Verständnis neu interpretiert. Umweltrisiken entstehen durch die Ermittlung der raumzeitlichen Wahrscheinlichkeit des Auftretens und der Ausbreitung sowie der möglichen Konsequenzen der Gefahren. Risikodefinitionen sind somit diejenigen Umgangsformen mit Umweltgefahren, die über Handlungstechniken, Methoden und Institutionen versuchen, Gefahren abgrenzbar, berechenbar oder auch zurechenbar zu machen (Evers 1989,S.34). Das Umweltrisiko ist eine empirisch-analytische Kategorie, die zum instrumentellen Umgang mit den über Wahrscheinlichkeitstheoreme kalkulierten Gefährdungen führt.

Diese Unterscheidung hat für die wirtschafts- und sozialgeographische Perzeptionsforschung im Bereich des Umweltschutzes mehrere Konsequenzen. Sie betreffen vor allem die umwelt- und gesellschaftspolitische Relevanz der sozialen Wahrnehmung von Umweltgefahren sowie die Folgen einer Entkoppelung des Expertenwissen vom Alltagswissen. Drei Argumente verdeutlichen dieses:

1. Bei der vielleicht wichtigsten wissenschaftlichen Institution für den Umweltschutz, dem SRU, läßt sich deutlich feststellen, daß die 'Umweltschutzexperten' von einer Diskrepanz zwischen 'richtiger' und 'verfehlter' Wahrnehmung von Umweltgefahren ausgehen. Als Beleg dafür kann u.a. folgende Aussage des Umweltgutachtens herangezogen werden: "Der Öffentlichkeit blieb die Komplexität der Umweltsituation entweder unzugänglich oder nicht vermittelbar. ... Was in der Öffentlichkeit, unterstützt von Fernsehen, Presse und Rundfunk, als Umweltgefährdung oder Umweltzerstörung durchschlug, waren bestimmte Emissionen und Immissionen aus dem Bereich der menschlichen Produktion sowie der als Landschaftsverbrauch gebrandmarkte wachsende Raumanspruch technisch-urbanindustrieller Systeme". Für den SRU ist diese Informationsgrundlage zur Bewertung von Umweltgefahren und zur Mitwirkung an politischen Entscheidungen nicht akzeptabel. Dagegen fordert er "von jedem umweltbewußten Bürger ein hohes Maß an fachlichem Umweltwissen" (SRU 1987,S.43). Die in solchen Äußerungen deutlich artikulierte Herabsetzung der "kulturell hergestellten Wahrnehmbarkeit der Gefahren" (Beck 1988,S.293) gegenüber wissenschaftlich ermittelten Risiken und die damit vollzogene Trennung des

Umweltwissens in eine umweltpolitisch relevante Expertenmeinung und ein der Entmündigung freigegebendes Alltagswissen offenbart ein problematisches Demokratieverständnis beim SRU.

2. Die Beziehung zwischen Umweltgefahren und -risiken ist weiterhin abhängig von der naturwissenschaftlich-technischen Entwicklung der Erkenntnisproduktion. Die Verfeinerung empirisch-analytischer Methoden impliziert, daß die "Zunahme von Risiken aus der Zunahme von Entscheidungsmöglichkeiten und speziell aus der Zunahme von Gefahrenabwendungsmöglichkeiten" herleitbar ist (Luhmann, zitiert nach Evers 1989,S.34). Neue Gefahren entstehen danach nicht aus der quantitativen Ausdehnung und qualitativen Veränderung der Produktions- und Konsumprozesse, sondern aus neuen Kenntnissen. Ein derart gesteuerter Risikozuwachs muß zwangsläufig zur Verunsicherung führen, da es immer schwieriger wird, sich 'fachliches Umweltwissen' anzueignen. Gleichzeitig werden die "Kompetenz des eigenen Urteils" (Beck 1988,S.293) und die soziale Fähigkeit, Umweltgefahren zu begegnen, nicht verbessert. Eher das Gegenteil ist der Fall: Alltagswissen über Umweltgefahren gerät in Vergessenheit.

3. Letzlich stellt diese, vom SRU propagierte, in politischen und kulturellen Normen schlecht verankerte Definitionspraxis von Risiken selbst eine potentielle Gefahr dar, weil sie entweder autoritäre Entscheidungsstrukturen fördert oder die Legitimität wissenschaftlicher Arbeit untergräbt (vgl. die Beiträge in Schreiber u. Timm 1990). Somit ist die Arbeit von Wissenschaftlern wie denen des SRU einem 'science assessment' zu unterziehen, wie sie beispielsweise Capra (1983) für verschiedene Wissenschaftsbereiche vorgelegt hat. Ohne solche wissenschaftskritischen Reflektionen wird die Gefahr einer gesellschaftlichen Unterschätzung von Umweltgefahren gefördert und 'die Möglichkeit von Vorsorgedefiziten erhöht.

Innerhalb der Risikoforschung bietet die wirtschafts- und sozialgeographische Perzeptionsforschung über Umweltgefahren die Chance, 'objektiv' festgestellte und sozial wahrgenommene Risiken in kulturell bestimmten oder nach Belastungsniveaus abgegrenzten Räumen zu vergleichen. Die von den Wahrnehmungen abhängigen Anpassungsstrategien stellen ein raumwirksames Handeln dar, daß eine Grundlage für eine sozial definierte und kulturell verankerte Umweltpolitik bilden kann. Der Umgang mit Umweltpotentialen würde dann über sozial-kulturelle Normen gesteuert. Hierin liegt die Alternative zur heute vorherrschenden Expertenkultur. In der Konsequenz geht es darum, die räumliche Differenzierung der Standortpotentiale und die damit verbundene Vielzahl von Entscheidungs- und Gefahrenabwendungsmöglichkeiten als lokal verfügbare Wissensressource nutzbar zu machen. Das Ziel liegt in einer Demokratisierung umweltpolitischer Entscheidungen und der Verhinderung einer ausschließlich durch Experten und Gegenexperten geprägten politischen Kultur.

Umweltprobleme in der Raumordnungs- und Disparitätenforschung

Die Diskussion über Normen und Leitbilder der räumlichen Wirtschafts- und Gesellschaftsorganisation faßt Bartels im Begriff "Raumordnungsforschung" zusammen (1982,S.47). Sie beschäftigt sich primär mit der Formulierung raumpolitischer Ziele und mit der Ableitung geeigneter Instrumente, um diese Ziele zu erreichen. Der wirtschafts- und sozialgeographische Beitrag zur Raumordnungsforschung besteht in der Begründung der Leitbilder, Ziele und Instrumente. Die dafür notwendigen theoretischen Grundlagen werden aus Modellen der räumlichen Ordnung (z.B. Standorttheorien) und aus dynamischen Erklärungskomponenten entwicklungstheoretischer Herkunft gebildet (z.B. Theorien gleichgewichtiger Entwicklung, Polarisationstheorie). In seinen späteren Arbeiten hat Bartels sich im Rahmen der von ihm so bezeichneten 'engagierten Geographie' verstärkt mit der Raumentwicklung als konfliktträchtiger Frage beschäftigt. Die 'engagierte Geographie' versucht, "räumliche Disparitäten und Prozesse ihrer Entstehung zu erfassen sowie zur Rationalisierung von Konflikten um Zielvorstellungen regionaler Gleichwertigkeit der Lebensbedingungen beizutragen" (Bartels 1982,S.53). Da Standortpotentiale ungleich im Raum verteilt sind und durch Standortentscheidungen kontinuierlich verändert werden, ist die Untersuchung des räumlichen Entwicklungsprozesses in seiner gesellschaftlichen und normativen Dimension eine zentrale Aufgabe des Faches. Wesentlich ist für Bartels die Auseinandersetzung (inklusive der kritischen Abgrenzung) mit der 'radical geography' im angloamerikanischen Raum gewesen, die zu einer erheblichen Politisierung seines Standpunktes geführt hat (vgl. Bahrenberg u. Hard 1987); interessante Parallelen in der Argumentationsstruktur finden sich z.B. bei Bartels 1984 und Harvey 1984 (vgl. Oßenbrügge 1987).

Erste Überlegungen, ob und wie Umweltschutzmaßnahmen in Vorstellungen über die Steuerung der räumlichen Entwicklung integriert werden können, entstanden bereits kurz nachdem staatliche Umweltschutzaktivitäten zum eigenständigen Bereich der Umweltpolitik aufgewertet wurden (vgl. Marx u. Knigge 1972; Umlauf 1972; Kade u. Vorlaufer 1972). Eine Reihe von Autoren datieren den Zeitpunkt des Beginns der systematischen Umweltpolitik mit dem Erscheinen des Umweltprogramms der Bundesregierung auf Anfang der siebziger Jahre (Klemmer 1984; Hübler 1987; Sprenger u. Knödgen 1983), ohne dabei zu verkennen, daß auch vorher eine Umweltschutzgesetzgebung existierte (dazu: Wey 1982). Allerdings sind integrative Ansätze bis heute nur fragmentarisch realisiert worden. Priorität besaß zunächst die Schadensbekämpfung; die staatliche Umweltpolitik war dementsprechend auf einzelne Umweltbereiche ausgerichtet, setzte auf technischen Umweltschutz und maß einer regionalisierten Vorgehensweise keine große Bedeutung bei. Klemmer (1984) meint, daß erst seit der Zunahme des großflächigen Auftretens von Umweltschäden, wie dem Waldsterben, Intentionen zunahmen, systematisch einen Zusammenhang zwischen Umwelt- und Raumordnungspolitik herzustellen.

Ein möglicher Grund, warum die Verteilung umweltschädigender Aktivitäten in der sozialen und räumlichen Disparitätenforschung so wenig Beachtung gefunden hat, ist von U. Beck mit der folgenden Aussage sehr plaktiv beschrieben worden: "Not ist hierarchisch, Smog ist demokratisch" (Beck 1986,S.48). Er weist damit auf die unterschiedliche soziale Betroffenheit hin, die sich aus 'klassischen' Ungleichheiten und neuen Umweltgefahren ergibt. Disparitäten der erstgenannten Form sind beispielsweise ungleiche Zugangschancen zum Arbeitsmarkt und ungleiche Selbst-bestimmungsmöglichkeiten (Bartels 1978). Wenn man die höhere Wahrscheinlichkeit arbeitslos zu werden, unausgebildet zu bleiben oder politisch nicht mitbestimmen zu können als Risiko auffaßt, dann ist davon auszugehen, daß diejenigen, die über Einkommens-, Macht- und Wissenspotentiale verfügen, diesen Risisken entgehen können. "Dieses Gesetz der klassenspezifischen Verteilung von Risiken und damit der Verschärfung der Klassengegensätze durch die Konzentration der Risiken bei den Armen und Schwachen galt lange Zeit und gilt auch heute noch für einige zentrale Risikodimensionen" (Beck 1986,S.46).

Die zunehmenden Umweltgefahren verstärken zwar einerseits den schicht- oder klassenspezifischen Charakter der Gesellschaft, doch sie zeigen gleichzeitig auch eine neue Verteilungslogik: Geld, Macht und Wissen reichen nicht aus, um Umweltgefahren zu entrinnen. Letztere haben eine "egalisierende Wirkung" und weisen eine "immanente Tendenz zur Globalisierung" auf (Beck 1986,S.48). Die globale Interaktion der Ökosysteme erzeugt eine globale Betroffenheit und erzwingt globales Denken. Schlagwörter, die insbesondere über die Umweltbewegung zu Gemeinplätzen geworden sind, bauen das Bewußtsein für räumliche Unterschiede ab. Beck geht noch einen Schritt weiter. Er konstatiert einen Bumerang-Effekt der "früher oder später zur Einheit von Täter und Opfer" führt (Beck 1986,S.50) und damit auch die räumliche Trennung zwischen der Erzeugung von Umweltgefahren einerseits und der Betroffenheit andererseits tendenziell aufhebt.

Diese kurze Zusammenfassung einiger zentraler Überlegungen von U. Beck illustriert, warum die Raumentwicklungs- und Disparitätenforschung möglicherweise keine wesentlichen Erkenntnisse zur Beantwortung der hier gestellten Fragen hervorbringt. Die Aufmerksamkeit, die die Öffentlichkeit globalen Umweltproblemen in den letzten Jahren gewidmet hat und mit der internationale Programme verfolgt werden, scheint diese Meinung über die räumlich homogene Verteilung und das ubiquitäre Auftreten von Umweltproblemen zu bestätigen.

Dennoch soll in dieser Arbeit nicht nur an der Disparitätenforschung festgehalten werden, sondern die Umweltproblematik ergibt sogar neue raumordnungs- und regionalpolitische Perspektiven. Ausgangspunkt ist der Gedanke, daß Umweltgefahren räumliche Unterschiede nicht aufheben, sondern die bekannten Disparitäten überlagern. "Das Proletariat der Weltrisikogesellschaft siedelt unter den Schloten, neben den Raffinierien und Chemischen Fabriken in den industriellen Zentren der Dritten Welt" (Beck 1986,S.55). Soziale und räumliche Überlagerung von Klassen- und Risikolagen finden sich auf allen Raummaßstäben. So sind auch die Risiken der Wohlstandgesellschaft räumlich ungleich verteilt. Sie treffen diejenigen, die gefährdete Standorte nicht verlassen können und den relativ preisgünstigen Wohnraum neben Emissionsquellen wie Straßen mit hohem Verkehrsaufkommen nutzen müssen, um überhaupt eine Wohnung zu haben, oder diejenigen, die sich gegen solche Standortentscheidungen nicht wehren können, die zum Bau risikoreicher Anlagen und zur Realisierung 'sperriger' Infrastruktur führen. Mit dieser Betrachtung wird gleichzeitig die Unvollkommenheit der auf internationalen umweltpolitischen Kongressen gefundenen allgemeinen Übereinstimmungen markiert. Die Anerkennung der Begrenztheit erdräumlicher Ressourcen, die Verhinderung irreversibler Umweltschäden sowie die Erhaltung der genetischen Vielfalt und die angepaßte Nutzung der Ökosysteme (Redclift 1984,S.39) ist zwar wichtig, aber unzureichend. Denn diese auf 'höchster' Ebene bestimmte Sichtweise geht von einer für alle Menschen der Welt gleichermaßen gültigen Betroffenheit von der ökologischen Krise aus. Diese egalitäre Sichtweise ist aber nur scheinbar zutreffend, faktisch ist die Betroffenheit durch Umweltprobleme in den konkreten Lebenssituationen der Menschen in den einzelnen Regionen sehr unterschiedlich eingebettet.

Während die gerade formulierten Überlegungen bei der Verteilung der Umweltgefahren ansetzen, sind weitere Gründe dafür, die Disparitätenforschung in diesem Zusammenhang zu intensivieren, eng mit den räumlichen Wirkungen des Umweltschutzes verbunden. Denn neben der räumlich unterschiedlichen Betroffenheit ist der Bedarf regionaler Siedlungs- und Wirtschaftsstrukturen an Umweltpotentiale verschieden. So ist der Energieverbrauch einer Stadt abhängig von städtebaulichen Faktoren, dem Ausbaustand des öffentlichen Nahverkehrs und/oder der räumlichen Trennung der Daseinsgrundfunktionen; Emissionen in die Luft, in das Wasser und in den Boden sind in altindustrialisierten Regionen mit konzentrierter Grundstoffindustrie höher als in neoindustrialisierten Räumen; das Wildleben ist in Gebieten mit stark parzellierter landwirtschaftlicher Flächennutzung vielfältiger als in monostrukturellen, flurbereinigten Gebieten. Dieses sind nur einige Stichworte, die die Notwendigkeit einer raumdifferenzierenden Sichtweise aufzeigen. Darüber hinaus laufen strukturelle Wandlungen ab, die zur regionalen Veränderung der Nutzungsansprüche führen. So bewirken Urbanisierungs- und Suburbanisierungsprozesse nicht nur andere Quantitäten des Landschaftsverbrauchs, sondern haben auch unterschiedliche Folgewirkungen auf die Umwelt.

Zusammenfassend läßt sich die Raumordnungs- und Disparitätenforschung im Umweltbereich durch die Fragestellungen begründen, die sich aus dem umweltbe- oder -entlastenden Wandel der regionalen Siedlungs- und Wirtschaftsstruktur ergeben, sowie außerdem durch die räumlichen Auswirkungen der praktizierten Umweltpolitik. Denn Umweltpolitik ist auch eine Form der räumlichen Verteilungspolitik und ist so als spezifische Form der raumwirksamen Staatstätigkeit analysierbar (Boesler 1983). Damit wird nicht primär der naturräumliche Effekt des Umweltschutzes angesprochen, sondern seine Wirkungen auf technologischen Fortschritt, Produktionsstruktur, Arbeitsmarkt und Konsumverhalten. Der Zusammenhang mit der Disparitätenforschung wird dann offensichtlich, wenn die Herstellung von Umwelttechnik, die Beschäftigungseffekte der Umweltschutzausgaben sowie das veränderte Nachfrageverhalten zu determinierenden Faktoren der Regionalentwicklung werden. So kann Umweltpolitik sowohl Leitvorstellungen der Raumordnungspolitik konterkarieren als auch ein Instrument derselben werden. Fragestellungen, die sich aus dieser Forschungsperspektive herleiten, stehen im Mittelpunkt des vierten Kapitels.

1.2 Ein wirtschafts- und sozialgeographischer Untersuchungsansatz zum Umweltschutz

Die Durchsicht der Forschungsrichtungen, mit deren Hilfe eine Bewertung der von menschlichen Nutzungen ausgehenden Einflüsse auf naturökologische Systeme erfolgen kann, weist deutlich auf die Komplexität der Umweltpotentialforschung hin. Gleichzeitig werden ganz unterschiedliche Aspekte betont, so daß eine Integration in einen umfassenden Untersuchungsansatz, der die jeweiligen Stärken aufnimmt und die herausgearbeiteten Schwächen vermeidet, nur schwer realisierbar ist. Um den deskriptiven Zielen dieser Arbeit näher zu kommen, ist es sinnvoller, einige der in den Forschungsrichtungen begründeten Untersuchungsperspektiven in ein Wirkungsmodell aufzunehmen. Auf diese Weise können die Effekte der Wahrnehmung von Umweltgefahren, der ökosystemaren Bewertung von Umweltrisiken und der Maßnahmen zur Umweltentlastung sichtbar werden. Damit knüpft diese Arbeit an Untersuchungen an, die den Zusammenhang zwischen Umweltproblemen, Umweltschutz, Raumstruktur und Gesellschaftssystem durch Wirkungsketten in Systemmodellen darstellen. Ansätze, die den Anspruch erheben, zu einer umweltverträglichen

Raumnutzung beizutragen, sind beispielsweise im Rahmen des UNESCO-Forschungsprogrammes "Man and Biosphere" entstanden. Sie wurden von Knauer (1988) im folgenden Grundschema zusammengefaßt, das für die hier thematisierten Beziehungen leicht modifiziert wurde (Abb. 1.1, vgl. auch Boesch 1989,S.95). Danach sind drei Systemkomponenten zu unterscheiden:

- das natürliche System, bestehend aus abiotischen und biotischen Elementen;
- das Landdnutzungssystem, bestehend aus Ökosystemtypen, die durch die Nutzungsarten und Nutzungsintensitäten des Menschen gebildet werden;
- das Gesellschaftssystem mit den Subsystemen der Ökonomie, Politik und Kultur.

Die drei Systemkomponenten sind durch vielfältige Interaktionen miteinander verbunden. Zwei Ströme sind von besonderer Bedeutung: der Fluß der Ressourcen als ökologische Potentiale aus der natürlichen Umwelt zum Gesellschaftssystem und der Fluß der Abfälle zurück in die ökologischen Kreisläufe des natürlichen Systems.

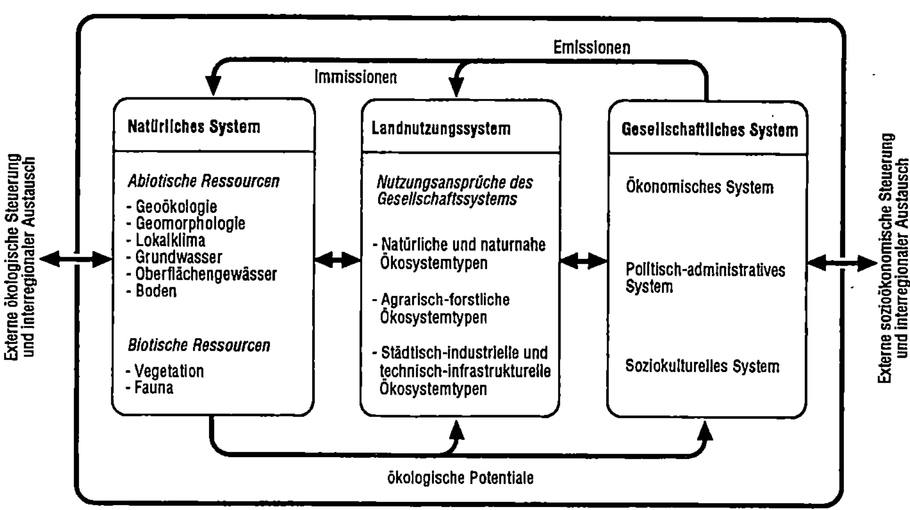

Abb. 1.1:   Schema eines regionalen ökologisch-ökonomischen Systems.
(Modifiziert nach Knauer 1988)

Das regionale ökologisch-ökonomische System weist Austauschvorgänge mit den Systemen anderer Regionen auf und unterliegt somit einer partiellen externen Steuerung. Austauschvorgänge sind beispielsweise im Im- und Export von Schadstoffen durch die Luftverunreinigung oder den 'Mülltourismus' sowie im Handel mit Rohstoffen und Gütern gegeben. Externe Steuerungen werden durch regionale Dependenzen erzeugt, beispielsweise durch außerhalb der Region verortete politische und ökonomische Entscheidungszentren oder durch extern verursachte, gravierende Ökosystemeinflüsse wie globale Klimaschwankungen oder Ferntransporte von Schadstoffen.

Grundlegende Fragen der Umweltschutzdiskussion, wie die des Rückgangs natürlicher Ökosystemtypen, des Zusammenbruchs agrarischer Nutzungssysteme als Folge von Intensivnutzungen, der Abhängigkeit der industriell überformten Ökosysteme von natürlichen und agraren Nutzungssystemen und der Konkurrenz der gesellschaftlichen Nutzungsansprüche untereinander weisen darauf hin, daß ein Großteil der Probleme innerhalb des Landnutzungssystems thematisierbar ist. Damit soll aber nicht gesagt werden, daß ein landschaftsökologischer Diskurs die Determinanten der Umweltprobleme aufzeigen kann. Wie im vorhergehenden Abschnitt erläutert worden ist, zeigt das Landnutzungssystem lediglich Folgen gesellschaftlicher Nutzungsinteressen auf und kann bestenfalls die Grenzen dieser Ansprüche signalisieren. So ist die Norm, ein 'multistabiles' System als Ziel der Landnutzung und der Raumordnungspolitik anzustreben (Projektgruppe "Aktionsprogramm Ökologie" 1983,S.121), nur dann zu realisieren, wenn das Gesellschaftssystem grundsätzlich reformierbar und ein Umbau der Industriegesellschaft machbar ist. Das weitere Vorgehen ist daher von der Annahme geleitet, daß innerhalb des regionalen ökologisch-ökonomischen Systems die Subsysteme der Gesellschaft determinierend auf das Landnutzungssystem einwirken.

Eine weitere hier anzusprechende Frage ist die nach dem Grund der regionalisierten Betrachtung des ökologisch-ökonomischen Systems. Obwohl analoge umweltökonomische Schemata keine entsprechende räumliche Differenzierung aufweisen (vgl. Frey 1972,S.455; Sprösser 1988,S.6), hat die Diskussion der verschiedenen Forschungsrichtungen mehrere Argumente hervorgehoben, die ein regionalisierendes Vorgehen nahelegen. Beispielsweise weisen naturökologische Systeme regional unterschiedliche Assimilationskapazitäten von Schadstoffen auf. Gesellschaftliche Nutzungsansprüche müssen sich daher an der räumlichen Differenzierung naturökologischer Systeme orientieren; unangepaßte Nutzungen können Umweltprobleme zu Katastrophen erweitern, wie sie beispielsweise aus der Sahel-Zone bekannt sind. Wichtiger als die räumlich differenzierten Assimilationskapazitäten sind jedoch räumlich ungleich verlaufende Entwicklungen des Gesellschaftssystems. Die Geographie des sozialen und wirtschaftlichen Wandels führt zu entsprechenden Veränderungen des Landnutzungssystems und zu entsprechenden Belastungszunahmen oder umgekehrt zu Entlastungen. Es liegt daher die Hypothese nahe, daß das Wirkungsgefüge zwischen den verschiedenen Elementen des ökologischökonomischen Systems regionstypisch organisiert ist. Als Regionen kommen sowohl wirtschafts- und siedlungsstrukturell definierte Räume in Betracht als auch politischadministrative Territorien.

Um das am Schema von Knauer erläuterte generelle Wirkungsgefüge stärker auf die gesellschaftlichen Einflußgrößen zu beziehen und es für empirische Analysen konkreter zu fassen, wird ein Wirkungsmodell benutzt, in dem das regionale Landnutzungssystem prozessual betrachtet wird (Abb. 1.2). Diese Betrachtungsweise wird mit dem Begriff 'regionaler Strukturwandel' bezeichnet. Er beschreibt zunächst nur die Zustandsveränderung eines offenen, zu Analysezwecken abgegrenzten Systems, das sowohl aus natürlichen als auch aus anthropogen geformten Elementen und den Beziehungen zwischen diesen Elementen besteht. Räumlicher 'Wandel' bzw. der synonym gebrauchte Begriff der 'Raumentwicklung' wird als abhängige Variable sozialer Prozesse aufgefaßt (Harvey 1973,S.27f.). Im Sinne des 'spatial approach' wird unter der Raumstruktur ein interdependentes Netz lokalisierter Einheiten wie die Standorte von Individuen, Haushalten, Betrieben und politisch oder naturräumlich abgegrenzte Arealen verstanden, die Interaktionen untereinander aufweisen (räumliche Systeme). Inhomogene Verteilungen und die Unterschiede in Intensität und Richtung der Interaktionen ermöglichen eine regional differenzierte Betrachtungsweise (regionale Systeme). Ihre Erklärung ist oben als Aufgabe der Wirtschafts- und Sozialgeographie beschrieben worden.

Dem Wirkungsmodell liegen zwei Basishypothesen zugrunde, die einleitend entwickelt worden sind. Erstens ist davon auszugehen, daß die weltweit vorherrschende Produktionsweise grundsätzlich zur Entwertung der Umwelt als "Gesamtheit der den menschlichen Lebensraum definierenden natürlichen Gegebenheiten" führt (Siebert 1978,S.9). Dieses läßt sich auch als Widerspruch zwischen Ökologie und Ökonomie bezeichnen. Zweitens besteht ein weitgehender gesellschaftlicher Konsens darüber, daß der Entwertungsprozeß minimiert werden soll und daher Umweltschutzaktivitäten notwendig sind. Der für das weitere Vorgehen entscheidende Gesichtspunkt ist die Unterschiedlichkeit und Verflochtenheit der belastenden Umweltnutzungen im Raum sowie die regionalen Wirkungen von Umweltschutzaktivitäten. Es ist zu vermuten, daß die Verschiedenheit regionaler Entwicklungsprozesse entsprechend unterschiedliche Anforderungen an die Umweltschutzpolitik stellt. Gleichzeitig werden die Wirkungen von umweltpolitisch motivierten Maßnahmen wegen der Unterschiede der Raumstruktur regional verschieden ausfallen.

Hieran knüpft sich das erste grundlegende Erkenntnisinteresse: Wie hat sich der Widerspruch zwischen Ökologie und Ökonomie historisch im räumlichen Entwicklungsprozeß entwickelt und in welche Richtung verläuft der aktuelle Strukturwandel? Dabei sind insbesondere solche Bezüge interessant, die mit den wichtigsten räumlichen Veränderungen verbunden sind wie mit der Urbanisierung, der Industrialisierung des ländlichen Raumes, den neuen regionalen Disparitäten (Süd-Nord bzw. West-Ost-Gefälle) und der raumstrukturellen Heterogenität auf allen Maßstabsebenen.

Wenn es gelänge, historische und aktuelle Erscheinungsformen des Widerspruchs systematisch zu benennen, wären wichtige Determinanten des regionalen Strukturwandels benannt. Dennoch könnten die gesellschaftlich geforderten Umweltschutzaktivitäten nicht unmittelbar daraus abgeleitet werden. Umweltpolitik ist vielmehr abhängig von den individuellen und gesellschaftlichen Wahrnehmungen der Nutzungskonflikte und Umweltschäden. Diese folgen nicht einer gesicherten Logik, sondern sind eine Gefahren- und Risikowahrnehmung, bei der Brüche, Inkonsistenzen und Zynismus eine ebenso große Rolle spielen dürften wie das methodisch nach-

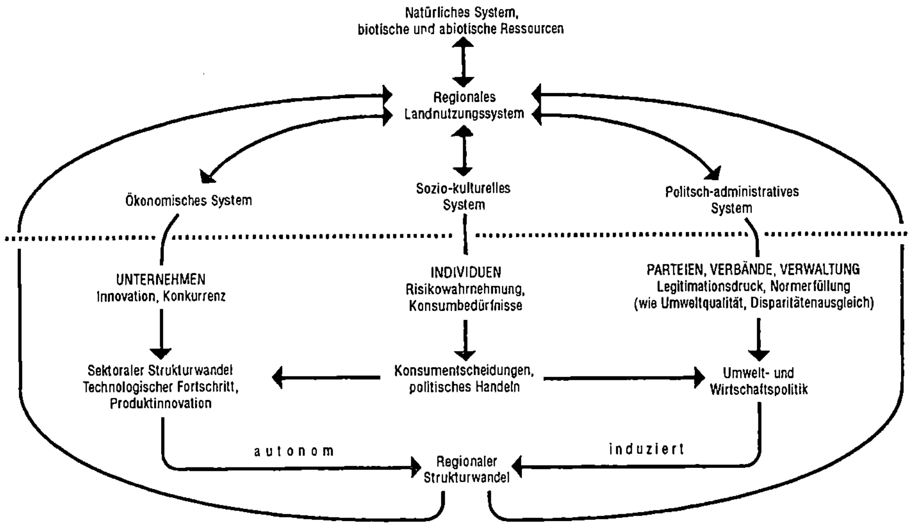

Abb. 1.2:   Wirkungsmodell zur Analyse der Determinanten des regionalen Strukturwandels

vollziehbare Expertenwissen über die gegenwärtige Immissionssituation und ihre Ursachen. Trotz der Komplexität des gesellschaftlichen Umweltbewußtseins, das weit über das einfache 'stimulus - response' Schema (Wahrnehmung eines Umweltproblems - Ausführung einer Umweltschutzaktivität) hinausgeht, kann den Handlungen der individuellen und politischen Akteure eine gemeinsame grundsätzliche Richtung unterstellt werden, die in der bewußten umweltentlastenden Veränderung der gegenwärtigen Situation der Raumstruktur besteht. Der Widerspruch zwischen Ökologie und Ökonomie hat also nicht nur eine raumwirtschaftliche Dimension, sondern auch eine raumpolitische: Welche Folgen hat das ökologische

Konfliktbewußtsein der Bürger eines Staates bzw. wie reguliert das politische System in Konflikt stehende Umweltnutzungen?

Im Wirkungsmodell sind alle diejenigen Einflußgrößen und hypothetischen Annahmen zusammengefaßt, die verwendet werden, um den Zusammenhang zwischen räumlichem Entwicklungsprozeß und Umweltrisiko aufzuzeigen (Abb. 1.2). Bei einer analytischen Betrachtung läßt sich eine autonome, d.h. eine rein marktmäßig gesteuerte, und eine induzierte, d.h. eine planmäßig gesteuerte Einflußrichtung unterscheiden. Der autonome Verlauf führt über Angebots- und Nachfragerelationen zu Veränderungen, sei es durch neue Technologien oder durch neue Organisationsstrukturen und Konkurrenzbeziehungen. Weiterhin führt die zunehmende Umweltsensibilisierung der Individuen zu einer verstärkten Nachfrage nach 'umweltfreundlichen' Produkten, die Effekte auf den Strukturwandel haben kann. Wenn jeder Verbraucher vor seiner Kaufentscheidung überprüft, welche Rohstoffe in ein Produkt und seine Verpackung eingehen, welche Emissionen bei seiner Herstellung auftreten und wie umweltfreundlich sein Verbrauch und seine Wiederverwendung sind (vgl. Abb. 3.1), entstände ein enormer Druck für Produktinnovationen und für eine Änderung der Produktionsstruktur.

Das durch das 'ökologische Konsumentenbewußtsein' entstehende Marktpotential ist heute zwar noch überwiegend bei den Endverbrauchern der Produkte der Konsumgüterindustrie zu finden, jedoch kommen durch die Ausbreitung des umweltorientierten Managements langsam auch die für die strukturelle Ebene wichtigeren innergewerblichen Lieferbeziehungen in Bewegung. Damit sind Effekte gemeint, die beispielsweise entstehen, wenn Kfz-Hersteller nur noch solche Materialien verwenden, die nach Verbrauch des Fahrzeugs problemlos in den Wertstoffkreislauf zurückgeführt werden können.

Technologischer Wandel sowie ökologische Haushalts- und Betriebsführung können, wie gezeigt wurde, einen autonomen Strukturwandel herbeiführen, der umweltentlastende Effekte aufweist. Da die Steuerung allerdings nicht oder nicht primär aus Umweltschutzgründen erfolgt, sondern ein Nebenprodukt anderer Entwicklungen ist, bleibt es letzlich die Aufgabe des Staates, mit Hilfe umweltpolitischer Entscheidungen, Ge- und Verboten sowie anderen Instrumenten einen umweltschonenden Strukturwandel zu induzieren. In der parlamentarischen Demokratie erfolgt die entsprechende Willensbildung primär durch die politischen Parteien, die wiederum auf die Wahlpräferenzen der Bevölkerung Rücksicht nehmen, aber auch durch die Verbände und die neuen sozialen Bewegungen. Die jüngste Geschichte der Bundesrepublik hat allerdings gezeigt, daß die politische Aktivität im Umweltbereich im höchsten Maße abhängig ist von der kollektiven Artikulation der individuellen Interessen, insbesondere von der Ökologiebewegung. Aber unabhängig davon, wer umweltpolitisches Handeln bestimmt, kann der Staat einen Strukturwandel induzieren, indem bestimmte Aktivitäten unterbunden, andere gefördert werden.

Ziel und Legitimationsgrundlage staatlicher Aktivitäten ist die sozial- und umweltverträgliche Gestaltung regionaler Anpassungsprozesse. Der regionale Strukturwandel kann danach beurteilt werden, ob er erstens zu einer Reduzierung der Emissionen und zweitens zu einem Abbau regionaler Disparitäten führt. Konkretisieren läßt sich dieser Kontext in eine Reihe sehr interessanter und für die laufende Umwelt- und regionalpolitische Diskussion auch relevanter Problemkomplexe, wie sie durch folgende Fragen beispielhaft illustriert werden:

1. Führt der Strukturwandel zu einer postindustriellen Ökonomie, die Umweltbelastungen automatisch reduziert? Wenn dieses zu bejahen ist, läge das Ziel staatlicher Strukturpolitik in einer möglichst schnellen Anpassung der Regionalwirtschaft an neue Produktionsformen, die Umweltentlastungen als Gratiseffekt aufweisen. Der in der Fourastie-These angenommene Übergang zur Dienstleistungsgesellschaft, der technologische Fortschritt sowie die Bedeutungsverschiebung von der Hand- zur Kopfarbeit bewirken für sich oder zusammengenommen möglicherweise eine geringere Inanspruchnahme von Umweltressourcen.

2. Auf welcher territorialen Ebene soll die Ordnungspolitik staatlicher Institutionen einsetzen? Sind umweltpolitische Standards der jeweiligen lokalen bzw. regionalen Wirtschaftsstruktur anzupassen oder haben generell gleiche Standards auf möglichst hoher Ebene zu gelten (Klemmer 1988)?

3. Sind die Belastbarkeit von Ökosystemen und ihre Assimilationsfähigkeit von Schadstoffen als Grundlage für zukünftige Flächennutzungsentscheidungen systematisch zu erfassen? Dann müßten aber auch Informationen über ökologische Potentiale mit einer weit über den Geltungsbereich der gerade institutionalisierten Umweltverträglichkeitsprüfung hinausgehenden Intensität erhoben und bewertet werden.

4. Kann Umweltschutzpolitik nicht auch gleichzeitig Regionalpolitik sein, also technologische Innovation per staatlicher Verordnung erzeugen und damit die Wachstumschancen einer Region erhöhen sowie zu Beschäftigungseffekten führen, die insbesondere in Regionen mit Anpassungsschwierigkeiten Entlastungseffekte auf dem Arbeitsmarkt bewirken?

Zumindest für einige Aspekte der in diesen Fragen angedeuten Zusammenhänge soll diese Arbeit Vorschläge liefern, die aus der Analyse des in Abb. 1.2 dargestellten Wirkungszusammenhangs hergeleitet werden. Auf diese Weise lassen sich Handlungsperspektiven für die sozial- und umweltverträgliche Gestaltung regionaler Entwicklungsprozesse aufzeigen, die auf dem Wissen darüber aufbauen, ob der gegenwärtig ablaufende regionale Strukturwandel umweltbe- oder umweltentlastend bzw. disparitär oder ausgleichend verläuft.

Wie man dieses Wissen konkret erlangen kann, wird in den folgenden Kapiteln anhand von Fallstudien aufgezeigt. In ihnen werden empirische Umsetzungen der oben vorgestellten allgemeinen Forschungsrichtungen in isolierter und synthetischer Form unternommen. Auf diese Weise lassen sich ökosystemare und umwelt-ökonomische Bewertungsmaßstäbe sowie subjektiv wahrgenommene Umwelt-probleme und faktische Umweltschutzaktivitäten in ihren Wirkungen auf den regionalen Strukturwandel analysieren und gegebenenfalls kritisieren.

2 Historische Entwicklung der Naturzerstörung am Beispiel landschaftsbiographischer Momente Hamburgs und des Unterelberaumes

In den gegenwärtigen hochindustriellen Gesellschaften sind räumliche Formen, Strukturen und Beziehungen primär ein Produkt gesellschaftlicher Prozesse. Naturräumliche Grundstrukturen sind zwar nach wie vor sichtbar, aber selbst große Flüsse werden wasserbautechnisch verändert, Reliefenergie wird den jeweiligen Nutzungsinteressen angepaßt, gegliederte Gebiete werden in monostrukturelle umgeformt. Dieser gesellschaftliche Raum entsteht kontinierlich durch menschliche Arbeit, die die physische Umwelt und die ökologischen Verhältnisse lokal, regional und global modifiziert. Mittelalterliche Rodungen der zentraleuropäischen Laubmischwälder haben beispielsweise die Pflanzen- und Tierbesiedlung stark verändert. Interessant ist, daß sich die Artenzahlen dadurch verdoppelt oder sogar verdreifacht haben (Bick 1985,S.23). Die räumlichen Auswirkungen neuzeitlicher gesellschaftlicher Arbeitsvorgänge sind allerdings als problematisch zu werten: Die Zunahme der Artenzahlen erfolgt nur noch in den 'Roten Listen'; Verschmutzungen und Vergiftungen weisen auf gravierende Fehlentwicklungen hin. Die Ansprüche hochindustrieller Gesellschaften an ihre Lebensräume übersteigen vielfach deren ökologische Kapazität; dieses wird in den kaum noch überschaubaren Umweltproblemen sichtbar. Somit ist von einer reflexiven Beziehung auszugehen: Die Produktion von Raum weist auf die Beherrschbarkeit von Natur hin, während die Wirkungen dieser Überlegenheit die Reproduktion der Kulturräume und damit die sie bewohnenden Menschen physisch bedrohen.

Der Begriff 'Risikogesellschaft' deutet an, daß die Bedrohung der natürlichen Umwelt durch die fortgeschrittene Industrie und Technik zu einer Gefahr für die Menschen geworden ist, der sie jederzeit und überall ausgesetzt sind. Dieses Kapitel beschäftigt sich mit den Ursprüngen der Risikogesellschaft und setzt diese in Beziehung zu den grundlegenden historischen Prozessen der Produktion von Raum. Von entscheidender Bedeutung ist dazu der Übergang von der vorindustriellen Agrargesellschaft zum industriellen Kapitalismus, der vorher unbekannte Arbeitsproduktivitäten freisetzte und damit erst die totalisierende gesellschaftliche Überformung der Naturräume ermöglichte.

Diese Überlegung soll mit zwei Skizzen illustriert werden, die entscheidende raumprägende Prozesse thematisieren. Zunächst geht es um die Erzeugung und periodische Bewältigung von Umweltproblemen durch den Prozeß der Urbanisierung. Dieser setzte Anfang des 19. Jahrhunderts ein und war eine der wichtigsten Begleiterscheinungen der sich ausbreitenden industriellen Produktion. Zwar gab es auch vor dieser Zeit große Städte und damit Versorgungsschwierigkeiten, Hygienedefizite und Müll- bzw. Exkrementnotstände (Herrmann 1986; Corbin 1984), aber erst der massenhafte Zustrom in die Städte im Zuge der Industrialisierung führte zur Transformation dieser Fragen in ein allgemeines, gesellschaftliches Problem. An den diskutierten und praktizierten Lösungen der städtischen Umweltprobleme läßt sich ein typischer Mechanismus der Klassengesellschaft des 19. Jahrhunderts deutlich machen, deren Verteilungslogik bis weit in unser Jahrhundert hinein reicht und teilweise auch heute noch besteht: Soziale Probleme und Strukturkonflikte der industriellen Produktion werden auf Kosten der Umwelt gelöst. Wie das Hamburger Beispiel zeigen wird, lassen sich die Wechselwirkungen zwischen Gesellschaft und Umwelt aber auf diese Weise nicht ausschalten und es entstehen Folgeprobleme mit katastrophalen Ausmaßen.

Die zweite Skizze thematisiert den Wandel des ländlichen Raumes, der die punktuellen Umweltprobleme der Städte zu mehr oder weniger flächendeckenden gemacht hat. Diejenigen, die zur Jahrhundertwende in ihrer Freizeit aus der Stadt 'geflohen' sind, um sich in der 'wilden Natur' zu regenerieren, würden heute kaum noch freie Plätze finden, die dann entweder als Erholungsgebiet befriedet oder als Naturschutzgebiet eigentlich unzugänglich sind. Am Beispiel des Unterelberaumes sollen dabei einige kleinräumige Momente als Teil einer Landschaftsbiographie aufgezeigt werden.

Mit dem historischen Exkurs ist die Frage der gegenwärtigen Belastungssituation allerdings nicht geklärt. Deshalb werden in einem weiteren Abschnitt die wichtigsten regionalen Umweltprobleme zusammengefaßt. Für den Unterelberaum lassen sich neben dem allgemein verfügbaren Material zwei Großprojekte der Ökosystemforschung heranziehen (Knauer 1986). Zusammen mit den staatlichen Raumordnungsvorstellungen und der regionalpolitischen Diskussion zeigen sie die wissenschaftliche bzw. offizielle Risikowahrnehmung, die im anschließenden Kapitel durch die subjektiv wahrgenommenen Umweltgefahren kontrastiert werden.

2.1 Zusammenhänge zwischen Urbanisierung, Umweltproblemen und Stadtkritik im 19. Jahrhundert

Schon vor der dynamischen Technikentwicklung während der Industrialisierung gab es in den westeuropäischen Ländern Vorschriften, die Umweltnutzungen regelten. Beispiele sind Schutzbestimmungen für die Allmende gegen Überweidung, für Fließgewässer, um Fischerei und Trinkwasserversorgung sicherzustellen und für die Begrenzung von Naturgefahren durch gemeinsamen Deichbau oder durch Erhaltung des Gebirgswaldes. Bis zum Beginn der Industrialisierung in England war ein dichtes Geflecht einzelner Bestimmungen entstanden, wie und durch wen der Schutz der Umwelt zu bewerkstelligen sei. Es waren defensive Gesetze, die Naturverbrauch einschränkten und Eingriffe nach dem bemaßen, was dem Menschen auf Dauer nützlich schien.

Solche Regelwerke sind ein Indiz für das Vorhandensein eines sozialen Bewußtseins für Naturgefahren, welches sich aus den begrenzten technischen Möglichkeiten erklärt. Sie legten aber auch die Nutzung von Umweltpotentialen und deren 'vernünftige' Grenzen fest. Das von Beck (1986) als neuartig postulierte Risikobewußtsein ist daher historisch kein erstmaliges Phänomen, sondern es lassen sich in der Geschichte Perioden finden, in denen ähnliche Orientierungen wirksam waren.

Ein Beispiel für die historische Wahrnehmung von Umweltrisiken ist die frühe und sehr stark ausgeprägte Kritik an bestehenden und antizipierten Veränderungen in der kulturhistorischen Epoche der Romantik (etwa 1790-1840). In dieser Epoche fand eine nahezu ununterbrochene Debatte um die Bedeutung und die Richtung der Veränderungen statt, die in Europa vor sich gingen. Generelle Skepsis bestand vor allem gegenüber modernisierten Herrschaftsformen wie dem aufgeklärten Absolutismus in Preußen oder gegenüber den Folgen der Revolution in Frankreich. Suspekt waren den Zeitgenossen der Romantik gleichermaßen die Anfänge des industriellen Kapitalismus, die damit verbundenen neuen Gewerbeordnungen, die sich abzeichnende Urbanisierung und die Auflösung normativer Konventionen als 'die Entzauberung mittelalterlicher Weltbilder'. Weitsichtig wurden die Grundlagen für die Entfaltung der enormen ökonomischen Dynamik in der frühen Industrialisierung hinterfragt, wie beispielsweise die neue rechtliche Gleichstellung der Wirtschaftsakteure, die sich mit dem bisher wenig entwickelten Medium Geld auf weitgehend deregulierten Märkten austauschten. Adam Müller, eine wichtige Figur der romantischen Staats- und Wirtschaftstheorie, schrieb am Anfang des 19. Jahrhunderts:

"Erst müßt ihr die Erde mit ihren unendlichen Klimaten und eigentümlichen Lokalitäten in eine große gleichförmige Fläche ausgewalzt haben, erst muß alle Vorliebe der Menschen für das Nähere und Angewöhnte und für das

Besondere, Erworbene ausgerottet sein, ehe diese unbedingte Gewerbefreiheit, also ehe dieses absolut freie Privatvermögen der Einzelnen möglich wäre" (Müller 1812,S.34 zitiert nach Sieferle 1984,S.50).

Aus dieser Vorstellung ergeben sich zwei Deutungsmuster der zukünftigen Entwicklung: Entweder akzeptiert man, daß eine derartige Angleichung von Menschen und Regionen nicht realisierbar ist, dann wird die reaktionär gewendete Kritik der Romantik und die Idealisierung mittelalterlicher Verhältnisse als Modell institutionalisierter Ungleichheit zum Programm. Oder man setzt auf die technologische Entwicklung, die die Fesseln der Unterpriviligierten zu lösen verspricht.

Ein weiterer Autor der Romantik, F. Schleiermacher, veranschaulicht dieses am Beispiel der Situation eines Sklaven, der etwas verrichten muß, was eigentlich durch 'tote Kräfte' bewirkt werden könnte (1799). Die Perspektive der Zukunft liegt, so Schleiermacher, in der durchtechnisierten Welt, in der sich Fabriken in 'Feenpaläste' verwandeln, um so die Menschen von der Zwangsarbeit zu befreien. Dieses Vertrauen auf die Entfaltung der Produktivkräfte wird später die Entwicklung sozialistischer Positionen bestimmen und ist auch heute noch allgegenwärtig (Sieferle 1984,S.51; Schimank 1983).

In der romantischen Literatur überwiegt aber der Hinweis auf die Schattenseite der Technikentwicklung: "Selten könne der Mensch ein Prachtgebäude begründen, ohne zugleich den Grund zu tausend armseligen Hütten zu legen". So lautet das Resümee einer Beschreibung der neuen Industrieregionen in England ebenfalls Anfang des 18. Jahrhunderts (Sieferle 1984,S.51). Dieser aus heutiger Sicht erstaunliche Weitblick, mit dem die Romantiker ihre Risikowahrnehmungen und mögliche Fehlentwicklungen der aufgeklärten, industriellen Gesellschaften artikulierten, ist nur aus der organizistischen Sichtweise zu erklären: Natur, Staat und Gesellschaft bilden eine gewachsene Einheit, die mehr als nur die mechanistisch zusammengeführte Addition der Teile ist. Isolierungen von Zusammenhängen, um beispielsweise die Profitabilität ökonomischer Prozesse zu erhöhen, müssen somit als kurzsichtig abgelehnt werden. Diesen, für uns wichtigsten Einwand der Romantik gegen die ablaufenden Veränderungen faßt Sieferle wie folgt zusammen:

> "Generell schafft die Aufklärung immer neue Probleme, wenn sie glaubt, alte gelöst zu haben. Ihr wichtigstes Ziel, eine Verbesserung des menschlichen Lebens zu ermöglichen, kann sie nicht erfüllen. Sie weckt nur falsche Hoffnungen und schlägt einen leidvollen Weg ins Ungewisse ein, der nicht positiv enden, jedoch durchaus in die Katastrophe führen kann" (Sieferle 1984,S.44).

Mag das überwiegend reaktionäre Gegenprogramm der Romantiker wenig überzeugend gewesen sein, so hat die generelle Risikowahrnehmung wesentlich zur zukünftigen Entwicklung beigetragen, von der hier zwei Linien weiterverfolgt werden sollen, die 'realpolitische Verarbeitung' der neuen Umweltprobleme in den Städten mit ihrer Verbindung von sozialreformerischen und technologischen Neuerungen sowie die Fortdauer der grundsätzlichen Modernisierungskritik mit ihren Gegenmodellen zur Urbanisierung.

2.1.1 Die allgemeine Diskussion über Stadtentwicklung, Abwasserbeseitigung und das Problem der Flußverunreinigung

Die durch die Industrialisierung entstehende räumliche Organisation führte zu den in der Romantik bereits antizipierten Veränderungen der Städte und zu gesellschaftlich artikulierten Interessen an der Erhaltung der Gesundheit der Bevölkerung durch städtebauliche Maßnahmen. Die Spannbreite der vorgeschlagenen sozialpolitischen Maßnahmen zur Verbesserung der Situation reichte von der konservativen Definition staatlicher Minimalstandards bis hin zu den radikalen Reformansätzen der 48er Bewegung, die eine staatliche Garantie für den Erhalt der individuellen Gesundheit einklagen. Weil "der größte Teil der Krankheiten nicht auf natürlichen, sondern auf künstlich erzeugten gesellschaftlichen Verhältnissen beruht" (Neumann 1847, zitiert nach Rodenstein 1988,S.63), sei letztlich Medizin und Politik das gleiche. Neben diesen gesellschaftstheoretisch begründeten Unterschieden entstanden auf Grund von abweichenden Theorien über die Verbreitung von Krankheiten und divergierenden Abschätzungen der städtebaulich einsetzbaren Technologien weitreichende Konflikte über die zu treffenden praktischen Maßnahmen. Das 19. Jahrhundert war bis zu seinem Ende durch starke Auseinandersetzungen über die sogenannte 'Stadtreinigungsfrage' geprägt, wobei sich Lösungsvorschläge ganz unterschiedlicher Herkunft gegenüberstanden. In der sozialdarwinistisch gefärbten Sprache der Jahrhundertwende lautet das Thema:

> "Die Industrie und damit das in den Städten zusammengedrängt von der Industrie lebende Menschenmaterial wächst zusehends. Während nun der Dünger, den diese Menschen produzieren, der Landwirtschaft entzogen wird und in den Flüssen durch die Verunreinigung derselben das Fischleben abtöten hilft, degeneriert und proletarisiert es, da es den natürlichen Lebensbedingungen entfremdet wird" (Bonne 1901,S.101).

Es galt bereits vor der Urbanisierung des 19. Jahrhunderts als erwiesen, daß Stadtluft nicht nur frei, sondern auch krank macht. Der relativ höhere Sterblichkeitsüberschuß in den Städten wurde von Zeitgenossen außer auf lasterhafte Lebensführung auf das nahe Beieinanderwohnen zurückgeführt. Die zeitgenössische Literatur erklärt den Sterblichkeitsüberschuß durch die "Unmäßigkeit im Essen und Trinken, durch unehelichen Geschlechtsverkehr und andere Laster", aber auch durch das "nahe Beieinanderwohnen, das der Verbreitung ansteckender Krankheiten Vorschub leiste", sowie durch "schlechte Ärzte und Hebammen wie unbeaufsichtigte Apotheken". Die Städte wurden als "offene Gräber der Menschheit" bezeichnet (Hufeland 1796, zitiert nach Rodenstein 1988, S.31). Weit verbreitet war die Miasmathese, die besagt, daß Krankheitserreger aus Abfällen und menschlichen Exkrementen über die Luft übertragen werden (Corbin 1984, S.21ff.). Konsequenzen für den Städtebau ergaben sich in größerem Umfang aber erst ab Mitte des 19. Jahrhunderts im Zuge der Bevölkerungsvermehrung. Die Grundlagen schuf Edwin Chadwick mit seinen Arbeiten zur Verbesserung der Situation Londons in den dreißiger und vierziger Jahren. In seiner Tätigkeit als Sekretär der "Poor Law Commission" (ab 1834) begründete er eine Verbindung von Städtebau und Sozialpolitik und damit eine besondere Variante der Sozialreform in England, die mit dem Erscheinen des von ihm verfaßten "Report on the Sanitary Condition of the Labouring Population of Great Britain" (1842) einen ersten Höhepunkt erreichte. Seine Vorschläge zur Verbesserung der Wasserversorgung und zur Lösung des Abwasserproblems durch die Konstruktion von Schwemmkanalisationen waren der erste systematische Ansatz zur Verbesserung der Stadthygiene durch Entsorgungstechnik.

Chadwick wurde durch die Einsicht motiviert, daß mangelhafte stadthygienische Einrichtungen einen negativen Einfluß auf Moral und Sitten ausüben würden. Die Lebensverhältnisse in der Stadt ständen dem bürgerlichen Ideal der Gleichheit soweit entgegen , daß in vielen Wohnquartieren die Basis für eine neue soziale Revolution im Entstehen begriffen sei (Rodenstein 1988; v. Simson 1983; Stadtentwässerung Zürich 1987). Der soziale Sprengstoff dieser Frage wurde von Rudolf Virchow, einem Arzt, Sozialreformer und frühen Mitglied der Frankfurter Gesellschaft für Geographie und Statistik klar erkannt:

> "Wenn der Staat zuläßt, daß durch irgendwelche Vorgänge, sei es des Himmels oder des täglichen Lebens, Bürger in die Lage gebracht werden, verhungern zu müssen, so hört er rechtlich auf, Staat zu sein, er legalisiert den Diebstahl (Selbsthilfe) und beraubt sich jeden sittlichen Grundes, die Sicherheit der Personen oder des Eigentums zu wahren. Dasselbe ist der Fall, wenn er es zuläßt, daß ein Bürger gezwungen wird, in einer Lage zu beharren, bei der seine Gesundheit nicht bestehen kann" (Virchow 1848, zitiert nach Rodenstein 1988, S.64).

Die von Chadwick initiierte, kurze Zeit später zum 'Public Health Movement' angewachsene Bewegung entwickelte in der 'Sanitary School' einen integrativen Ansatz, der auch ökonomische Momente aufnahm. Auf einem internationalen Wohltätigkeitskongreß im Jahre 1856 erläuterte Frederick O. Ward das Konzept (Abb. 2.1): Die unhygienischen Wohnbedingungen der arbeitenden Bevölkerung

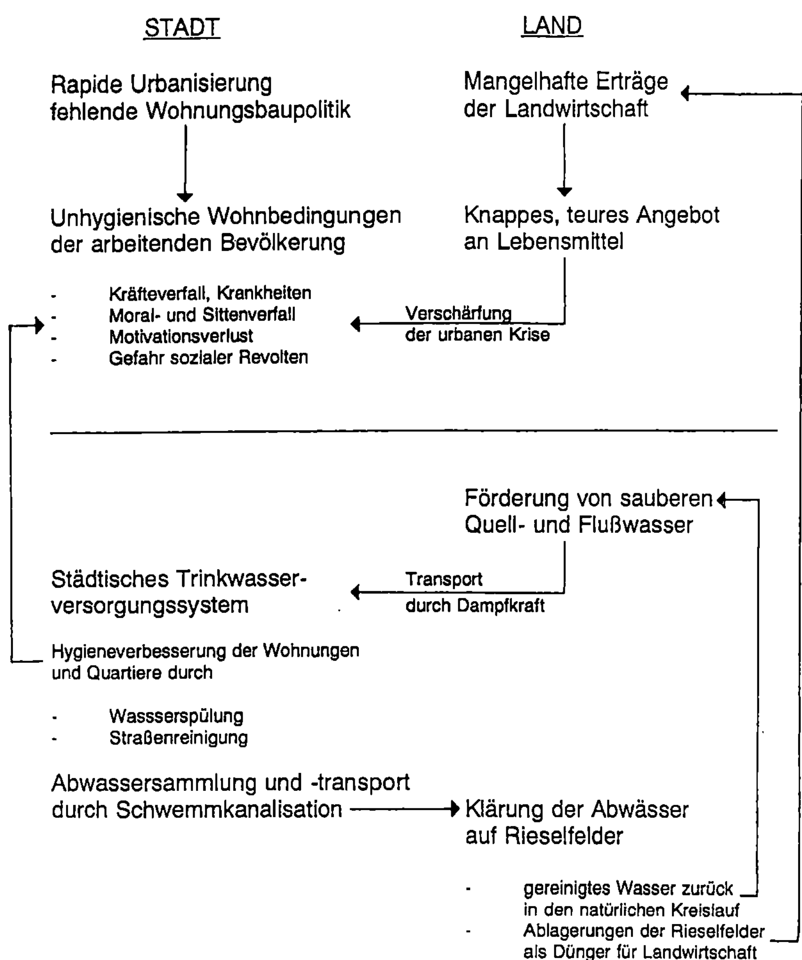

Abb. 2.1: Schematische Übersicht des integrativen Stadtreinigungskonzeptes der 'Sanitary School' Mitte des 19. Jahrhunderts. (eigener Entwurf)

führen zum Kräfteverfall und zu zahlreichen Krankheiten, zu Motivationsverlust und Mutlosigkeit. Hinzu kommen die mangelhaften Erträge der Landwirtschaft, die eine Verknappung und Verteuerung der Lebensmittel verursachen. Betrachtet man nun Stadt und Land als organische Einheit, ergibt sich ein einfaches Modell zum Aufbrechen dieses 'Teufelskreises'. Mit Hilfe von Pumpen, die durch Dampfkraft angetriebenen werden, wird sauberes Quellwasser in die Stadt gepumpt und in die Wohnungen befördert. Die Bewohner können sich so mit Trinkwasser versorgen, während das Abwasser der Wohnungen, u.a. durch neuartige Klosetts mit Wasser-spülung, in eine Kanalisation abgeleitet wird. Auf diese Weise läßt sich das durch Exkremente und Abfälle verschmutzte Wasser wieder aus der Stadt hinausführen. Auf Rieselfeldern erfolgt eine Klärung des Abwassers, das dann, nun gereinigt, über ein Entwässerungsnetz gesammelt dem Fluß und dem Meer zuzuführen ist, von wo es über den natürlichen Kreislauf zurück zur Quelle findet. Die Ablagerungen der Rieselfelder können als natürlicher Dünger der Landwirtschaft zugeführt werden, die so ihre Erträge steigert (vgl. v. Simson 1983,S.22ff.).

Der Zusammenhang zwischen der Entwicklung der landwirtschaftlichen Erträge durch Düngung und der Nutzung des städtischen Abwassers wurde auch vom Agrar-wissenschaftler Justus von Liebig hergestellt, der damit die deutsche Auseinanderset-zung über die Wahl der Entsorgungstechnik stimulierte. Von der "Entscheidung der Kloakenfrage der Städte", d.h. wie und in welchem Umfang eine Rückführung der Abwässer in die Landwirtschaft ermöglicht wird, seien, so Liebig, "die Erhaltung des Reichtums und der Wohlfahrt der Staaten und die Fortschritte der Cultur und Civilisation abhängig" (Liebig 1862, zitiert nach v. Simson 1983,S.104).

Ein weiterer und für einige Städte ausschlaggebender Impuls für die Entwicklung städtischer Umwelttechnik war der Erkenntnisfortschritt über die Ausbreitung der Cholera. Insbesondere die Übernahme strikt erfahrungswissenschaftlicher Methoden in der Physiologie hatte Konsequenzen für die Stadthygiene. Wichtigster Protagonist dieser Wissenschaftsrichtung war M. v. Pettenkofer (1818-1901), der bis zum Durch-bruch der Erkenntnisse Robert Kochs über die bakteriologische Hygiene (ab ca. 1880) der Meinungsführer in der medizinischen und stadtplanerischen Diskussion war.

Pettenkofer stellte nach eingehenden Untersuchungen verschiedener Choleraepide-mien die sog. Bodentheorie auf, die besagt, daß sich die Krankheit über einen Keim verbreitet, der durch die Ausscheidung eines Erkrankten in den Boden gelangt. In den Städten des 19. Jahrhunderts wurden die Exkremente häufig in Senk- oder Sickergruben gesammelt, aus denen, laut Pettenkofer, die Keime nach allen Seiten austreten konnten. Deshalb sei der städtische Boden, insbesondere dort, wo er im feuchten Zustand ist, die Ursache für die Verbreitung der Cholera. Die eigentliche Ansteckung erfolge dann durch das Miasma, d.h. über das Einatmen der Keime. "Die wichtigste Folgerung aus dieser auf der Basis naturwissenschaftlicher Untersuchun-gen gefundenen Theorie war, daß zur Verhinderung der Entstehung des Cholera-miasmas vor allem die gute Entwässerung des Bodens notwendig sei. Diese wieder-um sei durch die Ableitung der Abwässer in Kanäle sowie die Zementierung der Sickergruben zu erreichen" (Rodenstein 1988,S.82-83).

Auf dem Hintergrund der Erkenntnisse der Hygieniker, daß Entwässerung und eine verbesserte Durchlüftung die gesundheitliche Lage der ärmeren Stadtbewohner verbessern würden, steigerte sich die sozialpolitische Brisanz dieses Aufgabenbereichs. In allen deutschen Städten, in denen wegen des Problemdrucks gehandelt werden sollte, entstand eine häufig konträr geführte Diskussion um das Für und Wider der möglichen Entsorgungstechnologien und der damit verbundenen Kosten.

In den 1870er Jahren spitzte sich die Frage zu, ob die Gewässer die "natürlichen Wege zur Beseitigung allen Unrathes" seien (Baumeister, zitiert nach v. Simson 1978,S.378) oder ob die Gefährdung der Gewässergüte durch die Städte, nur weil diese auf einfache und billige Art ihre Fäkalstoffe entfernen wollten, nicht einem Experiment an der öffentlichen Gesundheit gleichkäme. Die letztgenannte Meinung wurde von der 'Königlich wissenschaftlichen Deputation für das Medizinalwesen in Preußen' vertreten, die 1877 administrativ wirksam wurde und praktisch für ein Verbot städtischer Einleitungen in öffentliche Gewässer sorgte (v. Simson 1978,S.376ff.). Die konträren Positionen waren auch verbandsmäßig institutionalisiert. Während der 'Deutsche Verein für öffentliche Gesundheitspflege' eine Eingabe an den damaligen Reichskanzler Bismarck machte, um die Einleitungen wieder zu ermöglichen, gründete sich 1877 der 'Internationale Verein gegen Verunreinigung der Flüsse, des Bodens und der Luft' und richtete eine Gegenpetition an das Reichskanzleramt. Praktiziert wurden in Deutschland alle Formen der Abwasserentsorgung: Die Einleitung ungeklärter Abwässer in die Elbe von Hamburg und Altona erhielt noch 1892 eine Parallele in München, wo der Einfluß Pettenkofers und seine Auffassung über die Selbstreinigungskraft der Flüsse entscheidungsbildend war. Dagegen erhielt Berlin, wie Danzig, eine Schwemmkanalisation mit Berieselungsfeldern, wodurch der Landwirtschaft organische Düngemittel aus den Abwässern zugeführt wurden; in Frankfurt entstand die erste Großkläranlage (Gather 1990).

Um die Jahrhundertwende klang die Diskussion über die Flußverunreinigung ab. Ein wichtiger Grund dafür liegt im abnehmenden ökonomischen Interesse der Landwirtschaft, der inzwischen billigere und bessere Düngemittel zur Verfügung standen. Zwar wurden in einigen Teilen des Reiches noch Wassergesetze verabschiedet, aber zu einer reichsgesetzlichen Regelung der Abwasserfrage kam es nicht mehr (v. Simson 1978,S. 388ff.). Sie unterblieb auch in den folgenden Jahrzehnten und ist eigentlich erst mit dem modernen Wasserhaushaltsgesetz eingeführt worden.

42

2.1.2 Hamburg: Das Modell städtischer Entsorgungstechniken im 19. Jahrhundert und seine Defizite

Die Ver- und Entsorgungssituation Hamburgs in der Zeit vor der Industrialisierung ist verschiedentlich beschrieben worden (Rambach 1801; Medizinal-Kollegium Hamburg 1901; Kelting 1934). Hier erfolgt eine Beschränkung auf diejenigen Aspekte, die sich in der Frage zusammenfassen lassen, wie die in der ersten Hälfte des 19. Jahrhunderts diskutierten theoretischen Lösungen der städtischen Umweltprobleme planerisch und städtbaulich handlungsanleitend geworden sind. Drei Gesichtspunkte werden betont: Der Bau von modernen städtischen Entsorgungstechniken in Hamburg nach dem Großen Brand von 1842, die damit verbundenen Umweltrisiken, die zur Cholerakatastrophe 1892 beitrugen, sowie die Widerstände gegen die sich entwickelnde technische Struktur der Großstadt um die Jahrhundertwende (vgl. auch Evans 1990).

Die vorindustrielle Physiognomie der Stadt und ihrer Umgebung gibt ein Ausschnitt der Karte von P.G. Heinrich aus dem Jahre 1810 wieder (Abb. 2.2). Das Zentrum Hamburgs lag ebenso wie das der zum Königreich Dänemark gehörenden Nachbarstadt Altona am Nordufer der Elbe. Der Fluß bildet in dieser Zone ein Stromspaltungsgebiet, das im Süden durch den Geestrand und die Stadt Harburg begrenzt wird. Durch die Lage zur Elbe und die Einmündung kleinerer Flüsse wie der Alster in den Fluß hatte Hamburg solange eine vergleichsweise einfache Ver- und Entsorgungslage, wie die Bevölkerungszahl relativ niedrig und stabil blieb. So wird in einer für die vorindustriellen Zeit typischen medizinischen Ortsbeschreibung festgestellt, daß die Hamburger Verhältnisse trotz aller Mängel 'sauberer' seien, als die etwa von London oder Paris (Rambach zitiert nach v. Simson 1983,S.63; vgl. auch die Beschreibung der Wasserqualität der Elbe in Tabelle 2.1). Die Probleme der städtischen Umwelt, die in Hamburg am Anfang des 19. Jahrhunderts bestanden, können in vier Punkte zusammengefaßt werden:

- Das aus der Alster und den Fleeten gewonnene Brauch- und Trinkwasser verschlechterte sich zunehmend in seiner Qualität, weil die steigende Bevölkerungszahl mehr Abfall produzierte und Gewerbebetriebe anfingen, stark belastete Abwässer einzuleiten; auch die 'Wasserkünste' an der Alster hatten mit Verschmutzungsproblemen zu kämpfen.

- Die auf der Geest neu errichteten Brunnen zur Grundwasserförderung reichten quantitativ nicht aus, um den Bedarf zu decken.

- Wohnungen mit Zugang zu den Nebenflüssen der Elbe und zu den Fleeten leiteten ihre Abfälle und Exkremente direkt ab, wodurch im Sommer und bei Ebbe erhebliche Belästigungen gegeben waren.

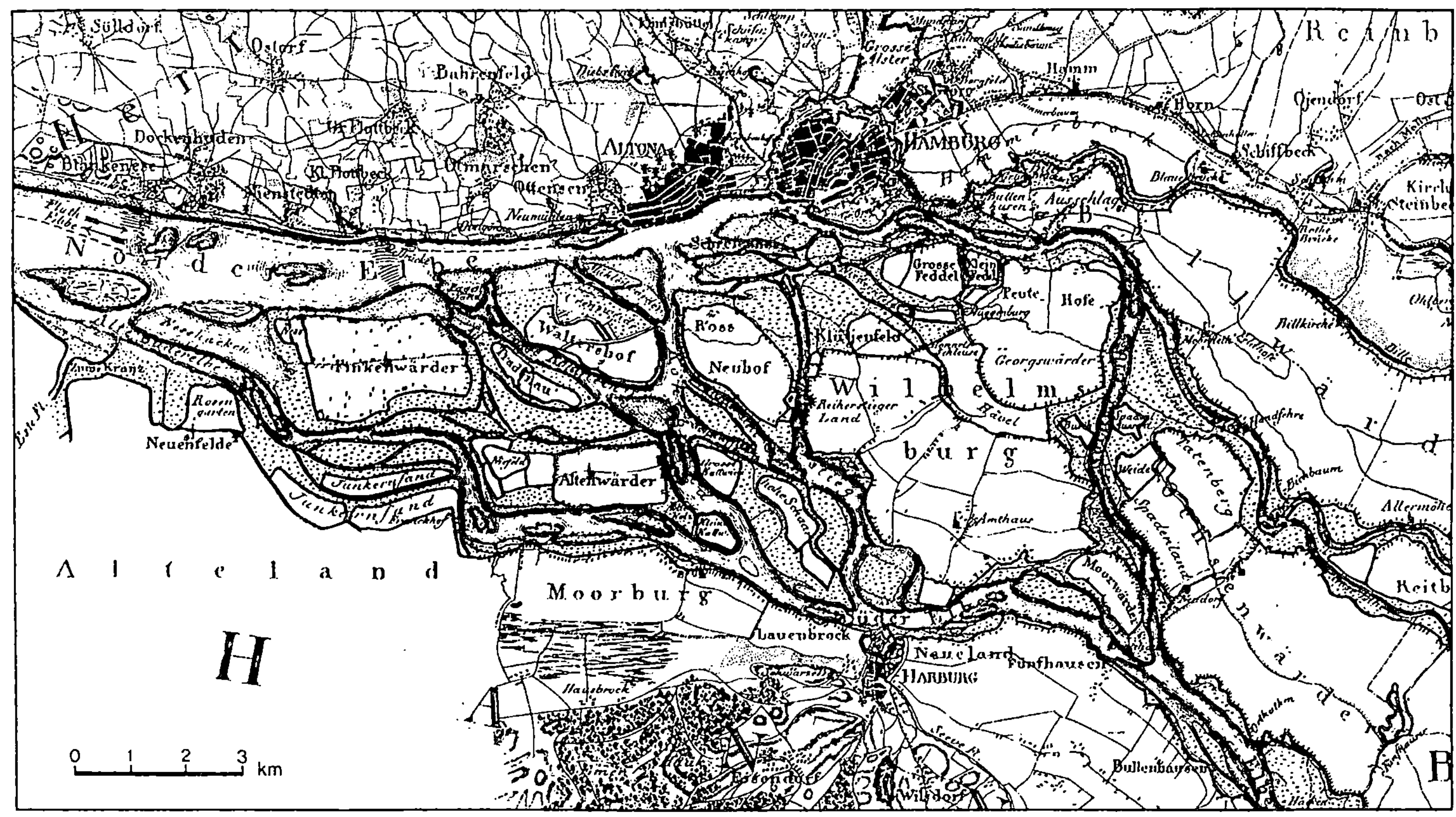

Abb. 2.2:   Hamburg und Umgebung am Anfang des 19. Jahrhunderts. (P.G. Heinrich 1810)

- Dort, wo weder ein Anschluß an die frühen Siele noch die direkte Einleitung möglich war, beseitigte man die Fäkalien und andere Abfälle durch 'Kummerwagen'. Dieser Begriff umschreibt Pferdefuhrwerke mit Transportbehältern, die nach oben hin offen und nach unten und zu den Seiten undicht waren.

Die Lösung der Städtereinigungsfrage in Hamburg

Die städtischen Umweltprobleme Hamburgs am Anfang des 19. Jahrhunderts machen deutlich, daß schon vor der Feuerkatastrophe 1842 Handlungsbedarf bestand. Der 'Große Brand', der zwischen dem 5. und 8. Mai 1842 große Teile der Stadt zerstörte, führte zu umfassenden Wiederaufbauplänen. Die dafür notwendigen "technischen Grundlagen der modernen Großstadt" (Schumacher 1969,S.6) schuf der englische Ingenieur William Lindley, der seit 1835 in Hamburg als Eisenbahntechniker tätig war (Strecke Hamburg-Bergedorf; Konzeption der Strecke Hamburg-Berlin).

In der 1935 fertiggestellten und 1969 publizierten Biographie Lindleys, verfaßt vom ehemaligen Hamburger Oberbaudirektor Gustav H. Leo, wird darauf hingewiesen, daß Lindley bereits vor dem 'Großen Brand' umfangreiche Pläne für einen Umbau der Stadt Hamburg für den Fall einer Feuerkatastrophe angefertigt hatte. Mehrdeutig schreibt Leo: "Die Katastrophe hatte aber neben den traurigen auch wohltätige Folgen. Sie weckte die bisher schlummernden Energien und ließ durch sie ein neues, schöneres und gesunderes Hamburg entstehen" (Leo 1969,S.30). Die bereits kurz nach der Feuerkatastrophe öffentlich ausgesprochenen Verdächtigungen gegen Lindley und seine Mitarbeiter teilte allerdings der Hamburger Senat nicht, vielmehr gab er dem Ingenieur den Auftrag, einen Plan für den Wiederaufbau anzufertigen. Dieser konnte nun seine bereits seit 1841 entwickelten Vorschläge für die Stadtentwicklung und Planungen für eine Besielung Hamburgs umsetzen. Lindleys grundlegende Prämissen für das Konzept des Neuaufbaus von Hamburg hat F. Schumacher in die folgenden vier Punkte zusammengefaßt:

" 1. Verbesserung der Mittel zur Beförderung der Erwerbstätigkeit, zur besseren Ausübung der Staatsgewalt und zur Belebung des Handels in dieser Stadt.
2. Verbesserung der Sicherheit gegen Zerstörung durch Feuer.
3. Erlangung besserer Einrichtungen zur Unterdrückung der schlechten Sitten und Unregelmäßigkeiten der niedrigsten Klasse, sowie zur Beförderung eines besseren Gesundheitsstandes und einer zufriedenstellenden Lage der Einwohner im allgemeinen.
4. Vermeidung aller Eingriffe in die 'Rechte des Privateigentums' ausgenommen da, wo der unter obigen Überschriften angebene 'öffentliche Nutzen' ein solches Einschreiten nötig machte" (Schumacher 1969,S.56).

Tabelle 2.1: Quellentexte zur Beschreibung der Wasserqualität der Elbe

---

Anfang des 19. Jahrhunderts:

"Das Elbwasser hat eine etwas gelbliche Farbe, welche aber, wenn es geschöpft ist, in den Gläsern und Flaschen weniger wahrgenommen wird. Nur ist es alsdann hellweißer als das Brunnenwasser. Dann, wenn sich der Schnee und das Eis der böhmischen und schlesischen Gebirge auflöset und die herabströmenden Bergströme viele fremde Teile mit sich fortschwemmen, wird es dick und rötlich. Doch hält eine solche Periode selten lange an, auch klärt es sich bald ab, wenn es in den Gefäßen eine Zeitlang gestanden hat. ... Nach einer Vergleichung mit den anderen Wassern der Stadt ist das Elbwasser das reinste und hat den wenigsten Zusatz von fremden Bestandteilen. Wer daher einmal an dieses Wasser gewöhnt ist, kann anderes, besonders das viel schwerere und kältere mancher Brunnen nicht vertragen. Manche, am Hafen oder an den großen mit dem Hafen in Verbindung stehenden Kanälen wohnende Leute, lassen es daher eine Stunde vor der eintretenden Ebbe, womöglich mitten auf dem Fahrwasser schöpfen, weil es alsdann am reinsten ist, und seihen es durch einen Tropfstein. Doch ist dieses eigentlich nicht nötig, da es nur einen unbedeutenden Niederschlag giebt, welcher sich bald von selbst setzt. Der Widerwille, welchen Einige gegen das Elbwasser wegen der Verunreinigung haben, beruhet auf einem Vorurteile. Diese werden durch die Bewegung des fließenden Wassers, welche bei der Elbe noch durch die Ebbe und Flut verstärkt wird, sehr bald zersetzt. Selbst das Wasser aus den entfernteren nicht gar zu engen und verschlammten Kanälen ist ganz geruchslos und hat keinen Nebengeschmak, wenn es nur zur rechten Zeit geschöpft wird. Da man es indessen nicht in allen Gegenden der Stadt haben oder das Vorurteil nicht überwinden kann, so muß man seine Zuflucht zu Brunnen- oder zu dem Alsterwasser nehmen." (Hübbe 1824 zitiert nach Kelting 1934).

Anfang des 20. Jahrhunderts:

"Auf der kurzen Flusstrecke von Hamburg bis Altona ergiessen zur Zeit über 800 000 Menschen ihre Fäkalien und ihren Urin in die Elbe - und zwar pro Tag ungefähr 500 000 Kilogramm feste Kotmassen und 10 000 Hektoliter Urin - abgesehen von den Unmengen stinkender Jauchen und Abwässer zahlreicher grosser Fabriken, Brauereien, Schlächtereien, Margarinefabriken, Thran-, Öl- und Petroleumraffinerien. Siefen- und Leimsiedereien u.s.w., u.s.w., abgesehen von den tausenden Kilogrammen Pferde- und Strassenschmutz, von den Unmassen von Russ von den Quadratkilometern Dachflächen der Stadt mit ihrem Gehalt an schwefligen Säuren, von den tausenden Kilogrammen an Klosetpapier und Seife, welche täglich mit den Hauswässern bei Hamburg-Altona in die Elbe gehen, und die man leicht auf je 10 000 Kilo schätzen kann!" (Bonne 1901,S.37).

Die technische Konzeption Lindleys bestand aus zwei Hauptkomponenten, dem Bau einer zentralen Wasserversorgung und einer Schwemmkanalisation. Der Neubau einer (stadt)staatlichen Wasserversorgung erfolgte oberhalb des damaligen östlichen Stadtrandes bei Rothenburgsort, wo Wasser aus der Norderelbe entnommen werden konnte, das wegen der damals noch vorhandenen Reinheit (vgl. Zitat von Hübbe in

Tabelle 2.1) nur "durch Ablagerungen in drei großen Becken von den mitgeführten erdigen Bestandteilen zu befreien" war (Leo 1969,S.47). Das Wasserwerk Rothenburgsort förderte 1948 1000 m³ pro Stunde, der zunehmende Wasserbedarf der wachsenden Hamburger Bevölkerung führte zu einer Steigerung von 9800 m³ pro Stunde im Jahr 1893. Die Wasserentnahmestellen wanderten in diesem Zeitraum ständig weiter flußaufwärts. Bei der Eröffnung des Wasserwerks Rothenburgsort lagen sie in der Billwerder Bucht, Ende der 1870er Jahre nach Abdämmung der Billwerder Bucht in der neuen Norderelbe und um die Jahrhundertwende nahe der Mündung der Dove-Elbe. Das grobgereinigte Elbwasser wurde über ein Standrohr in ein neu verlegtes städtisches Leitungsnetz eingebracht. Die Verbindung zwischen den neuen Wasserleitungen und dem Wohnungsanschluß war Sache der Hausbesitzer, die aber, so Leo, wegen der relativ günstigen Preise im Vergleich zu den früheren privaten Wasserkünsten, Brunnenleitungen und Wasserträgern die städtischen Häuser rasch an die staatliche Wasserversorgung anschlossen (1850: 4500 von 11 500 städtischen Häusern). Der Aufbau einer leistungsfähigen Wasserversorgung wurde nach dem Großen Brand auch von der Hamburger Feuerkasse gefordert, um damit die Brandrisiken zu verringern.

Als seine bedeutendste Aufgabe in Hamburg plante und realisierte Lindley die erste großtechnische Schwemmkanalisation in Deutschland, die in einer Gedenkschrift der Baubehörde als jahrzehntelang gültige Grundkonzeption für Hamburg bezeichnet und folgendermaßen beschrieben wurde:

> "Das zu entwässernde Gebiet umfaßte etwa 600 ha und beherbergte etwas mehr als 200.000 Einwohner. Lindley setzte sich das Ziel, das abzuführende Schmutz- und Regenwasser direkt in den Stromgang der Elbe zu leiten. Um das zu erreichen und den Anschluß der weiteren Hamburgischen Gebietsteile für den Fall späterer, dichter Bebauung zu ermöglichen, mußte er die innerstädtischen Siele so groß bemessen, daß sie einerseits während des Tidehochwassers als Stauraum für die Abwässer der niedrig gelegenen Stadtteile, andererseits als Vorfluter für die später zu erwartende Erweiterung des Sielwerkes dienen konnten. Zur Bewältigung großer Regenmengen erhielt das System Regenüberläufe zur Alster und zu den Kanälen, die das Wasser bei einer Verdünnung mit 10 bis 15 Teilen Regenwasser überlaufen ließen. Umgekehrt konnten die Siele bei Trockenwetter mit dem Wasser aus diesen Gewässern gespült werden" (Baubehörde 1968,S.10-11).

Lindley entwickelte die Konzeption für die Besielung Hamburgs in London zusammen mit E. Chadwick, mit dem er auch die Einsicht teilte, daß sozialpolitische Maßnahmen notwendig waren. Zwar standen leitende Beamte Hamburgs den Plänen Lindleys skeptisch bis ablehnend gegenüber (Leo 1969,S.40f.), jedoch gelang es dem vom Senat beauftragten 'Civilingenieur', sich durchzusetzen. Umstritten war auch die zusammengefaßte Einleitung in die Elbe am "Quai von St. Pauli" bzw. etwa zehn

Jahre später über das Pumpwerk Hafenstraße (1958). Einer der Hauptkritiker Lindleys, Wasserbaudirektor Hübbe, präferierte eine dezentrale Einleitung, um durch eine Verteilung der Schmutzstoffe zu einer Verringerung der hygienischen Gefahren, der Geruchsbelästigung und der Kosten zu kommen. Der Biograph Leo kommentiert diesen Kritikpunkt, daß

> "Hübbe damals noch nicht die verteilende, verdünnende und schnell ableiten-
> de Wirkung - die Selbstreinigungskraft - eines wasserreichen Stromes, wie
> die Elbe bei Hamburg, erkannte und daher sich nicht bewußt wurde, wieviel
> günstiger in hygienischer Beziehung die Einleitung der zusammengefaßten
> Abwässer an einer geeigneten Stelle in die Elbe war, als die Verteilung der
> gleichen Menge auf zahlreiche Ausmündungen in die kleinen, bei Ebbe
> trocken laufenden Wasserzüge" (Leo 1969,S.40-41).

Lindley bemerkte dazu selber: "Es ist ein einfaches Prinzip, welches Jedem klar sein muß, daß unreine Abflüsse unterhalb der Städte in die Flüsse geleitet werden müssen und Wasserkünste dagegen oberhalb derselben ihr Wasser zu entnehemen haben, nicht aber umgekehrt" (Lindley, zitiert nach Leo 1969,S.47).

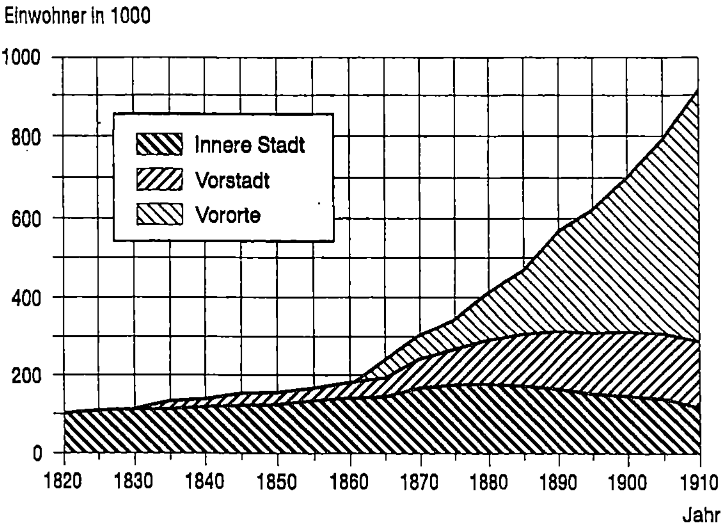

Abb. 2.3:   Bevölkerungsentwicklung Hamburgs im 19. Jahrhundert.
(eigener Entwurf nach Daten von Wischermann 1983)

Das neuartige Ver- und Entsorgungssystem Lindleys war in seiner Zeit einmalig in Europa und schaffte eine wesentliche Voraussetzung für die technische Bewältigung der Urbanisierung. In den ersten zwanzig Jahren nach dem Großen Brand wurde erst die Altstadt und danach die Neustadt besielt. Anschließend entstand bis 1904 das

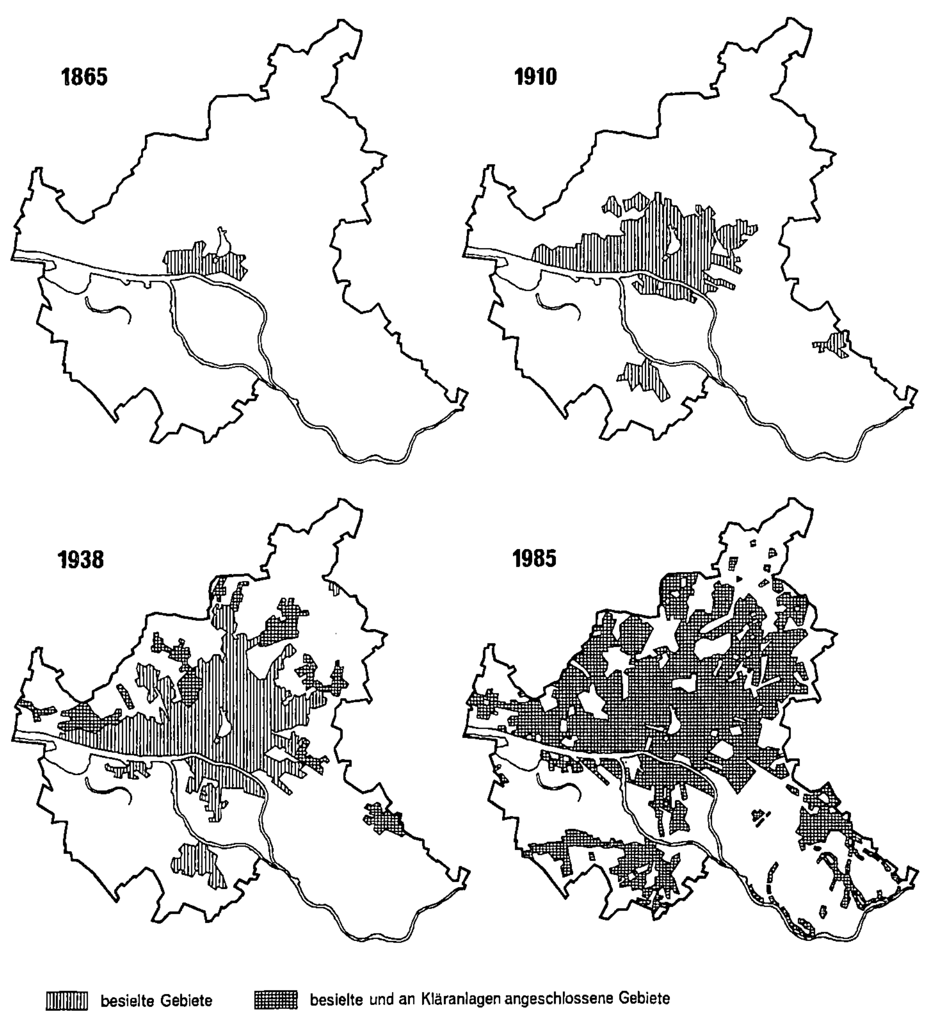

Abb. 2.4:   Besielte Flächen Hamburgs 1865-1985.
(eigener Entwurf nach Plänen der Hamburger Baubehörde)

Stammsielnetz, das auf der Basis der von Lindley geschaffenen Technologie die Abwassermengen aus den neuerschlossenen Gebieten der Elbe zuführte.

Die Komplementarität von städtischer Umwelttechnik und Bevölkerungsentwicklung läßt sich statistisch nachweisen. Zwischen 1817 und 1866 verdoppelte sich die Bevölkerungszahl Hamburgs von 111 000 auf 214 000 Einwohner. Dieser Prozeß führte zur Verdichtung der inneren Stadt in den alten Festungsgrenzen und zeigt sich durch eine rapide Zunahme von Stockwerkswohnungen (Wischermann 1983,S.36ff.,

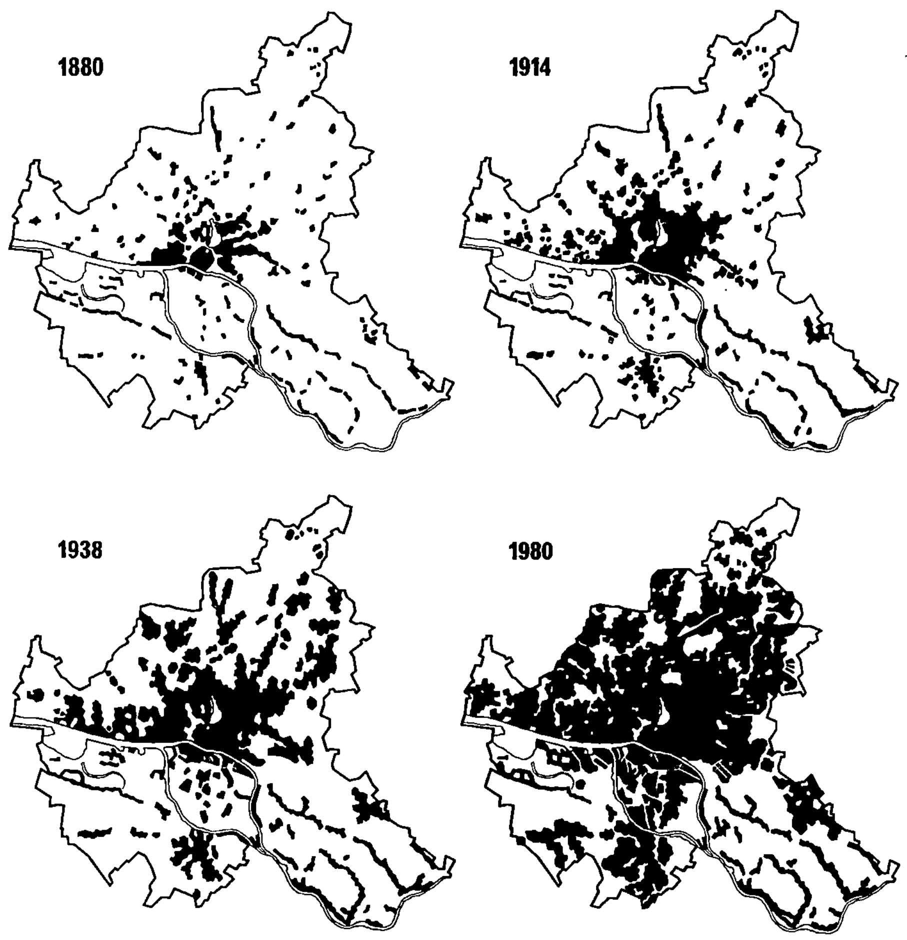

Abb. 2.5:   Bebaute Flächen Hamburgs 1880-1980.
(eigener Entwurf nach alten Stadtplänen)

vgl. Abb. 2.3). Erst in der zweiten Hälfte des 19. Jahrhunderts begann das flächenhafte Wachstum der Stadt Hamburg. Wischermann sieht in den 1860er Jahren den
Umbruch, da ab diesem Zeitpunkt die Wanderungsgewinne Hamburgs stark an-
stiegen und den Einbezug der Vorstädte und Vororte in die Stadtentwicklung
notwendig machten. Zur räumlichen Expansion wie vordem zur Verdichtung der
Bebauung in der Innenstadt war die Zufuhr von Trink- und Brauchwasser im großen
Stil sowie die Ableitung der Abwässer ohne unmittelbare hygienische Gefährdungen

50

eine wesentliche Voraussetzung. Es entstand eine Großtechnologie, die bereits zur
Jahrhundertwende ein Sielnetz von ca. 500 km mit über 9 km Stammsielen in
schwieriger Tunnelbauweise aufwies. Weiterhin gab es eine große Zahl von Kreu-
zungen mit Wasserstraßen, die sogenannte Düker notwendig machten, sowie
spezielle Pumpen, um tieferliegende Gebiete der Marschstadt zu entwässern. Die aus
solchen Elementen bestehende räumlich-technische Organisation des Urbanisierungs-
prozesses war die Basis einer Stadtentwicklung, deren Ausbreitungsmuster in Abb.
2.4 und Abb. 2.5 wiedergeben wird.

Um die Industrialisierung Hamburgs zu unterstützen, beteiligte sich Lindley auch
an der Planung neuer Stadtteile. So sollte der in der östlichen Marsch liegende neue
Stadtteil Hammerbrook, der häufig überflutet wurde und weder landwirtschaftlich
noch für Siedlungs- und Gewerbezwecke genutzt werden konnte, "durch Schiffs-
kanäle und eine Schleuse im Elbdeich mit der Elbeschiffahrt und eventuell durch
Gleisanschlüsse mit der Bahn Hamburg-Bergedorf verbunden und so besonders
geeignet zu industriell-gewerblicher Ansiedlung gemacht werden, für die ... in
Hamburg ein wachsendes Bedürfnis vorlag" (Leo 1969,S.53).

Städtische Entsorgungstechnologien und Umweltrisiken

Im Konflikt zwischen Lindley und Hübbe wurde deutlich, daß Lindley es für un-
problematisch hielt, die Abwässer konzentriert in die Elbe zu leiten. Allerdings
ergaben sich daraus zwei neue Gefahren. Erstens konnten die Abwässer bei Flut in
Richtung der Trinkwasserentnahmestelle bei Rothenburgsort geschwemmt werden.
Folgerichtig wurden neue Entnahmestellen weiter stromaufwärts eingerichtet.
Zweitens grenzte an Hamburg elbabwärts die Stadt Altona, die mit zunehmender
Bevölkerung einen steigenden Anteil ihres Trinkwassers aus der Elbe bezog. Die
neue Trinkwasserversorgung Altonas erhielt Ende der fünfziger Jahre des letzten
Jahrhunderts eine zentrale Anlage auf dem Baurs Berg unterhalb Blankeneses. Diese
wies, im Gegensatz zu der von Lindley für Hamburg konzipierten, eine Sandfiltration
auf. Die Tagesleistung an Reinwasser betrug zunächst 10 000 m³. Sie wurde bereits
in den 1860er Jahren verdoppelt und erreichte nach Übernahme des Werkes durch
die Stadt Altona 1893 eine Leistung von 40.000 m³ mit einer Filterfläche von 18 886
m² (Lichtheim 1928,S.193).

Die sehr interessante Frage, warum in Altona zehn Jahre nach Inbetriebnahme der
Lindleyschen Wasserkünste, "die immerhin als das erste auf neueren Anschauungen
beruhende Wasserwerk Deutschlands" gegolten haben (Kelting 1934,S.87), eine zwar
kleinere, aber weitaus aufwendigere Anlage errichtet worden ist, läßt sich auf Grund

der Quellenlage nur spekulativ beantworten. Da wegen der zentralen Einleitung der Abwässer Hamburgs bei St. Pauli eine erhebliche Verschmutzung der Elbe erfolgte, schien es für die Wasserversorgung notwendig zu sein, die Flußverunreinigung durch Herstellung eines Filtrats auszugleichen. Diese Entscheidung ist aus verschiedenen Gründen als weitsichtig zu bezeichnen:

1. Es gab zwar in England bereits in der ersten Hälfte des 19. Jahrhunderts eine Reihe hochverschmutzter Flüsse ("great stink" der Themse 1857), deren Verschmutzung auch moderne Zustände übertraf, doch sah man bis weit in die zweite Hälfte des 19. Jahrhunderts für die allgemein wasserreicheren deutschen Flüsse weder in den häuslichen noch in den gewerblichen Abwässern eine unmittelbare Gefahr (v. Simson 1978,S.373f.).

2. Die sich auch in Deutschland entwickelnde Diskussion um die Abwasserfrage, die von Agrarökonomen, Architekten, Medizinern und Ingenieuren geführt wurde, hatte primär das Problem zum Gegenstand, wie die Reinigung der Städte von menschlichen Exkrementen und Abfällen technisch zu organisieren sei (Schwemmkanalisation in gemischter oder getrennter Form, Tonnensysteme, etc.) und ob die Entsorgungssysteme nicht grundsätzlich auf die Herstellung landwirtschaftlicher Düngemittel auszurichten seien.

3. Die von Robert Koch und seinen Mitarbeitern entwickelte "Trinkwassertheorie" zur Erklärung des Verbreitungsweges insbesondere der Cholera wurde in Preußen erst 1888 zur amtlichen Leitlinie für die Bewertung des Abwassers bzw. für die Nutzung von Flußwasser zur Trinkwasserversorgung (v. Simson 1978,S.382).

Im Sommer 1892 zeigten die unterschiedlichen Methoden der zentralen Versorgung mit Trinkwasser in Hamburg und Altona eine dramatische Wirkung. Noch im Jahr zuvor bezeichnete der Meinungsführer für Fragen der städtischen Hygiene und Befürworter der Schwemmkanalisation Pettenkofer die unterschiedliche Ver- und Entsorgungssituation in Hamburg und Altona als Experiment: "Die Stadt Hamburg ... ist ganz auf Schwemmsysteme auch für die Fäkalien eingerichtet und lässt allen schwemmbaren Unrat in den Fluß, und dieses Wasser wird einige Kilometer elbabwärts auch in Altona wieder ohne Nachteil getrunken ... (Pettenkofer 1891, zitiert nach Bonne 1901,S.38). Für Pettenkofer war dieser Zusammenhang ein empirischer Beleg für die Selbstreinigungskraft der Flüsse, auf die man daher in der Bekämpfung städtischer Epidemien setzen konnte. Im August 1892 wurde diese Theorie durch eine verheerende Choleraepidemie mit 20 000 Erkrankten und über 8 000 Toten gründlich widerlegt. Die Opfer waren allerdings nicht die Einwohner Altonas, sondern diejenigen Hamburger, die sich direkt aus der Elbe oder aus den ehemals von Lindley konzipierten Wasserkünsten mit ungeklärtem Elbwasser versorgten.

Da es zunächst durchaus umstritten war, ob die Wasserversorgung als Ursache für die Epidemie angesehen werden konnte, wurden eine Reihe von Untersuchungen angestellt, die einen entsprechenden Nachweis erbringen sollten. Die von Gaffky (1894) veröffentlichte Studie zur Cholera in Hamburg weist u.a. Verbreitungskarten der Erkrankten und der Verstorbenen entlang der Grenzen der Trinkwasserversorgungsbereiche auf, die den dramatischen Effekt der unterschiedlichen Versorgungsarten verdeutlichen. Die Abbildungen 2.6 und 2.7 zeigen die Verteilung in den etwa gleich verdichteten Stadtgebieten von Hamburg-St.Pauli/Eimsbüttel und Altona. Dabei war die Wasserversorgung Altonas sicherlich nicht als optimal zu bezeichnen, denn die Filtrationstechnologie war nicht ausgereift und aufgrund der wachsenden Bevölkerungszahl mußte die Verweilzeit in den Becken reduziert werden (Harmsen 1948). Im Jahre 1892 jedoch, als während eines heißen Sommers die Cholera wahrscheinlich durch ein Schiff nach Hamburg eingeschleppt worden war, erwies sich der zusätzliche Reinigungsaufwand als entscheidend.

Ein weiterer Beweis für die Verseuchung des Elbwassers mit Choleravibrionen ist die Tatsache, daß in elbnahen Stadtquartieren, in denen es stärker verbreitet war, sich ausschließlich aus der Elbe mit Trinkwasser zu versorgen, die relative Krankheitshäufigkeit durchschnittlich höher war. Die Zahlen aus den Stadtgebieten Billwerder sowie die Süderteile der Alt- und Neustadt belegen dieses.

Neben den eindeutig auf den Gebrauch von Trinkwasser aus der Elbe zurückführbaren Ausbreitungsgründen der Epidemie lassen sich weitere Ursachen nachweisen, die den Charakter des Umweltrisikos Cholera veranschaulichen. Dazu sind einige Text- und Zahlenpassagen aus dem Bericht von Gaffky zusammengestellt worden (Tabelle 2.2). Die Textcollage macht deutlich, daß die Epidemie in die Kategorie des 'Klassenrisikos' fällt (Beck 1986, vgl. Kapitel 1), auch wenn ihr egalitärer Charakter in dem Textausschnitt von Koch ausdrücklich betont wird.

In den Hamburger 'Choleranestern'- ein in ganz Deutschland am Ende des 19. Jahrhunderts geläufiges Schreckenswort - nahm dieses Klassenrisiko konkrete Formen an (Wischermann 1983,S.82). Mit 'Choleranestern' waren einzelne Baublöcke gemeint, die extrem hohe 'Erkrankungsziffern' aufwiesen. Diese waren außer auf den Gebrauch des unbehandelten Elbwassers zum Trinken auch auf spezifische örtliche Verhältnisse zurückzuführen: extrem unhygienische Gebäudeverhältnisse und Überbelegung der Wohnungen. Man erkannte, daß die Choleraepidemie auch in schlechten und unhygienischen Wohnungsverhältnissen einen Nährboden gefunden hatte. Nach Wischermann soll diese, an sich bekannte Erkenntnis "einen radikalen Umdenkungsprozeß in der Behandlung der Wohnungsfrage durch die Hamburgische Öffentlichkeit und in der Wohnungspolitik vom Senat und Bürgerschaft" eingeleitet haben (Wischermann 1983,S.82).

Aber nicht nur die hygienischen Verhältnisse in den hochverdichteten Wohngebieten, sondern auch das mit der Nutzung der Elbe als Trinkwasserressource verbundene Risiko ist in Hamburg bekannt gewesen. Doch wurde weder in den 1850er Jahren den Empfehlungen Lindleys noch in den 1870er Jahren dem Drängen von Medizinern und Hygienikern nachgegeben, das Trinkwasser zu filtern und die Abwässer zu klären; Verbesserungen wurden wegen der Kosten nicht oder nur zögerlich durchgeführt. Angesichts der kontroversen Diskussion über die Städtereinigungsfrage waren Argumente für das Unterbleiben weitergehender und möglicherweise kostspieliger Maßnahmen leicht zusammenzutragen (Evans 1990). Auch die Auseinandersetzung nach der Choleraepidemie von 1892 zeigt, daß selbst diese Katastrophe den Positionen stringenter Befürworter der Flußreinhaltung in Hamburg und in Altona keine nachhaltige Wirkung verlieh. Aber der Tatbestand bleibt bestehen, daß die offensichtlich geringere Risikobereitschaft der Verantwortlichen der Altonaer Wasserversorgung zur Mitte des letzten Jahrhunderts dieser Stadt die Katastrophe ersparte, die von der seinerzeit "modernsten Anlage" für die Hamburger Bevölkerung ausgegangen war.

Kurz nach der Epidemie wurde die Elbwasserfiltration für das Hamburger Trinkwasser in Kaltehofe fertiggestellt (1893). Da durch die Erfahrungen mit der Langsamsandfiltration in Altona und die verbesserten und systematischen Meßtechniken des neuen Hygienischen Instituts erkannt worden war, daß weder die Langsamsandfiltration noch die neue Anlage sicher keimfreies Wasser garantierten, wurde an weiteren Behandlungsverfahren gearbeitet. 1909 konnte eine Vorbehandlung des Rohwassers mit Aluminiumsulfat zur Ausflockung eingeführt werden und im Ersten Weltkrieg begann man mit der Chlorung des gesamten Filterabflusses (Harmsen 1948,S.60). Weiterhin gab es seit Ende des Jahrhunderts Vorschläge, die Hamburger Wasserversorgung teilweise auf Grundwasser umzustellen, und bereits 1905 wurde das erste Grundwasserwerk Billbrook mit einer Tagesleistung von 3300 m^3 in Betrieb genommen. Damit war der erste Schritt vollzogen, um sich in der Trinkwasserversorgung von der Elbe zu lösen. In den zwanziger Jahren kam das Grundwasserwerk Curslack hinzu. Harmsen beendet seinen Bericht über die ersten 100 Jahre zentraler Wasserversorgung damit, daß die Hamburger Situation, "soweit sie auf der Wasserentnahme aus der Elbe beruht", weder hygienisch noch geschmacklich und ästethisch voll befriedigend sei. Sie könne einwandfrei nur durch die von den Hamburger Wasserwerken seit Jahrzehnten angestrebte Umstellung auf die Grundwasserversorgung gelöst werden (Harmsen 1948,S.64). Dieses Ziel wurde Ende der 1980er Jahre erreicht.

Abb. 2.6:   Choleragrenzkarte Hamburg-Altona - Historische Punktedarstellung. (Denecke 1895, S.959)

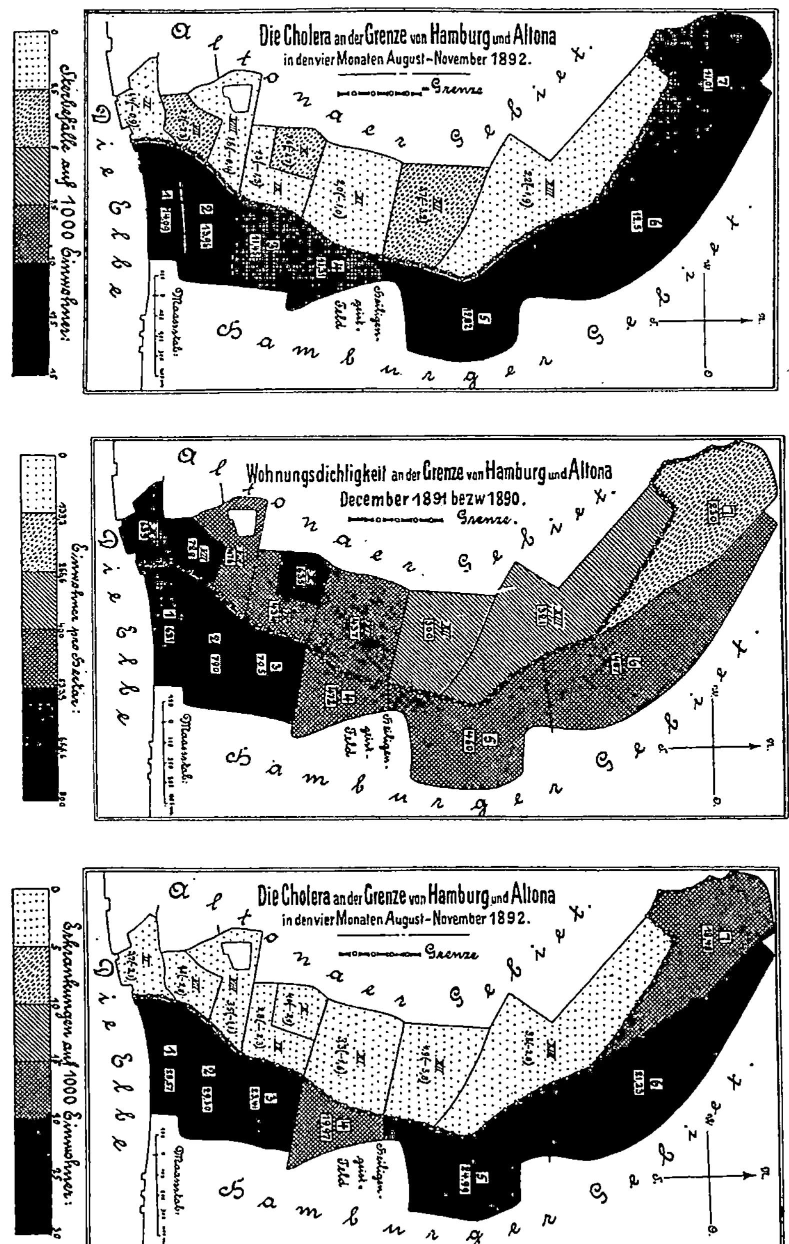

Abb. 2.7: Choleragrenzkarten Hamburg-Altona - Historische Choropletendarstellungen. (Denecke 1895:959).

Tabelle 2.2: Quellentexte zur sozialräumlichen Selektivität der Cholera in Hamburg 1892. (Koch 1894, a) S.31ff., b) S.41ff.)

---

a) Cholera und Bevölkerungsdichte:

"Um den Zusammenhang zwischen der Häufigkeit der Erkrankung an Cholera bezw. der Größe der Sterblichkeit und der Dichtigkeit des Beisammenseins klarstellen zu können, ist die Stadt ... in 1122 Häuserblöcke zerlegt worden, die so abgegrenzt wurden, daß innerhalb eines jeden möglichst die gleichen Wohnverhältnisse bestanden. Für einen jeden Block wurde durch das Vermessungsbureau die Gesamtfläche, also mit Einschluß der Höfe, Gärten und anderen unbebauten Flächen, aber ohne die Straßen und Wasserläufe, festgestellt; am Statistischen Bureau wurde alsdann die Zahl der Bewohner (nach der Personenstandsaufnahme vom Dezember 1891) sowie der an Cholera Erkrankten bezw. Gestorbenen ermittelt. Indem nun die Bewohnerzahl jedes Blockes in Vergleich zu dessen Fläche gebracht wurde, ergab sich dessen Wohnungsdichtigkeit. Bildet man nur 5 Gruppen, so ergeben sich für diese die folgenden Verhältniszahlen:

Bei einer Fläche	kamen auf 1000 Bewohner		starben von
	Erkrankte	Gestorbene	100 Erkrankten
bis zu 10 qm auf 1 Bewohner	33,58	17,17	51,12
über 10 bis 50 .	24,27	12,49	51,45
über 50 bis 100 .	20,17	10,23	50,74
über 100 bis 200 .	20,34	9,57	47,05
über 200 .	19,97	9,16	45,85

Nicht nur die Erkrankungs- und Sterblichkeitszahlen sind hiernach für die Gruppe mit der größten bezw. kleinsten Dichtigkeit am höchsten bezw. geringsten, sondern es ist auch die Sterbensgefahr der Erkrankten in den minder dicht bewohnten Grundstücken eine kleinere."

b) Cholera und Einkommenshöhe:

"Auf jeden Fall geht aus ... der Tabelle ... hervor, daß je größer das Einkommen ist, um so geringer die Gefahr des Erkrankens bezw. des Sterbens an Cholera wird. Dieses fällt recht deutlich ins Auge, wenn man nur vier Einkommensklassen unterscheidet und mit den Steuerzahlern derselben sämtliche Erkrankte bezw. Gestorbene (Selbsttätige und Angehörige) vergleicht, was in der folgenden Zusammenstellung geschehen ist:

Einkommensklassen	Auf je 100 Steuerzahler kamen		Von 100 Erkrankten
	Erkrankte	Gestorbene	starben
von 600 bis 1200 Mark	84,60	47,10	55,68
über 1200 bis 2500 Mark	77,48	43,10	55,65
über 2500 bis 5000 Mark	37,25	21,34	57,30
über 5000 Mark	24,63	13,08	53,10

Von den Bewohnern mit kleinstem Einkommen erkrankten bezw. starben hiernach etwa viermal so viel als von den in günstigen Einkommensklassen Lebenden; die Sterbensgefahr für die Erkrankten war aber in allen Klassen fast die gleiche. Daß Reichthum nicht gänzlich gegen die Cholera schützt, ergibt sich daraus, daß 5 Erkrankte (bezw. deren Ernährer) ein Einkommen von über 50 000 Mark hatten (52 000, 55 000, 107 600, 108 660 und 220 000 Mark) und daß 4 von denselben starben. '
Hiernach scheint der Wohlstand oder wohl richtiger die mit ihm in engster Beziehung stehende

Lebensweise der Bevölkerung von wesentlichem Einflusse auf die Empfänglichkeit für die Erkrankung an Cholera zu sein; man findet daher auch in den verschiedenen Wohlstandsverhältnissen der einzelnen Bezirke die natürliche Erklärung für die ungleiche Größe der Erkrankungs- wie Sterblichkeitsziffer derselben. ... Um den Zusammenhang zwischen Wohlstand und Erkrankungsgefahr noch deutlicher sichtbar zu machen, ist aus der Einkommensteuer-Statistik des Jahres 1891 der Antheil der Steuerzahler mit einem Einkommen bis zu 1400 Mark an der Gesamtzahl der Steuerzahler eines jeden Stadttheils bezw. Vorortes (nach den einzelnen Bezirken ließen sich diese Zahlen nicht ausscheiden) berechnet worden und sind diese Prozentsätze in der folgenden Uebersicht der Erkrankungs- wie Sterblichkeitsziffer gegenübergestellt worden.

Stadttheile bezw. Vororte	Auf 1000 Steuerzahler kamen solche mit einem Einkommen bis zu 1400 Mark	Auf 1000 Bewohner kamen an Cholera	
		Erkrankte	Gestorbene
Rotherbaum	41,6	11,33	5,91
Harvestehude	42,8	10,11	4,48
Hohenfelde	43,5	18,93	8,47
Steinwerder und Kleiner Grasbrook	50,4	19,11	4,59
Altstadt-Südertheil	54,1	31,28	14,09
Eimsbüttel	54,6	18,54	10,76
St. Georg-Nordertheil	56,0	21,65	10,54
Eilbek	58,0	23,97	13,56
Borgfelde	59,3	27,31	14,54
St. Pauli-Nordertheil	59,5	22,89	11,63
Uhlenhorst	60,9	27,06	14,79
Neustadt-Nordertheil	60,9	29,40	13,90
Eppendorf	61,8	21,63	11,46
St. Pauli-Südertheil	62,3	27,19	13,50
Hamm	62,7	31,46	16,82
Altstadt-Nordertheil	63,3	34,17	17,52
St. Georg Südertheil	65,5	29,33	16,17
Barmbek	67,9	30,97	15,67
Winterhude	68,9	20,80	12,57
Horn	69,7	10,58	6,30
Neustadt-Südertheil	70,3	39,58	19,91
Billwerder Ausschlag	72,4	40,13	24,16

Die Stadttheile und Vororte sind hier nach der Höhe der ersten Zahlenreihe geordnet, d.h. nach dem Antheile, den die Steuerzahler mit einem Einkommen bis zu 1400 Mark von den Steuerzahlern überhaupt des betreffenden Stadttheils bezw. Vorortes bilden. Wie man sieht, laufen die beiden folgenden Zahlenreihen, die Erkrankungs- und die Sterblichkeitsziffer, ziemlich parallel mit der ersteren, besonders auffallend ist die Uebereinstimmung bei der Erkrankungsziffer. Daß einige Stadttheile und Vororte recht große Abweichungen hierbei zeigen, bestätigt nur die Vermuthung, daß nicht der Wohlstand selbst sondern die Lebensweise der Bewohner von größtem Einflusse auf deren Empfänglichkeit für die Cholera ist. Die hohe Erkrankungs- und Sterblichkeitsziffer in Altstadt-Südertheil findet ihre Erklärung vor allem darin, daß die Bewohner dieses Stadttheils zum größten Theile ihre Beschäftigung am Hafen suchen, wo sie fortwährend der Ansteckungsgefahr ausgesetzt waren; dagegen verdanken Winterhude und ganz besonders der kleine Vorort Horn ihre niedrige Erkrankungs- und Sterblichkeitsziffer zum Theil wohl dem Umstande, daß in diesen Vororten erst wenige Mietskasernen errichtet sind, die Bevölkerung besteht daselbst, besonders in Horn, noch vorherrschend aus geborenen Hamburgern, ein bedeutender Theil derselben treibt noch Landwirtschaft, lebt sonach unter wesentlich günstigeren Lebensverhältnissen als die meist aus Fremdgebürtigen bestehende Arbeiterbevölkerung der anderen Stadttheile und Vororte."

Die technischen Arbeiten in Hamburg sind die ersten flächendeckenden Trink-wasserversorgungs- und Abwasserentsorgungssysteme in Deutschland gewesen. Der entscheidende Ansatzpunkt war die Konzeption und großtechnische Umsetzung der Möglichkeit, Wasser als Transportmittel zur Reinigung der Wohnungen, Quartiere und ganzer Städte einzusetzen und auf diese Weise Abfälle und menschliche Exkremente in kurzer Zeit aus den Verdichtungsräumen zu 'entsorgen'. Zusätzlich wurde damit die Trinkwasserversorgung gewährleistet und das Regenwasser abge-führt. Mit der zentralen Einleitung des Abwassers in die Elbe schuf man jedoch ein neues Problem: Es wurde immer aufwendiger, die benötigten Mengen von Elbwasser hygienisch einwandfrei aufzubereiten. Da nach der Choleraepidemie kurz- und mittelfristiger Handlungsbedarf gegeben war, kamen verschiede Maßnahmen in die Diskussion, wie

- die Aufgabe der äußerst wasserintensiven Schwemmkanalisation;
- die Reinigung des Flußwassers, um es weiterhin als Rohwasser für den mensch-lichen Genuß nutzen zu können;
- der Aufbau von Trennleitungssystemen (Trink- und Brauchwasser), um die benötigte Trinkwassermenge zu reduzieren;
- die Erschließung neuer Rohwasserressourcen, um den quantitativen Bedarf weiter unbeschränkt zu befriedigen.

Realisiert wurde nur die letzte Option, da sie den hygienischen Interessen entgegen-kam, ohne die inzwischen bestehende technische Infrastruktur in Frage zu stellen. Dagegen wurde die eigentlich naheliegende Möglichkeit, sich verstärkt um die Reinhaltung der Elbe zu bemühen, kaum weiterverfolgt. Bürgerschaft und Senat verhielten sich in dieser Frage entsprechend der in Deutschland am Ende des 19. Jahrhunderts vorherrschenden Meinung, daß die Elbe wie andere Fließgewässer auch 'der natürliche Weg zur Beseitigung allen Unrathes' sei (Baumeister, zitiert nach v. Simson 1978,S.378).

Widerstand gegen die Schwemmkanalisation und die Flußverunreinigung

Nachdem die Hamburger Bevölkerung bereits kurz nach der Choleraepidemie mit sandfiltriertem Flußwasser versorgt werden konnte, rückte das Problem wieder in den Vordergrund, ob die Risiken eines zentralen Abflusses des Abwassers in die Elbe für die Bewohner der Stadt und des Unterelberaumes zumutbar seien. Als Verfechter der unbedingten Flußreinhaltung exponierte sich der Arzt Georg Bonne, der in zahlrei-chen Vorträgen, Artikeln und Eingaben vehement gegen die Praxis der beiden Städte Hamburg und Altona, Abwasser ungeklärt in die Elbe abzulassen, Stellung bezog.

Seine erste ausführliche Darstellung aus dem Jahre 1901 war eine Mischung aus Polemiken gegen seinen Fachkollegen Pettenkofer, Erläuterungen über die gesundheitlichen und ökonomischen Folgen der Flußverunreinigung sowie ausführlichen und komplexen Sanierungsvorschlägen.

> "Vor allem aber muß ebenso wie den Städten auch der Industrie immer und immer wieder auf das energischste das Recht bestritten werden, die Wasserläufe, die der Gesamtheit der Nation gehören, so zu verunreinigen, dass ihr Wasser in seinem Naturzustand nicht mehr zum Genuss und als Brauchwasser verwendbar ist, und das vor allem das Fischleben vernichtet wird, welches einerseits in seiner Entstehung einen der wichtigsten Faktoren zu einer gewissen natürlichen Reinhaltung der Flüsse unter normalen Verhältnissen bildet, welches aber andererseits volkswirtschaftlich und für die Ernährung der Nation, besonders mit Rücksicht auf die Abfischung unserer Nordsee, eine immer mehr steigende Bedeutung gewinnt" (Bonne 1901,S.98).

Für Bonne war es von grundsätzlicher Bedeutung, daß die Elbe wieder in einen Zustand versetzt werde, wie er über weite Zeiträume des 19. Jahrhunderts bestand (vgl. Tabelle 2.1). Er argumentierte aus einer prinzipiellen Skepsis gegen zentrale Versorgungseinrichtungen, die störanfällig seien und im Schadensfall die Bewohner zu falschen Handlungen verleiten würden. Bonne konnte auf die Altonaer Wasserversorgung hinweisen, die an sich sicher gewesen war. Jedoch war bei verschiedenen Störfällen einfach ungeklärtes Elbwasser in die Leitungen gepumpt worden und hatte begrenzte Epidemien ausgelöst (Harmsen 1948,S.56). Weiterhin waren für ihn diejenigen Bevölkerungsgruppen, die auf Schiffen oder nahe der Elbe wohnten, eine besondere Risikogruppe, da sie 'gewohnheitsmäßig' Wasser zum Trinken aus der Elbe entnahmen oder, vor allem im jugendlichen Alter, Baden gingen.

Die Mischung aus Kritik an der Fehleranfälligkeit zentraler, großtechnischer Einrichtungen und sozialer Fürsorge wurden von Bonne durch ökonomische Argumente ergänzt, die den Rückgang des Fischreichtums der Elbe betonten. Er führte die abnehmenden Fänge von Lachs, Stör, Stint und weiteren Fischarten unter anderem auf die mikrobiologische Belastung der Elbe und den damit verbundenen Sauerstoffrückgang im Wasser sowie die Verschlammung und Kontamination der Laichgründe zurück. Mit diesen Argumenten "fanden die Fischer ab 1899 in Bonne einen engagierten Mitstreiter gegen die Gewässerbelastung" (Gaumert u. Riedel-Lorje 1982,S.20). Weiterhin wies er immer wieder auf die landwirtschaftlichen Verwertungsmöglichkeiten der Abwässer hin. Zwar hatte bereits Lindley in seinen Konzeptionen angedeutet, daß die Sielabgänge als Düngstoff für die Landwirtschaft genutzt werden könnten, jedoch wurde diese Möglichkeit in der Handelsmetropole nicht weiterverfolgt und erst im Zuge der Autarktiebestrebungen nach 1933 neu thematisiert (vgl. Abb. 2.8).

Bonne leitete seine Sanierungsvorschläge mit dem auch heute noch häufig zu hörenden Hinweis ein, daß Maßnahmen zu allererst in den Quellgebieten und am Oberlauf der Elbe einsetzen müßten. Insbesonders machte er auf industrielle Einleitungen aus dem sächsischen Raum aufmerksam, die bereits in den 1870er Jahren als besonders schädlich galten.

> "Erst müssen die Cellulose- und Zuckerfabriken sowohl wie die Montanindustrie der Nebenflüsse, und die kleinen und grossen Städte des übrigen Laufes angehalten werden, keine ungereinigten Abwässer in die Elbe zu senden, ehe die radikale Sanierung von Hamburg-Altona voll ihren Zweck erreichen kann" (Bonne 1901,S.96-97).

Um die direkte Einleitung der Abwässer von Hamburg-Altona in die Elbe zu vermeiden, schlug Bonne einen gemeinsamen Sammler vor, der als Transportsiel entlang der Elbe nach Wittenbergen-Schulau führen sollte. Nach Abscheidung der festen Stoffe könne eine Berieselung der dort befindlichen Heideflächen erfolgen, die nach Bonnes Berechnungen für die Entsorgung der Abwässer von rund 500 000 Menschen ausreichten (Bonne 1901,S.137). Damit wäre die Hälfte der Abwässer beider Städte behandelt gewesen. Für die andere Hälfte schlug Bonne den Umbau der Wedeler Binnenelbe in eine biologische Kläranlage vor:

> "Dieses (ungefähr 10 km) lange, gewundene Flußbett scheint mir in der Tat wie von der Natur gegeben, um hier mit verhältnismäßig geringen Kosten durch Ausbaggerung und Verbreiterung seines Laufes, Befestigung seiner Ufer, durch Stacks, Teilung des Flußbettes durch eine Scheidewand in zwei Längshälften zum Wechseln, teilweiser Ausfüllung mit Cokes, einen Ersatz für sehr kostspielige Kläranlagen nach biologischen System zu schaffen" (Bonne 1901,S.126).

Diesen Vorschlag zur Abwasseraufbereitung verband Bonne mit Wirtschaftlichkeitsberechnungen und weiteren Nutzungsmöglichkeiten, wie die Fischaufzucht mit den Drainagewässern der Rieselfelder oder die Verwendungsmöglichkeiten des Sielschlicks. Er unterstellt, daß die neu gewonnenen Formen der Düngung sich auf die Preise der landwirtschaftlichen Produkte auswirken und diese wiederum die defensiven Ausgaben für medizinische und sozialpolitische Maßnahmen in den Städten senken würden. Ganz im Trend der Zeit bemerkte Bonne auch den militärischen Nutzen einer ertragreichen Landwirtschaft, die den Importzwang von Getreide reduzieren und so in Konfliktfällen ernährungswirtschaftlich autarkes Handeln ermöglichen würde (Bonne 1901,S.156ff.).

Derartige Vorschläge zur Sanierung der Unterelbe koppelte Bonne interessanterweise mit Plänen zum Umbau der Siedlungsstruktur der Städte Altona und Hamburg. Wie in den bereits erwähnten Punkten der Wasserver- und -entsorgung übertrug er die Ansätze der 'Sanitary School' auch hinsichtlich der Verbesserung der Wohnbedingungen auf die Situation der Stadtregion Hamburg. Die sozialräumliche

Verteilung der Cholera hatte ja nicht nur auf die Bedeutung der Trinkwasserversorgung aufmerksam gemacht, sondern auch Häufungen der Erkrankungen in Quartieren ergeben, in denen die Lebensbedingungen besonders schlecht waren. Bonne hat, wie das zu Beginn dieses Abschnitts angeführte Zitat sehr deutlich macht, diese Entwicklung städtischen Lebens als Proletarisierung bezeichnet. Dagegen stellte er die Norm, "ein körperlich und geistig gesundes, rüstiges, frei denkendes und frei empfindendes Volk zu schaffen" (Bonne 1901,S.101). Dieses könne in der noch durch das Mittelalter geprägten, geschlossenen Bebauungsart nicht erreicht werden, die sich nur noch positiv für die "Geldbeutel der städtischen Grund- und Hausbesitzer" auswirke (Bonne 1901,S.100). Bonne hatte zwar keine Einwände gegen eine Verdichtung in der Stadt für tertiäre Zwecke, ansonsten aber müsse das Lösungswort 'Dezentralisierung' heißen. Neben dem Stop der Flußverschmutzung wurde für ihn die "systematische Dezentralisierung unserer stetig zunehmenden Stadtgemeinden und die damit verbundene Lösung unserer Arbeiterwohnungsfrage" (Bonne 1901,S.99) zur zentralen Aufgabe.

Bonne, der selbst leitend in einer Arbeitergenossenschaft tätig war, machte in seinen Vorstellungen über die "Rückkehr" zu "neuen, dorfartigen" Siedlungsformen im Umland der Stadtzentren auf die neuartigen Verkehrsmittel aufmerksam, die eine schnelle Verbindung zwischen Wohn- und Arbeitsgebieten zu garantieren schienen. Dazu wies er auf die sich bereits abzeichnende Suburbanisierung am nördlichen Elbufer Richtung Blankenese hin, die durch wohlhabende Hamburger in Gang gesetzt worden war, und erklärte diese als Modell zur Lösung der Wohnungsfrage der Arbeiter, die nach seinen Angaben neun Zehntel der Gesamtbevölkerung ausmachten. Die von ihm vorgeschlagene Stadtentwicklung beinhaltete die Errichtung neuer Quartiere entlang radialer Achsen, die teilweise durch bereits bestehende (Nahverkehrs-) Bahnen vorgegeben waren. Folgende Siedlungsachsen finden bei ihm Erwähnung: Altona - Schenefeld; Altona - Pinneberg; Altona - Kaltenkirchen; Hamburg - Ohlsdorf; Hamburg - Uhlenhorst - Mühlenkamp; Hamburg - Bergedorf; Westufer Köhlbrand - Altenwerder - Hausbruch - Fischbek.

Die neuen Wohngebiete sollten nur auf der Geest liegen, da die Marsch aus landwirtschaftlichen und hygienischen Gründen freizuhalten sei. Weiterhin schlug er vor, daß die neuen Stadtteile und "Arbeiterdörfer" weder eine geschlossene Bauweise noch mehrgeschossige Mietshäuser erhalten sollten. Die jeweilige Gestaltung sei Genossenschaften in Selbstverwaltung zu überlassen. Genau geht Bonne allerdings auf die zu wählende Fäkalienabfuhr ein. "Unter keinen Umständen" dürften die Bewohner der neuen Siedlungen "ihre Fäkalien in die Siele leiten, sondern [müssen] entweder Trennsysteme mit Durchluftleitungen, wie in Amsterdam, oder Tonnensysteme, wie in Heidelberg, Weimar ..., in Anwendung ziehen" (Bonne 1901,S.106).

Die städtebaulichen Grundideen Bonnes entsprechen im hohen Maße der sich in Deutschland wie in England noch vor der Jahrhundertwende entwickelnden Konzeption der Gartenstadt. Besonders Ebenezer Howards Pläne könnten ein Paradigma für Bonne gewesen sein. Letzerer weist auch häufig auf englische Erfahrungen hin, so daß von einer engen Affinität ausgegangen werden kann. Das Gartenstadt-Konzept von Howard ist bereits 1907 ins Deutsche übersetzt worden und hat nachhaltigen Einfluß auf die städtebauliche Diskussion gehabt (Rodenstein 1988,S.167ff.), weil es erstmalig grundlegende Widersprüche der räumlichen Organisation des industriellen Kapitalismus zumindest ansatzweise aufhebbar erscheinen ließ.

Im Nachwort zu seiner Schrift bemerkte Bonne, daß er seine Kritik und Sanierungsvorschläge als Anregungen verstanden wissen wollte. Dort finden sich auch einige Hinweise auf seine informellen Kontakte zu leitenden Hamburger Beamten und auf die Diskussion darüber, ob und wie seine Vorschläge umgesetzt werden könnten. Im ersten Jahrzehnt des 20. Jahrhunderts fanden seine Überlegungen großes Interesse in der regionalen und überregionalen Fachpresse. Gleichzeitig vertieften sich aber auch gegensätzliche Meinungen zwischen ihm und dem Direktor des Hygienischen Instituts in Hamburg Dunbar sowie dem Mitarbeiter des Naturhistorischen Museums Volk, die das Elbwasser aus biologischer und hygienischer Sicht für unbedenklich hielten und die Auffassung vertraten, daß die eutrophierende Wirkung der Abwässer in der Elbe sich ertragsteigernd auf die Elbfischerei auswirke. Diese Debatte spitzte sich immer mehr zu: "Jede Partei wurde ... durch größere Interessentengruppen unterstützt: Dunbar und Volk seitens der Staatsinstanzen und Bonne durch Fischer, Fischereiverbände und landwirtschaftliche Vereine" (Gaumert u. Riedel-Lorje 1982,S.24). Die Auseinandersetzung eskalierte und endete damit, daß Bonne aus der Hamburger Diskussion verbal 'hinausgeworfen' wurde und kurze Zeit später aus der Stadt fortzog.

Trotz der generellen Diskussion und Bonnes Mahnungen änderte sich nichts an der Einleitungspraxis der Städte Hamburg und Altona. 1904 wurden lediglich ein Sandfang und eine Abfischanlage bei der Sielmündung Hafenstraße sowie Ausmündungsrohre in der Flußsohle gebaut. Auch Altona erhielt zehn Jahre später eine vergleichbare mechanische Grobreinigung. Neben den Belastungen durch städtische Abwässer häuften sich seit der Jahrhundertwende Hinweise auf (agro)industrielle Einleitungen, die eine neue Dauerbelastung darstellten und zusätzlich periodische Fischsterben verursachten. Eine neue Komponente erhielt die Stadtentwässerung erst um 1930, als die Entscheidung fiel, in den rasch wachsenden Außenbezirken ein Trennsystem zu installieren. Da die dort vorhandenen Gewässer nicht wasserreich genug waren, um als Vorfluter zu dienen, wurde eine Reihe kleinerer, mechanisch arbeitender Kläranlagen gebaut. Nach Abschluß eines Staatsvertrags zwischen Preußen und Hamburg 1928 entstand außerdem die Planung eines zentralen Klärwerks auf der Dradenau. Diese Planung wurde 1935 stark gefördert, nachdem das Hygienische Institut ein großes Fischsterben im Jahre 1932 unter anderem auf die ungeklärten Einleitungen zurückgeführt hatte. Die Baubehörde legte 1936 den Entwurf zu einer Großkläranlage in Langenfelde vor, mußte aber die Planung auf Intervention des Reichsernährungsministeriums umstellen, das im Zuge der Autarkiebestrebungen eine landwirtschaftliche Nutzung der Abwässer forderte.

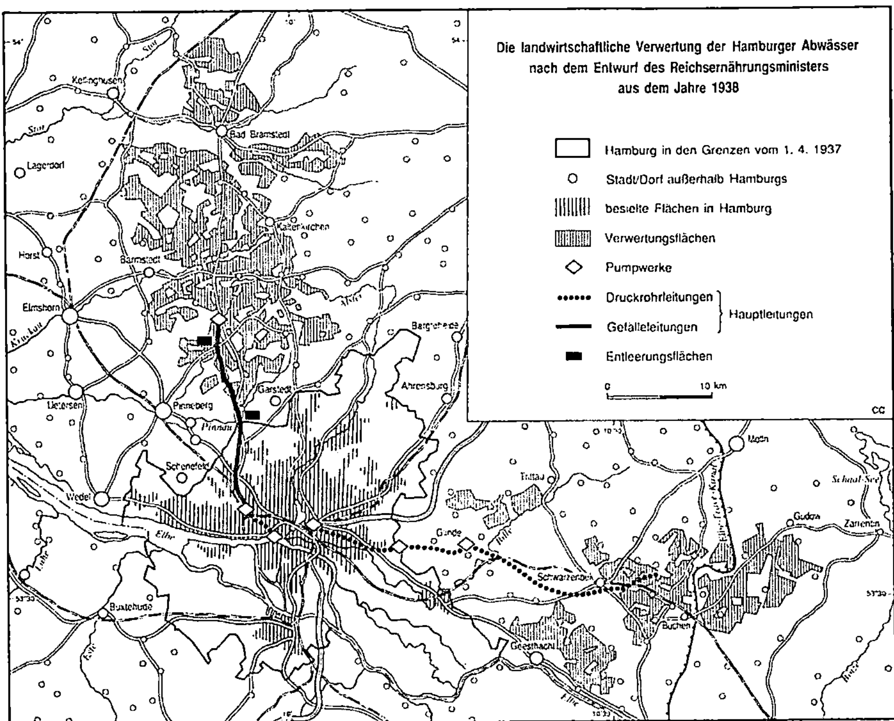

Abb. 2.8:   Nationalsozialistisches Verrieselungsprojekt für Hamburg 1938.
(nach Plänen der Hamburger Baubehörde - Stadtentwässerung)

Die nationalsozialistische Kriegsvorbereitungspolitik nahm damit Entwürfe der Abwassernutzung wieder auf, die bereits Mitte des 19. Jahrhunderts erstmals thematisiert worden sind. Art und Größe des Projektes zur landwirtschaftlichen Verwertung der Hamburger Abwässer (vgl. Abb. 2.8) machen aber deutlich, daß 1938 nicht die Dezentralisierungsmotive im Vordergrund gestanden haben, die Bonne bewegt hatten. Intendiert war vielmehr eine großtechnische Lösung, die wegen der damit

verbundenen Kosten und flächenpolitischen Maßnahmen nur in einem zentralisti-
schen und autoritären Staat realisiert werden konnte. Während der Kriegsjahre wurde
die Druckrohr- und Gefälleleitung in das Nordgebiet gebaut. Nach dem 2. Weltkrieg
gab es noch eine kurze Diskussion, ob die NS-Planung weitergeführt werden sollte.
Trotz eines positiven Gutachtens wurde der Vorkriegsplanung zur Konstruktion einer
Großkläranlage der Vorzug gegeben.

In der Nachkriegsphase war es zunächst notwendig, die Haushalte wieder an das
an 3100 Stellen zerstörte Sielwerk anzuschließen und das Sielwerk zu erweitern, da
die Bevölkerung sich nach außen verlagerte. Die sonst wenig selbstkritische Stadtentwässerung vermerkte 1967, daß "es heute als glücklicher Zufall bezeichnet
werden [muß], daß Hamburg bei derart mangelhaften, hygienisch höchst bedenk-
lichen Wohnverhältnissen von größeren Epidemien verschont blieb" (Baubehörde
1968,S.16). Mit der Fertigstellung der ersten Ausbaustufe des Hauptklärwerkes
Köhlbrandhöft wurde 1961 erstmalig das Abwasser der Hamburger Stammsiele
teilweise biologisch gereinigt. Damit endeten knapp 125 Jahre Direkteinleitung von
Abwässern in die Elbe. Die Versuche einer großflächigen Berieselung wurden nach
dem Krieg aus "hygienischen und finanziellen Gründen nicht weitergeführt". Ebenso
wurde 1964 die landwirtschaftliche Abwasserverwertung in Rissen "wegen der
besonderen Unzuträglichkeit dieser Art der Abwasserbeseitigung in einem Erholungsgebiet der Hamburger Bevölkerung" aufgegeben (Baubehörde 1968,S.16).

2.1.3 Stadtkritik der Naturschutzbewegung und erste Ansätze zur ökologischen Stadtentwicklung

Das Zusammenspiel von sozialpolitischen Motivationen, hygienischen Erkenntnissen
und Zielvorstellungen sowie der Stand der Entsorgungstechniken haben in den
deutschen Städten im 19. Jahrhundert zu unterschiedlichen infrastrukturellen Maßnahmen geführt. Gemeinsam ist ihnen das Anliegen, die Gesundheitsrisiken für alle
Bevölkerungsteile zu verringern, die Reproduktionsfähigkeit der Arbeiterschaft in
den Städten zu gewährleisten und damit sozialen Unruhen vorzubeugen. Auf diese
Weise wurde der durch die Industrialisierung hervorgerufene latente Widerspruch der
Raumorganisation stillgelegt. Das Industrieproletariat und die ärmeren Schichten
konnten durch das gemeinsame Anliegen an gesunde Wohn- und Lebensverhältnisse
in die bürgerliche Gesellschaft integriert werden. Rodenstein (1988) weist nach, daß
die dynamische Wirkung des Wertes Gesundheit für die Stadtentwicklung später

nachgelassen hat und die neuen Probleme, die durch die Schwemmkanalisation entstanden waren, wie die Flußverunreinigungsfrage, nicht mit der gleichen Grundsätzlichkeit und radikalen Veränderungsbereitschaft verfolgt wurden. In zugespitzter Formulierung waren tote Flüsse weniger dysfunktional für die Entwicklung der Industriegesellschaft als seuchengefährdete Städte. Von den integrativen Ansätzen, die Mitte des 19. Jahrhunderts bereits die Vorstellung eines ökologischen Wirkungsgefüges umzusetzen versuchten, wurden nur partielle Aspekte realisiert. Das war aber ausreichend, um den Bevölkerungszuwachs der Städte und Verdichtungsräume zu entproblematisieren, wodurch der Prozeß der 'Urbanisierung des Kapitals' (Harvey 1985,S.185f.) erst ermöglicht worden ist. Das Ökosystem Stadt kam so zwangsläufig in immer stärkere Abhängigkeit von der Zufuhr von Ressourcen aus dem Umland und verminderte gleichzeitig die Selbstregulierungsmöglichkeit benachbarter Ökosysteme, insbesondere der Flüsse. Die 'realpolitische' Verarbeitung der von den Romantikern antizipierten städtischen Umweltprobleme im 19. Jahrhundert hat so zu einer Verlagerung der Gefahren und Verschmutzungen geführt. Die Städte selber waren nach wie vor parasitär, nun allerdings in einem gereinigten Zustand.

Die verbliebene 'Unnatürlichkeit' städtischer Raumstrukturen motivierte aber weiterhin Gegenentwürfe, die in der heutigen Literatur überwiegend unter dem Befriff der 'Großstadtfeindschaft' zusammengefaßt werden. Allerdings wird darunter sehr Unterschiedliches subsumiert wie einerseits die bereits mit der Gartenstadtbewegung und mit den Perspektiven Bonnes angedeutete Symbiose der Moderne mit ökologisch orientierten räumlichen Organisationsformen und andererseits die ideologisch sehr weit verzweigte Großstadtkritik der sich ausbreitenden Natur- und Heimatschutzbewegung. Während die ästhetisch-kulturelle und soziale Opposition, die in der Romantik entstanden war und die die ablaufenden und vorhersehbaren gesellschaftlichen Veränderungen kritisierte, noch bis zur Mitte des 19. Jahrhunderts in vielfacher Weise verbunden war, vollzog sich nach der bürgerlichen Revolution und dem Erstarken der Arbeiterbewegung ein Differenzierungsprozeß. Die sozialpolitisch motivierten Reformer suchten, wie gezeigt, eine Milderung der Probleme durch das Ausnützen neuer technologischer Möglichkeiten zur Verbesserung der Lebensverhältnisse und organisierten sich so immer stärker mit fortschrittsorientierten linksliberalen und sozialistischen Gruppierungen.

Eine andere Linie führte zur generellen Kritik des räumlich-physiognomischen Wandels und schuf so einen reaktionär gewendeten Antiurbanismus. Ein wichtiger Vertreter dieser Richtung und Begründer der Landes-/Volkskunde war der konservative Sozialpolitiker Wilhelm Heinrich Riehl, der ideologisch als einer der bedeutendsten Antipoden seiner Zeitgenossen Marx und Engels in Deutschland angesehen wird (Fillip 1978,S.60f.; Sieferle 1985). Die organische Gesellschaftsauffassung der Romantik wird von Riehl in seiner "Naturgeschichte des Volkes als Grundlage einer deutschen Sozialpolitik" über die verschiedenen Formen der Bodenkultur und ihre ideelle und soziale Bedeutung entwickelt. Sie bestimmen das soziale Gemeindeleben durch die "Gemeinsamkeit der Arbeit, des Berufes und der Siedelung" und werden als Alternative zur Verstädterung und Proletarisierung hingestellt (Sieferle 1984).

Während Riehl damit einen konservativen bildungspolitischen Auftrag umzusetzen begann, der später auch wesentlich die Entwicklung der universitären Geographie beeinflußt hat (Schultz 1980; Kost 1989), wurden die negativen Folgen der Raumentwicklung in der Periode der Industrialisierung von Ernst Rudorff Ende des 19. Jahrhunderts bilanziert. Er war einer der ersten, der die von den Romantikern Anfang des Jahrhunderts generell befürchteten Veränderungen empirisch bewerten konnte. Er vermerkte:

> "Ausbeutungen aller Schätze und Kräfte der Natur durch industrielle Anlagen aller Art, Vergewaltigung der Landschaft durch Stromregulierung, Eisenbahnnen, Abholzungen und andere schonungslose, lediglich auf Erzielung materieller Vorteile gerichtete Verwaltungsmaßregeln" (Rudorff: Heimatschutz, zitiert nach Sieferle 1985,S.39).

Rudorff begründete die Heimatschutzbewegung (seit 1904 Deutscher Bund Heimatschutz) und sprach mit seinen Vorstellungen die ästhetischen und materiellen Wahrnehmungen der Klasse des Bildungsbürgertums an, deren gesellschaftliche Position in den Städten durch die Industrialisierung und Massenproduktion sowie den Bedeutungsgewinn der Arbeiterbewegung abgeschwächt und bedroht wurde. Der Rückgriff der alten Mittelschicht auf die mit dem Begriff 'Heimat' versehene Gegenwelt war auch ein politisches Programm; denn "zur harmonischen, schönen Landschaft, zur unberührten oder traditionell heilen, landwirtschaftlich kultivierten Natur gehörten auch Menschen, die in patriachalisch geordneten und auf den Betrachter anheimelnd wirkenden Beziehungen leben" (Sieferle 1985,S.39).

Interessanterweise wurde die Industrialisierungskritik des Heimatschutzverbandes Anfang des 20. Jahrhunderts immer schwächer. Während der 'Bund der Industriellen' auf Aktivitäten Rudorffs noch mit Gegenmaßnahmen reagierte und 1911 eine "Kommission zur Beseitigung der Auswüchse der Heimatschutzbestrebungen" einsetzte, verwandelte sich die vom Heimatschutzbund anfänglich postulierte Unvereinbarkeit zwischen Industrie, Technik und damit verbundenen Veränderungen des Raumes einerseits und Zielen des Natur- bzw. Heimatschutzes andererseits. Von nun an bemühte sich die Heimat- und Naturschutzbewegung, die industrielle Modernisierung organisch mit der deutschen Landschaft und Tradition zu verbinden (Linse 1986,S.29). Die neue Synthese von Natur und Kultur, Technik und Volkstum schwächte die vordem radikale Kritik am entstehenden Industriesystem ab und machte den Heimatschutz anpassungsfähig. So ist es auch wenig überraschend, daß der deutsche Faschismus als "technokratische Bewegung in romantischem Gewand" (Sieferle 1985,S.41) den Deutschen Bund Heimatschutz problemlos integrieren konnte und die früheren Natur- und Heimatschützer zu Landschaftsgestaltern nationalsozialistischer Raumordnung wurden.

Die konservative Großstadtfeindschaft um die Jahrhundertwende ist als Abwehr der gesellschaftlichen Modernisierung zu interpretieren; sie war in solchen sozialen Strukturen 'beheimatet', deren kulturelle und sozioökonomische Basis durch das Aufkommen der Arbeiterbewegung, durch die Liberalisierung kultureller Normen und durch die zunehmende Dominanz industriell-urbaner Wirtschaftsaktivitäten bedroht erschien.

Wie bereits angedeutet, ist hiervon die sozialreformerische, sozialistische und anarchistische Großstadtkritik abzugrenzen. Auch in diesem 'linken' Konglomerat gab es Positionen, die in kommunitären Organisationsformen weitab der Städte neue Perspektiven suchten (Linse 1986) und sich die gesellschaftliche Erneuerung 'vom Boden her' vorstellten. Diesem Denken entsprechen im Prinzip auch die Entwürfe des lange in Hamburg tätigen Gartenbauarchitekten Leberecht Migge (1881-1935), der nach dem 1. Weltkrieg ein 'grünes Manifest' verfaßte und in Worpswede auf dem Sonnenhof eine Siedlerschule aufzubauen versuchte. Worpswede war zu der Zeit bereits ein künstlerisches und intellektuelles Zentrum und für Migge eine Herausforderung, um auf den dürftigen, für landwirtschaftliche Produktion schlecht geeigneten Böden seine These, daß auch hier die Möglichkeit zur Selbstversorgung durch intensiven Gartenbau bestände, zu belegen.

Seine Arbeiten, die vom Fachbereich Stadt- und Landschaftsplanung der Gesamthochschule Kassel (GHK 1981) erstmalig zusammenhängend dokumentiert worden sind, verteilen sich aber in ganz Deutschland, und zwar vor allem in den Städten, denn "sein Manifest richtet sich nicht gegen die Stadt, sondern gegen die Großstadt des 19. Jahrhunderts mit ihren Mietskasernen, ihrer ungelösten Abfallbeseitigung, ihrer lichtarmen Bebauung, deren ungeregeltes Wachstum ... zur Jahrhundertwende den heimatschützerisch-antiurbanen Protest ausgelöst hatte" (Linse 1986,S.86).

Migge griff nach dem 1. Weltkrieg Ideen der Gartenstadtbewegung wieder auf und versuchte, sie den sozioökonomischen Problemen Nachkriegsdeutschlands anzupassen. Er wollte den modernen Industriearbeiter wieder bäuerliche Tätigkeiten nahebringen und plante dazu verdichtete Wohnkomplexe mit landwirtschaftlichen und gartenbaulichen Produktionsflächen. Auf diese Weise sollte der Verarmung und Entfremdung in der Großstadt entgegengewirkt werden. Für unseren Kontext ist sein Stadt-Land-Konzept besonders interessant, weil es als planerische Umsetzung der von Bonne für Hamburg umrissenen Sanierungsvorschläge angesehen werden kann.

Abb. 2.9:   Leberecht Migge: "Abfallbaum" 1922 (Barkenhoff-Stiftung 1982)

Das Prinzip der "bodenproduktiven Stadt-Land-Wirtschaft" geht, wie Abb. 2.9 zeigt, von der bereits in der 'Sanitary School' entwickelten Idee der Nutzung der städtischen Abfälle für die Nahrungsmittelproduktion aus. Zur Dezentralisierung der 'alten' Stadt lagert Migge dieser einen Siedlungs- und Gartenbaugürtel an, in dem die Abfälle für landwirtschaftlichen Intensivanbau produktiv genutzt werden. Dazu entwickelt er für jede potentielle Nutzergruppe, z.B. Arbeitslose mit weitgehender Selbstversorgung oder Industriearbeiter mit partieller Nahrungsmittelautonomie, Siedlungsformen, Haustypen, Anbauvorschläge und Finanzierungsmöglichkeiten. Wie die Beispiele für die Planung eines Kulturgürtels der Stadt Kiel aus dem Jahre 1922 zeigen, hat Migge 70 Jahre nach Entwicklung der grundlegenden Ideen von Chadwick erstmals umfassende planerische Umsetzungen für eine ökologisch orientierte Stadtstruktur in Deutschland vorgelegt.

Seine komplexen stadt- und landesplanerischen Konzepte konnte Migge zwar nirgends vollständig realisieren, wohl aber ließen sich kleine Lösungen in Zusammenarbeit mit den Architekten des 'Neuen Bauens', wie May, Tant, Wagner u.a. durchsetzen. Unter den heutigen Bedingungen - Schwermetallbelastungen und Chemiegehalte in den Abfällen - sind Migges Ansätze im großen Maßstab sicherlich nicht mehr umsetzbar, obwohl das 'ökologische Bauen' erst in der Anfangsphase steht. Auch stehen seine Vorstellungen von Dezentralisierung, die u.a. die Verlegung der Industrie in die Fläche beinhalten, der heutigen Kritik am Landschaftsverbrauch entgegen. Aber in jedem Fall hat er für die Zeit der Industrialisierung und der damit verbundenen Urbanisierung einen Weg aufgezeigt, der soziale und umweltvorsorgende Momente gleichermaßen berücksichtigt. Die Technologiestruktur der Großstadt des 19. Jahrhundert, für deren Entwicklung Ingenieure wie Lindley hoch gelobt worden sind, lehnte Migge ab. Jedoch führt diese Kritik weder zur Technik- noch zur Großstadtfeindschaft:

> "Sein Werk macht den Versuch, Technik und Rationalität nicht einfach aufzugeben, sondern auf menschliche Zwecke zu zentrieren. ... Die Technologie der Abfallkreisläufe, der Bodenfräsen, der Bewässerungssysteme, der gegenseitig organisierten Hilfe ist beherrschbar und produziert nicht die sozialen Kosten wie die oktroyierten Großtechnologien und zentralen Leviathane von Wirtschaft und Staat" (Uhlig 1981,S.119).

Zusammenfassung

Die mit der Industrialisierung einsetzende Urbanisierung führte im 19. Jahrhundert zu einem enormen Wachstum der bereits bestehenden Handels- und Marktzentren sowie neuer Siedlungen, deren Existenz vollständig von der industriellen Produktion abhängig war. Die neuen Ballungen verschärften bereits bekannte Probleme städtischer Lebensqualität. Wegen der immer klarer zutage tretenden Widersprüche zwischen Kapital und Arbeit, Grundbesitz und Mieter war Handlungsbedarf für eine Intervention in die Stadtentwicklung gegeben. Dabei verwandelte sich die Regulierungsform grundlegend, denn die städtischen Eliten der vorindustriellen Stadt und das System der Wohltätigkeit für die Armen war für die neuen Massenstädte nicht funktional. In der zweiten Hälfte des 19. Jahrhunderts bildete sich eine neue Form von Stadtpolitik heraus, die sich schwerpunktmäßig mit der Reproduktionssicherung der Massen auseinandersetzte. Dies war die Zeit, in der großtechnische Ver- und Entsorgungssysteme errichtet sowie die hygienischen Bedingungen kontrolliert und verbessert wurden. Nur so konnte sich die Industrialisierung der Produktionsprozesse durchsetzen, die zu ihrer Reproduktion die räumliche Form der Stadt bzw. des wachsenden Verdichtungsraumes benötigten.

Die in diesem Prozeß neu auftretenden Umweltprobleme wurden, soweit sie die Funktion der Stadt für die Industrialisierung gefährdeten, intensiv diskutiert und für die Stadtbewohner teilweise gelöst. Es kann aber deutlich unterschieden werden zwischen solchen Ansätzen, die rein pragmatisch den Systemanforderungen genügten, wie beispielsweise die Schwemmkanalisation, und solchen, die mit der Technik auch eine Systemänderung herbeiführen wollten. Die Vertreter der letztgenannten Richtung suchten mit dem Umbau der Stadt nach Möglichkeiten der Einflußnahme auf die sich entwickelnde Industriegesellschaft. Es gelang ihnen aber nicht, eine 'Ökologisierung' der Stadtentwicklung durchzusetzen. Ihre Umsetzungen alternativer städtebaulicher Konzepte sind nur in Relikten erhalten geblieben. Durchgesetzt hat sich, trotz Katastrophen wie der Choleraepidemie in Hamburg, die nachgeschaltete städtische Ver- und Entsorgungspolitik, die den gesamten Abfall in einer Region sammelt und verdichtet und anschließend in andere Ökosysteme deponiert. Die durchaus erkannten Umweltprobleme wurden nicht gelöst, sondern nur verlagert. An diesem Prinzip hat sich in der Geschichte der letzten 150 Jahre städtischer Umwelttechnik nicht viel verändert, trotz der sie begleitenden und wegen des Zustandes der heutigen Ökosysteme auch überzeugenden Kritik.

2.2   *Strukturwandel und Umweltgefährdung im Unterelberaum*

Die Entwicklung der Stadtregion Hamburg im 19. Jahrhundert hat entscheidenden Einfluß auf das Umland genommen. Dieser Einfluß beschränkte sich nicht darauf, daß die Niederelbe zum Vorfluter für die Abwässer der Metropole wurde, sondern war auch ökonomischer Art, weil eine hohe Nachfrage nach landwirtschaftlichen Produkten und Baumaterialien entstand und sich außerdem im Hafengebiet ein Handels- und Industrieschwerpunkt mit entsprechendem Arbeitskräftebedarf ausbildete. Letztlich war auch ein siedlungsstruktureller Einfluß wirksam, da die Stadtregion im Zuge verschiedener Suburbanisierungsphasen einen steigenden Flächenbedarf aufwies.

Damit erscheint der Urbanisierungsprozeß Hamburgs als Determinante auch für die Entwicklung der Unterelberegion. Betrachtet man die frühen, eher demographisch-siedlungsstrukturell orientierten Planungen von Fritz Schumacher in den zwanziger Jahren (Abb. 2.13) und das spätere, eher ökonomisch motivierte Modell für die wirtschaftliche Entwicklung der Region Unterelbe von Helmuth Kern (Abb. 2.16), so erscheinen das Gebiet beiderseits der Niederelbe und Teile Holsteins als reine Ergänzungsgebiete Hamburgs. Der Begriff Unterelberaum oder -region war deshalb zunächst eine Bezeichnung aus der Hamburger Sicht, die diesen Raum in eine großstädtische Raumpolitik eingebettet hat.

Die Bewohner des Gebietes beiderseits der Elbe haben zwar auch eine gemeinsame Bezeichnung für diesen Flußabschnitt, der überwiegend Niederelbe genannt wird, damit ist ihre kulturelle Gemeinsamkeit jedoch auch weitgehend erschöpft, denn die nördlichen und südlichen, an die Niederelbe angrenzenden Gebiete weisen regional-kulturell ganz unterschiedliche Bezüge auf. Der Fluß war und ist in sozial-räumlicher Hinsicht ein trennendes Element. Bereits die Landschaftsbeschreibung zur Jahrhundertwende von Linde betont das trennende, "völkerscheidende" Moment der Niederelbe (Linde 1909,S.16).

Wenn im folgenden trotzdem überwiegend der Begriff Unterelberaum verwendet wird, soll damit nicht der Hamburger 'Hegemonialanspruch' weitergeführt werden, sondern er soll eine 'moderne' Betrachtungsweise ausdrücken, die sich mit anderen Bezeichnungen wie dem Elbe-Weser-Dreieck oder der Westküste als Elbe-Nordsee-küstengebiet überschneidet. Der Begriff Unterelberaum kennzeichnet einen durch die Umweltbewegung in den siebziger Jahren wiederentdeckten einheitlichen Naturraum. Die Anführungsstriche beim Adjektiv 'modern' weisen aber auch darauf hin, daß die 'Niederelbe-Landschaft' schon seit der letzten Eiszeit eine naturräumliche Einheit bildet.

Nach Linde (1909) und dem Handbuch der naturräumlichen Gliederung ist die Niederelbe-Landschaft terassenförmig in Längsstreifen strukturiert. Folgende Elemente sind zu beiden Seiten des Flusses zu finden (vgl. auch Abb. 2.12):
- Im Flußbett befinden sich zahlreiche Sände wie der Lühesand oder Pagensand sowie zahlreiche 'ehemalige' Inseln zwischen Norder- und Süderelbe wie Wilhelmsburg oder Altenwerder.
- Zwischen Fluß und Deich liegen die (ehemaligen) Außendeichsflächen als Teile der Fluß- und Brackmarsch, wie bei Seestermühe, Haseldorf, Nordkehdingen oder wie der Krautsand und Asselersand.
- Der Deichsaum kennzeichnet die Deichlinie mit den landseitigen Straßensiedlungen, wie Assel, Drochtersen, Dornbusch und Wischhafen in Kehdingen.
- Die Marsch ist das durch Deichbauten untergliederte Schwemmland, das quer zu den Terrassen als Seemarsch (Hadeln, Süderdithmarscher Köge) oder Flußmarsch

(Kehdingen, Winsener Marsch) mit jeweiligen Übergangszonen gegliedert ist.

- Zwischen Marsch und Geest liegen (Hoch-)Moorstreifen, die weitgehend urbar gemacht wurden; bekannte Beispiele sind das Ahlen-Falkenberger oder das Kehdinger Moor.
- Auf der rechten Elbeseite sind ausgeprägte Dünen zu finden, so bei St. Michaelisdonn, bei Eddelak und bei Kremperheide, sowie die Boberger Dünen und die Besenhorster Sandberge bei Geesthacht.
- Das durch die Niederelbe geprägte Gebiet wird durch die wallartig aufgebauten Höhen der Geest begrenzt; sie erscheinen zum Teil als markante Randkuppen (Wingst, Schwarze Berge) und reichen manchmal direkt an das Elbufer heran (Süllberg, Baurs Bergs); in der Marsch gibt es Geestinseln wie die Münsterdorfer Geestinsel bei Itzehoe oder die Höhen bei Westerwanna.

Seit dem Ausbau Hamburgs wird die Niederelbe flußaufwärts meist dort abgegrenzt, wo der Seeschiffsverkehr bei den Hamburger Elbbrücken endet. Die eigentliche naturräumliche Grenze liegt aber weiter flußaufwärts an dem Punkt, wo der Gezeitenwechsel noch bemerkbar ist, d.h. etwa bei Geesthacht. Flußabwärts umfaßt der Unterelberaum die Cuxhaven vorgelagerten Inseln Neuwerk und Scharhörn sowie die Wattflächen nördlich der Elbmündung bis nach Friedrichskoog.

> "Die Grenzen dieses Niederlandes sind leicht zu bestimmen, am leichtesten zu beiden Seiten des Stromes. Wie eine ebene Tafel dehnt sich das Schwemmland bis zu dem dürren Hügelland hüben und drüben. Wallartig steigen die Höhen auf, braune flache Kuppen mit Heidekraut oder Kiefernwildnis. Der Volksmund heißt sie Geest, von jüst "unfruchtbar", und Marsch die weite Wasserebene, ein Wort von dunklerer Herkunft, mit Meer und Moor verwandt. Oft ist die Grenze so deutlich, daß man mit einem Stab fast eine Linie ziehen kann. Bald ist sie verschwimmend und unmerklich, da wo die Geesthügel flach ausklingen" (Linde 1909,S.2-3).

Die klare physisch-geographische Gliederung der Niederelbe-Landschaft bildet die Grundlage für den modernen Begriff Unterelberaum. Basisinitiativen wie die Arbeitsgemeinschaft Umweltplanung Niederelbe oder die Bürgerinitiative Umweltschutz Unterelbe sowie engagierte Wissenschaftler entdeckten dieses Gebiet als einheitlichen Naturraum in den siebziger Jahren wieder und machten Gefährdungen und umweltbelastende Planungen zum öffentlichen Thema.

Am Beispiel des Unterelberaumes sollen Tendenzen aufgezeigt werden, die allgemein als Industrialisierung des Landnutzungssystems bezeichnet worden sind. Wesentlich sind Entwicklungsprozesse, die den Strukturwandel der Flächennutzung verdeutlichen und die die heutigen Umweltgefahren verursachen. Die Beschreibung dieser Zusammenhänge erfolgt in zwei Schritten: Zuerst steht der Fluß und sein unmittelbarer Einflußbereich im Vordergrund, dessen Veränderungen im Zeitalter der

Industrialisierung die Folgen derjenigen Interessen wiederspiegeln, die sich letzlich in der Städtereinigungs-/Flußverunreinigungsfrage durchgesetzt haben. Anschließend wird für einen Marsch-Moor-Geest-Streifen ein Vergleich der Landnutzung durchgeführt. Weiterhin geht es um die großräumige Entwicklung und um die Bedeutung der Landesplanung zur Gestaltung des heutigen Nutzungsystems des gesamten Unterelberaumes. Abschließend werden zur Bewertung der heutigen Umweltgefahren zwei Großprojekte der Ökosystemforschung zusammengefaßt und kritisch kommentiert, um auf diese Weise der wissenschaftlich ermittelten, 'objektiven' Belastungssituation für die Bewohner dieses Raumes sowie für Flora und Fauna näherzukommen.

2.2.1 Die Niederelbe: 'Der natürliche Weg zur Beseitigung allen Unrathes'

Das Entstehen eines öffentlichen Bewußtseins für die Flußverunreinigung ist mit Beginn der Auseinandersetzung über die Technik der Stadtreinigung auf die 1870er Jahre datiert worden. Die erste heftige Kontroverse über die Elbverschmutzung entstand um die Jahrhundertwende, und es war besonders Georg Bonne, der sich mit viel Zivilcourage gegen die etablierte und staatliche Auffassung stellte. Neben der Diskussion über das Gefährdungspotential organischer Einleitungen war ebenfalls seit der Jahrhundertwende die zusätzliche Versalzung der Elbe durch die Kaliindustrie im Saalegebiet bekannt. Gegen weitere Industrieansiedlungen riefen bereits 1911 die Elbfischer zu Protestversammlungen auf. Weitere Wasserprobleme durch nicht-häusliche Abwässer ergaben sich durch

- die Zellstoff- und Zuckerrübenindustrie; agroindustrielle Einleitungen erfolgten während der Erntezeiten stoßweise und sorgten 1919 für ein erstes größeres Fischsterben;
- neue Chemiewerke wie eine Dynamitfabrik bei Krümmel und Böhringer am Moorfletherkanal;
- die Ölmühlen und die ersten Ansiedlungen von Mineralölindustrie am Reiherstieg.

Die Wirkungen der Flußverunreinigung auf die Fischbestände sind bereits lange Gegenstand von Untersuchungen gewesen, die bei Gaumert und Riedel-Lorje (1982) zusammengefaßt werden. Demnach ist seit 1917 über Fischkrankheiten, die von verschmutztem Wasser hervorgerufen werden, berichtet worden. Die Angaben beziehen sich zwar überwiegend auf die Elbe, aber auch die Wasserqualität der Nebenflüsse schien rapide abzunehmen, was durch folgendes Zitat illustriert wird: "Ich glaube fast, daß eine Waserratte, die doch ein zähes Leben hat, nicht imstande ist, über die

Krückau zu schwimmen, denn sie wird unterwegs die Pest bekommen und verenden"
(Klüver 1921, zitiert nach Gaumert u. Riedel-Lorje 1982,S.34). Neben den negativen
Auswirkungen der Verschmutzungen auf den Fischbestand ist der Rückgang der
Fangerträge aber auch auf die Überfischung in der Elbe und der Deutschen Bucht
zurückzuführen.

Ein erster umfassender Bericht über die Flußverschmutzung wurde vom Hamburger Amt für Strom- und Hafenbau 1964 vorgelegt (BWVL 1964), aus dem sich die
Art der Einleitungen um die Mitte des 20. Jahrhunderts nachzeichnen läßt. Zwei Elbstrecken sind danach zu unterscheiden: einerseits der obere und mittlere Teil der
Elbe, der durch die CSFR und die ehemalige DDR führt, und andererseits die
Niederelbe, eingeteilt in die obere Strecke vor Hamburg und die untere Strecke bis
zur Deutschen Bucht. Die Vorbelastungen bis zum Beginn der Niederelbe bestanden
dem Bericht zufolge primär

- aus einer Grundbelastung aus der CSFR und den Industriegebieten im Raum
  Dresden und an der Schwarzen Elster (Kokereien, Chemie);
- einer ersten starken Zunahme der Einleitungen von Schwermetallen vor und am
  Einlauf der Mulde (Wittenberge, Coswig und Dessau an der Elbe, Bitterfeld);
- einer für den gesamten weiteren Unterlauf entscheidenden Belastung durch die
  Saale, die sich in einer Vervielfachung der Schwermetall- und Salzbelastung
  äußert (Kalibergbau an der Wipper, Braunkohlegewinnung und Weiterverarbeitung um Leipzig, Chemieindustrie in Leuna und Buna);
- Einleitungen chemischer Industrien bei Schönebeck, Magdeburg und Wittenbergen, wo auch die Schmutzfracht aus dem Berliner Raum durch die Havel in die
  Elbe geleitet wird. Diese nehmen aber nach der publizierten Messung von 1959
  keinen nachweisbaren Einfluß.

Der Zustand des oberen und mittleren Elbeabschnitts wird in der Zeitschrift "Wasserwirtschaft und Wassertechnik" für die fünfziger Jahre sehr eindeutig beurteilt: "Bis
Tangermünde ist der Elbstrom - wenn sich die Abwässerverhältnisse nicht noch einmal bessern - fischereilich wohl zum Tode verurteilt, da die im Wasser treibenden
Pilze und sonstigen Abfallstoffe die Netze derart verkleben, daß sie nicht mehr
fängig sind. Auch zwischen Wittenbergen und Lenzen bestehen ähnliche Schwierigkeiten" (zitiert nach BWVL 1964,S.11).

Die Hamburger Belastungen der Niederelbe nach dem 2. Weltkrieg bis 1962
können auf der Basis der Angaben vom Amt für Strom- und Hafenbau folgendermaßen zusammengefaßt werden (Abb. 2.10). Sie bestanden in

- der von 100 auf 159 Mio. m^3 angestiegenen Abwasserabgabe der Stadt. Das
  damit verbundene Belastungspotential stieg aber wegen der Teilinbetriebnahme
  des Klärwerks Köhlbrandhöft nicht entsprechend;

- einer annähernden Verdreifachung der industriellen Ableitung (von 200 auf 560 Mio. m³), die weitgehend auf die Expansion der Mineralölindustrie zurückzuführen ist. Der Kühlwasseranteil der industriellen Einleitungen betrug etwa 75 %, die Menge des eingeleiteten Öls gibt der Bericht mit 2213 t pro Jahr für 1957 an. Sie wurde durch bessere Reinigungsmethoden auf 1100 t in den Jahren ab 1962 reduziert;
- den Verschmutzungen des steigenden Schiffsverkehrs, die sich außer aus 'häuslichen' Abwässern aus stark verschmutzten Tankwaschwässern, verölten Bilgenwässern und anderen Ölrückständen zusammensetzten. Seit Mitte der fünfziger Jahre hält der Hamburger Hafen Ölauffanganlagen vor, um Mineralöl sowie tierische und pflanzliche Fettrückstände aufzunehmen und zu verarbeiten. Derartige Anlagen arbeiten nicht kostendeckend, weil bei Berechnung der real auftretenden Betriebskosten "der Anreiz zur illegalen Beseitigung der Öl-Wasser-Gemische durch Überbordpumpen zu groß werden würde" (BWVL 1964,S.17).

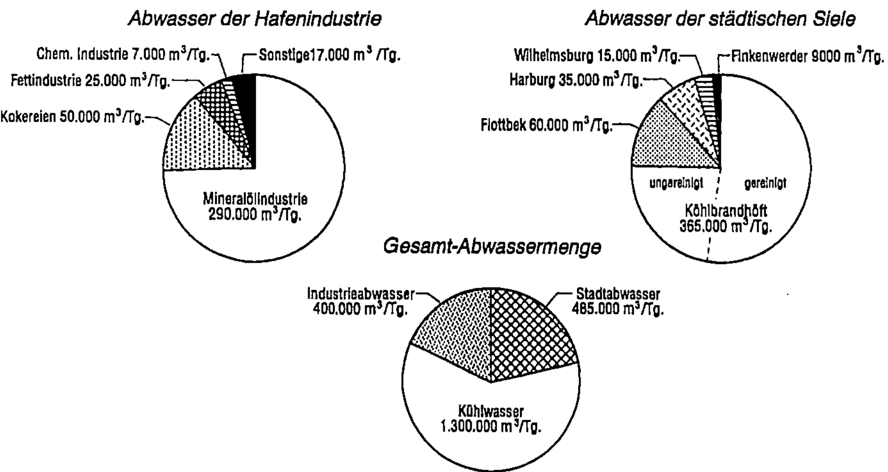

Abb. 2.10: Hamburger Einleitungen in die Elbe in den 1950er Jahren. (BWVL 1964)

Hinsichtlich der Bewertung der durch Hamburg verursachten Belastung der Niederelbe differenziert der Bericht zwischen den industriellen und kommunalen Abwässern. Umweltpolitische Aufmerksamkeit sei primär bei den durch die Klärwerke verursachten Verunreinigungen angebracht, da die kommunalen Abwässer mit ihren hohen organischen Anteilen unmittelbar Sauerstoffdefizite in der Elbe verursachen können und unterhalb Hamburgs schon öfter "Sauerstofflöcher" beobachtet wurden.

"Die Belastung der Elbe durch die Hamburger Abwässer ist auch heute noch beachtlich groß und durchaus ernst zu nehmen. Es kommt auch vor, daß das

Sauerstoffdefizit unterhalb Teufelsbrück noch zunimmt. Dennoch sind in der Elbe im Hamburger Raum, auch in besonders kritischen Sommermonaten, noch keine größeren Fischsterben oder anaerobe Verhältnisse beobachtet worden. Vielmehr ist auch in der Hafenelbe ein großer Fischbestand vorhanden, weil hier wegen der starken Düngung des Wassers reichlicher Vorrat an Nährtieren vorhanden ist. Die Fische sind jedoch i.a. geschmacklich beeinflußt, so daß sie sich nicht für den menschlichen Genuß eignen. Immerhin beweist ihre Anwesenheit, daß das Elbwasser selbst im engeren Bereich des Hafens nicht etwa lebensfeindliche Qualität hat" (BWVL 1964,S.12).

Das Zitat zeigt, daß Argumente, die Volk und Dunbar um die Jahrhundertwende gegen Bonne verwendet hatten, in den sechziger Jahren noch immer Bedeutung gehabt haben. Allerdings hatte sich das Argumentationsziel verschoben. Damals wurde die Einleitung von Abwässern damit begründet, daß sie für die Fischereiwirtschaft notwendig sei, Anfang der sechziger Jahre ging es nur noch um die Widerlegung des lebensfeindlichen Charakters der Elbe.

Im Unterschied zur Einschätzung der Situation bei den kommunalen Einleitungen sehen die Autoren des Berichts zur Verringerung der gewerblichen Abwässer keinen unmitelbaren Handlungsbedarf. Zwar sei die eingeleitete Menge "immer noch beachtlich groß", aber "durch intensives und vertrauensvolles Zusammenarbeiten zwischen der Wasserbehörde und den Einleitern gewerblichen Abwassers konnten bei den meisten Industriebetrieben schon verhältnismäßig frühzeitig erfolgreiche Maßnahmen zur Reinigung der Abwässer durchgesetzt werden" (BWVL 1964,S.14-15).

Die heutige Situation der Niederelbe

Die Wasserqualität der Elbe wird heute in einem noch entscheidenderen Ausmaß als vor 100 Jahren durch die Einleitungen in der CSFR und in der südlichen ehemaligen DDR geprägt. Da über lange Zeiträume wenige Informationen über die Art und Menge der Abwässer in den beiden Staaten vorlagen, ist der von der Redaktion des Diercke Weltatlas (1988,S.37) unternommene Versuch, die Gewässergüte der Elbe in diesem Raum nach den Klassen der Länderarbeitsgemeinschaft Wasser (LAWA) einzustufen (SRU 1987,S.266ff.), ein zusammenfassender Anhaltspunkt. In der Karte zur Umweltbelastung der südlichen ehemaligen DDR werden die Elbe und sämtliche Nebenflüsse als "kritisch belastet" und "stark bis sehr stark verschmutzt" klassifiziert. Der Inhalt der Saale, der Unstrut, der Mulde oder der Schwarzen Elster ist daher mit dem Begriff Abwasser gut charakterisierbar. Die Elbe bleibt stark verschmutzt

(LAWA-Kategorie III) bis zum Beginn der Brackwasserzone zwischen Freiburg und Brunsbüttel. Bei allen bestehenden Schadstoffgruppen, den sauerstoffzehrenden Substanzen, Chloriden, Schwermetallen und chlorierten Kohlenwasserstoffen sind die Vorbelastungen entscheidend. Sie betragen zwischen 80 % und 95 % der Gesamteinträge.

Die vergleichsweise gemäßigte zusätzliche Verschmutzung durch die Einleiter im Niederelberaum ist in ihren quantitativen Ausprägungen in Abb. 2.11 skizziert. An erster Stelle steht der Hamburger Raum mit der Einleitung großer Mengen kommunaler Schadstofffrachten und den Schwermetalleinträgen der Hafenindustrien. Belastungen entstehen weiterhin an den Industriestandorten Stade und Brunsbüttel durch die Erwärmung der Elbe durch Kühlwasser, die Organohalogen-Einleitung durch DOW-Chemical und die Einleitung ähnlicher Abwässer. Die Schmutzfracht der Chemieindustrie an den Nebenflüssen der Niederelbe ist bei dem bestehenden Belastungsgrad von geringer Bedeutung.

Um einen Maßstab für die Gewässerqualität und Zielvorstellungen zum Schutz der Oberflächengewässer zu bekommen, sind eine Reihe von Schwellenwertkombinationen entwickelt worden (vgl. die Arbeitsblätter und Richtlinien der Fachvereinigung DVWK (Deutscher Verband für Wasserwirtschaft und Kulturbau) und DVGW (Deutscher Verein des Gas- und Wasserfaches), der LAWA (Länderarbeitsgemeinschaft Wasser) und der EG-Kommission über die Qualität der Badegewässer, Fischgewässer und Oberflächengewässer für Trinkwasseraufbereitung). Als Mindestanforderung wird in Deutschland die Gewässergüteklasse II angestrebt. Demnach gilt eine als 'mäßig' bezeichnete Belastung der Oberflächengewässer grundsätzlich als akzeptabel. Die Richtlinien der LAWA und die davon abgeleitete Gewässergütekarte werden nach dem Saprobiensystem erstellt, das hauptsächlich auf die Belastung der Fließgewässer mit abbaubaren organischen Substanzen und damit auf die Beurteilung des Sauerstoffgehaltes ausgerichtet ist.

Im Unterschied zur Situation im übrigen Bundesgebiet kann der Sauerstoffhaushalt der Elbe zwar noch nicht als "weitgehend saniert" bezeichnet werden (SRU 1987,S.301), dennoch ist das Erreichen einer Güteklasse II für die Niederelbe wenig aussagekräftig. Das Beurteilungssystem bezieht Stoffe wie Salze, Metalle, organische Halogenverbindungen und andere schwer abbaubare organische Substanzen nicht mit ein (SRU 1987,S.300), obwohl gerade sie für die Elbe ein erhebliches Problem darstellen. Folgt man der Forderung des SRU nach einer Erweiterung des Begriffs Gewässergüte, die nicht nur Verschmutzungsgrad, Reinheit oder Sauerstoffhaushalt des Oberflächengewässers in Betracht zieht, "sondern den gesamten Zustand eines Gewässers, bestehend aus dem Wasserkörper, einschließlich Gewässerbett und Uferzone mit ihren Lebensräumen für Flora und Fauna" umfaßt (SRU 1987,S.267),

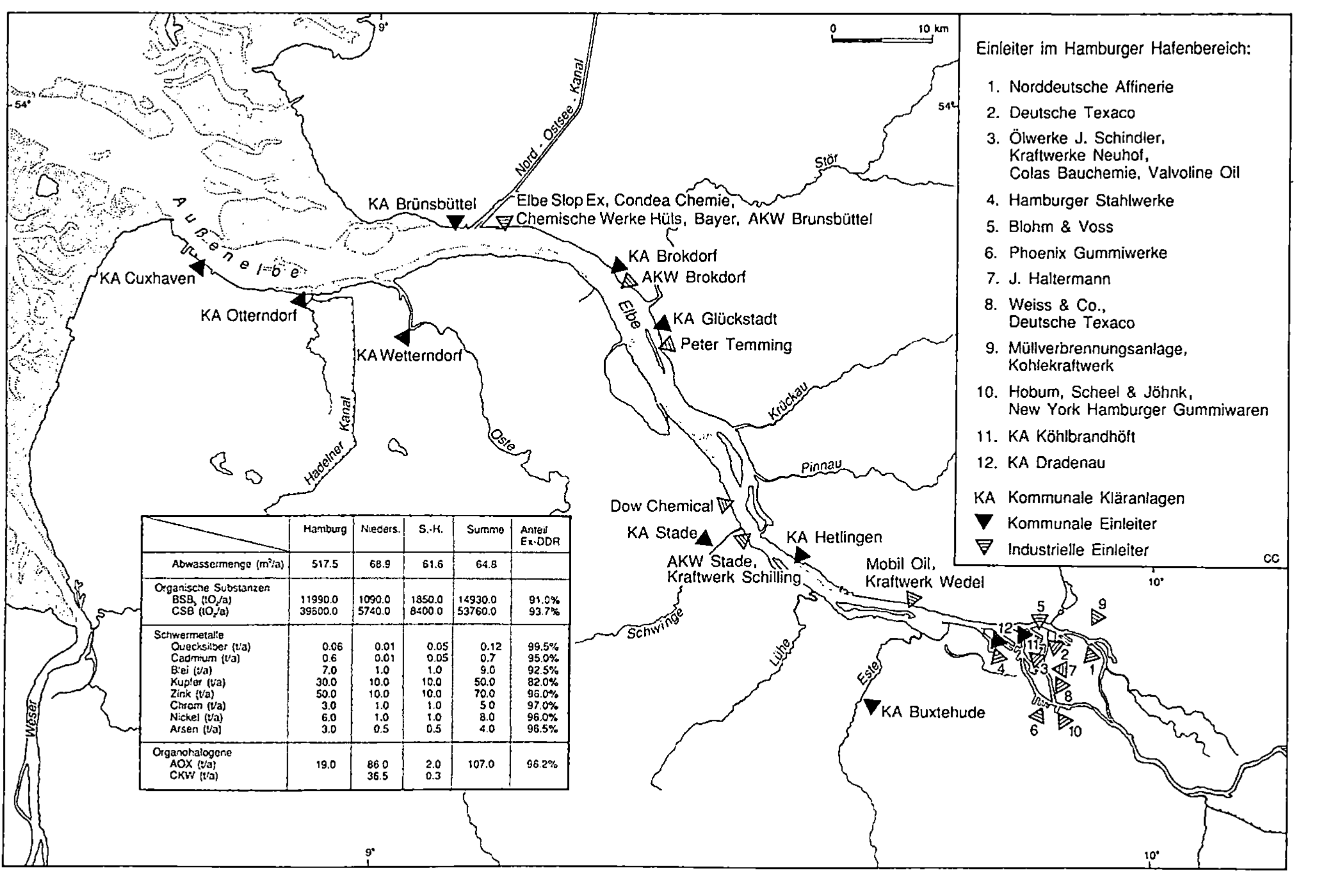

Abwassermenge (m³/a)	Hamburg	Nieders.	S.-H.	Summe	Anteil Ex-DDR
	517.5	68.9	61.6	64.8	
Organische Substanzen					
BSB₅ (tO₂/a)	11990.0	1090.0	1850.0	14930.0	91.0%
CSB (tO₂/a)	39600.0	5740.0	8400.0	53760.0	93.7%
Schwermetalle					
Quecksilber (t/a)	0.06	0.01	0.05	0.12	99.5%
Cadmium (t/a)	0.6	0.01	0.05	0.7	95.0%
Blei (t/a)	7.0	1.0	1.0	9.0	92.5%
Kupfer (t/a)	30.0	10.0	10.0	50.0	82.0%
Zink (t/a)	50.0	10.0	10.0	70.0	96.0%
Chrom (t/a)	3.0	1.0	1.0	5.0	97.0%
Nickel (t/a)	6.0	1.0	1.0	8.0	96.0%
Arsen (t/a)	3.0	0.5	0.5	4.0	96.5%
Organohalogene					
AOX (t/a)	19.0	86.0	2.0	107.0	96.2%
CKW (t/a)		36.5	0.3		

Abb. 2.11: Einleitungen in die Niederelbe in den 1980er Jahren. (eigener Entwurf nach Bürgerschaftsdrucksache 11/6765 1986)

dann ergibt sich für die Niederelbe folgende Zielsetzung des Gewässerschutzes: die mittelfristige Rückführung der Schwermetallgehalte des Wassers und der Sedimente auf die natürlichen Gehalte sowie den Einleitungsstop für Organohalogene, deren Wirkung auf das Ökosystem kaum bekannt ist. Diesen Standpunkt vertritt auch die von der Hamburger Bürgerschaft eingerichtete Enquete-Kommission zur Untersuchung des Unterelberaumes in ihrem Abschlußbericht (Bürgerschaftsdrucksache 11/6765 1986,S.253). Weitere Forderungen ergeben sich aus den Defiziten früherer wasserbautechnischer Maßnahmen.

Veränderungen des Elbverlaufs durch Vertiefungen und Strombaumaßnahmen

Mit dem Ausbau des Hamburger Hafens seit Mitte des 19. Jahrhunderts begannen wasserbautechnische Maßnahmen im großen Stil, um sich den verändernden Transport- und Umschlagtechnologien anzupassen und gleichzeitig Flächen für Industrie-, Handels- und Transportunternehmen bereitzustellen. Sie betrafen zunächst den Bereich des Hamburger Hafens (Maass 1990), dehnten sich aber im Laufe des 20. Jahrhunderts auf die gesamte Niederelbe aus. Zu unterscheiden sind die Maßnahmen zur Erhaltung der Wassertiefe und Veränderungen der Außendeichsgebiete sowie der Watt- und Flachwasserbereiche.

Bereits in Bonnes Vorschlag, die Wedeler Binnenelbe als natürliches Klärwerk für die Hamburger Abwässer zu nutzen, ist ein Vorgang angesprochen, der grundsätzlich für die biologischen und morphologischen Prozesse an der Niederelbe zutrifft. Die Gezeitenwechsel bedingen strömungsarme Perioden, in denen vor allem in geschützten Zonen eine verstärkte Sedimentation einsetzt (= mechanische Reinigung). Sukzessive entwickeln sich Marschen mit verzweigten Graben- und Prielsystemen, die einen landwirtschaftlich hochwertigen Boden aufweisen. Die biologische Aktivität ist in derartigen aquatischen Lebensräumen sehr hoch, weil das Volumen des Wasserkörpers relativ zur Fläche der umschließenden Ufer- bzw. Litoralzone gering ist. Dadurch erfolgt eine biologische und chemische Reinigung des Wassers. Sedimentation und biologische Prozesse ergeben zusammen das Vermögen der Selbstreinigung.

Die Sedimentation im Bereich des Hamburger Hafens und der Niederelbe ist seit der Industrialisierung nachteilig für die Hafenwirtschaft gewesen. Das Freihalten eines Zugangs zum offenen Fahrwasser und garantierte Wassertiefen in den Fahrrinnen und an den Liegeplätzen müssen immer wieder hergestellt werden. Noch im Mittelalter war der ökonomische Erfolg der Hafenstädte an der Elbe allein durch den Sedimentationsprozeß gesteuert. Beispielsweise war die Stadt Stade zeitweilig ein

Tabelle 2.3: Schwermetallgehalte im Schlick der oberen Niederelbe und des Hamburger Hafens, Angaben in mg/kg Trockensubstanz.
(Enquete 1986,S.64; Herms und Tent 1982; AbfKlärV; Richtlinie des Rates 86/278/EWG)

| | Obere Niederelbe | | Hafen | | | Grenzwerte für Klärschlamm AbfKlärV[1] | EG-Richtlinie | |
	Min	Max	Min	Max	Mittel	Max	Min	Max
Quecksilber	8 -	40	0,2 -	35	8	25	16 -	25
Cadmium	10 -	40	0,1 -	20	15	20	20 -	40
Blei	150 -	800	19 -	2520	280	1200	750 -	1200
Kupfer	150 -	1100	22 -	7780	517	1200	1000 -	1750
Zink	1200 -	5000	113 -	9540	-	3000	2500 -	4000
Arsen	20 -	60	9 -	423	59	-	-	-

[1] Belastungshöchstmengen für das Aufbringen von Klärschlamm auf landwirtschaftlich genutzte Böden.

wichtigerer Handelsort als Hamburg. Durch die Verlagerung der Elbe nach Norden wurde allerdings der Zugang zum Stader Hafen immer schwieriger und verursachte eine Bedeutungsverschiebung zugunsten Hamburgs (vgl. Bohmbach 1976). Im Verlauf der Industrialisierung ergaben sich neue technische Möglichkeiten zur Erhaltung und zur Veränderung der Wassertiefe und des Stromverlaufs.

Inzwischen wird die Wassertiefe im Hauptstrom der Elbe in einer Breite von 300 bis 400 m und im Hafen auf 13,5 m (mittleres Tideniedrigwasser) gehalten und es bestehen aktuelle Planungen, das Fahrwasser der Elbe weiter zu vertiefen. Dadurch fallen allein im Hamburger Hafen pro Jahr durchschnittlich 2,5 Mio. m^3 Baggergut als Sand-Schlick-Gemisch an. Auf der gesamten Flußstrecke von den Elbbrücken bis zur Deutschen Bucht ergibt sich eine Größenordnung von jährlich über 17 Mio. m^3. Die ausgebaggerten Sedimente dienten früher der Erhöhung tiefliegender Marschgebiete für Siedlungs- und Gewerbezwecke. Sie stabilisierten die schwierigen statischen Verhältnisse der Marsch und gewährten gleichzeitig einen Schutz vor Überflutung. Daneben erfolgte eine landwirtschaftliche Nutzung des Baggerguts, oder es wurden neue Elbinseln angelegt bzw. bestehende vergrößert. Solche Nutzungen sind heute problematisch geworden, denn das Baggergut ist wegen der zunehmenden Elbverschmutzung stark kontaminiert, da die Schwebstoffe, die sich in der Litoralzone oder in den Hafenbecken ablagern (Schlick), Schwermetalle adsorbieren. Das Sand-Schlick-Verhältnis beträgt im Hafengebiet etwa 2:3, verändert sich aber stromabwärts zu 4:1.

Um die Größenordnungen der Belastungen zu illustrieren, werden in Tabelle 2.3 die Schwermetallgehalte im Schlick zwischen Schnackenburg und Hamburg (obere Niederelbe) sowie im Hafen den Grenz- und Leitwerten der Klärschlammverordnung (AbfKlärV) gegenübergestellt. Die Vergleichswerte geben an, bis zu welcher Bela-

Tabelle 2.4: Schwermetallgehalte in Außendeichsflächen der oberen Niederelbe, Angaben in mg/kg Trockensubstanz.
(Enquete 1986,S.64; Müller et al. 1984,S.232; AbfKlärV; Richtlinie des Rates 86/278/EWG)

| | Obere Niederelbe | | Normalgehalte | | Grenzwerte für Bodenkonzentrationen | | |
| | | | | | AbfKlärV | EG-Richtlinie | |
	Min	Max	Min	Max	Max	Min	Max
Quecksilber	0,2 -	17,8	0,1 -	1	2	1 -	1,5
Cadmium	0,2 -	15,6	0,1 -	1	3	1 -	3,0
Blei	20,0 -	350,0	0,1 -	20	100	50 -	300
Kupfer	12,0 -	380,0	1,0 -	20	100	50 -	140
Zink	67,0 -	1970,0	3,0 -	50	300	150 -	300
Chrom	12,0 -	265,0	2,0 -	50	100	-	-
Nickel	7,0 -	90,0	2,0 -	50	50	30 -	75

stungsgrenze Klärschlamm auf landwirtschaftlich genutzte Böden ausgebracht werden darf. Die Maximalwerte übersteigen die AbfKlärV bei jedem Schadstoff bis zum Siebenfachen. Andererseits weisen die von Herms und Tent (1982) gemittelten Schadstoffgehalte Belastungen unterhalb der kritischen Grenzen auf. Auffällig ist weiterhin, daß der Quecksilber- und Cadmiumgehalt flußabwärts geringer wird, Kupfer, Zink und Arsen dagegen im Hafen höhere Werte haben als in der oberen Niederelbe. Vorbelastungen aus dem Oberlauf werden bei den letztgenannten drei Schwermetallen durch die Hafenindustrie stark erhöht.

Auch die Außendeichsflächen des oberen Teils der Niederelbe sind stark durch Schwermetalle belastet (Tabelle 2.4). Die Werte liegen weit über den als Normalgehalte hinzugefügten Vergleichsangaben und mit ihren Maxima auch weit über den tolerierbaren Richtwerten von Kloke, die eine Toleranzschwelle für Kulturböden markieren. Letztere dürfen nach der AbfKlärV nicht überschritten werden, um auf diesen Flächen Klärschlamm auszubringen. In anderen Worten, der natürliche Prozeß der Überflutung der Außendeichsländereien östlich von Hamburg und die damit verbundene Sedimentablagerung wären wegen der Belastungen der Sedimente nach der AbfKlärV verboten. Durch die Ausbaggerungen und die damit verbundene Entnahme der Schwermetalle im Hafenbereich wird dagegen die Situation flußabwärts eindeutig besser. Die Elbsedimente sind hier nur mäßig belastet und beeinträchtigen die Litoralzone relativ wenig (Bürgerschaftsdrucksache 11/6765 1986,S.43).

Seit dem frühen 20. Jahrhundert sind hafennahe Flächen mit belasteten Baggergut aufgespült worden. Bereits Linde vermerkte 1909: "Waltershof und die stille Dradenau sind geradezu Perlen niederdeutscher Elbschönheit, schilfumgebene Marschenidylle in unmittelbarer Nähe der Großstadt. Der Marschencharakter dieser Inseln wird nicht mehr lange erhalten bleiben. Nicht nur, daß sie immer mehr

Industrieanlagen zum Opfer fallen, sondern auch der aus der Elbe gehobene Baggersand erweist sich als ihr Feind. Durch die Aufschüttungen dieser Baggersandmassen zu sturmflutfreier Höhe gebracht, verlieren sie den Marschencharakter. Sie werden sozusagen zur Geest" (Linde 1909,S.134). Heute bedecken die Spülflächen große Teile des ursprünglichen Stromspaltungsgebietes im Bereich des Hamburger Hafens (teilweise wiedergegeben in Nuhn u. Oßenbrügge 1983,S.95). Da nach offizieller Bekanntgabe der Belastungsproblematik 1981 eine weitere Ausbringung des Hafenschlicks in der vorher praktizierten Form nicht mehr möglich gewesen ist, gibt es seitdem eine intensive Diskussion über den Verbleib des Materials (Bürgerschaftsdrucksache 9/3173 1981). Im Baggergut-Untersuchungsprogramm werden verschiedene Verfahren der Trennung des Sandanteils vom besonders kontaminierten Schluffanteil, der Deponierung sowie der Weiterverwendung und der Aufbereitung untersucht. Da das Baggergut trotz seiner hohen Belastungen keinen Abfall nach dem Abfallgesetz darstellt (vgl. Bürgerschaftsdrucksache 11/839 1983), sind bisher politische und finanzielle Kriterien ausschlaggebend für die Behandlung gewesen. Praktiziert wird weiterhin die Umwandlung der Marsch zur Geest:

> "Wenn für die hügelförmigen Schlickablagerungen in Francop ... von dem nach den bisherigen Kenntnissen grundbautechnisch erreichbaren Gesamtvolumen ausgegangen würde (ca. 30 bis 40 m Höhe), könnten die jährlich anfallenden Schlickmengen rein technisch etwa 20 Jahre, d.h. über das Jahr 2000 hinaus untergebracht werden" (Bürgerschaftsdrucksache 11/839 1983).

Bei dieser Deponietechnik tritt eine Reihe von Problemen des Wasserpfades auf, die sich noch ebenso im Untersuchungsstadium befinden wie die Möglichkeiten der weiteren Verwendung des Baggerschlicks, seiner Verfestigung sowie seiner chemischen und mikrobiologischen Aufbereitung (Bürgerschaftsdrucksache 11/6765 1986,S.360ff.). Dauerhafte Lösungen sind nicht zu erwarten, so daß prinzipiell folgende Alternativen bestehen bleiben: Aufgabe der Erhaltung des seeschifftiefen Fahrwassers oder Entgiftung der Einleitungen im Hafen bzw. der Vorbelastungen. Die erstgenannte Möglichkeit ist lediglich theoretischer Art, denn die Aufgabe des Welthafens zugunsten eines umweltverträglichen Standortes ist in Hamburg schwer vorstellbar. Die zweite Option hat allerdings durch die Wiedervereinigung Deutschlands einen neuen Stellenwert bekommen: in der Sanierung der Einleiter in den oberen Elbeabschnitten bei weiterer Reduktion der Hamburger Industrieabwässer muß die Handlungsperspektive zur Entgiftung des Hafenschlicks in den neunziger Jahren liegen.

Die strombautechnische Kanalisierung der Elbe mit ihren Wirkungen auf die Morphologie des Flusses führten zu einem deutlichen Anstieg des Tidenhubs und der Strömungsgeschwindigkeit der Elbe (Bürgerschaftsdrucksache 11/6765 1986,S.49, 230ff.). Ein weiterer, tiefgreifender Eingriff erfolgte durch die Vordeichung und die

Tabelle 2.5: Flächenveränderungen (in ha) der Außendeichsgebiete und der Litoralzone im Unterelberaum zwischen 1896/1905 und 1981/82.
(Dornier-System 1985)

	Außendeichsflächen		Wattgebiete		Flachwasserbereiche	
	1981/82	Diff.	1981/82	Diff.	1981/82	Diff.
Altonaer Fischereihafen						
- Teufelsbrück	17,7	-19,2	4,9	-87,8	17,6	+5,3
- Schulau	102,6	+13,6	22,8	-33,2	10,0	-41,5
- Dwarsloh	449,1	-1876,3	368,1	+220,6	117,6	-92,6
- Bielenberg	952,5	-1181,3	787,8	+282,9	461,1	-24,5
- Stör-Mündung	351,9	-347,5	304,5	+45,1	114,3	-34,3
- Brunsbüttel Schleuse	467,4	-206,8	154,8	-176,0	54,6	-57,7
- Hakensand	1105,2	+440,2	14000,1	-1439,1	3440,1	-1669,8
Summe Nordufer	3446,4	-3177,3	15643,0	-1187,5	4215,3	-1915,2
Elbbrücken						
- Finkenwerder	10,0	-2029,0	10,0	-95,4	10,0	-62,5
- Lühe-Mündung	305,4	-1185,0	310,2	-234,6	336,3	-379,3
- Schwinge-Mündung	249,6	-158,3	35,7	-58,3	100,8	-52,3
- Krautsand	640,8	-2369,2	461,1	+274,2	217,2	-125,9
- Freiburger Hafenpriel	684,8	-1285,0	384,2	+282,9	277,8	+226,8
- Oste-Mündung	718,8	-3630,0	1688,1	-1228,4	367,8	+124,3
- Cuxhaven	1205,1	-316,6	754,5	-140,5	241,5	+125,7
Summe Südufer	3824,5	-10983,1	3653,8	-1190,1	1551,4	-143,2
Summe Nord- und Südufer	7270,9	-14160,4	19246,8	-2377,6	5766,7	-2058,4

Absperrung der Nebenarme und Nebenflüsse der Elbe. Diese Maßnahmen haben das
aquatische Ökosystem Niederelbe entscheidend verändert und verarmen lassen. Die
neuen Schutzbauten begannen nach der Sturmflut im Jahre 1961. Das durch die
Gemeinschaftsaufgabe 'Agrarstruktur und Küstenschutz' finanzierte Deichbau-
programm verlegte die neue Deichlinie im Interesse der vereinten Lobby der
Landwirte, Gewerbeflächenplaner und Deichbautechniker unmittelbar entlang des
Hauptstromes (vgl. Oßenbrügge 1982).

Eine Bilanz der Flächenveränderungen während des 20. Jahrhunderts ist in
Tabelle 2.5 zusammengestellt worden. Sie stellten einen quantitativen Beleg für den
regionalen Strukturwandel des direkt durch die Niederelbe beeinflußten Naturraumes
dar. Der Verlust biologisch aktiver Flächen für die Selbstreinigung der Niederelbe
beträgt bei den Außendeichsbereichen 66 %, bei den Wattengebieten 11 % und bei
den Flachwasserzonen 26 %. Die neu eingedeichten Flächen (= 14 160 ha) werden
zu einem Teil (zwischen 20 % und 30 %) gewerblich genutzt, wie z.B. zwischen den
Elbbrücken und Finkenwerder sowie zwischen der Schwinge-Mündung und Kraut-

sand, ein anderer Teil wird für Obstanbau verwendet (Abschnitt Finkenwerder - Lühe-Mündung, ca. 10 %), der Rest wird gemischtwirtschaftlich genutzt, wobei die Grünlandnutzung überwiegt.

Bei der teilweise sehr emotional geführten Diskussion um die Vordeichung bestand ein tiefer Konflikt zwischen Naturschützern einerseits und den Interessenten an einer möglichst intensiven, hochwasserfreien Nutzung der Außendeichsflächen andererseits. Besonders umstritten waren Maßnahmen in den als "international bedeutende Feuchtgebiete" anerkannten Flächen, die als Brut- und Rastplätze von Jungvögeln eine besondere Stellung haben (Bürgerschaftsdrucksache 11/6765 1986,S.42). Dazu gehören: Teile der Wedeler, Haseldorfer und Seestermüher Marsch mit dem Süßwasserwatt bei Fährmannssand und dem Vogelschutzgebiet Pagensand; Gebiete um die Störmündung; die Elbe und Elbmarschen zwischen Barnkrug und Wischhafen mit dem Asseler Sand und dem Schwarztonnensand; die Elbe und Elbmarschen zwischen Wischhafen und Otterndorf mit der Vogelfreistätte Hullen.

Für den Vogelschutz erfolgreich verlief lediglich die Deichplanung bei Barnkurg, wo Teile des Barnkruger und Asseler Sandes als Außendeichsflächen bestehen blieben. Da sie aber im quantitativen Vergleich zur früheren Situation wenig Gewicht haben, wird auch heute noch die Zurückverlegung der Deichlinie gefordert, und zwar auf der Nordseite der Elbe zwischen Schulau und Bielenberg in der Wedeler und Haseldorfer Marsch sowie auf der linken Elbseite zwischen Barnkrug und Krautsand bzw. zwischen Freiburg und Oste-Mündung. Die Wiederherstellung der alten Deichlinie "würde den vormals herausragenden ökologischen Wert dieser Gebiete wiederherstellen" (Bürgerschaftsdrucksache 11/6765 1986,S.239).

Neben der Vordeichung und der Abtrennung der Nebengewässer der Elbe haben wasserbautechnische Maßnahmen zur Uferbefestigung einen negativen Effekt auf biologische Aktivitäten der Litoralzone. Allerdings gibt es für die Uferbefestigung und ihre Sicherung inzwischen zahlreiche Techniken, die auch ökologischen Erfordernissen entsprechen (Bürgerschaftsdrucksache 11/6765 1986,S.236f.), so daß in Zukunft das Problem der Versiegelung des Elbufers an Gewicht verlieren dürfte.

Nur angemerkt sei an dieser Stelle, daß die Intervention der Naturschutzverbände in die Deichplanung die Durchführung der Küstenschutzmaßnahmen in den 70er Jahren verzögert hat. Bei der Sturmflut 1976 kam es zu zahlreichen Deichbrüchen zwischen Barnkrug und Freiburg und zu Überflutungen der Siedlungen entlang des Deiches und der Moorgebiete. Dieses Ereignis führte zur lokalen Isolierung der Naturschützer, die von einem Großteil der Bewohner für den noch nicht realisierten Deichschutz 'verantwortlich' gemacht wurden.

2.2.2 Die Industrialisierung der Landnutzung im Unterelberaum

Der Zusammenhang zwischen gesellschaftlichen Veränderungen, Wandel der Landnutzungssysteme und den davon abhängigen Verhältnissen für Fauna und Flora als Komponenten der regionalen Umweltgeschichte läßt sich nach Bick (1985) folgendermaßen zusammenfassen: Das Verhältnis von Mensch und Umwelt hat in der ganzen Menschheitsgeschichte immer wieder problematische Formen angenommen. Für die hier interessierende Phase der Industrialisierung sieht Bick sowohl positive als auch negative Veränderungen. So habe beispielsweise die Realerbteilung zu einer ökologisch vorteilhaften Zersplitterung des Besitzes geführt, weil an den Besitzgrenzen günstige Lebensverhältnisse für wildlebende Organismen entstanden seien, eine Argumentation, die auch heute noch beim Vergleich zwischen Agrarräumen mit großbetrieblicher und solchen mit klein- und mittelbetrieblichen Strukturen herangezogen wird (vgl. Riedel et al. 1989). Nachteilig haben sich dagegen Flußbegradigungen, die Mechanisierung der Torfgewinnung sowie die Entwässerung großer Feuchtgebiete und die damit verbundene 'Urbarmachung' ökologisch wertvoller Flächen ausgewirkt.

Im Rückblick urteilt Bick (1985,S.25) aber, daß die Situation wildlebender Pflanzen und Tiere zu Beginn des 20. Jahrhunderts noch als zufriedenstellend zu bezeichnen gewesen sei. Der Beginn der 'drastischen' Veränderung des Landnutzungssystems liegt in den fünfziger Jahren dieses Jahrhunderts, in denen die Industrialisierung der Landwirtschaft begann. Das Stichwort 'Flurbereinigung' beschreibt diese Veränderung.

> "Man übertreibt wohl nicht, wenn man feststellt, daß diese Flurbereinigungsphase seit den großen Rodungen des Mittelalters den tiefgreifendsten Wandlungsprozeß der Landwirtschaft darstellt" (Bick 1985,S.25).

Die entscheidenden Prozesse der Flurbereinigung waren die Reduzierung und Rationalisierung der Flächentypen durch Entwässerungen, Begradigungen und Zusammenlegungen sowie die Intensivierung des Anbaus. In der von Sukopp et al. Ende der siebziger Jahre vorgelegten Liste über die Gründe des Rückgangs naturnaher Biotope und über die Ursachen des Artenrückgangs von Pflanzen ('Rote Liste') stehen landwirtschaftliche Prozesse ganz oben (vgl. Tabelle 2.6). Diese und weitere Ursache-Verursacher-Kombinationen sollen im folgenden am Beispiel des Unterelberaumes aufgezeigt werden.

Die potentiell natürliche Vegetation eines Raumes vermittelt eine Vorstellung der Pflanzengesellschaften, die sich ohne anthropogene Eingriffe entsprechend der Klima-, Boden- und Reliefdeterminanten einstellen würden. Die größten Flächenanteile im Unterelberaum nähme der Eichen-Buchen-Wald ein, der auf basen- und

Tabelle 2.6: Ursachen und Verursacher des Artenrückganges von Pflanzen der "Roten Liste"

(Sukopp et al. 1978, Projektgruppe "Aktionsprogramm Ökologie" 1983)

Ursachen	Verursacher
1. Beseitigung von Sonderstandorten	1. Landwirtschaft
2. Entwässerung	2. Tourismus
3. Aufgabe der bisherigen Nutzung	3. Rohstoffgewinnung
4. Bodenauffüllung, Überbauung	4. Städtisch-industrielle Nutzung
5. Nutzungsänderung	5. Wasserwirtschaft
6. Abbau, Abgrabung	6. Forstwirtschaft
7. Mechanische Einwirkungen	7. Abfall- und Abwasserbeseitigung
8. Herbizidanwendung	8. Teichwirtschaft
9. Gewässerausbau	
10. Sammeln	
11. Gewässereutrophierung	
12. Gewässerverunreinigung	
13. Verstädterung von Dörfern	

nährstoffarmen Geestböden entsteht und als die typische Vegetation des norddeutschen Flachlandes nach der Eiszeit anzusehen ist (Krause u. Schröder 1979). Im Überflutungsbereich der Flüsse entstünden auf basen- und nähstoffreichen Marschen Eschen- und Auenwälder, die die zweite charakteristische Pflanzengesellschaft darstellen. Entlang des Elbufers und auf den Elbinseln wüchse Weidenwald mit einer vorgelagerten Röhrichtzone. Zwischen Marsch und Geest lägen Niedermoore, die durch Birkenbruchwald und Heide besiedelt wären. Daran schlössen häufig waldfreie Hochmoore an. Weitere Pflanzengesellschaften, wie der Birken-Eichen-Wald, der Erlenwald, der Traubenkirschen-Erlen-Wald und der Flattergras-Buchen-Wald würden das Inventar der potentiell natürlichen Vegetation vervollständigen, die auf der Geest, wo der Eichen-Buchen-Wald fehlt, kleinräumig mosaikartig gegliedert wäre.

Erste anthropogene Eingriffe veränderten die früher vorhandenen bodensauren Laubwälder zu Sandheiden und die Niedermoore zu Feuchtwiesen als - aus heutiger Perspektive - ökologisch wichtigste Sekundärvegetationen. Schwer zugängliche Moore und ausgedehnte Heideflächen kennzeichneten daher die natürlichen und naturnahen Flächen des Unterelberaumes zu Beginn der Neuzeit. Die Laubwälder waren im 18. Jahrhundert auf ein Minimum reduziert, in der Marsch waren sie nahezu vollständig verschwunden. Die Blätter der Kurhannoverschen Landesaufnahme aus dem späten 18. Jahrhundert belegen den geringen Waldbesatz im linksseitigen Unterelberaum (Völksen 1988). Noch lange vor der Industrialisierung entwickelte sich in der Marsch die Ackerwirtschaft mit lukrativem Getreideanbau. Alle zugänglichen Flächen wurden umgebrochen, verbesserte Meliorationstechniken machten ackerbauliche Nutzungen auch im Sietland und die Kultivierung der Geestrandmoore möglich. Auf der Geest erfolgte dagegen nur stellenweise eine intensive Nutzung der Feldfluren.

Auf Grundlage der 'Preußischen Landesaufnahme' Ende des letzten Jahrhunderts ist die Karte des gesamten Unterelberaumes entstanden (Abb. 2.12), die allerdings bei den verkehrsinfrastrukturellen Einrichtungen den Stand Mitte der der 1920er Jahre wiedergibt. Wichtige Gliederungselemente sind

- der Verlauf der Hauptdeiche, die die Litoralzone von den landwirtschaftlich intensiv genutzten Flächen abgrenzen;
- die 5-m-Höhenlinie als Verlauf des Geestrandes bzw. als Abgrenzung der Geestinseln;
- die Lage und die Größe der Moor- und Heideflächen, die auf der Geest und am Geestrand die größten Flächenanteile aufweisen.

Der Vergleich zwischen den nördlich und südlich der Elbe gelegenen Teilen des Unterelberaumes macht deutlich, daß der südliche Bereich außerhalb der Marsch weitaus extensiver bewirtschaftet worden ist als der nördliche. Im erstgenannten sind auch die Verkehrsverbindungen weniger dicht und es hat sich eine geringere Anzahl von Orten mit zentralen Funktionen entwickelt. Vor allem das Land Kehdingen und das Land Hadeln sind nur schlecht an den Hauptverkehrsträger der Industrialisierungsphase, die Eisenbahn, angeschlossen.

Die heutige Nutzungsstruktur des Unterelberaumes wird im folgenden vor dem Hintergrund der regionalpolitischen Zielsetzungen, Raumordnungsprogramme und Landesplanungen betrachtet. Auf diese Weise können Veränderungen in Bezug zu politischen Entwicklungsstrategien und Planungsvorstellungen gebracht werden.

Raumordnung und Landesplanung im Unterelberaum

Die Bereiche des Unterelberaumes, die politisch-administrativ zu Niedersachsen bzw. zu Schleswig-Holstein zählen, standen in den ersten Jahrzehnten nach dem 2. Weltkrieg kaum im Blickfeld der Regionalpolitik und Raumplanung der Regierungen in Hannover bzw. Kiel. Dieses lag an der peripheren Lage zu den Landeshauptstädten und der geringen wirtschaftlichen Bedeutung der ländlich strukturierten Regionen. Grenzübergreifende Planungsinitiativen kamen denn auch immer aus Hamburg, weil die Entwicklung der Stadt zum Verdichtungsraum neue Flächenansprüche und Koordinierungsbedarfe mit den benachbarten Landesregierungen erzeugte. Schon vor dem Groß-Hamburg-Gesetz (1937) bestanden mit Preußen gemeinsame Planungsausschüsse für die Hafenentwicklung, und es gab es eine ausführliche Diskussion

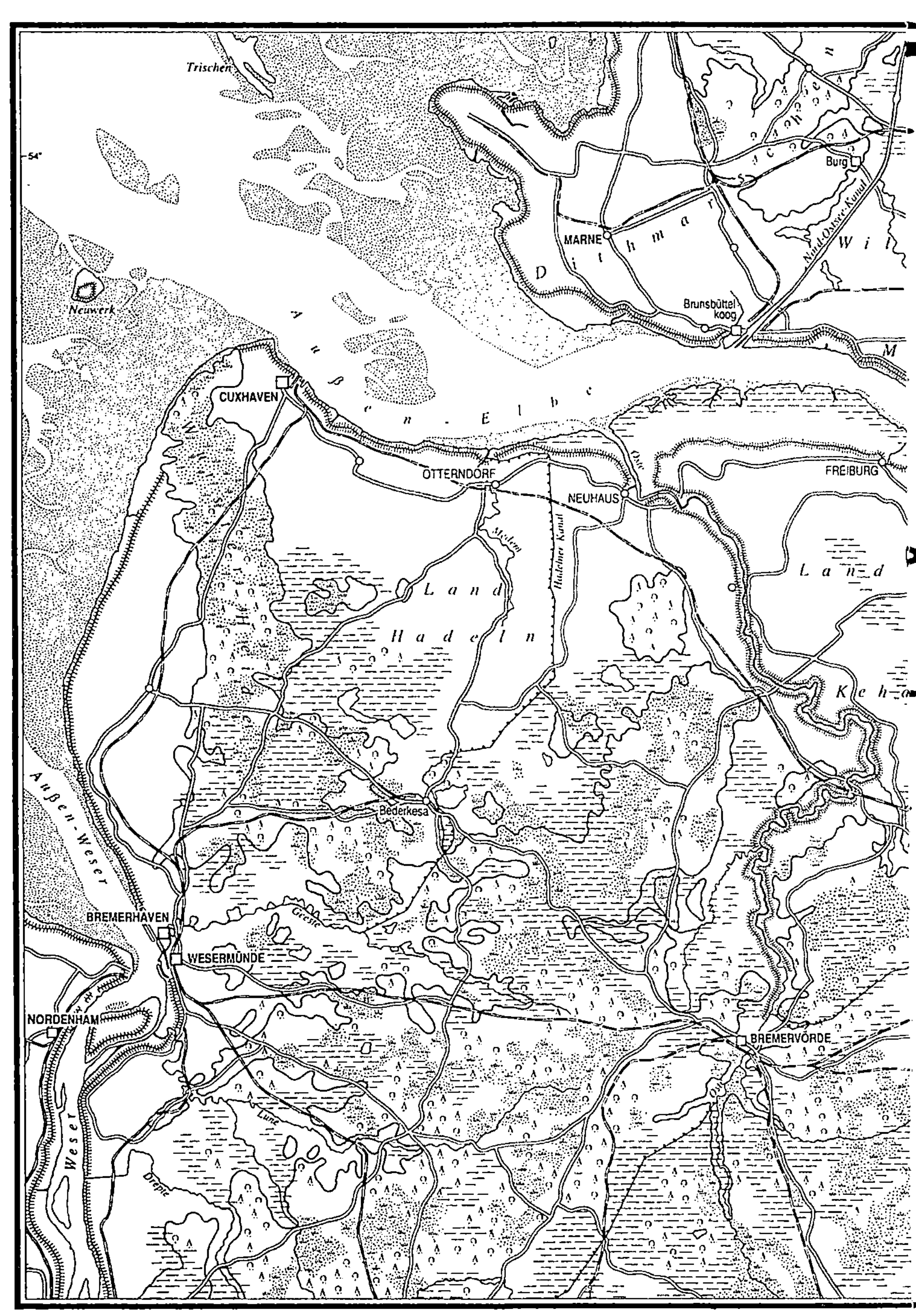

Abb. 2.12:   Landnutzungsformen im Unterelberaum um 1920.

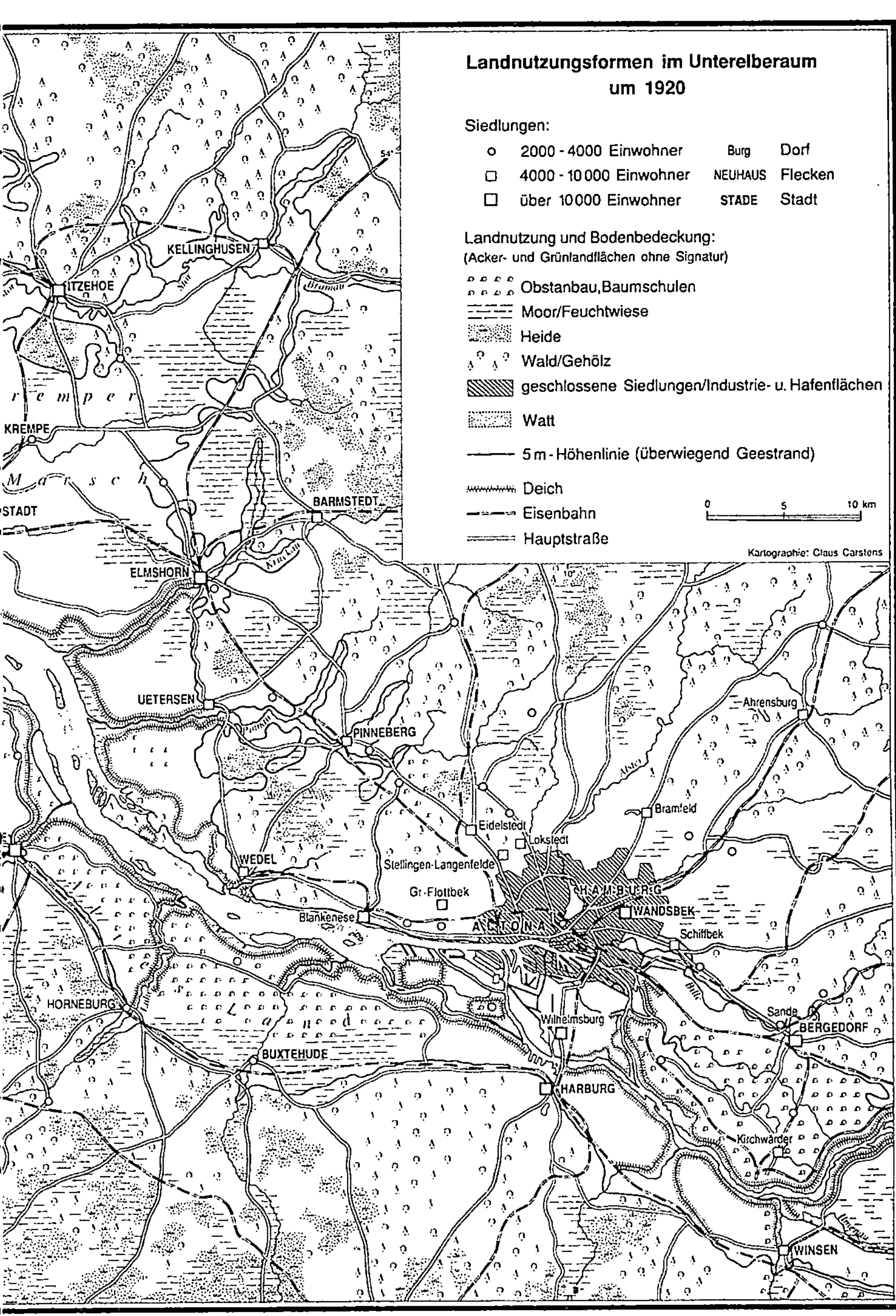

(Generalisierung der Preußischen Landesaufnahme 1:50 000)

und zahlreiche Vorschläge für die territoriale Neuordnung Hamburgs und seines Umlandes (Speckter 1968, Bose u. Pahl-Weber 1986). Richtungweisend war eine Planungsskizze von Schumacher aus dem Jahre 1919 (Abb. 2.13), die von einer axialen Entwicklung ausging und bereits vorher entwickelte Ideen in einer ersten Planungsvorstellung konkretisierte.

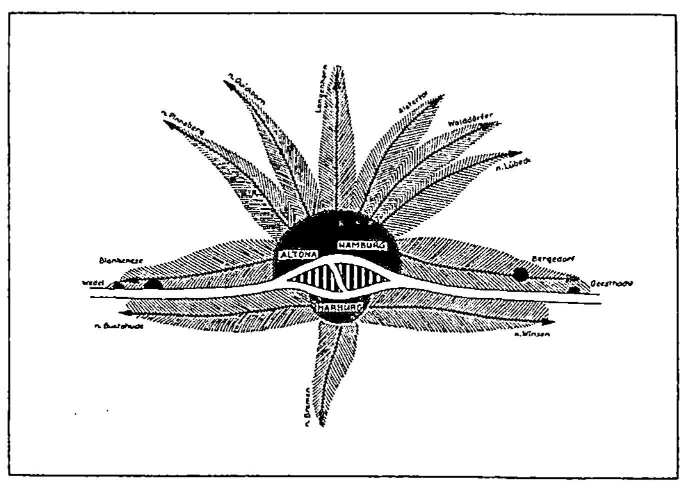

Abb. 2.13:   Schema der natürlichen Entwicklung des Organismus Hamburg von Schumacher 1919. (Speckter 1968)

Nach dem 2. Weltkrieg bildeten die Landesplanungsämter in Hamburg, Kiel und Hannover eine gemeinsame technische Arbeitsgemeinschaft für Landesplanungsfragen im Unterelberaum. In den fünfziger Jahren vertiefte sich die Kooperation Hamburgs insbesondere mit dem nördlichen Nachbar: 1955 konstituierte sich der "Gemeinsame Landesplanungsrat Hamburg/Schleswig-Holstein". Als Hauptproblem ist in einer Entschließung von 1956 die ringförmige Siedlungserweiterung Hamburgs genannt worden:

"Eine Fortsetzung dieser Entwicklung würde für die räumliche Ordnung ungünstige Folgen haben. Insbesondere wäre eine wirtschaftliche Gestaltung des Pendlerverkehrs, die als notwendig anerkannte Verstärkung von Industrie und Gewerbe in den Randkreisen und eine klare landschaftliche Gliederung auch als Grundlage des Naherholungsverkehrs dadurch gefährdet" (RON 1968,S.133).

Als Gegenstrategie sind Aufbauachsen entlang vorhandener und auszubauender Verkehrslinien mit besonders zu fördernden Endpunkten vorgeschlagen worden (Abb. 2.14). Ein wesentlicher planerischer Gesichtspunkt bestand darin, die zwischen diesen Aufbauachsen liegenden Räume mit noch nicht oder wenig verformten

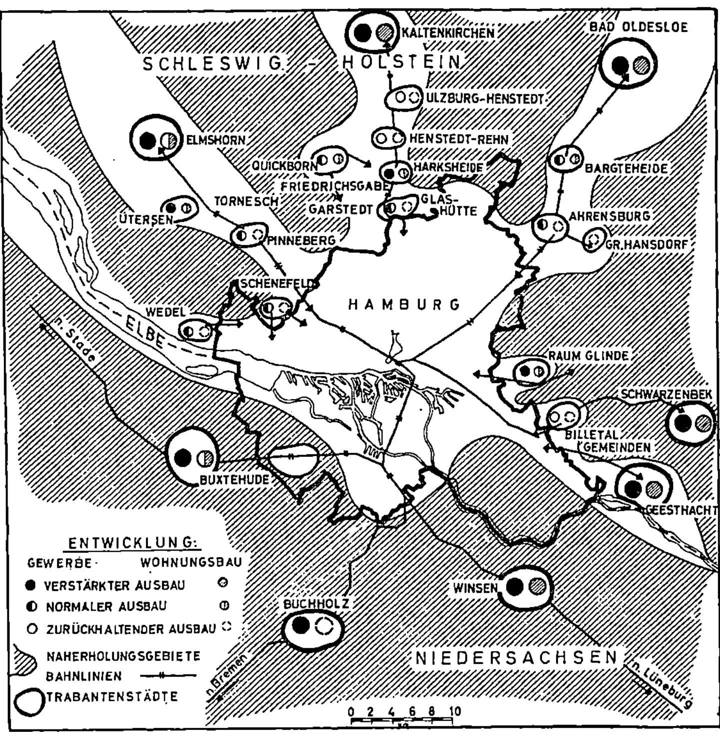

Abb. 2.14:   Gemeinsame Planungsvorstellungen für Hamburg und sein Umland.
(Speckter 1968)

landwirtschaftlichen und landschaftlichen Strukturen in ihrem Zustand zu erhalten (RON 1968,S.133).

Ebenfalls noch in den fünfziger Jahren konstituierte sich die "Gemeinsame Landesplanungsarbeit Hamburg/Niedersachsen". In einer Empfehlung aus dem Jahre 1958 werden zwar Aufbauorte festgelegt, aber keine Aufbauachsen, sondern eine Reihe von freizuhaltenden Grünverbindungen vereinbart. Die Aufbauorte werden in Abb. 2.14 Trabantenstädte genannt. Sie waren vor allem für die Entwicklung von nichtlandwirtschaftlichen Arbeitsstätten vorgesehen. Gleichzeitig sind restriktive Forderungen für die Umlandentwicklung beschlossen worden: "Der Hamburg umschließende Gürtel, der aus besten Ackerböden, obstbaulich genutzen Flächen, Heide, Forsten und aus Niederungsgebieten besteht, ist vor jeder nicht standortgebundenen Bebauung zu schützen. ... Reine Wohngemeinden sind aus soziologischen und kommunalwirtschaftlichen Gründen grundsätzlich abzulehnen" (RON 1968,S.175).

Eine vollständige Achsenkonzeption weist erstmals das Hamburger Entwicklungsmodell aus dem Jahre 1969 (Bürgerschaftsdrucksache 2239 1969, vgl. Abb.

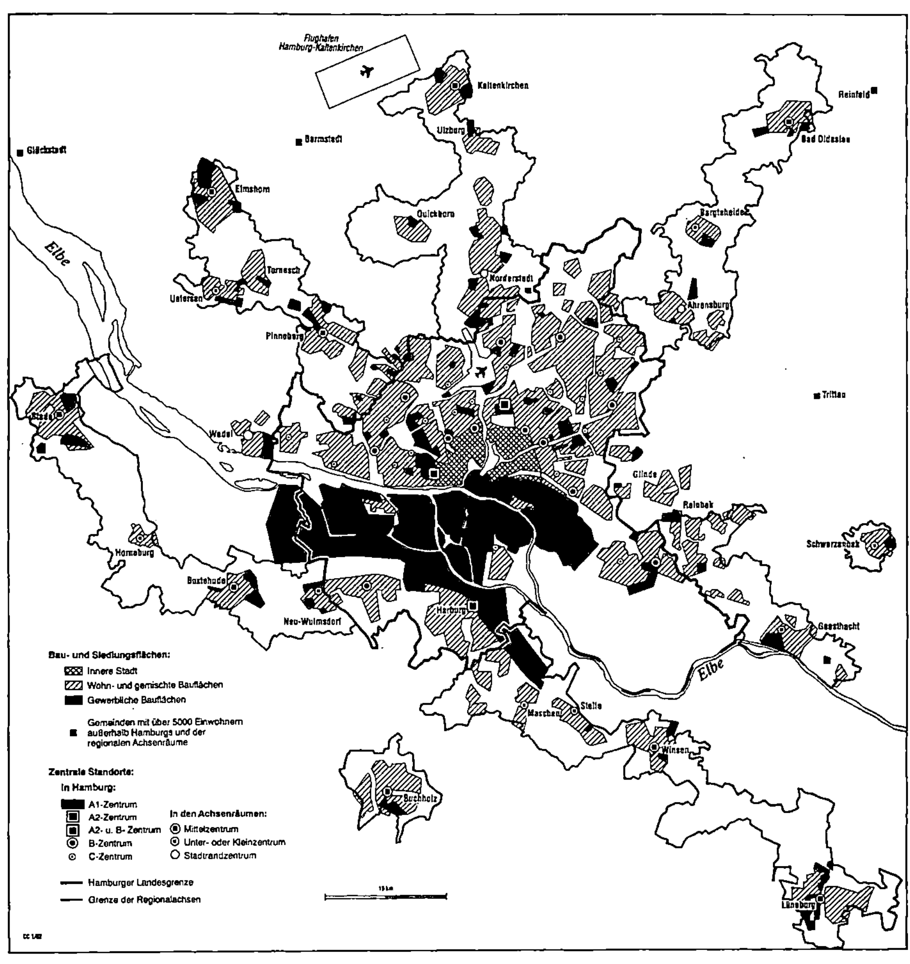

Abb. 2.15: Entwicklungsmodell Hamburg 1969. (Bügerschaftsdrucksache 2239 1969)

2.15), die im "Modell für die wirtschaftliche. Entwicklung der Region Unterelbe"
vom Hamburger Wirtschaftssenator Kern 1970 zum strategischen Ansatzpunkt für
die regionalpolitische Umstrukturierung und nachzuholende Industrialisierung des
Raumes geworden ist (Kern 1972). Das letztgenannte Modell faßt den Unterelberaum
als Nodalregion auf, in der Hamburg als Gravitationszentrum und Ausgangspunkt für
weitläufige Entwicklungsachsen erscheint und in der die Zwischen- und Endstationen
der Achsen als Standorte von Kraftwerks-, Industrie- und Hafenkomplexen die
wirtschaftliche Rückständigkeit der Region vergessen lassen. Die Leitvorstellung
Hamburgs ist die einer funktionalen Integration eines Dreiecks mit den Eckpunkten
Cuxhaven, Lüneburg und Lübeck. Die integrative Wirkung soll durch "Entwick-

lungszonen entlang von radial verlaufenden Hauptverkehrsachsen" hergestellt werden (Abb. 2.16).

Da Kern in seiner Konzeption sehr großzügig mit Maßnahmen zur Veränderung der Raumstruktur umgeht (z.B. verbinden zahlreiche neue Autobahnen den projektierten Tiefseewasserhafen Scharhörn mit den Industriegebieten in Cuxhaven, Brunsbüttel und Stade sowie letztlich mit dem Kontrollzentrum Hamburg), ist diese Planung im Verlauf der siebziger Jahre zum Symbol einer auf ökonomisches Wachstum ausgerichteten Regionalpolitik und -planung geworden. So verkörpert das Wirtschafts- und Entwicklungsmodell Höhe- und Wendepunkt einer in Hamburg zentrierten Wachstumsstrategie, die dort, wo sie unmittelbar umgesetzt werden konnte, nicht nur ökologische Probleme verursachte, sondern auch regionalwirtschaftliche Ziele verfehlte (Dangschat u. Oßenbrügge 1990), beispielsweise die 'Ansiedlungserfolge im Hamburger Hafenerweiterungsgebiet', die u.a. bei den Aluminiumwerken zu erheblichen finanzpolitischen Folgeproblemen geführt haben.

Während die 'gestaltende' Planung Hamburgs von Mißerfolgen begleitet war, sind die Raumordnungsmaßnahmen der Flächenstaaten eher als 'reaktiv' zu werten. Zwar gab es bereits in den sechziger Jahren eine ausführliche gutachterliche Stellungnahme zu möglichen Entwicklungsperspektiven des Elbe-Weser-Dreiecks, in der die verstärkte Anbindung dieses Raumes an die Stadtregionen Bremen und Hamburg vorgesehen war. Das Elbe-Weser-Dreieck sollte die Funktion des 'Hinterlandes' bzw. 'Ergänzungsgebietes' übernehmen (Scholz 1966,S.26). Die Vervierfachung der Zahl der Industriebeschäftigten wurde als mittelfristig zu erreichende Zielgröße vorgeschlagen. Aber die später eingeschlagene Entwicklungsstrategie der nachholenden Industrialisierung findet sich in keinem der Programmentwürfe und Pläne. Erst während und nach den Ansiedlungsverhandlungen mit Unternehmen des Chemie- und Aluminiumbereiches sind Planungen angelaufen, die Unterelbe nach dem Vorbild Rotterdam-Europort umzustrukturieren (Oßenbrügge 1982,S.45ff.). So wechseln sich in den 'reaktiven' regionalen Raumordnungsprogrammen (zusammengefaßt in Abb. 2.17) bereits realisierte, im Bau befindliche und geplante Standorträume für Großkraftwerke und Großindustrie entlang des niedersächsischen und holsteinischen Elbufers ab.

Als Folge der zunehmenden Proteste der Öffentlichkeit, die den Unterelberaum nicht bzw. nicht nur als Ansammlung von Standorten für großtechnische Anlagen am seeschifftiefen Fahrwasser ansah, legten die beteiligten Länder mit dem 'Differenzierten Raumordnungskonzept für den Unterelberaum' eine Zusammenstellung der für den Unterelberaum relevanten Einzelprogramme vor (DRU 1979). Das DRU hat die ausdrückliche Funktion gehabt, solche Nutzungen zu koordinieren, die "mit der Elbe in unmittelbarem Zusammenhang stehen und zu Nutzungskonflikten führen oder

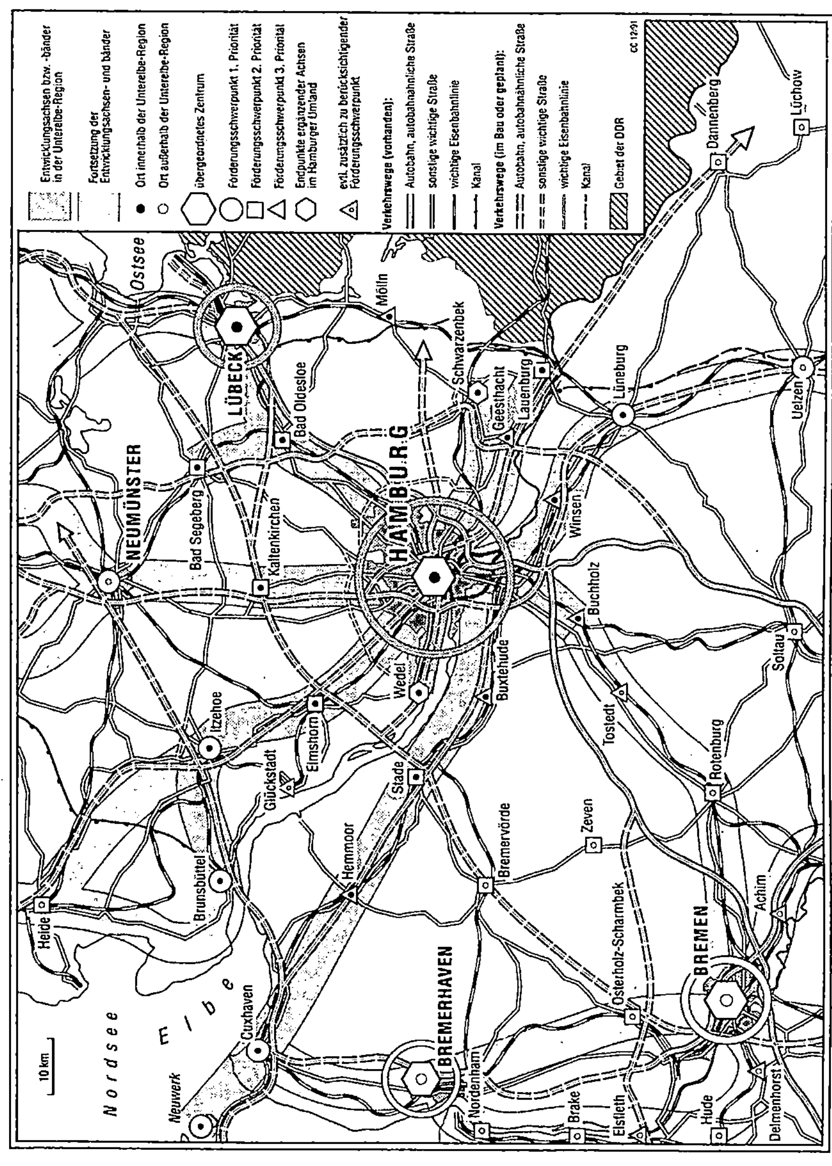

Entwicklungsachsen bzw. -bänder in der Unterelbe-Region
Fortsetzung der Entwicklungsachsen- und bänder
Ort innerhalb der Unterelbe-Region
Ort außerhalb der Unterelbe-Region
übergeordnetes Zentrum
Förderungsschwerpunkt 1. Priorität
Förderungsschwerpunkt 2. Priorität
Förderungsschwerpunkt 3. Priorität
Endpunkte ergänzender Achsen im Hamburger Umland
evtl. zusätzlich zu berücksichtigender Förderungsschwerpunkt
Verkehrswege (vorhanden):
Autobahn, autobahnähnliche Straße
sonstige wichtige Straße
wichtige Eisenbahnlinie
Kanal
Verkehrswege (im Bau oder geplant):
Autobahn, autobahnähnliche Straße
sonstige wichtige Straße
wichtige Eisenbahnlinie
Kanal
Gebiet der DDR
CC 12/91
Ostsee
Nordsee
Elbe
10 km
Neuwerk
Cuxhaven
Helle
Brunsbüttel
Glückstadt
Itzehoe
Hemmoor
Elmshorn
Wedel
Stade
Buxtehude
Bremervörde
Zeven
Nordenham
BREMERHAVEN
Brake
Elsfleth
Osterholz-Scharmbek
Hude
Delmenhorst
BREMEN
Achim
Rotenburg
Tostedt
Soltau
Buchholz
Winsen
Stade
HAMBURG
Bad Segeberg
Kaltenkirchen
NEUMÜNSTER
Bad Oldesloe
LÜBECK
Mölln
Schwarzenbek
Geesthacht
Lauenburg
Lüneburg
Uelzen
Dannenberg
Lüchow

Abb. 2.16: Modell für die wirtschaftliche Entwicklung der Region Unterelbe 1970. (Kern 1972)

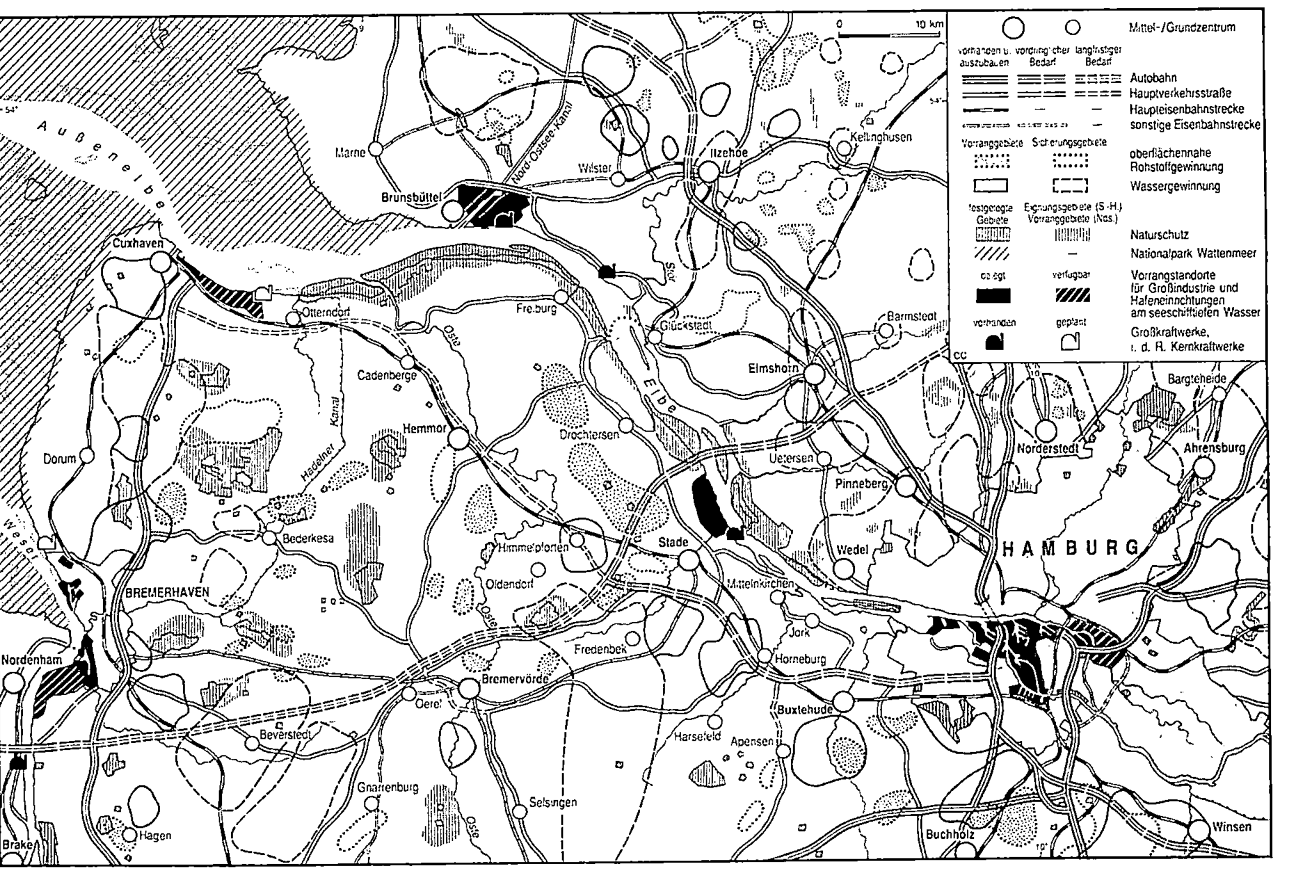

Abb. 2.17: Aktuelle Raumordnungsskizze des Unterelberaumes. (nach 1991 gültigen regionalen Raumordnungsprogrammen)

führen können" (DRU 1979,S.2). Als primäres Ziel formulierten die Planungsinstanzen, mit dem DRU "den berechtigten Sorgen der Bevölkerung um Veränderungen in ihrem Lebensraum Rechnung zu tragen, die durch eine verstärkte Inanspruchnahme des Unterelberaumes und der Elbe durch industrielle Nutzungen, durch Deichbaumaßnahmen und durch Vertiefung und Ausbaumaßnahmen der Wasserstraße Elbe hervorgerufen werden" (DRU 1979,S.9). Trotz der hochgesteckten Zielvorstellungen wurde der Unterelberaum sehr einfach durch eine 10 km-Abstandslinie von der Elbe definiert und die bestehenden Programme lediglich additiv zusammengefaßt. Diese Festschreibung der Landesinteressen vertiefte den Konflikt mit den lokalen und regionalen Initiativen.

Die gegenwärtig gültigen Raumordnungsvorstellungen weichen nur geringfügig von denen des DRU ab (Abb. 2.17). Erwähnenswert ist die Aufgabe der Industrieplanung für Assel-Drochtersen und der - wohl endgültige - Abschied Hamburgs vom Projekt, Scharhörn in einen Tiefseehafen zu verwandeln. Dagegen ist die vollständige Erschließung der bisher nur teilbelegten Flächen im Hamburger Hafenerweiterungsgebiet, in Stade und Brunsbüttel nach wie vor Planungsabsicht. Hinzu kommt die hafenwirtschaftliche und industrielle Nutzung der Flächen östlich von Cuxhaven und - aktuell - die beabsichtigte Vertiefung der Elbe. Wenn damit insgesamt die Maximalplanungen der frühen siebziger Jahre nicht realisiert werden, so ist doch die Industrialisierung weiter Teile der Unterelberegion vollzogen, und der Ausbau wird sukzessive weitergehen.

In den achziger Jahren sind verschiedene Untersuchungen im Unterelberaum durchgeführt worden, die Grundlagen für eine ökologische, am Umweltschutz orientierte Regionalplanung liefern sollten. Nach Jahrzehnten der zunehmenden Verschmutzung der Elbe und ihrer Nebenflüsse, des wachsenden Landschaftsverbrauchs durch Wohn- und Gewerbefunktionen sowie der immer intensiver werdenden Nutzung der landwirtschaftlichen Flächen zeigen nun die ökologischen Belastungs- und Risikoanalysen erste Ansätze eines Umdenkens. Ob damit aber tatsächlich ein Weg in Richtung einer umweltverträglichen Raumentwicklung eingeschlagen worden ist, soll im folgenden Abschnitt diskutiert werden.

2.2.3 Umweltpolitische Bewertung der Belastungen des Unterelberaums auf Basis der Ökosystemforschung

In der wirtschafts- und sozialgeographischen Umweltpotentialforschung werden auf der einen Seite die bestehenden Nutzungsstrukturen als gegeben angesehen und nach ihrem gegenwärtigen und zukünftigen Bedarf an Umweltpotentialen untersucht, um mögliche Engpässe aufzudecken. Wenn Umweltfunktionen an einem Standort erschöpft sind, ist die Frage nach alternativen Standorten bzw. der Substitution des Bedarfs zu stellen. Auf der anderen Seite dient die Umweltpotentialforschung der Erarbeitung von Nutzungsalternativen insbesondere in Situationen, in denen bereits unerwünschte und gefährliche Umweltbelastungen auftreten. Der entscheidende Ansatzpunkt ist dann nicht die Umweltverträglichkeit der bestehenden oder geplanten Nutzung, sondern die Veränderung einer Nutzungsstruktur wegen des Grades der Belastung eines Standortes bzw. einer Region (vgl. Kapitel 1). Gegenwärtig ist davon auszugehen, daß der Bedarf an Umweltpotentialen in hochindustriellen Gesellschaften generell zu groß ist und somit strukturelle Veränderungen der Landnutzung unumgänglich sind. Diese Überlegung ist von naturwissenschaftlich orientierten Ökologen zum Forschungsgegenstand erhoben und in einer Reihe regionaler Fallstudien umfassend bearbeitet worden (Ellenberg et al. 1978).

> "Um schädlichen oder gar gefährlichen Veränderungen (für Umweltfaktoren und Lebewesen bzw. Ökosysteme und Ökosystemkomplexe) entgegenzuwirken und planmäßig auf Verbesserungen hinwirken zu können, bedarf es daher intensiver Analysen zumindest der für die Wirtschaft und für die Erholung wichtigsten Ökosystem-Komplexe" (Ellenberg et al. 1978,S.23).

Mit dem Begriff Ökosystem-Komplex werden bei Ellenberg et al. Ganzheiten bezeichnet, wie "ein Alpental oder eine Industriestadt mit ihrem Umland". Sie seien Ökosystemen, beispielsweise Wäldern, Seen oder Dörfern mit ihrem Kulturland übergeordnet (Ellenberg u.a. 1978,S.23). Der Unterelberaum gehört zu den Ökosystem-Komplexen, die in dem im Zitat ausgedrückten Sinn näher erforscht worden sind. Es liegen zwei Untersuchungen vor, die im folgenden als Belastungs- und Risikoanalyse dieses Raumes zusammengefaßt werden sollen. Es handelt sich dabei um die "Ökologische Darstellung des Unterelberaums" (Dornier-System 1985), die eine Erfassung ökologisch relevanter Einzeldaten und ihre Integration in ein geographisches Informationssystem für einen 10 km breiten Streifen entlang der Unterelbe bietet und damit das räumliche Abgrenzungskriterium übernimmt, das im "Differenzierten Raumordnungskonzept für den Unterelberaum" festgelegt worden ist. Die zweite Untersuchung hat einen Ausschnitt des Unterelberaumes zum Gegenstand. Die "Ökologische Belastungsanalyse des Landkreises Stade" wurde von einer Arbeitsgruppe des Biogeographen Müller vorgelegt (Müller et al. 1984).

Zusammenfassung der "Ökologischen Darstellung des Unterelberaumes"

Dornier-System arbeitet auf einer Methodenbasis, die im Handbuch zur ökologischen Planung (Umweltbundesamt 1981) beschrieben ist. Die dazu notwendigen Informationen lassen sich in drei Kategorien unterteilen (Abb. 2.18):

- Die Datenbasis. Sie besteht aus geo- und bioökologischen sowie sozioökonomischen Merkmalen, die auf Rastereinheiten normiert werden.
- Die Merkmalsintegration als Informationsbasis zur Umweltsituation. Hierunter ist eine Art Expertenwissen zu verstehen, das der komplexen Beschreibung der Umwelt mit Begriffen wie Leistungsfähigkeit und Empfindlichkeit raumbezogener Ansprüche dient und Folgen von Eingriffen auf den Zustand der Umwelt benennt.
- Die Ableitung von Entscheidungshilfen als wissenschaftliche Politikberatung. Dieses Angebot bezieht sich auf die Bereiche des Naturschutzes, auf Restriktionen gegen zusätzliche Belastungen sowie auf die Abschätzung der Nutzungseignung und zeigt Zielkonflikten zwischen den genannten Bereichen auf.

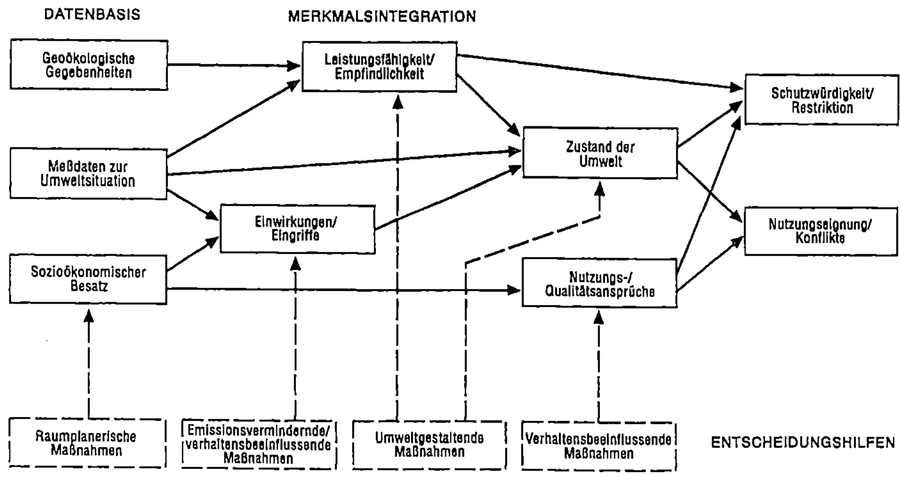

Abb. 2.18: Aufbau des Umweltinformationssystems von Dornier-System.
(Dornier System 1985)

Aus der Untersuchung sollen hier zwei Ergebnisse referiert werden: Sie betreffen die durch das spezielle methodische Vorgehen betonten Flächennutzungskonkurrenzen und Konfliktsituationen sowie die Stellungnahme zu den bestehenden Planungsvorstellungen auf der Grundlage des bereits dargestellten "Differenzierten Raumordnungskonzeptes" (DRU).

In einer sehr klaren Sprache bezeichnen die Verfasser der 'Ökologischen Darstellung des Unterelberaumes' Restriktionen als "ein Maß für den aus umweltpolitischen Gründen zu leistenden Widerstand gegen eine zusätzliche Belastung der Teilfläche" (Dornier-System 1985,Karte 8.1-3). In der Untersuchung werden derartige Restriktionen für verschiedene Bereiche kartographisch wiedergegeben. Im folgenden werden sie an den Beispielen der 'naturfernen Flächennutzungen' und des 'Schutzes vor Überbauung und Änderung der Flächenfunktion' erläutert und kommentiert.

Die Verteilung der gegenwärtigen Flächennutzungen im Unterelberaum, die in Tabelle 2.7 zusammengestellt sind, zeigt, daß annähernd 20 % des Untersuchungsraumes überbaut sind (ohne Hamburg, 11 %). Die bereits bekannten Planungen erhöhen den Anteil um 3 % (2 %). Diese Entwicklung, häufig als Landschaftsverbrauch bezeichnet (Tesdorpf 1984), ist nach Dornier-System dann konfliktträchtig, wenn hochwertige landwirtschaftliche Nutzflächen, Freiräume für naturnahe Erholung, potentielle Biotope und ökologisch wertvolle Regenerationsflächen gefährdet werden. Als besonders wichtig werden solche Flächen angesehen, die schutzwürdige Biotope aufweisen.

Auf der Grundlage von 500 x 500m Rasterkarten sind alle potentiell als naturnahe Biotope ausweisbaren Flächen ermittelt worden, die hinsichtlich der zukünftigen Freihaltung eine hohe Priorität bekommen haben. Sie befinden sich überwiegend im Wattbereich, direkt an der Elbe und an den Nebenflüssen und charakterisieren damit den Unterelberaum als aquatisches Ökosystem. Daneben treten isolierte Biotope in Nieder- und Hochmooren und am Geestrand auf. Der Flächenanteil dieser schutzwürdigen Gebiete liegt mit annähernd 13 % der Landfläche über dem von Sachverständigen und Umweltverbänden geforderten Flächenanteil für Naturschutzgebiete.

Als eine weitere Kategorie von Gebieten, die vor Überbauung zu schützen sind, wurden solche Flächen zusammengefaßt, für die die landwirtschaftliche Bodenbewertung hoch ist und die ein Potential für naturnahe Erholung aufweisen. In diese Kategorie fallen annähernd 70 % der Gesamtfläche, u.a. auch Flächen, die landwirtschaftlich monofunktional und intensiv genutzt werden. Trotz der aus ökologischen Gesichtspunkten zu kritisierenden Nutzungen sollten auch diese Gebiete von Überbauungen freigehalten werden. Als letzte Gebietskategorie sind solche Flächen ermittelt worden, in denen nach Dornier keine wesentlichen Restriktionen gegen Überbauung bestehen. Freiräume für bauliche Nutzungen sind noch in etwa 17 % der Rastereinheiten zu finden. Bewertend stellt Dornier-System allerdings fest, "daß planerische Freiräume für die Inanspruchnahme neuer Bauflächen praktisch nicht mehr existieren" (1985,S.92).

Diese Empfehlung richtet sich offensichtlich gegen Tendenzen einer weiteren

Tabelle 2.7: 'Naturferne' Flächennutzungen im Unterelberaum.
(im 10-Km-Streifen des Differenzierten Raumordnungskonzeptes Unterelbe, Dornier-System 1985)

Bundesland/Landkreis	Landfläche		überw. Industrie- und Gewerbe-nutzung (einschl. Hafen)				überw. Wohnsiedlungsnutzung zuzügl. Streusiedlungen				sonst. naturferne Flächennutzung[1]		naturferne Flächen nutzung gesamt[2]	
			bestehend		geplant[2]		bestehend		geplant[2]		bestehend		bestehend	
	km²	%	km²	%[3]	km²	%[7]	km²	%[3]	km²	%[7]	km²	%[3]	km²	%[3]
Hamburg-Teilgebiet im 10-km-Streifen[6]	572	16,8	63,8	11,2	55,4[3]	86,8[4]	206,5	36,1	14,6	7,1	23,6	4,1	293,9	51,4
Hamburg-Teilgebiet ausserhalb 10-km-Streifen	122	3,6	2,3	1,9	1,0	43,5	69,5	57,0	1,6	2,3	2,0	1,6	73,8	60,5
Hamburg gesamt	694	20,4	66,1	9,5	56,4	85,3	276,0	39,8	16,2	5,9	25,6	3,7	367,7	53,0
Cuxhaven[5]	383	11,3	2,8	0,7	12,7	453,6	31,3	8,1	1,7	5,5	3,6	0,9	37,5	9,8
Stade[5]	629	18,5	8,7	1,4	7,0	80,5	51,3	8,2	5,7	11,1	4,8	0,8	64,8	7,8
Harburg[5]	355	10,5	2,2	0,6	1,6	72,7	41,0	11,5	2,1	5,1	5,8	1,6	49,0	13,8
Lüneburg[5]	192	5,7	0,2	0,1	0,2	100,0	9,8	5,1	0,4	4,1	3,5	1,8	13,5	7,0
Niedersachsen[5]	1559	46,0	13,9	0,9	21,5	154,7	132,2	8,5	9,9	7,4	17,7	1,1	164,8	10,6
Dithmarschen[5]	283	10,1	2,3	0,7	7,0	304,3	17,8	5,2	2,2	12,4	6,0	1,8	26,1	7,6
Steinburg[5]	342	10,1	2,3	0,7	7,0	304,3	17,8	5,2	2,2	12,4	6,0	1,8	26,1	7,6
Pinneberg[5]	253	7,5	4,4	1,7	1,6	36,4	39,7	15,7	2,5	6,3	2,9	1,2	47,0	18,6
Lauenburg[5]	265	7,8	2,9	1,1	2,0	69,0	24,5	9,2	1,6	6,5	2,4	0,9	29,8	11,3
Schleswig-Holstein[5]	1143	33,7	14,1	1,2	16,3	115,6	95,1	8,3	9,4	9,9	13,9	1,2	123,1	10,8
Unterelberaum gesamt[5]	3396	100,0	94,1	2,8	94,2	100,1	504,3	14,8	35,5	7,0	57,2	1,7	655,6	19,3

[1] Verkehrsflächen, Deponien und Abbauflächen in Betrieb, Kläranlagen, militärische Anlagen, Freizeit- und Sportanlagen

[2] in Flächennutzungs- und Bebauungsplänen dargestellte Bauflächen, die zum Erhebungszeitpunkt noch nicht bebaut waren

[3] bezogen auf die Landfläche

[4] einschließlich Tiefwasserhafen Scharhörn (29 km²)

[5] Nur die Teilgebiete im 10-km-Streifen

[6] einschließlich Neuwerk und Scharhörn

[7] zu "bestehend"

Zersiedlung im Zuge der Suburbanisierung der Wohnbevölkerung oder der dezentralisierten Industrie- und Gewerbeansiedlung mit der dazugehörigen Infrastruktur, wie sie bisher in den Planungen der Gebietskörperschaften verankert sind. Freiraumerhaltung wird in der Untersuchung als Primat von Raumordnungspolitik und ökologischer Planung betrachtet. Darin unterscheidet sich das Vorgehen von Dornier-System nicht nur von den auf Dezentralisierung ausgerichteten Vorstellungen der Stadtentwicklung von Bonne und Migge, sondern auch von noch gültigen Raumordnungsvorstellungen. Die Methoden der amtlichen Planung sind dadurch gekennzeichnet, daß zunächst die für die siedlungs- und wirtschaftsstrukturelle Entwicklung notwendigen Flächen ausgewiesen werden und der 'Rest' in Form einer Residualkategorie als Freiraum für Natur- und Landschaftsschutz sowie für Erholung übrig bleibt. Die von Dornier vollzogene Umkehrung des Vorgehens ist in Anbetracht des Flächennutzungswandels im Unterelberaum im 20. Jahrhundert sicherlich als Fortschritt zu werten. Auch für die als möglich erachteten Freiraumnutzungen, die nicht dem Biotopschutz unterliegen, können weitere Restriktionen wie Grundwasser- und Bodenschutz abgeleitet werden, so daß auch die landwirtschaftliche Inwertsetzung der Flächen umwelt- und raumordnungspolitisch steuerbar ist. Damit liegt ein Instrument vor, daß für regionale Raumordnungsprogramme und die kommunale Flächennutzungsplanung Richtgrößen ableitet, die zur Festlegung von Nutzungseinschränkungen Verwendung finden können.

Eine weitere wesentliche Aufgabe der Untersuchung von Dornier-System bestand in der gutachterlichen Stellungnahme zum "Differenzierten Raumordnungskonzept für den Unterelberaum" aus der Sicht der ökologischen Planung. Die vorgelegte Bewertung erfolgte durch einen Vergleich der offiziellen länderstaatlichen Raumordnungsvorstellungen mit den Ergebnissen des Umweltinformationssystems. Grundsätzliche Planungsvorstellungen ergeben sich in verschiedenen Punkten, die im folgenden beispielhaft zusammengefaßt werden:

1. Industrie- und Gewerbeansiedlung, Kraftwerksbau: Die Industrialisierung des Unterelberaumes ist ein entscheidender Prozeß der Neuorganisation des Raumes gewesen, der in den siebziger Jahren gleichzeitig politische Proteste von Basisinitiativen und planerische Aktivitäten hervorgerufen hat. Der weitere industrielle Ausbau war und ist nach wie vor bei allen beteiligten Regierungen Konsens. Von daher kommt der Stellungnahme von Dornier große Bedeutung zu. Sie ist sehr eindeutig ausgefallen: Für alle geplanten industriellen Erweiterungsflächen werden als mittel bis hoch qualifizierte Restriktionen angeführt. Ähnliches gilt für die geplanten Standorte der Großkraftwerke. Nach der gutachterlichen Stellungnahme sollte der industrielle Ausbau des Unterelberaumes abgeschlossen sein, Neuansiedlungen kämen nicht mehr in Betracht. Einzig für den Standort Brunsbüttel scheinen weniger

Restriktionen wegen ökologischer Kriterien notwendig zu sein. Dagegen verursachen die Planungen in Cuxhaven und im Hamburger Hafenerweiterungsgebiet erhebliche Zielkonflikte.

2. Verkehrsplanung: Eine restriktive Stellungnahme ergibt sich in Hinblick auf die großen Straßenbauprojekte, insbesondere für die Linienführung der geplanten A26 (Hamburg-Stade), der A25 (Bergedorf-Geesthacht), der A22 (Stade-Elbquerung-Elmshorn) und der B5 neu (Maschener Kreuz-Lüneburg). Von den genannten Vorhaben ist besonders die A26 in der Diskussion und der Gegenstand systematischer Bewertungsverfahren gewesen (Dornier-System 1985, Stadt & Land 1984). Die Linienführung wird in der Stellungnahme abgelehnt, weil sie ab der Hamburger Landesgrenze solche Flächen beansprucht, die "in ihrer Bedeutung und Größe als einzigartig in den im Unterelberaum vorkommenden Naturräumen anzusehen" sind (Dornier-System 1985,S.102).

3. Entwicklung der Wohnsiedlungsgebiete: Die Ausbauplanung für Wohngebiete im Unterelberaum hat Anfang der achziger Jahre 3500 ha betragen. Schwerpunkte bilden in Hamburg Gebiete zwischen Allermöhe und Bergedorf sowie Neuwiedental und Neugraben am Harburger Geestrand, auf der linken Elbseite verschiedene Gemeinden des Alten Landes sowie die Mittelzentren Stade und Cuxhaven, auf der rechten Elbseite die suburbane Zone Hamburgs sowie Glückstadt und Brunsbüttel. Die größten Zielkonflikte bestehen erwartungsgemäß in Hamburg, wo eine konfliktarme Neubebauung "nur im bereits besiedelten Raum" realisierbar sei (Dornier-System 1985,S.96). Aber auch bei anderen Ausbauplanungen sind Zielkonflikte vorauszusehen, wie zwischen Wohnen und Gewerbe in Hamburg und Stade, zwischen Wohnen und Landwirtschaft im Alten Land sowie zwischen Wohnen und Biotopschutz in Cuxhaven.

Mit diesen Stellungnahmen entspricht die Untersuchung der Kritik an der Raumordnung im Unterelberaum, wie sie von Bürgerinitiativen und Umweltverbänden seit Mitte der siebziger Jahre artikuliert worden ist. Die bereits länger bestehenden ökologischen Bedenken werden von Dornier mit umfangreichem Datenmaterial untermauert, wodurch die Berechtigung der Kritik bestätigt wird.

Obwohl die Aussagen des Gutachtens der Dornier-System grundsätzlich positiv zu werten sind, sollen einige Defizite in dieser Darstellung nicht unberücksichtigt bleiben. Ein Mangel ist das Fehlen von Zeitreihen, prozessuale Abläufe bleiben unberücksichtigt. Bereits der in der vorliegenden Untersuchung vollzogene, vergleichsweise grobe Vergleich von Flächenutzungen zu verschiedenen Zeitpunkten hat den Wert historischer Betrachtungen deutlich gemacht. Neben diesem Defizit auf der deskriptiven Ebene fehlen Hinweise auf die Ursachen der ökologischen Belastungen, wodurch die soziale und politische Dimension der als Restriktionen bezeichneten

Konflikte nur erahnt werden kann. Die Konflikte erscheinen als objektivierte Widersprüche, die zwar nutzwertanalytisch hergeleitet, theoretisch aber nicht entwickelt werden. Damit werden die an sich klar artikulierten Handlungsanweisungen (aus umweltpolitischen Gründen zu leistender Widerstand) immanent ausgehöhlt und verblassen zur ökologisch gefärbten Rhetorik.

Diese Schwäche ist sicherlich darauf zurückzuführen, daß die Untersuchung von den beteiligten Ländern in Auftrag gegeben wurde. Das erklärt auch den politisch-administrative Raumbezug, der nicht aus der Ökosystemforschung abgeleitet werden kann. Ohne einen Versuch, den Begriff Ökosystem-Komplex regional zu konkretisieren und diesen für umwelt- und regionalpolitische Planungsansätze der Gebietskörperschaften zu erschließen, wird der additive Charakter des "Differenzierten Raumordnungskonzeptes" durch dieses Gutachten nur gering modifiziert. Es entsteht der Eindruck, daß mit der ökologischen Darstellung lediglich eine weitere Legitimationsebene aufgebaut wird.

Ein weiteres Problem stellt die Standardisierung der Information sowohl in räumlicher (Raster) als auch in sachlicher (Quantifizierung) Hinsicht dar. Da die Datenbasis überwiegend amtlichen Statistiken und Kartenwerken entstammt, in die vielfach Vereinfachungen, Generalisierungen und regionale Unkenntnis einfließen, werden Fehler, Ungenauigkeiten und subjektive Entscheidungen durch die Standardisierung aufgelöst und scheinbar objektiviert. Derartige Weiterverarbeitungen von Rohdaten sind im höchsten Maße abhängig von Entscheidungsregeln für die Merkmalsinterpretation und die Merkmalskombination, die im Falle der Unterelbestudie auch unter Einbezug der Erläuterungen und des Handbuchs nicht klar zu reproduzieren sind. Damit bleiben die Ebenen der Merkmalsintegration und Entscheidungshilfen (Abb. 2.18) teilweise unzugänglich und sind sicherlich für den Anwender in der regionalen und lokalen Planung nicht ohne weiteres nutzbar. Hier wäre eine Weiterentwicklung über ein Expertensystem sinnvoll, das die Merkmalsintegration über formalisierte Entscheidungsregeln offenlegt.

Obwohl das Verfahren von Dornier-System vom wissenschaftlich-technischen Stand her auf dezentraler Ebene realisierbar ist und damit breit gestreute Anwendungen möglich sind, bleibt ein grundsätzliches Problem bestehen. Eine weitgehend automatisierte ökologische Planung vor dem Hintergrund eines komplexen Informationssystems setzt die Handhabung derartiger Systeme voraus, die nicht zur Alltagskompetenz der Bewohner der Region gehört. Die Anwendung solcher Instrumente gehört daher zweifellos nicht zu den demokratischen Planungsprozessen. Der Dornier-Ansatz ist deswegen eher ein Gegenmodell zu den ökonomistisch-technokratischen Ansätzen der sechziger und siebziger Jahre, nicht aber die Alternative dazu.

Zusammenfassung der 'Ökologischen Belastungsanalyse des Landkreises Stade'

Auch die Belastungsanalyse für Stade, die im Auftrag des Landkreises mit finanzieller Unterstützung des Umweltbundesamtes vom Institut für Biogeographie der Universität des Saarlandes, Saarbrücken durchgeführt wurde (Müller et al. 1984), arbeitet mit einem ökologischen Informationssystem. Es ist auf der Basis von Daten über Flächennutzung, Tier- und Pflanzenarten, Klima-, Emissions- und Immissionssituation sowie über Bodentypen für neue Methoden des experimentellen Biomonitoring und der Nahrungsnetzanalysen entwickelt worden. Ähnlich der ökologischen Darstellung des Unterelberaumes hat auch die Belastungsanalyse den klaren Auftrag gehabt, für die Aufstellung und Fortschreibung von Raumordnungsprogrammen und Einzelplänen Grundlagen zu liefern. Im Unterschied zur Dornier-Studie sind für die Belastungsanalyse umfangreiche Primärdatenerhebungen durchgeführt worden, die alle Variablenkomplexe der Datenbank betreffen.

Grundsätzlich geht die Arbeitsgruppe von einer Kritik an Vorgehensweisen aus, wie sie etwa von Dornier-System entwickelt worden sind. Der Ansatz, bestimmte Schadstoffe als Leitkomponenten herauszuarbeiten oder Schadstoffgruppen zu standardisieren, um so Indexwerte für Belastungsniveaus zu errechnen, wird als nicht möglich und auch nicht sinnvoll bezeichnet. Derartige Verfahren würden Nivellierungseffekte aufweisen, die beispielsweis das Besondere des Belastungstyps eines Raumes verdecken würden (Müller et al. 1984,S.588). Solche regionalen Belastungscharakteristika bestehen im Landkreis Stade in den folgenden Aspekten:
- die Belastung tritt, von wenigen Ausnahmen abgesehen (u.a. Linienemission des Straßenverkehrs; Flutsaumbelastung im Einzugsbereich der Elbe), mosaikartig auf;
- die Biozönosen und Ökosysteme werden nicht gleichmäßig belastet; es verbleiben Regenerationsflächen für die Lebensgemeinschaften;
- die für die Meso- und Makrofauna der Böden bedeutenden Folgewirkungen von Dünge- und Pflanzenbehandlungsmitteln konzentrieren sich auf bestimmte Flächen;
- die industriellen Emissionen (u.a. HF) führen zu punktuellen Belastungen, aber nicht zu Flächenbelastungen größeren Ausmaßes;
- während die seit langem gemessenen Luftschadstoffkomponenten im allgemeinen nur 30 % der Konzentrationen aus Verdichtungsräumen erreichen, treten bei anderen (HCB, DDT, PCB u.a.) Werte auf, die jene der Verdichtungsräume übertreffen (Müller et al. 1984,S.588).

Beispiele für die mosaikartigen Belastungen, auf die bereits Klöpper (1985) hingewiesen hat, sind 'Altlasten' in den Böden, die durch Anwendung von Insektiziden,

Herbiziden und Fungiziden besonders im Obstbau entstanden sind. So finden sich in Bodenproben des Alten Landes erhöhte Werte der Insektizide Endrin und Dieldrin sowie Kupferkonzentrationen über dem Toleranzwert von Kloke. Punktuelle Belastungen in den Böden, die u.a. in der Nähe des Industriegebietes Stade-Bützfleth ermittelt wurden, und Anreicherungen in Nahrungsketten ergeben sich auch bei polychlorierten Biphenylen. Weiterhin bestehen örtliche Probleme der Überdüngung, die zu einer Grundwasserbelastung von 50 mg/l Nitrat führen und damit Maßnahmen zur Aufbereitung (Nitrateliminierung) des Trinkwassers notwendig machen.

Neben diesen von Müller et al. als Altlasten bezeichneten Problemen sind die Anreicherungen der polychlorierten Biphenyle und der chlorierten Kohlenwasserstoffe nach Meinung der Arbeitsgruppe überwiegend 'importiert'. Obwohl die Proben in der Nähe der Großindustrie (Aluminiumoxidierung, -verhüttung, Chlorchemie) auf dem Bützflether Sand die größten Häufigkeiten der jeweils höchsten Belastungsstufe aufweisen (Müller et al. 1984,S.606), sind die lokalen Industriebetriebe nach Meinung der Arbeitsgruppe keine nennenswerten Belastungsfaktoren (Müller et al. 1984,S.630). Frühere Probleme der Fluoremission durch die Aluminiumhütte beschränken sich heute auf einen Radius von 1000 m und stellten keine Gefährdung für die dort lebende Bevölkerung dar. Auch "im Einflußbereich der DOW-Chemical wurde keine der analysierten Substanzen in gesundheitsgefährdender Konzentration nachgewiesen". Diese Wertung wird mit dem Hinweis verstärkt, daß "auf dem Gelände von DOW-Chemical eine große Zahl schützenswerter Tier- und Pflanzenarten lebt". Allerdings findet sich die DOW-Betriebsfläche nicht unter den von der Arbeitsgruppe vorgeschlagenen neuen Naturschutzgebieten (Müller et al. 1984, S.630-631). Die von außen eingetragenen, für den Landkreis spezifisch hohen Belastungen werden als weitaus gravierender erachtet. Als die wichtigsten regionsexternen Belastungsquellen weist die Arbeitsgruppe auf die Nordsee, die Elbe und den Verdichtungsraum Hamburg hin.

Ein Handlungsfeld für Veränderungen stellt dagegen die landwirtschaftliche Produktion dar. Die Untersuchung plädiert für eine umweltschonende Landbewirtschaftung (Müller et al. 1984,S.627f.), die aus den folgenden Komponenten besteht: Extensivierung der Nutzung, Reduktion und teilweise Verbot der Ausbringung von Pflanzenbehandlungs- und Düngemitteln, Veränderung der Bodenbearbeitung und der Massentierhaltung sowie eine Flächenabgabe für ein Biotopverbundsystem, die etwa 8 % der landwirtschaftlich genutzten Fläche ausmachen sollte. Aber auch in diesem Punkt hat der Landkreis Stade "die entscheidenden Schlüssel [zur] Veränderung der bisherigen produkt- zu einer flächen- oder gar biotoporientierten Subventionspolitik" nicht in der Hand (Müller et al. 1984,S.628), so daß die konkrete raumplanerische Umsetzung offen bleibt.

Einer Anwendung der Untersuchungsergebnisse im Sinne der ökologischen Planung steht weiterhin entgegen, daß einen Großteil der Untersuchung die Diskussion von Bioindikatoren ausmacht, die möglicherweise geeignet sind, Belastungssituationen zu indizieren. In diesem Bereich kommen Müller et al. (1984) über das Stadium einer Grundlagenuntersuchung selten hinaus, weil theoretische und vergleichende Kenntnisse sich derzeit erst in Entwicklung befinden. Vergleichende Bewertungen der lufthygienischen Situation zwischen dem Landkreis Stade und dem Verdichtungsraum Hamburg bzw. dem altindustrialisierten Saarland, die zu dem Ergebnis kommen, das der Landkreis bezogen auf den Indikatororganismus Flechte wesentlich günstiger zu beurteilen sei (Müller et al. 1984,S.137), klingen relativ naiv und kennzeichnen das Stadium einer ersten Entdeckungsphase. Gleiches gilt für den Vergleich des Landkreises mit dem Innenstadtbereich Frankfurts, der für den Landkreis günstig ausfällt (Müller et al. 1984,S.176). Auf diese Weise sind keine Aussagen zu erhalten, die für die Aufstellung von regionalen Raumordnungsprogrammen oder Flächennutzungsplänen Verwendung finden könnten. Als entscheidendes Problem erweist sich weiterhin die Regionalisierung punktueller Meßergebnisse, die für den terristrischen Bereich offensichtlich schwieriger ist als für den unmittelbaren Flußbereich.

Dennoch verallgemeinern Müller et al. ihre Einzelergebnisse. Die ermittelten Risiken und Belastungen des Landkreises Stade sind nach Meinung der Arbeitsgruppe erstens als nicht besorgniserregend zu werten, insbesondere wenn man sie mit solchen von Verdichtungsräumen vergleicht, und zweitens nur bei einigen Altlasten 'hausgemacht'. Insgesamt überwiegt die Fremdbestimmung der Belastungssituation, die Risiken werden aus anderen Ökosystemen importiert. Daher kann das Gutachten kaum praxisrelevante Handlungsanweisungen für Politik und Planung bzw. für die regionale Produktions- und Konsumstruktur liefern. Die in der Region vorhandenen Handlungsinteressen, die planerisch für eine Verbesserung der Umweltsituation eintreten wollen, werden wenig unterstützt.

2.2.4 Zusammenfassung

Der Unterelberaum in seiner streifenförmigen naturräumlichen Gliederung ist auf zwei Arten beschrieben worden. Die Niederelbe, bestehend aus Flußbett, Litoralzone und Außendeich, charakterisiert die Region als aquatisches, vom limnischen in den marinen Bereich überleitendes Ökosystem. Wichtige Komplexe des Systems bilden Nebenelben, Priele, Gräben, Flachwassergebiete und Wattflächen sowie die eigentliche Stromelbe. Auch wenn Probleme der Flußverunreinigung bereits im 19. Jahrhundert auftraten und im 20. Jahrhundert ständig an Brisanz zunahmen, ist dieser Raum noch immer ein ökologisch wertvolles Gebiet.

"Bis in die siebziger Jahre hinein war die Niederelbelandschaft eine relativ naturnahe Landschaft, die sich durch ein intensives Verwobensein von Wasser und Land auszeichnete, wie dies aufgrund der besonderen naturräumlichen Gegebenheiten für die Uferlandschaften großer Tieflandströme typisch ist. Die periodischen Überflutungen ausgedehnter Vordeichländereien im Frühjahr und Herbst, das dem Rhythmus der Gezeiten folgende Eindringen des Elbwassers in ein weit verzweigtes System von Nebengewässern, Prielen und verkrauteten Gräben und die regelmäßige Überflutung der Süß- und Brackwasserwatte bedeuteten für die Elbe eine ständige biologische Regeneration, die nicht zuletzt ihre Selbstreinigungskraft immer wieder stärkte" (Bürgerschaftsdrucksache 11/6765 1986,S.41).

Angrenzend an die bereits stark kanalisierte und versiegelte Fluß- und Litoralzone sind die Marsch-, Moor- und Geestrandstreifen durch wachstumsorientierte Raumentwicklungsstrategien der sechziger und siebziger Jahre erheblich umgeformt worden. Wenn die noch ausstehenden Großindustrie- und Verkehrsinfrastrukturplanungen realisiert werden, wäre der als 'naturnah' bewertete Raum endgültig aufgelöst in Inseln des Naturschutzes inmitten von landwirtschaftlichen Intensivzonen, Industriegebieten und Siedlungen.

Durch eine Reihe grundlegender Eingriffe in die Ökosystemkomplexe sind in der zweiten Hälfte des 20. Jahrhunderts Gefahrenpotentiale aufgebaut worden und haben Proteste und Konfliktbereitschaft der Bewohner dieses Raumes und ökologisch orientierter Wissenschaftler stimuliert. Es ist aber auch deutlich geworden, daß der heutige, als problematisch zu bewertende Nutzungswandel kein neuartiges Phänomen ist, sondern als historischer Prozeß zu begreifen ist. Abziegelung der Marschflächen, Kolonisation der Moore und immer wieder der Deichbau haben auch früher zu weitreichenden Eingriffen in die vormals bestehenden Raumstrukturen geführt. Die Anpassung des Landnutzungssystems an die industriellen Produktionsverhältnisse vollzog sich mit zeitlicher Verzögerung komplementär zur Urbanisierung. Neben der Flurbereinigung und Rationalisierung der Landwirtschaft sind für den Unterelberaum der Stand der Deichbautechnik, die Massentransporttechnik und großindustrielle Standortinteressen mit der damit verbundenen verkehrsinfrastrukturellen Erschließung von entscheidender Bedeutung gewesen. Sie zusammengenommen haben die Industrialisierung des Landnutzungssystems bewirkt.

Die Beobachtung dieses Vorganges führt zu der Hypothese, daß der traditionelle Gegensatz von Stadt und Land, der bisher den Grad der Naturferne widergespiegelt und mit dem Beginn der Urbanisierung im 19. Jahrhundert eine neue Dimension bekommen hat, sich seit einigen Jahren/wenigen Jahrzehnten auflöst. Ohne zu verkennen, daß die 'Naturferne' ein schwer operationalisierbarer Begriff ist und daß auch heute die Umweltbelastungen in den Stadtregionen durchschnittlich viel höher sind als auf dem Land, stellt der 'Fortschritt der Naturzerstörung' (Sieferle) Gemeinsamkeiten her, die auf eine neue räumliche Organisation der Industriegesellschaft jenseits der Stadt-Land-Dichotomie hinweisen.

Neben diesen neuen Fragen auf theoretischer Ebene zeigt die bisherige Praxis der ökologisch orientierten Planung und Politikberatung offene Horizonte auf. Beide im Unterelberaum durchgeführen Untersuchungen haben den Anspruch gehabt, beispielgebend zu sein, sind jedoch wenig geeignet, die Verlaufsproblematik der Regionalentwicklung in der an sich notwendigen Weise umzustrukturieren. Am ehesten ist noch die konsequente Planung zur Erhaltung von Freiräumen, wie sie in der "Ökologischen Darstellung des Unterelberaumes" formuliert wird, geeignet, in eine naturerhaltende und umweltschutzorientierte Strategie umgesetzt zu werden. Aber auch diese Untersuchung kommt über die Definition von Belastungsobergrenzen nicht hinaus. Die im konzeptionellen Teil der hier vorliegenden Arbeit (vgl. Kapitel 1) geäußerte Kritik an der derzeitigen Form der Ökosystemforschung wird somit durch die beiden vorgestellten Untersuchungen bestätigt. Um diesen Defiziten zu begegnen, wird an dieser Stelle ein weitreichender Perspektivenwechsel vollzogen. Nach der historisch-landschaftsbiographischen und naturwissenschaftlichen Erörterung der Umweltproblematik wird im folgenden Kapitel die Frage nach der subjektiven Wahrnehmung der Gefahren und Risiken und ihrer Folgen gestellt.

3 Risikowahrnehmung und umweltentlastende Handlungsmuster der Bevölkerung in Hamburg und im Unterelberaum

3.1 Theoretische und methodische Überlegungen zur Analyse individueller Umweltschutzaktivitäten

Ein öffentliches Bewußtsein über mögliche Reichweiten und Gefahrenpotentiale der Umweltprobleme entwickelte sich in Westeuropa Anfang der siebziger Jahre dieses Jahrhunderts. Die Wachstums- und Modernisierungseuphorie der fünfziger und sechziger Jahre wich der zunehmenden Skepsis, ob ein ungezügeltes Wirtschaftswachstum nicht langfristig zum Kollaps lokaler, regionaler und globaler Ökosysteme führen müsse. Wesentlichen Anteil am internationalen Umdenken hatten die Stockholmer Umweltkonferenz (1972) und die im gleichen Jahr veröffentlichte Studie des Club of Rome "Die Grenzen des Wachstums" (Meadows et al. 1972). Als Folge dieser inzwischen allseits bekannten Einsichten in globale Begrenzungen der kapitalistischen Akkumulationslogik entstanden in verschiedenen Ländern Bürgerinitiativen und soziale Bewegungen. Sie machten die Umweltprobleme ihrer regionalen Aktionsräume zu einem vielbeachteten Gegenstand der politischen Auseinandersetzung und kritisierten die vorherrschenden Formen und Funktionen von Umwelt-, Stadtentwicklungs- und Regionalpolitik. Ihr Widerstand richtete sich primär gegen solche Projekte, die direkt oder indirekt die Leistungsfähigkeit regionaler und nationaler Ökonomien erhöhen sollten. Beispiele aus dem Unterelberaum sind die Hafenerweiterung in Hamburg und die damit verbundene Aussiedlung von Dörfern oder der Bau des Atomkraftwerks in Brokdorf, die Planungen für die Zwischen- bzw. Endlagerstätten in Gorleben und die Errichtung von Großindustrieanlagen in Stade-Bützfelth und in Brunsbüttel.

Die heutige öffentliche Bewertung der Umweltgefahren läßt sich mit einer Repräsentativerhebung des Allensbacher Instituts für Demoskopie illustrieren, die im Herbst 1987 durchgeführt wurde. Auf die Frage: "Wie beurteilen Sie ganz allgemein den Zustand unserer Umwelt, also zum Beispiel die Qualität von Wasser und Luft?", antworteten etwa 61 % der Befragten, sie sei "ziemlich zerstört" (Allensbach 1987). Allerdings ist dieses, als "sicherlich bestürzend" attributierte Ergebnis nicht neu. In anderen, ebenfalls bundesweit durchgeführten Erhebungen fühlt sich ein ebenso hoher Prozentsatz der Befragten von Umweltverschmutzungen bedroht. Weiterhin hat sich der Anteil derjenigen, die sich von Umweltbelastungen persönlich betroffen sehen, seit 1980 verdoppelt. Bei den jüngeren Befragten artikulieren inzwischen drei von

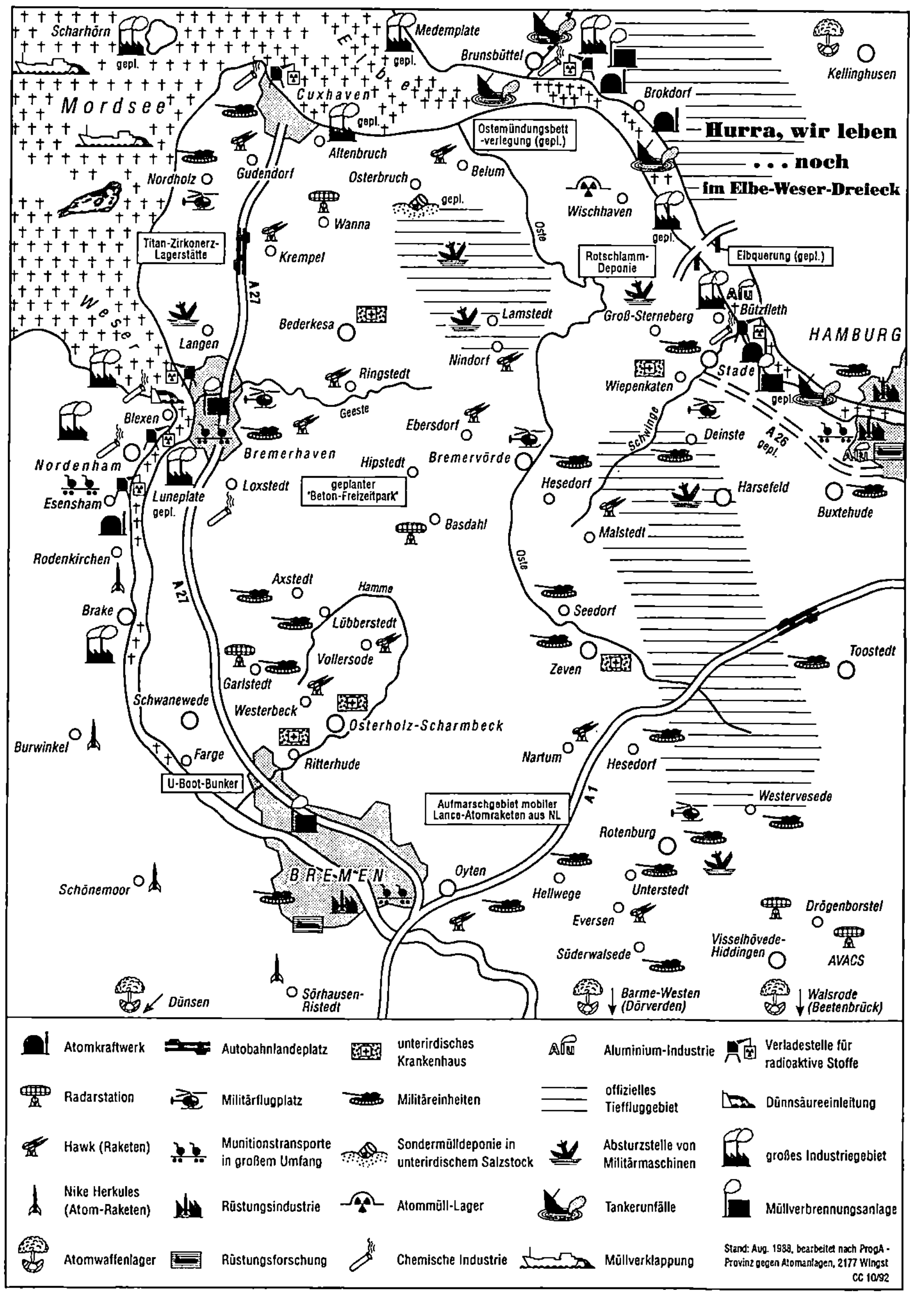

Abb. 3.1: Hurra, wir leben ... noch im Elbe-Weser-Dreieck. (Nettzwerg 1988)

vier Personen diese Meinung. Es lassen sich inzwischen zahlreiche Ergebnisse dieser Art anführen, so z.B. eigene frühere Erhebungen im Unterelberaum, nach denen annähernd 50 % der Bevölkerung der Auffassung sind, die Umweltsituation würde sich in Zukunft noch verschlechtern (Oßenbrügge et al. 1987). Eine kartographische Situationsdarstellung einer Bürgerinitiative aus diesem Raum trägt denn auch den bezeichnenden Titel: "Hurra, wir leben ... noch" (Kartenbeilage der Alternativzeitung Nettzwerg 1989).

Die negative Umweltbewertung ist als Resultat zweier sich verstärkender Prozesse zu verstehen. Auf der einen Seite ist auf die regionalen Veränderungen hinzuweisen, die beispielhaft im vorhergehenden Kapitel beschrieben worden sind und die eine Sensibilisierung gegenüber bestimmten Formen der regionalen Raum- und Umweltnutzungen erzeugt haben. Auf der anderen Seite werden Umweltprobleme heute zunehmend in ihrer globalen Dimension wahrgenommen. Angefangen bei dem Hinweis auf die Nichterneuerbarkeit von Ressourcen durch die aufsehenerregenden Analysen des Club of Rome, über das flächenhafte Waldsterben bis hin zu den Problemen, die gegenwärtig in der Berichterstattung vorherrschen, wie dem Ozonloch, der Zerstörung des Regenwaldes, dem nuklearen Fallout nach Reaktorkatastrophen oder dem Reimport von Giftstoffen in Nahrungsmitteln, hat die Diskussion von Umweltproblemen dazu beigetragen, daß die lokale und globale Problemebene eng miteinander verknüpft worden sind und sich in der Alltagserfahrung mischen.

Dieser Sachverhalt sollte aber nicht zu dem Schluß führen, daß die hohe und homogen erscheinende Wahrnehmung und Bewertung der Umweltgefahren in ebenso homogen strukturierte Aktivitäten einmünden, die eine Verbesserung der Umweltsituation zum Ziel haben. Zwischen Wahrnehmung und dementsprechendem Handeln können vielfältige Faktoren ihren Einfluß ausüben, wie etwa unterschiedliche sozialräumliche Kontexte, unterschiedliche Bewertungsrahmen und Rationalitäten oder unterschiedliche Handlungsressourcen. Vorstellbar ist ein Handlunstyp, der, wie Sloterdijk (1983,S.37) es ausgedrückt hat, mit einem aufgeklärten, aber falschen Bewußtsein ausgestattet ist, d.h., daß er trotz Wahrnehmung und prinzipiell richtiger Einschätzung der Probleme weiterhin umweltzerstörisch handelt und sich so gegen die Zukunft der Menschheit stellt. Den dazu gegensätzlichen Typ bilden diejenigen, die seit Mitte der siebziger Jahre aus dem Industriesystem 'aussteigen' wollen, um so den Beginn einer neuen Harmonie mit der Natur zu markieren (vgl. stellvertretend Bahro 1984). Zwischen diesen beiden Typen, dem zynischen und dem alternativen Bewußtsein, liegt eine ganze Bandbreite möglicher Formen der Reaktion auf Umweltprobleme, die in diesem Kapitel Gegenstand einer näheren Betrachtung werden soll. Bezogen auf die Fragestellung der Arbeit sind besonders diejenigen Umweltwahrnehmungen von Interesse, die zu einem umweltentlastenden Strukturwandel beitragen. Da die wichtigste soziale Reaktion auf zunehmende Umweltgefährdungen der sich außerhalb der Repräsentativorgane artikulierende politische Protest gewesen ist, der gleichzeitig nach neuen Möglichkeiten der Partizipation Ausschau hielt, werden in diesem Kapitel das gegenwärtige Ausmaß der persönlichen und politischen Deprivation, die praktizierten Protestformen und die Bereitschaft für weitergehende umweltpolitische Maßnahmen diskutiert. Mit dieser Analyse des 'ökologischen Konfliktbewußtseins' sollen Art und Intensität individueller und sozialer 'Präferenzen' für die staatliche Intervention in Produktions- und Konsumprozesse ermittelt werden. Legitimationsdefizite des politischen Systems und zukünftige Konfliktpotentiale können auf diese Weise herausgearbeitet werden. Das dazu verwendete methodische Instrument ist die Befragung.

Neben dem politisch induzierten Strukturwandel existiert auch die Möglichkeit, eine Umweltentlastung durch verändertes Konsumverhalten herbeizuführen. Energieeinsparungen, Vermeidung von Verpackungen, Trennung des Hausmülls zum Zweck der Wiederverwertung, der Kauf und die Verwendung von Wasch- und Reinigungsmitteln, die weniger Umweltbelastungen hervorrufen, der Verzicht auf emissionsintensive Produkte und anderes mehr bedeuten nicht nur eine direkte Umweltentlastung. Solche Handlungen signalisieren der Industrie gleichzeitig einen Nachfragewandel. Eine Möglichkeit für die substantielle Reduzierung der Umweltprobleme besteht im Konsum von Produkten, die umweltfreundlich produziert werden, die im Verbrauch keine Emissionen abgeben und die als Abfall leicht und unschädlich in den Stoffkreislauf reintegriert werden können. Wenn ein solches Konsumverhalten Verbreitung findet, wird es zu Produkt- und möglicherweise auch zu Prozeßinnovationen kommen, die umweltentlastende Struktureffekte bewirken. Auch das 'ökologische Konsumbewußtsein', das beim Einkaufsverhalten, bei der Hausarbeit und bei der Bereitschaft zu Produktverzicht und Nutzungsreduzierung wirksam wird, soll in diesem Kapitel über eine Haushaltsbefragung analysiert werden.

In der Umweltpsychologie und in der geographischen Risikoforschung (Geipel 1987) liegen eine Reihe von Modellen vor, die den Zusammenhang von Wahrnehmung und Handeln formalisieren. In diesen Untersuchungen werden in der Regel aus einfachen 'stimulus-response-Modellen' oder komplexeren Einstellungs- und Handlungskonstrukten Hypothesen abgeleitet, die sich in Frageform überführen und anschließend empirisch testen lassen. Gegen derartige Forschungspraktiken wird neuerdings von Vertretern der 'qualitativen Sozialgeographie' eingewendet, daß sie "mit ihrem massenstatistischen Repräsentativitätsideal, der Präferenz für quantitativ-regelhaft faßbare Phänomene und dem Testen deduktiv gewonnener Hypothesen ihren Gegenstandsbereich immer schon vorweg bestimmen" müssen und damit in der Regel die bestehenden Erkenntnisse und Theorien lediglich reproduzieren (Danielzyk u.

Helbrecht 1989,S.106). Ein methodischer Ansatz, der auf einem hypothetisch-deduktiven Verfahren basiert, ginge ein "Bündnis mit der Vergangenheit" ein und würde sich als strukturkonservativ entpuppen. Er verstelle den "Blick auf die Spitzen der Zukunft, die [derzeit] von allen Seiten in den Horizont der Gegenwart hineinragen" (Beck 1986,S.13).

In der Tat sind qualitative Verfahren sinnvoller, um neuartige Phänomene zu fassen. Auch kann es im hermeneutischen Prozeß eher gelingen, das 'aufzuspüren', was Menschen wahrnehmen, wie sie es bewerten und welche Handlungen sie daraus ableiten. Allerdings wird es umso schwieriger, vom einzelnen auf Kollektive, von Einzelhandlungen auf strukturell wirksame Handlungsmuster zu schließen. Da davon ausgegangen werden kann, daß das Umweltbewußtsein und die Sensibilisierung für räumliche Veränderungsprozesse inzwischen keine neuartigen Phänomene mehr darstellen und daß der Zusammenhang von Gefahrenwahrnehmung und Handeln zu den routinisierten Entscheidungsabläufen jedes einzelnen gehört, halte ich an dieser Stelle ein hypothetisch-deduktives Verfahren für geeigneter als eines der kritischen Hermeneutik.

Damit ist der Rahmen für dieses Kapitel gesteckt: Auf der Basis eines mehrdimensionalen Modells, das die ökologische Betroffenheit zu erklären versucht, werden Handlungsmuster als Folgen des ökologischen Konflikt- und Konsumbewußtseins beschrieben. Der Zusammenhang von Betroffenheit und Handeln läßt sich in einem theoretischen Exkurs über den Begriff Präferenz im rationalen Wahlhandeln zur Herstellung öffentlicher Güter herstellen und in ein Untersuchungskonzept integrieren, das letztlich die Grundlage für eine repräsentative Befragung der Bewohner Hamburgs und des Unterelberaumes bildet.

3.1.1 Ökologische Betroffenheit und Handlungsmuster des ökologischen Konflikt- und Konsumbewußtseins

Prinzipiell beruht die individuelle Bewertung, ob ein bestimmtes persönliches Handeln als richtig oder falsch einzustufen ist, ebenso wie die Entscheidung, ob man sich an Protestaktionen beteiligt, auf einem normativen Bewußtsein, das über Regeln verfügt, wie Zustände und Vorgänge eigentlich sein sollten bzw. was eigentlich getan werden müßte, um sich diesen Zielvorstellungen anzunähern. Im Zusammenhang mit der Umweltschutzproblematik sind solche Normen interpersonell und interkulturell sicherlich nicht einheitlich. Vorstellungen davon, was als eine 'intakte' oder 'heile' Umwelt angesehen wird, lassen sich nur schwer fassen. Ebenso schwierig ist die

Bewertung von Eingriffen in die Ökosysteme, denn die Folgen menschlicher Nutzungen für die Umwelt haben sich in den letzten Jahrzehnten immer mehr von den direkt erfahrbaren Tatbeständen und Naturvorgängen gelöst. Die Umweltschutzproblematik ist heute, teilweise sogar primär, eine internationale Frage, wodurch die Wahrnehmung globaler Zusammenhänge wichtiger wird. Damit lösen sich aber Umweltgefahren vom Kontext der Alltagserfahrung.

> "Um Risiken überhaupt als Risiken wahrzunehmen und zum Bezugspunkt des eigenen Denkens und Handelns zu machen, müssen prinzipiell unsichtbare Kausalitätsbeziehungen zwischen sachlich, zeitlich und räumlich weit auseinanderliegenden Bedingungen sowie mehr oder weniger spekulative Projektionen geglaubt, geradezu gegen immer mögliche Gegeneinwände immunisiert werden. Das aber heißt: Das Unsichtbare, mehr noch: das, was sich der Wahrnehmung prinzipiell entzieht, das nur theoretisch Verknüpfte, Kalkulierte wird im zivilisatorischen Krisenbewußtsein unproblematischer Bestand des persönlichen Denkens, Wahrnehmens, Erlebens" (Beck 1986,S.96).

Dieser Zusammenhang hat zu der Auffassung geführt, daß die Medien die entscheidenden Agenten des Transformationsprozesses geworden sind (Kaase 1985; SRU 1987). Sicherlich ist ihre Rolle bei der Vermittlung des globalen Umweltbewußtseins kaum zu überschätzen. Davon abgesehen ist es wichtig festzuhalten, daß sich die ökologische Betroffenheit jedes einzelnen komplex aufbaut und es nur ansatzweise gelingen kann, unmittelbare Beziehungen zwischen lokal erfahrbaren Umweltgefährdungen und Einstellungs- bzw. Handlungsmustern herzustellen.

Formen der ökologischen Betroffenheit, die, wie Beck sagt, aus theoretischen Verknüpfungen und Kalkulationen herrühren, die also die ökologische Dimension des 'zivilisatorischen Krisenbewußtseins' bilden, werden im folgenden beschrieben. Aus empirischen Erhebungen, in denen sowohl qualitative als auch quantitative Methoden zur Verwendung kamen, lassen sich sechs Bereiche unterscheiden, die sich allerdings teilweise überlappen (vgl. vor allem Opp et al. 1984; Brandt u. Honolka 1987; Oßenbrügge et al. 1987).

Formen der ökologischen Betroffenheit

1. 'Die Zerstörung der Natur zerstört auch die Lebensgrundlagen des Menschen'. Die Wahrnehmung genereller menschlicher Existenzbedrohung und spezieller gesundheitlicher Gefahren, die aus der Zerstörung der Natur resultieren, ist ein Moment, das große Teile der Öffentlichkeit beunruhigt. In den einleitenden Bemerkungen zu diesem Kapitel ist auf entsprechende Umfrageergebnisse hingewiesen worden.

Allerdings abstrahiert diese Wahrnehmung zumeist von der konkreten persönlichen Situation, so daß sie eher ein Lebensgefühl darstellt und nicht unbedingt bzw. nicht unmittelbar handlungsrelevant wird. Die Studie von Opp et al. (1984) hat aber herausgestellt, daß diese diffuse Kategorie dennoch zum aktiven Protest führen kann. Gegner des Baus von Atomkraftwerken, die die Kerngruppe der Ökologiebewegung bilden, sind besonders dann mobilisierbar, wenn ein hoher Grad an 'persönlicher Deprivation' vorliegt, der über die Wahrnehmung des diffusen Bedrohungspotentials der Kerntechnik bestimmt wird. Die Entscheidung, ob institutionelle Formen zur Beeinflussung der 'Atompolitik' oder außerparlamentarischer Protest als Aktionsform gewählt werden, hängt also davon ab, wie stark die Bedrohung, die vom gesamten Atomkomplex ausgeht, empfunden wird. Außer zu Formen des Protests und des Widerstands kann diese Wahrnehmung zum umweltbewußten Konsum führen. Sie ist daher seit einigen Jahren intensiv in die Produktwerbung aufgenommen worden und die Marktforschung bemüht sich um die Kalkulation entsprechender Nachfragepotentiale (vgl. Adlwarth u. Wimmer 1986).

2. 'Die Zerstörung der Natur zerstört die Lebensgrundlagen der Tiere und der Planzen'. In der ökozentrischen Umweltethik wird die gerade behandelte Form der Betroffenheit erweitert und der Mensch als biologisches, den Pflanzen und Tieren lediglich nebengeordnetes Wesen angesehen. Das Prinzip lautet, daß allen Formen des Lebens ein gleiches Existenzrecht zuzuerkennen ist. Vom Menschen verursachte Veränderungen und Vernichtungen von Biotopen, die Lebensräume für Tiere und Pflanzen bilden, sind somit abzulehnen. Umgekehrt wird die Ausdehnung des Naturschutzes gefordert, um den Flächenanteil für nicht vom Menschen geprägte Räume beträchtlich zu erhöhen. Allerdings ist darauf hinzuweisen, daß auch dieser Form ein gesellschaftlich determinierter Bewertungsprozeß zugrunde liegt, da es der Natur (prinzipiell) gleichgültig ist, "ob sie um ihrer selbst willen oder um der heutigen und zukünftigen Menschen willen geschützt und geschont wird" (Reiche u. Füllgraff 1987,S.248).

3. 'Die Zerstörung der Natur reduziert die tatsächlichen und potentiellen physischen und psychischen Ausgleichsmöglichkeiten'. Zum heutigen, 'modernen' Leben gehören bestimmte Umweltpotentiale, wie Parks zum Joggen, Wasserflächen zum Surfen und Segeln usw. Der Wert, der diesen Umwelteigenschaften beigemessen wird, ist inzwischen an den Standortwerbefilmen der Kommunen abzulesen. Eine hohe Umweltqualität spielt im 'city-marketing' eine große Rolle. Für solche Nutzungen kommen nicht nur die ausgesprochenen Freizeitreviere in Betracht, sondern mit der Zunahme der 'Alltagsfreizeit' auch unmittelbar zum Wohn- und Arbeitsort zählende Flächen. Nach Brandt und Honolka (1987) ist für das Enstehen von Betroffenheit nicht nur die tatsächliche Nutzung eines Raumes zur physischen

und psychischen Rekreation ausschlaggebend, sondern auch die Wahrnehmung eines entsprechenden räumlichen Potentials. So ist die Umweltverschmutzung in den Alpen nicht nur dann ein Problem, wenn Skifahren oder Bergwandern tatsächlich nicht mehr möglich sind, sondern auch dann, wenn sie wegen der Naturzerstörung als potentielle Ausgleichsmöglichkeit nicht mehr in Betracht kommen.

4. 'Die Mißachtung ökologischer Belange widerspricht langfristig angelegtem ökonomischem Denken'. Eine verantwortungsethische Variante ökologischer Betroffenheit folgt aus einer rationalen Bewertung der Raumentwicklung, die auch als ökologische Buchhaltung bezeichnet werden könnte (vgl. Leipert u. Simonis 1987). Danach liegt die Ursache für die ökologische Problematik in der Unterordnung der gegenwärtigen ökonomischen Nutzung räumlicher Ressourcen unter die Imperative der schnellen Kapitalakkumulation. Diese bewirken, daß sich der Durchlauf und die Transformation von Ressourcen durch maschinell gesteuerte Arbeitsvorgänge zu Waren und Abfällen im historischen Prozeß beschleunigt haben und sich weiter beschleunigen. Der dabei erzielte kurzfristige Nutzen ist geringer als der gleichzeitig verursachte Schaden, der langfristig wirksame Kosten generiert. Auf diese Weise werden Regionen ökologisch entwertet, sei es durch den Abbau von Rohstoffen, wie im Kohle- und Torfabbau, sei es durch eine Konzentration von Nutzungen, die für die soziale Reproduktion unverträglich sind oder sei es durch die Ausrichtung der Infrastruktur auf die Maximierung der ökonomischen Durchlaufleistungen.

5. 'Die Zerstörung vertrauter, gewohnter Umgebung (Heimat) gefährdet die symbolische Reproduktion der Lebenswelt'. Die durch die herrschenden Akkumulationsbedingungen bestimmte Überformung der Lebensräume vermindert und zerstört Merkmale des Raumes, die eine stützende Funktion für die Identitätsbildung haben. Die auto-, business- und konsumgerechte Stadt und die flurbereinigte Agrarlandschaft vereinheitlichen die äußere Form unserer Umwelt. Der Erlebniswert eines Raumausschnittes ist nur noch abhängig von seinem Tauschwertcharakter. Regionen verlieren so ihre Potentiale für eigenständige Entwicklungschancen.

Hier ist der Hinweis wichtig, daß sich regionale Identität nicht 'automatisch' um regionale Besonderheiten der physischen oder sozialen Umwelt bildet. Die Skepsis, die beispielsweise Hard (1987) dem von einigen Geographen (wieder-)verwendeten territorial bestimmten Regionsbegriff entgegenbringt, ist sicherlich berechtigt. Regionale Identität kann nur in regionsspezifischen Kommunikationsnetzen entstehen, in denen die jeweilige materielle Raumstruktur in eine affektiv wirksame soziale Lebenswelt transformiert wird. Wenn hier die Suche der wissenschaftlichen Geographie nach regionstypischen Identitäten kritisch kommentiert wird, so soll damit nicht gleichzeitig die soziale Forderung nach verstärkter regionaler Eigenständigkeit entwertet werden. Ohne Berücksichtigung der methodischen Probleme ist es sicherlich unterstützenswert, sich dem gesellschaftlichen Entfremdungsprozeß durch eine 'Suche nach regionstypischen Identitäten' entgegenzusetzen.

6. 'Die Globalisierung des Umweltproblems zerstört die Hoffnung auf einen räumlichen Ausgleich und auf die mögliche Assimilation der Schadstoffe'. Die Ausdrucksformen der ökologischen Betroffenheit haben sich in den letzten zwei Jahrzehnten verändert. Grund für diesen Wandel ist nicht nur der Diffusionsprozeß der ökologischen Betroffenheit, sondern auch eine erweiterte Dimension des Gefahrenbewußtseins. In den siebziger Jahren standen die zunächst in Bürgerinitiativen organisierten, dann in der Ökologiebewegung zusammengeführten Widerstände gegen Standortentscheidungen von einzelnen Einrichtungen des Energie-, Gewerbe- und Verkehrsbereiches im Vordergrund. Die außerhalb der Parlamente arbeitenden Gruppen wiesen auf konkrete Defizite und Folgekosten des korporatistischen Blocks von Staat, Arbeitgeberverbänden und Gewerkschaften hin. Nicht selten wurde diese Kritik als rückwärtsgewandte und technikfeindliche Renaissance der Romantik abgetan, die sich, wie ihr historisches Vorbild, durch ablaufende Entwicklungen selbst auflösen würde. Diese auch in den achtziger Jahren noch verbreitete Denkweise ist durch das Aufkommen eindeutig global verflochtener Umweltprobleme aufgelöst worden. Mit den Erkenntnissen, daß sich die Zahl und Größe ökologischer Ausgleichsräume stark verringert, daß Schadstoffemissionen irgendwann auch zum Verursacher zurückkehren und daß die lokale Erscheinung eines Umweltschadens auch eine globale Dimension besitzt, kommt der Diffusionsprozeß zu seinem Ende und macht den Begriff 'Risikogesellschaft', aus der es räumlich kein Entrinnen mehr gibt, plausibel.

Trotz dieser Tendenzen zur Vereinheitlichung variiert die ökologische Betroffenheit und erzeugt daher auch unterschiedliche Motivationen für Handlungen, mit denen eine Umweltentlastung intendiert wird. Doch bevor diese Varianz und ihre Ursachen näher erläutert werden, sollen im folgenden zunächst solche möglichen Handlungsformen näher beschrieben werden, denen eine nachhaltige Wirkung auf den regionalen Strukturwandel zuzuschreiben ist.

Folgen der ökologischen Betroffenheit für das Konsumverhalten

Individuelle Kaufentscheidungen können zum umweltentlastenden Strukturwandel beitragen, wenn große Teile der Bevölkerung aufgrund ökologischer und umweltgerechter Überlegungen und Entscheidungen ihr Konsumverhalten verändern. Durch Kaufenthaltung oder durch den Kauf von solchen Produkten, die bei der Produktion, im Verbrauch und als Abfall weniger umweltbelastend sind, wird ein Einfluß auf Handel und Industrie ausgeübt, der Marktsignale setzt und der so zu einer veränderten, umweltentlastenden Angebotsstruktur führen kann. Kritische Größen dieser Annahme sind zum einen quantitative Angaben darüber, wann der Konsum merklich zum umweltentlastenden, regionalen Strukturwandel beiträgt, und zum anderen die Definition dessen, was als umweltgerechtes Konsumverhalten bezeichnet werden soll. Letzteres bezieht sich auf eine Sensibilität gegenüber Produkten,

- deren Verwendung umweltgefährdend ist (u.a. von chemotechnischen Haushaltsprodukten, z.B. Reinigungsmitteln);
- deren Verwendung auf Verbrennungsprozessen beruht und daher einen hohen Rohstoffeinsatz erfordert und zu Emissionen führt (z.B. Kfz-Nutzung);
- die rohstoffverschwenderisch verpackt und daher abfallintensiv sind.

Eine mögliche Einflußnahme des Verbrauchers besteht primär bezüglich der Produktpalette bestimmter Branchen (Verbrauchsgüter-, Nahrungs- und Genußmittelindustrie) bzw. der Verpackung. Im Vordergrund stehen die Endprodukte, nicht aber die Zwischenprodukte bzw. die Emissionsintensität des Herstellungsprozesses. Wegen der arbeitsteiligen Produktionsprozesse kann der Konsument nur auf die wenigen Endglieder der Produktion reagieren, die für ihn noch übersehbar sind. Die Energiewirtschaft und die Grundstoff- und Produktionsgüterindustrie, die bekanntlich den Hauptteil der Emissonen verursachen, sowie die Investitionsgüterindustrie sind auf diese Weise kaum beeinflußbar.

Um dem Verbraucher weitergehende Entscheidungshilfen zukommen zu lassen, gibt es seit längerem spezielle Beratungsleistungen staatlicher Instanzen und freier Verbände, Fachzeitschriften und Ratgeberbücher. Ein bekanntes Beispiel ist der sog. 'Blaue Engel' oder 'Umweltengel', der vom Umweltbundesamt vergeben wird und mit dem ein Produkt bzw. die Verpackung des Produktes gekennzeichnet werden kann. Wenn ein Unternehmen dieses Qualitätszeichen beantragt, wird eine Untersuchung der Produkteigenschaften durchgeführt, bei der verschiedene gesellschaftliche Interessengruppen (Verbraucherverbände) beteiligt sind. Grundlegend für die Vergabe ist der Vergleich des vorgeschlagenen Produkts mit ähnlichen Waren und die Hervorhebung derjenigen Produkteigenschaften, die hinsichtlich ihrer Umweltwirkungen Vorteile aufweisen. In der Regel ist es ausreichend, wenn das Produkt eine einzige Eigenschaft besitzt, die umweltfreundlicher ist als bei anderen Produkten, beispielsweise die Verwendung von Recyclingpapier oder das Abfüllen in Mehrwegflaschen. Dieses ausschlaggebende Qualitätsmerkmal ist auf dem 'Blauen Engel' vermerkt. Dem Verbraucher wird so eine Entscheidungshilfe gegeben, die möglicherweise sein Kaufverhalten verändert. Andere Unternehmen sollen so zur Nachahmung animiert werden, weil sich Produkte mit dem 'Blauen Engel' unter

Umständen besser vermarkten lassen. Tritt dieses ein, sind Produktinnovationen zu erwarten, die letzendlich zur gewünschten Umweltentlastung führen.

Obwohl das Programm 'Blauer Engel' als erfolgreich gilt (Bongaerts 1988,S.258), ist es zu kritisieren, weil bestimmte Fragen nicht einbezogen sind, beispielsweise ob ein Produkt überhaupt sinnvoll und notwendig ist oder ob Umweltbelastungen bei der Herstellung entstehen. Weitergehende Anregungen zielen darauf ab, den Lebenszyklus eines Produkts transparent zu machen, um seine Umweltverträglichkeit über eine ganzheitliche Betrachtung zu prüfen. Die AG 'Ökologische Wirtschaft' des Öko-Instituts Freiburg hat einen sehr differenzierten Vorschlag in die Diskussion gebracht: Mit der sogenannten 'Produktlinienanalyse' kann die ökologische und gesellschaftliche Verträglichkeit eines Produkts über eine 8x13-Felder-Matrix untersucht werden. Die in Abb. 3.2 wiedergebene allgemeine Form der Produktlinienmatrix umfaßt diejenigen Informations- und Entscheidungsfelder, die ein Verbraucher für reflektiertes Kaufverhalten zu füllen hat. Die vertikale Struktur gibt den Lebenszyklus eines Produktes von der Rohstofferschließung bis zur Produktbeseitigung bzw. Wiederverwertung als Rohstoff wieder. Die horizontale Struktur teilt sich in verschiedene Kriterien, die es erlauben sollen, die jeweiligen Umwelteffekte eines Produktes auf einer Stufe des Lebenszyklus zu erfassen und zu bewerten. Welche Felder tatsächlich entscheidungsrelevant werden, variiert bei den unterschiedlichen Produkten. Mit diesem Konzept sollen individuelle Kaufentscheidungen in ein komplexes, gesellschaftspolitisches Wahlhandeln eingebettet werden, in das Belange des Umweltschutzes genauso eingehen können wie Fragen der Produktionsverhältnisse oder des Gebrauchswertes der Produkte (vgl. Projektgruppe Ökologische Wirtschaft 1987).

'Blauer Engel' und Produktlinienanalyse stehen hier für zwei ganz unterschiedliche Verhaltensstrategien der Verbraucher. Bildlich gesehen beschreibt die eine Variante den zwischen den Regalen der Konsumpaläste umherhastenden Verbraucher, der die umweltbelastenden Folgen seines Massenkonsums durch ein Qualitätszeichen zumindest minimal verringert. Die andere Variante impliziert den umfassend informierten Verbraucher, der vor jeder Kaufentscheidung sorgsam recherchiert, individuelle und gesellschaftliche Vor- und Nachteile abwägt und so zu dem jeweils relativ besten Ergebnis kommt. Wenn sich die letztgenannte Verhaltensweise verallgemeinern ließe, entstünde ein erhebliches Potential für einen ökonomischen Strukturwandel, der auf Nachfrageeffekten beruht und umweltenlastend wirkt.

Die Entscheidungsmatrix der Produktlinienanalyse entspricht im Prinzip dem Credo derjenigen Theorien, die die Gestaltungsfähigkeit und die Fähigkeit zur Selbstregulierung der freien Marktwirtschaft positiv betonen. Denn in wirtschaftswissenschaftlichen Expertisen und Politikberatungen wird der Verbraucher als Verursacher

120

<table>
<tr>
<th>9. Beseitigung</th>
<th>8. Transport</th>
<th>7. Ge- und Verbrauch</th>
<th>6. Handel/Vertrieb</th>
<th>5. Produktion</th>
<th>4. Transport</th>
<th>3. Vorleistungsproduktion</th>
<th>2. Transport</th>
<th>1. Rohstofferschließung und -verarbeitung</th>
<th colspan="2">Vertikale / Horizontale</th>
<th></th>
<th></th>
</tr>
<tr><td></td><td></td><td></td><td></td><td></td><td></td><td></td><td></td><td></td><td>111</td><td>Energetischer Aufwand</td><td rowspan="6">Rohstoffe (11-19)</td><td rowspan="15">Dimension Natur (1-3)</td></tr>
<tr><td></td><td></td><td></td><td></td><td></td><td></td><td></td><td></td><td></td><td>121</td><td>Rohstoffverbrauch</td></tr>
<tr><td></td><td></td><td></td><td></td><td></td><td></td><td></td><td></td><td></td><td>131</td><td>Bodenverbrauch</td></tr>
<tr><td></td><td></td><td></td><td></td><td></td><td></td><td></td><td></td><td></td><td>141</td><td>Wasserverbrauch</td></tr>
<tr><td></td><td></td><td></td><td></td><td></td><td></td><td></td><td></td><td></td><td>142</td><td>Wasserqualität</td></tr>
<tr><td></td><td></td><td></td><td></td><td></td><td></td><td></td><td></td><td></td><td>151</td><td>Abfallaufkommen</td></tr>
<tr><td></td><td></td><td></td><td></td><td></td><td></td><td></td><td></td><td></td><td>211</td><td>Immissionssituation</td><td rowspan="6">Umweltmedien (21-29)</td></tr>
<tr><td></td><td></td><td></td><td></td><td></td><td></td><td></td><td></td><td></td><td>2111</td><td>– Emission von festen und gasförmigen Schadstoffen</td></tr>
<tr><td></td><td></td><td></td><td></td><td></td><td></td><td></td><td></td><td></td><td>2112</td><td>– Sonstige Beeinflussung der Immissionssituation</td></tr>
<tr><td></td><td></td><td></td><td></td><td></td><td></td><td></td><td></td><td></td><td>221</td><td>Schadstoffeintrag in den Boden</td></tr>
<tr><td></td><td></td><td></td><td></td><td></td><td></td><td></td><td></td><td></td><td>231</td><td>Emission flüssiger Schadstoffe</td></tr>
<tr><td></td><td></td><td></td><td></td><td></td><td></td><td></td><td></td><td></td><td>241</td><td>Wirkung auf Temperatur, Strahlung und Wind</td></tr>
<tr><td></td><td></td><td></td><td></td><td></td><td></td><td></td><td></td><td></td><td>311</td><td>Flora</td><td rowspan="3">Mitwelt (31-39)</td></tr>
<tr><td></td><td></td><td></td><td></td><td></td><td></td><td></td><td></td><td></td><td>321</td><td>Fauna</td></tr>
<tr><td></td><td></td><td></td><td></td><td></td><td></td><td></td><td></td><td></td><td>331</td><td>Beeinflussung zusammenhängender Lebensräume</td></tr>
<tr><td></td><td></td><td></td><td></td><td></td><td></td><td></td><td></td><td></td><td>411</td><td>Arbeitsqualität (i.e.S.)</td><td rowspan="5">Arbeitsqualität (41-49)</td><td rowspan="12">Dimension Gesellschaft (4-6)</td></tr>
<tr><td></td><td></td><td></td><td></td><td></td><td></td><td></td><td></td><td></td><td>421</td><td>Arbeitszufriedenheit</td></tr>
<tr><td></td><td></td><td></td><td></td><td></td><td></td><td></td><td></td><td></td><td>431</td><td>Arbeitsunfälle</td></tr>
<tr><td></td><td></td><td></td><td></td><td></td><td></td><td></td><td></td><td></td><td>441</td><td>Schadstoffbelastung am Arbeitsplatz</td></tr>
<tr><td></td><td></td><td></td><td></td><td></td><td></td><td></td><td></td><td></td><td>461</td><td>Zeitsouveränität</td></tr>
<tr><td></td><td></td><td></td><td></td><td></td><td></td><td></td><td></td><td></td><td>511</td><td>Individuelle Gestaltungsmöglichkeiten</td><td rowspan="4">Individuelle Freiheiten (51-59)</td></tr>
<tr><td></td><td></td><td></td><td></td><td></td><td></td><td></td><td></td><td></td><td>521</td><td>Gesundheit/Wohlbefinden</td></tr>
<tr><td></td><td></td><td></td><td></td><td></td><td></td><td></td><td></td><td></td><td>531</td><td>Sicherheit</td></tr>
<tr><td></td><td></td><td></td><td></td><td></td><td></td><td></td><td></td><td></td><td>541</td><td>Förderung des Einzelnen in der Gemeinschaft</td></tr>
<tr><td></td><td></td><td></td><td></td><td></td><td></td><td></td><td></td><td></td><td>611</td><td>Flexibilität/Veränderbarkeit</td><td rowspan="3">Gesellschaftliche Aspekte (61-69)</td></tr>
<tr><td></td><td></td><td></td><td></td><td></td><td></td><td></td><td></td><td></td><td>651</td><td>Internationale Beziehungen</td></tr>
<tr><td></td><td></td><td></td><td></td><td></td><td></td><td></td><td></td><td></td><td>671</td><td>Kulturelle Pluralität</td></tr>
<tr><td></td><td></td><td></td><td></td><td></td><td></td><td></td><td></td><td></td><td>711</td><td>Individuelle Kosten</td><td rowspan="9">Allokationsaspekte (71-89)</td><td rowspan="12">Dimension Wirtschaft (7-9)</td></tr>
<tr><td></td><td></td><td></td><td></td><td></td><td></td><td></td><td></td><td></td><td>721</td><td>Produktqualität</td></tr>
<tr><td></td><td></td><td></td><td></td><td></td><td></td><td></td><td></td><td></td><td>811</td><td>Arbeitsvolumen</td></tr>
<tr><td></td><td></td><td></td><td></td><td></td><td></td><td></td><td></td><td></td><td>8111</td><td>– formelles Arbeitsvolumen</td></tr>
<tr><td></td><td></td><td></td><td></td><td></td><td></td><td></td><td></td><td></td><td>8112</td><td>– informelles Arbeitsvolumen</td></tr>
<tr><td></td><td></td><td></td><td></td><td></td><td></td><td></td><td></td><td></td><td>821</td><td>Kapitalaufwand</td></tr>
<tr><td></td><td></td><td></td><td></td><td></td><td></td><td></td><td></td><td></td><td>823</td><td>Rendite</td></tr>
<tr><td></td><td></td><td></td><td></td><td></td><td></td><td></td><td></td><td></td><td>851</td><td>Internationale Arbeitsteilung</td></tr>
<tr><td></td><td></td><td></td><td></td><td></td><td></td><td></td><td></td><td></td><td>911</td><td>Einkommensverteilung</td><td rowspan="3">Verteilungswirkungen (91-99)</td></tr>
<tr><td></td><td></td><td></td><td></td><td></td><td></td><td></td><td></td><td></td><td>921</td><td>Vermögensbildung</td></tr>
<tr><td></td><td></td><td></td><td></td><td></td><td></td><td></td><td></td><td></td><td>931</td><td>Öffentliche Haushalte</td></tr>
</table>

Abb. 3.2:   Matrix einer Produktlinienanalyse.
(Projektgruppe Ökologische Wirtschaft 1987)

der Umweltprobleme in letzter Instanz angesehen, der mit seinen Kaufentscheidungen die Produktion und die damit verbundenen Emissionen erst ermöglicht. Obwohl der Vorschlag der Arbeitsgruppe 'Ökologische Wirtschaft' diese Ansicht sicherlich nicht teilt, überschätzt auch sie die Ressourcen der Verbraucher, wenn sie annimmt, daß Kaufentscheidungen, die auf der Grundlage von Produktlinienanalysen erfolgen, zum alltäglichen Handeln gehören werden. Obwohl Verbraucher sicherlich eine wichtige Funktion zur Gestaltung der Umweltqualität im wirtschaftlichen Strukturwandel haben, sind die von ihnen ausgehenden Effekte begrenzt.

Auch ist die Annahme eines sich selbst regulierenden Marktes vor dem Hintergrund der historischen Entwicklung unserer Wirtschafts- und Gesellschaftsordnung zum Teil grundlegend zu modifizieren. Anstelle des Marktes gestaltet und reguliert der Staat die Bereiche, in denen individuelle und gesamtgesellschaftliche Interessen zusammenfließen. Beispiele sind Stadthygiene und Gesundheitsvorsorge, Sozialfürsorge und Bildung sowie eben auch der Umweltschutz. Ebensogut wie man den Verbraucher als den Verursacher von Umweltproblemen ansehen kann, ließe sich die Auffassung vertreten, daß der Verbraucher davon ausgeht, daß der Gesetzgeber nur solche Waren zum Tausch auf Märkte zuläßt, die hinsichtlich ihrer Umweltwirkungen unbedenklich sind. Entsprechendes gilt ja bereits hinsichtlich der technischen Sicherheit von elektrischen Haushaltsgeräten. Dieses mag als Entmündigung der Konsumenten angesehen werden, die an sich unerwünscht ist. Dennoch wäre der Umweltgewinn beträchtlich, wenn das Gremium, das bisher den 'Blauen Engel' vergibt, Produktlinienanalysen durchführen und so regulativ in das Angebot eingreifen würde.

Zwischen alleiniger Verbraucherverantwortung und staatlichen Unbedenklichkeitsbescheinigungen bestehen eine Reihe von Teillösungen, die eine Mischung von ökologischem Konsumbewußtsein sowie staatlicher Koordination und Intervention darstellen. Wenn politische Maßnahmen als abhhängige Variablen der Präferenzen der Bevölkerung aufgefaßt werden, d.h. daß die Art und die Intensität der staatlichen Intervention durch politische Wahlentscheidungen und andere Formen der Partizipation gesteuert werden, dann verlagert sich die Frage nach der Regulierung und Gestaltung des regionalen Strukturwandels weg von den Kaufentscheidungen hin zu den Formen der Artikulation von politischen Präferenzen und Interessen.

Folgen der ökologischen Betroffenheit für das politische Verhalten

Um die Art und das Ausmaß der gewünschten Intervention des Staates in den räumlichen Entwicklungsprozeß zu bestimmen, ist eine der bereits angesprochenen Formen der ökologischen Betroffenheit von grundlegender Bedeutung. Mit der Globalisierung der Umweltproblematik sind die noch in den siebziger und frühen achtziger Jahren dominanten Formen des lokalen Protests von latenten Konflikten, der Akzeptanz von 'Restrisiken' und von Resignation abgelöst worden. Trotz des zu konstatierenden Rückgangs der Dynamik der Ökologiebewegung besteht aber kein Zweifel daran, daß heute mehr Menschen als jemals zuvor eine Intensivierung der Umweltpolitik präferieren (Roth u. Rucht 1987,S.10). Nur scheint es unklarer denn je geworden zu sein, wo bei diesem ubiquitären Problem zuerst anzusetzen ist.

Früher haben sich umweltpolitische Präferenzen in manifesten Protestaktionen artikuliert und so deutlich auf politische Handlungsbedarfe hingewiesen. Der 'Idealtypus' in Norddeutschland war die Schließung des Böhringer-Werkes in Hamburg nach massiven Protesten und Blockaden der Bevölkerung. Im Vollzug formulierte der Senat der Hansestadt gleichzeitig das 'Umweltpolitische Aktionsprogramm' (Bürgerschaftsdrucksache 11/3159 1984), das im Anhang Einzelmaßnahmen bei anderen Unternehmen auflistet, gewissermaßen als wolle man auf diese Weise den öffentlichen Druck gegen andere Industriebetriebe abschwächen, der vor allem auf der Norddeutschen Affinerie lastete.

Seit einigen Jahren bleibt dieser Druck der Protestbewegung aus. Damit fehlen die partizipatorischen Kriterien, an denen sich politische Maßnahmen zur Vorsorge, Regelung und Wiederherstellung von Umweltqualität orientieren könnten. Dagegen sind die im Umweltrecht verankerten Kriterien wie die wirtschaftliche Vertretbarkeit und die technische Machbarkeit sowie Umweltqualitätsnormen bzw. Umweltstandards nicht über eine umfassende demokratische Willensbildung entstanden. Sie stellen eher Zufallsprodukte des Zwangs zur umweltpolitischen Regulierung dar. Weil aber die Veränderung der Umweltqualität im Rahmen des regionalen Strukturwandels die individuellen Lebensverhältnisse unmittelbar betrifft, sogar zum großen Teil mit dem Begriff Lebensqualität gleichzusetzen ist, müssen sich umweltpolitische Zielvorstellungen und Maßnahmen stark an den Bedürfnissen, Werten und Einstellungen der Bevölkerung orientieren. Nur aus der Generalisierung individueller Ansprüche lassen sich umweltpolitische Normen und Entscheidungsregeln für Konfliktfälle ableiten.

Diese Aussage sollte aber nicht als Plädoyer für eine populistische Umweltpolitik verstanden werden, bei der jede strittige Frage per Volksentscheid behandelt wird. Betriebsgenehmigungen sind beispielsweise nur dann als Gegenstand von öffentlichen Wahlen vorstellbar, wenn mit ihnen Entscheidungen über weitreichende Konsequenzen der Ver- und Entsorgungsprozesse verbunden sind, die jede Person stark betreffen. Denkbar sind solche Volksentscheide beispielsweise für Atomkraftwerke oder für (Sonder-)Müllverbrennungsanlagen. Umgekehrt wäre es sicherlich unzureichend, vom starken Abflauen der außerlamentarischen Proteste und Partizipationsforderungen auf eine inzwischen eingetretene soziale Verankerung der staatlichen Umweltpolitik zu schließen. Politische Entscheidungen und administratives Handeln stehen im Umweltbereich nach wie vor sehr großen Legitimationsdefiziten gegenüber. Daher sind neue Formen der Ermittlung individueller Präferenzen und der Möglichkeiten der politischen Partizipation zu entwickeln.

Um diesem Vorhaben näherzukommen, werden im folgenden zunächst mögliche Formen des ökologischen Konfliktbewußtsein aufgefächert. Von den vielen Erscheinungen, in denen sich die ökologische Betroffenheit als umweltpolitisches Interesse ausdrücken kann, werden diejenigen skizziert, die bereits als manifeste Interssen von politisch-ideologisch abgegrenzten Sozialgruppen oder 'Strömungen' artikuliert worden sind. In Thesenform lassen sich vier politisch-ökologische Richtungen unterscheiden:

1. Radikale Interessen der Ökologiebewegung. Die diese Richtung vertretende Gruppe geht von einer grundsätzlichen Kritik der Wachstumsideologie aus und lehnt die 'fordistische' Raumorganisation in den Industrienationen ebenso wie den 'Ungleichen Tausch' auf der globalen Ebene ab. Nur die radikale Transformation der politischen und ökonomischen Gesellschaftsordnung erscheint als dauerhafte Problemlösung (vgl. Ebermann u. Trampert 1984). Ihre politische Ideologie ist eng mit der Fortentwicklungen der marxistischen Theorie und den Erfahrungen der Studentenbewegung verbunden. Zu den Komponenten einer radikalen Umwelt-, Stadt- und Regionalpolitik gehören beispielsweise der Versuch, in bestimmten Stadtvierteln eine kulturelle Hegemonie aufzubauen und diese über Hausbesetzungen und Nutzungsverdrängungen zu erhalten oder der Versuch, über den direkten Angriff auf die Verursacher von Umweltzerstörungen oder die Vermittler des ungleichen Tauschs, z.B. durch Blockaden von Chemiebetrieben, die bestehenden Abhängigkeiten und Ausbeutungsverhältnisse transparent zu machen.

2. Wertkonservative Interessen der Ökologiebewegung. Bestimmend für diese Strömung sind historisch-normative Orientierungen, die in der Abnahme der landschaftlichen Vielfalt und lokalen Selbständigkeit einen Verlust der Moderne erkennen und diesen durch Schutz- und Fördermaßnahmen ausgleichen möchten. Entsprechende Aktivitäten sind beispielsweise in Naturschutzverbänden zur Erhaltung von Pflanzen- und Tierarten sowie bestimmter Biotope zu finden, ebenso in Vereinen zur Förderung der eigenständigen Regionalentwicklung, die eine Wiederbelebung des traditionellen Handwerks, den Aufbau ökologisch angepaßter Landwirtschaft und die

Förderung des 'sanften' Tourismus usw. intendieren (vgl. VER 1986; ÖAR 1987).
3. Postmaterielle Präferenzen in der Wohlstandsgesellschaft. Mit dieser sehr viel unschärferen Interessenströmung sind diejenigen gemeint, die den bestehenden Wirtschaftsprozeß bejahen, jedoch die Möglichkeiten einer wachsenden Wirtschaft primär für Umweltschutzzwecke ausnützen wollen. Was früher durch staatliche Ausgabentätigkeit in den Sektoren der Verkehrs- und sozialen Infrastruktur angestrebt wurde, wird jetzt für den Umweltbereich vorgeschlagen. Die qualitative Ergänzung des quantitativen Wachstums ist hier der entscheidende Impuls. Konkrete Beispiele sind Verbindungen von nachfrageorientierter Wirtschaftspolitik mit Umweltpolitik (vgl. DGB 1988) oder Ansätze ökologisch orientierter Stadtentwicklungspolitik im Rahmen von Projekten wie der Schaffung 'menschlicher Metropolen'.
4. Präferenzen für postmoderne Verpackungen der Umweltprobleme. In dieser Orientierung dominiert ein hedonistisches Stilbedürfnis, das die 'Kolonialisierung des Lebenraumes' durch äußerliche Verkleidung herunterspielt und beispielsweise durchrationalisierte Kaufhausburgen in mittelalterliche Häuserzeilen auffächert sowie die begleitende Altstadtsanierung durch Gewerbesteuereinnahmen aus Atom-kraftwerken und Großchemie finanziert. Diese Makulatur großtechnologischer Entfremdung läßt sich sehr aufschlußreich in 'neureichen' Stadtvierteln bzw. in entsprechenden Klein- und Mittelstädten studieren.

Die genannten Interessenströmungen bilden Idealtypen, die bei konkreten Personen oder in bestimmten Prozessen Mischungsverhältnisse eingehen. Die Beziehung der Idealtypen zueinander kann in einer Rangskala wiedergegeben werden, die auf der einen Seite als radikale Systemopposition, auf der anderen als modernisierte, dennoch strukturkonservative Strömung endet. Die Bandbreite der Interessen soll durch die Befragung der Bevölkerung genauer beschrieben, in Zwischenstufen unterteilt und möglicherweise differenziert werden. Insgesamt strebt die Analyse des ökologischen Konfliktbewußtseins und seiner Handlungsfolgen an, umweltbezogene Präferenzen und die Akzeptanz eines staatlich induzierten, umweltentlastenden Strukturwandels zu untersuchen. Da das lokale Aufbegehren gegen Standortentscheidungen und Nut-zungskonkurrenzen zunehmend vermittelten Artikulationen von Umweltpräferenzen weicht, soll damit ein Ansatz zur Abbildung der Interessen der regionalen Bevölke-rung erarbeitet werden, der die zwangsläufig zunehmende Distanz zwischen den Bedürfnissen, Werten und Einstellungen der Bevölkerung einerseits und den zentralisierten, anonymen, politischen Entscheidungen andererseits verringert. Bevor jedoch die Umsetzung dieser recht weitgehenden Vorstellungen erläutert wird, ist in einem theoretischen Exkurs zum umweltbewußten Handeln zu klären, wie der Zusammenhang von ökologischer Betroffenheit einerseits und umweltentlastenden Handlungsmustern andererseits methodisch gefaßt wird.

3.1.2 Theoretische Ansätze zur Erklärung individueller Umweltschutzaktivitäten

Der Stand der Theorie zum Umweltbewußtsein, zum umweltgerechten Handeln und zur Risikoakzeptanz wird durchweg als unzureichend beschrieben (vgl. SRU 1987,S.48f.; Kaase 1985). Es überwiegen deskriptive, demoskopische Untersuchungen, die es nur ansatzweise erlauben, "die Entwicklungsdynamik umweltbezogener Erkenntnisse, Einstellungen und Handlungsweisen" (SRU 1987,S.52f.) zu verstehen und prognostisch einzusetzen. Zwar sind Erkenntnisse, wie der hohe Stellenwert, den der Umweltschutz bei der Bevölkerung besitzt, wie die Handlungsbereitschaft zum umweltbewußten Konsumverhalten trotz höherer Ausgaben oder wie die Differenz zwischen eigener Umwelterfahrung und der Beeinflussung durch die Berichterstattung in den Massenmedien für sich genommen interessant, jedoch von geringem theoretischem Wert. Rückgriffe auf Untersuchungsergebnisse, die aus unterschiedlichen Befragungen erstanden sind, führen letzlich zu beliebigen Aussagen. Dem vorsichtig formulierten Urteil des SRU ist beizupflichten: "Die Interpretation der Ergebnisse ... drängt die wissenschaftliche Analyse des Phänomens Umweltbewußtsein oft an den Rand intelligenter Spekulation und öffnet unterschiedlichen, möglicherweise auch interessengeleiteten Interpretationen Tür und Tor" (SRU 1987,S.48f.).

Allerdings ist der im Zitat implizit geforderte, interessenlose wissenschaftliche Zugriff auf das Phänomen Umweltbewußtsein methodologisch nicht zu leisten und erscheint angesichts der Bedeutung des Begriffes Interesse in der Demokratietheorie auch verfehlt (Oßenbrügge 1983). Gerade weil das Phänomen Umweltbewußtsein vielfältig interpretiert worden ist und sich somit als ein vielschichtiges erwiesen hat, ist von einer wissenschaftlichen Analyse geradezu zu fordern, daß die jeweiligen Erkenntnisinteressen deutlich gemacht werden, um reputative oder politisch-ökonomisch begründete Definitionsmacht zu vermeiden.

Eine Einordnung der in Abschnitt 3.1.1 genannten Formen der ökologischer Betroffenheit in theoretische Entwürfe kann mit Hilfe von nutzentheoretischen Argumenten erfolgen: danach suchen rational handelnde Individuen spezifische politische und ökonomische Artikulationsformen, die unter Berücksichtigung der Handlungsbeschränkungen, denen sie gegenüberstehen, eine optimale Realisierung ihrer Interessen ermöglichen. Im einzelnen lassen sich drei Ansätze unterscheiden, über die das Entstehen von Interessen bzw. Präferenzen für das öffentliche Gut 'intakte Umwelt' über selektive Handlungsanreize begründet werden kann (vgl. Höllhuber 1982; Opp 1985; Opp et al. 1984; Frey 1980; zur Verwendung dieser Ansätze in der Politischen Geographie: Oßenbrügge 1983, 1984a):

1. Die Theorie der absoluten und relativen Deprivation, die vor allem die persönliche und politische Unzufriedenheit als entscheidende Handlungsmotivation hinstellt.
2. Die Theorie der Ressourcenmobilisierung, die die Verfügungsmittel über solche Medien in den Vordergrund stellt, die Handlungen ermöglichen oder verhindern. Entsprechende Medien sind beispielsweise Geld, Macht oder Wissen.
3. Die Theorie des rationalen Verhaltens bzw. des wirtschaftlichen Handelns, für die Präferenzen für bestimmte Güter Handlungsmotivationen darstellen (Heinemann 1987). Danach führt das Individuum im Rahmen seiner Handlungsmöglichkeiten/- Restriktionen diejenigen Handlungen aus, die das aus seiner subjektiven Sicht bestehende Bedürfnis am besten befriedigen bzw. den maximalen Nutzen einbringen.

Wenn das zuletzt genannte Modell des menschlichen Handelns nicht nur über materielle Anreize konzipiert wird, wie es überwiegend in den Wirtschaftswissenschaften geschieht, sondern auch nichtmaterielle Anreize berücksichtigt, dann hat die Theorie eine Erklärungsreichweite, die relevante Teile der Theorie der Deprivation und der Ressourcenmobilisierung einbezieht. Diese, im deutschsprachigem Raum insbesondere von Opp vertretene Auffassung, hat in der angloamerikanischen Geographie Anfang der achziger Jahre zu einer bemerkenswerten Forschungsdynamik geführt (vgl. z.B. Cox 1979; Cox u. Johnston 1982; Reynolds 1981; Überblick bei Oßenbrügge 1984 a,b).

Umweltschutzaktivitäten werden in diesem Zusammenhang als Folge der Präferenz für das öffentliche Gut 'intakte Umwelt' aufgefaßt, die sich auf zweifache Weise ausdrückt: Sie äußert sich in umweltbewußtem Konsumverhalten wie der Einschränkung des Konsums, Konsumverzicht, Nachfragewechsel von umweltschädigenden zu umweltfreundlichen Produkten und selektiver Abfallbeseitigung. Sie manifestiert sich auch als politische Aktion, z.B. in Formen konventioneller Partizipation, legaler Proteste oder illegaler Aktionen. Politischer Protest wird z.B. als die rationale Artikulationsform der jüngeren, besser ausgebildeten Gesellschaftsschichten interpretiert, die im Bewußtsein handeln, daß nur organisiertes Handeln den neokorporatistischen Machtblock aus Staat, Kapital und eingeschränkt auch Gewerkschaften verändern kann. Derartige Annahmen werden auch in normative Demokratietheorien aufgenommen, die zu dem Ergebnis kommen, daß nicht das Prinzip der repräsentativen Demokratie, sondern das Streben des einzelnen oder von Gruppen nach einem Maximum an individueller Wohlfahrt einen optimalen Wohlfahrtsstaat garantiert (Downs 1968; Cox 1979,S.3f.).

Innerhalb der Theorie des rationalen Handelns gibt es verschiedene Partialansätze, wie etwa den des routinisierten Entscheidungsverhaltens, welches insbesondere für die Erklärung des umweltbewußten Konsumverhaltens Verwendung findet (Balderjahn 1986,S.22). Dieser Ansatz versucht Mechanismen aufzudecken, die eine

Veränderung eingeübter Verhaltens- und Entscheidungsmuster bewirken. Die Umweltkrise wird in diesem Ansatz durch die permanente Überbewertung des kurzfristigen individuellen Nutzens gegenüber mittelfristig und langfristig eintretenden individuellen und sozialen Kosten erklärt. Daher sind solche Lernprozesse interessant, die 'eingeschliffene' umweltbelastende Verhaltensabläufe durchbrechen und eine Neubewertung verursachen. Für den SRU scheint diese Dimension allerdings an Bedeutung verloren zu haben, denn:

> "In den Umweltbelastungsbereichen, in denen der Bevölkerung die Probleme deutlich geworden sind und gleichzeitig umweltgerechte Handlungsmöglichkeiten durch Infrastrukturveränderungen und neue Techniken geschaffen oder gefördert wurden, kam es in wenigen Jahren zu deutlichen Veränderungen in den Verhaltensweisen. Wenn geeignete Anreize gegeben sind, dabei zugleich die Wirksamkeit umweltgerechten Verhaltens für den einzelnen erkennbar wird und wenn sich dieses darüber hinaus in die allgemeinen Wertvorstellungen und Handlungsgewohnheiten der Person einordnen läßt, geben viele Menschen umweltschonenden Verhaltensweisen den Vorzug" (SRU 1987,S.51).

Eine zweite Variante der Theorie des rationalen Handelns, die Wert-Erwartungs-Theorie, besagt, daß eine Aktivität dann gewählt wird, wenn sie unter verschiedenen Handlungsmöglichkeiten den größten Nutzen verspricht. Sie läßt sich insbesondere für die Frage verwenden, warum und unter welchen Bedingungen Personen und Gruppen freiwillig handeln, um ein gemeinsames Ziel, d.h. die Herstellung eines Kollektivguts wie die 'intakte Umwelt', zu erreichen. Nach Olson (1965) müssen Anreize auf Akteure wirken, um sie zu einem Beitrag für die Herstellung oder Erhaltung des Kollektivgutes zu motivieren. Beispielsweise wäre es zur Verbesserung der Umweltsituation dringend angebracht, die Pkw-Nutzung einzuschränken. Auch wenn dieses jedem Autofahrer bewußt sein sollte, führt die Verhaltenshypothese der Wert-Erwartungs-Theorie nicht unmittelbar zum gewünschten Ergebnis, sondern erst dann, wenn sich andere Bedingungen zusätzlich auswirken. Olson geht von zusätzlichen, selektiven Anreizen aus, die nötig sind, um ein soziales oder umweltethisches Engagement hervorzurufen. Derartige Anreize sind beispielsweise Belohnungen wie eine höhere soziale Anerkennung oder materielle Leistungen. Ein Verzicht auf die Pkw-Nutzung würde sich somit erst dann einstellen, wenn sich der potentielle Nutzer einen Prestigegewinn verspricht oder wenn jeder nicht gefahrene Kilometer einen zusätzlichen materiellen Anreiz beinhaltet.

Die Wahrscheinlichkeit umweltgerechten Handelns hängt weiterhin davon ab, wie groß das Individuum den Einfluß einschätzt, den es auf die Herstellung bzw. auf die Erhaltung des öffentlichen Gutes 'intakte Umwelt' hat (Muller u. Opp 1986). Danach wird sich der potentielle Pkw-Nutzer umso eher zu einem Nutzungsverzicht entscheiden, je höher er diesen als Beitrag zur Herstellung des öffentlichen Gutes bewertet. Eng verbunden mit der subjektiv eingeschätzten Wirkung, zur Herstellung öffentlicher Güter beizutragen, ist der Ansatz der Eigenverantwortlichkeit bzw. der intrapersonalen Steuerung. Denn diejenigen Personen, die ihren Handlungen einen hohen Einfluß beimessen, fühlen gleichzeitig eine höhere Verantwortung, einen Beitrag zur Lösung/Reduzierung der Umweltprobleme zu leisten. Dagegen werden Personen, die in ihren Handlungen keinen substantiellen Beitrag zum Erreichen des öffentlichen Gutes sehen, bei der Lösung der Umweltfrage passiv bleiben oder auf politische und ökonomische Systemleistungen, wie beispielsweise Fahrverbote in den Innenstädten, setzen.

Andere Erklärungsansätze für umweltpolitische Präferenzen mit Bezug zur Wert-Erwartungs-Theorie ergeben sich aus Verhaltenshypothesen der kognitiven Dissonanz. Das Konzept von Münch (1972) erläutert beispielsweise, wie Individuen handeln, wenn ihr eigenes Verhalten und soziale Umweltstandards (intakte Umwelt) in einem Konflikt stehen. Münch geht davon aus, daß jede Person in eine Vielzahl von Dissonanzen eingebunden ist, die zwischen den Standards (Normen/Zielen) einerseits und andererseits der Erkenntnis bestehen, daß diese Standards durch das persönliche Verhalten nicht erreicht werden. Darüber hinaus wird angenommen, daß Handlungen zur Verminderung einer Dissonanz, wie z.B. eine Zunahme umweltgerechter Konsumentscheidungen, neue Dissonanzen hervorbringen können, weil die Verhaltensänderung aufwendig ist (fehlende Gelegenheitsstrukturen) und zu Kosten (Opportunitätskosten) führt. Unter Gelegenheitsstrukturen wird die Existenz materieller oder kenntnisbezogener Voraussetzungen für eine Handlung verstanden. Es ist beispielsweise leichter, in einer bereits bestehenden Bürgerinitiative am Wohnort mitzuwirken, als eine neue zu gründen oder eine bestehende in einem entfernt gelegenen Ort aufzusuchen. Als Opportunitätskosten wird hier der Verzicht auf den Nutzen verstanden, der bei der Ausführung einer bestimmten Handlung auftritt. So ist das Engagement einer/eines Alleinerziehenden in einer Bürgerinitiative aller Wahrscheinlichkeit nach (materiell und immateriell) aufwendiger als das einer/eines Alleinstehenden. Im Modell des rationalen Wahlhandelns werden nur die Dissonanzen verringert, die der Person am größten erscheinen und die möglichst wenig neue Dissonanzen verursachen. So kann ein Autofahrer seine Dissonanz auch in hochbelasteten Verdichtungsräumen ertragen, weil ein Umsteigen auf den Öffentlichen Personennahverkehr neue Kosten und Unbequemlichkeiten erzeugt, die höher als der von ihm durch seinen Nutzungsverzicht erzielbaren Umweltgewinn bewertet werden. Dieses ist sicherlich nicht als Fehleinschätzung zu interpretieren, sondern drückt den sozialpsychologischen Hintergrund individueller Bewertungsprozesse aus.

Im Unterschied zur Hypothese der selektiven Anreize, mit der Olson auf die Notwendigkeit von zusätzlichen Motivationen hinweist, begründet das Konzept von Münch, welche Barrieren vor der an sich vorhandenen Bereitschaft stehen, sich an der Herstelllung oder Erhaltung von öffentlichen Gütern zu beteiligen. Lassen sich diese Barrieren nicht beseitigen, ergeben sich Verdrängungen, die sich als Bewertungsinkonsistenzen offenbaren. Wenn sich eine Person in ihrem Aktionsraum gegenüber den wahrgenommenen Umweltgefahren nicht problemgerecht verhält und sich dessen bewußt ist, wird sie die lokale Umweltsituation aus diesem Grunde relativ besser als die globale Situation bewerten.

Neben den bisher erläuterten Erklärungsfaktoren für Handlungsfolgen der ökologischen Betroffenheit werden weitere Hypothesen untersucht, die als Überprüfung der 'Standortabhängigkeit' des Handelns geeignet erscheinen. Diese können hier theoretisch allerdings nicht so eindeutig hergeleitet werden, wie diejenigen des rationalen Wahlhandelns im mikroanalytischen Bereich. Grundlegend ist die Aussage von Bartels, daß die Wahl von Tätigkeiten in Anpassung an gegebene Standortpotentiale erfolgt (Bartels 1980,S.51; vgl. Kapitel 1). Daraus leitet sich die Fragestellung ab, welche Standortpotentiale mit welcher Intensität die Gefahrenwahrnehmung und die Handlungsmuster der Bevölkerung beeinflussen. Mindestens drei Untersuchungsaspekte lassen sich unterscheiden:

1. Wenn man davon ausgeht, daß in bestimmten Teilen einer Stadt oder in einzelnen Orten überwiegend Personen mit ähnlichem Lebenstil leben, kann von solchen sozialräumlichen Milieus ein unabhängiger Einfluß auf die soziale Transformation von Umweltgefahren ausgehen. In einer Großstadt wie Hamburg lassen sich relativ einfach Stadtteile benennen, die Zentren der 'Alternativkultur' oder der 'Yuppies' sind oder die sich als traditionelle Arbeiterviertel, 'ghettoisierte' Großwohnsiedlungen oder Neubaugebiete der Mittelschicht charakterisieren lassen. Ähnliches gilt für solche Orte des Unterelberaumes, wo wegen der Industrialisierung eine starke soziale und politische Polarisierung innerhalb der Bevölkerung eingesetzt hat, weil in der Nähe der Wohngebiete emittierende Großindustrien oder Atomkraftwerke errichtet worden sind. In anderen Orten hat wegen der Industrialisierung eine Modernisierung der Infrastruktur eingesetzt. Die Wohnattraktivität ist durch städtebauliche Maßnahmen und durch die Dorferneuerung gesteigert worden.

Aus den unterscheidbaren Milieus sind Effekte zu erwarten, die auf räumlich abgegrenzte, kommunikative Wahrnehmungs-, Bewertungs- und Handlungsstrukturen hinweisen. Wenn es gelingt, derartige Milieueffekte gegen andere determinierende Faktoren zu sichern, wäre ein wichtiger Schritt zur Entwicklung einer sozialgeographischen Theorie des Umweltbewußtseins getan. Dieses mögliche Ergebnis sollte nicht mit einem Raumdeterminismus verwechselt werden. Die unabhängige Wirkung eines kleinräumlichen Milieus würde vielmehr die Wirksamkeit lokal hervorgehobener Kommunikationsmuster herausstellen.

2. Die zweite Annahme läßt sich über die bereits diskutierten selektiven Anreize und Barrieren veranschaulichen. Es ist relativ leicht zu verdeutlichen, daß die Möglichkeiten für positive/negative Sanktionen, Gelegenheitsstrukturen oder Opportunitätskosten räumlich ungleich verteilt sind. Ein Dorf bietet weitaus mehr Potentiale für Sanktionen als die anonyme Großstadt, umgekehrt sind in dieser mehr Möglichkeiten gegeben, umweltpolitisch aktiv zu werden, weil eine höhere Informationsdichte, ein größeres Angebot an umweltpolitisch arbeitenden Institutionen, Vereinen und Verbänden sowie Verbraucherberatungen zu finden ist. Diese Verdichtung bietet gute Gelegenheitsstrukturen und senkt die Opportunitätskosten. Das räumliche Verteilungsmuster der selektiven Anreize und der Barrieren variiert entlang einer Rangskala vom Dorf zur Großstadt. Auf diese Weise wird die Zentralität der Wohnorte zu einer weiteren Größe, der ein unabhängiger Einfluß zugeschrieben werden kann.

Die Zentralität eines Ortes korrespondiert weiterhin mit spezifischen Umweltbelastungen, so mit der Luftverschmutzung in den hochrangigen Zentren oder mit der vermeintlich unbelasteten ländlich-dörflichen Situation. Letzlich ist die Zentralität auch ein Indikator für den traditionellen Stadt-Land-Gegensatz bezüglich des Wegwerfverhaltens. Während die Wegwerfmentalität mit städtischen Lebensformen verbunden ist, sind in ländlichen Regionen traditionelle Formen des Recyclings wie die Kompostierung erhalten geblieben.

Mit der Untersuchung der beiden Faktoren 'lokales Milieu' und 'Zentralität' wird hier ein erster Schritt unternommen, den Einfluß von Standortpotentialen als Makrofaktoren auf die ökologische Betroffenheit sowie das Konsum- und Konfliktbewußtsein zu testen. Gleichzeitig dient die Bestimmung dieser Faktoren dazu, einen sozialräumlich repräsentativen Querschnitt durch den Untersuchungsraum zu legen und so die Stichprobe vorzubereiten.

3. Ein weiterer raumbezogener Faktor ergibt sich aus der Überlegung, daß insbesondere diejenigen sensibler auf Umweltveränderungen reagieren, die Eigenschaften der Umwelt zum psychischen und physischen Ausgleich nutzen. Diese bereits angesprochene Dimension der ökologischen Betroffenheit ist direkt in Kategorien der Wert-Erwartungs-Theorie überführbar, denn in diesem Fall erscheint das an sich öffentliche Gut 'intakte Umwelt' auch in einer privaten Dimension. Wenn Personen an 'ihrem' Strand nicht mehr baden oder in 'ihrem' Wald nicht mehr spazieren gehen oder Obst und Gemüse aus 'ihrem' Kleingarten nicht mehr essen können, dann ist aus dieser Nutzungsrestriktion ein direkter Einfluß auf die Problemwahrnehmung und auf Handlungsformen zu erwarten.

Zusammenfassung

Die individuell verursachten Umweltbelastungen sowie Anstrengungen zu ihrer Vermeidung und die Anwendung politischer Handlungsstrategien zur Beeinflussung der Umweltsituation können auf verschiedene Ursachen zurückgeführt werden. Im folgenden wird zur Analyse der Wahrnehmung von Umweltgefahren und der Erklärung von Umweltschutzaktivitäten von der Grundannahme ausgegangen, daß individuelle Be- und Entlastungen der Umwelt das Ergebnis intentionaler Handlungen einzelner Individuen sind. Die Entscheidung für oder gegen eine Handlung ist abhängig von antizipierten und intendierten Handlungsfolgen. Gleichzeitig wird die Entscheidung aber auch von anderen Momenten beeinflußt als ausschließlich der Wahrnehmung der Umweltgefahren bzw. der Intensität der Präferenz in einer intakten Umwelt leben zu wollen. Diese anderen Momente sind als Barrieren, Dissonanzen sowie Informations- und Kommunikationsmuster und Grad der Verdichtung angesprochen worden.

Soziale Präferenzen für eine 'intakte Umwelt' sind eng gekoppelt mit der Spannbreite der Wahrnehmungen von Umweltgefahren. Beide Aspekte sind weiterhin abhängig von sozioökonomischen Merkmalen wie Alter, Bildungsstand und Berufserfahrung und von sozialräumlichen Merkmalen wie lokales Milieu oder Zentralität des Wohnortes. Die auf diese Weise interdependent strukturierte ökologische Betroffenheit läßt sich unterscheiden in ein Konsumbewußtsein und in ein Konfliktbewußtsein, beide generieren umweltbezogene Handlungsmuster. Alles zusammengenommen sind zur Erklärung der Bandbreite des persönlichen Handelns demnach neben den sozioökonomischen und standortbezogenen Faktoren auch solche Momente einzubeziehen, die selektive Handlungsanreize oder Handlungsbarrieren darstellen, wie Opportunitätskosten, Gelegenheitsstrukturen, Sanktionen und intra- bzw. extrapersonale Verantwortung (Ester u. v.d. Meer 1982).

3.1.3 Konzept zur Analyse der ökologischen Betroffenheit und der daraus resultierenden umweltentlastenden Handlungsmuster

Die bis hierher angestellten theoretischen Überlegungen werden im folgenden zu einem Konzept zusammengefaßt, das den Zusammenhang von ökologischer Betroffenheit und umweltentlastendem Handeln in drei Ebenen und mehrere Bereiche unterteilt (Abb. 3.3). Zwar unterstellt das dem Konzept zugrundeliegende Verhaltensmodell, daß Umweltschutzaktivitäten und die Bereitschaft zum ökologischen

Konsum- und Konfliktverhalten durch Gefahrenwahrnehmung und Risikobewertung gesteuert werden. Dieser Zusammenhang ist aber nicht in dem Sinne zu verstehen, daß die Wahrnehmung eines bestimmten Umweltproblems ein 'Reiz' ist, der als direkte 'Reaktion' eine bestimmte Handlung auslöst. Vielmehr ist davon auszugehen, daß eine Person die Entscheidung, ob ein persönlicher Handlungsbedarf zur Verbesserung der Umweltsituation vorliegt oder nicht, nicht allein auf Basis der Bewertung der Umweltqualität trifft, sondern daß auch Einflüsse ihres sozialen und raumstrukturellen Kontextes wie Standorteigenschaften, Kommunikationsstrukturen oder selektive Anreize in diesen Entscheidungsprozeß eingehen.

1.	HANDLUNGSFORMEN / HANDLUNGSBEREITSCHAFT
	Ökologisches Konsum- und Konfliktverhalten

2. ÖKOLOGISCHE BETROFFENHEIT	SOZIOKULTURELLE EINBETTUNG
Gefahrenwahrnehmung, Risikobewertung, Unzufriedenheit	Information und Kommunikation, selektive Anreize und Barrieren
3. STANDORT-/UMWELTEINFLÜSSE	SOZIALSTRUKTURELLE EINFLÜSSE
Zentralitätsstufe, 'objektive' Belastungen, Nutzen der Natur	Lebenszyklus, Berufserfahrung, sozialer Status

Abb. 3.3:   Schema zum Untersuchungskonzept

Auf der ersten Ebene des Konzeptes werden das faktische umweltentlastende Handeln sowie die Bereitschaft zu weitgehenden umweltpolitischen Maßnahmen untersucht. Es werden insbesondere solche Merkmale beschrieben, die es erlauben, den individuellen Beitrag zum autonomen und induzierten regionalen Strukturwandel zu bestimmen. Diese Handlungsformen lassen sich auf Einflüsse der Gefahrenwahrnehmung und der Risikobewertung sowie auf soziale und sozialräumliche Faktoren zurückführen und werden durch sie gesteuert. Auf der zweiten Ebene geht es daher um die Isolierung der Problemperzeption, der Art und Intensität der ökologischen Betroffenheit und um die Bewertung der globalen bzw. lokalen Umweltqualität. Der Zusammenhang dieser Variablen mit den Merkmalen des umweltentlastenden Handelns ist sicherlich der wichtigste der zu klärenden Aspekte. Wie bereits erläutert, ist aber von intervenierenden Variablen auszugehen, die die zu Handlungen motivierende Gefahrenwahrnehmung verstärken oder abschwächen. In einem als soziokulturelle Einbettung bezeichneten Bereich werden selektive Anreize zum Handeln und Informationsaspekte thematisiert. Da davon auszugehen ist, daß zwischen der Gefahrenwahrnehmung und der sozialen Einbettung der wahrgenommenen Person enge Wechselbeziehungen bestehen, sind sie auf der gleichen Ebene angesiedelt.

Die Merkmale der dritten Ebene weisen im Modell die größte Unabhängigkeit auf und haben daher den potentiell höchsten Erklärungswert. Zu unterscheiden ist der sozioökonomisch/soziodemographische Bereich, dessen Analyse in anderen Untersuchungen bereits zu aussagekräftigen Ergebnissen geführt hat, und der Bereich der Standort- und Umweltdetermination der Gefahrenwahrnehmung, der einen zentralen Bestandteil der wirtschafts- und sozialgeographischen Risikoforschung darstellt.

Die Differenzierung in drei Ebenen und die Ausgrenzung einzelner Bereiche mit unabhängigen und abhängigen Variablen ist mit der analytischen Intention erfolgt, einzelne Wirkungszusammenhänge zu isolieren und ihre Intensität zu testen. Ein solches Vorgehen setzt eine Reihe von Prüfhypothesen voraus, die im folgenden für die einzelnen Ebenen und Bereiche näher erläutert werden. Die dabei verwendeten Begriffe wie Abhängigkeit bzw. Determination, Steuerung oder Einfluß zwischen unabhängigen und abhängigen Variablen werden im statistischen Sinn gebraucht und beanspruchen Gültigkeit nur in diesem eingeschränkten, auf Aussagen der Wahrscheinlichkeitstheorie beruhenden Rahmen.

Umweltentlastende Handlungsformen und Akzeptanz weitreichender umweltpolitischer Maßnahmen

Auf der ersten Ebene werden die zu erklärenden Variablen untersucht. Sie sind von wichtigem deskriptivem Gehalt und lassen sich in eine Rangfolge von relativ problemlos zu organisierenden Aktivitäten bis hin zu persönlich sehr weitreichenden Entscheidungen bringen (Tabelle 3.1). Grundsätzlich nimmt mit der Intensität des ökologischen Konsumbewußtseins die freiwillige Bereitschaft der Befragten zu, für eine Verbesserung der Umweltsituation in selbst bestimmbaren Aktionsfeldern zu sorgen. Die Beschreibung dieser Aktionsfelder ist relevant, weil durch solche Aktionen der räumliche Entwicklungsprozeß unabhängig von der Staatsaktivität beeinflußt wird.

Die Bedeutung des ökologischen Konsumentenverhaltens läßt sich durch folgende Frage untersuchen: Welche Produktgruppen werden hinsichtlich ihrer Umweltverträglichkeit geprüft und in welcher Regelmäßigkeit beeinflußt dieses Kaufentscheidungen? Wie intensiv bzw. regelmäßig erfolgen ressourcensparende Aktivitäten im Haushalt und Maßnahmen zur Wiederverwertung von Wertstoffen? Gibt es Ausstattungs- und Nutzungsänderungen am Pkw? Erfolgt eine gezielte Informationssuche, um Kauf- und Nutzungsentscheidungen 'umweltbewußter' zu gestalten? Die

134

Tabelle 3.1: Variablen der umweltentlastenden Handlungsformen und Handlungsbereitschaft

Variable	Variablenkomplex	Frage
Umweltbewußtes Einkaufsverhalten	KONSUM	15,16
Umweltbewußte Hausarbeit	KONSUM	17,18,19
Pkw - Ausrüstung und Nutzung	KONSUM	20
Wahl des Wohnortes/Urlaubsortes	ABWANDER	6,43
Politische Wahlentscheidung	PROTEST	29,30
Außerparlamentarischer Protest	PROTEST	26,27
Priorität für Umweltschutz (vor Beschäftigung u.a.)	AKZEPTANZ	32(1,2),33(c,h)
Zahlungsbereitschaft	AKZEPTANZ	21(1),41

Variabilität der Antworten auf derartige Fragen, kennzeichnet individuell unterschiedliche Ausprägungen des ökologisch bewußten Konsumverhaltens und kann als
qualitative Größe in die Diskussion über die Frage des umweltentlastenden
Strukturwandels einbezogen werden. In der Tabelle 3.1 und den folgenden Tabellen
wird eine Kurzform der Fragen, Bezeichnungen der für statistische Verfahren
verwendeten Variablenkomplexe und ein Verweis auf die Nummer des im Anhang
dokumentierten Fragebogen wiedergegeben.

Bereits hier ermöglicht die räumlich differenzierte Betrachtungsweise die Prüfung
zweier Hypothesen: Es ist erstens zu erwarten, daß umweltbewußtes Konsumverhalten als moderne Attitude in den städtischen Metropolen häufiger anzutreffen
ist und entlang der zentralörtlichen Hierachie abnimmt. Demgegenüber wird zweitens
angenommen, daß das Wegwerfverhalten in Städten stärker ausgeprägt ist als in
ländlichen Regionen. Sparsamer Umgang mit Ressourcen und die Wiederverwertung
von Wertstoffen ist eine Verhaltensform, die stark an traditionelle, bäuerliche
Lebensformen anknüpft. Zur Hypothesenprüfung werden einzelne Variablen zum
Variablenkomplex KONSUM zusammengefaßt und mit sozialräumlichen Kategorien
in Verbindung gesetzt verbunden, die weiter unten erläutert werden.

Neben dem Einkaufsverhalten und der Hausarbeit weist die Standortwahl für den
Wohnort bzw. für den Urlaubsort möglicherweise auf Handlungen hin, die durch die
zunehmende Umweltbelastung hervorgerufen werden und die eine 'Abstimmung mit
den Füßen' charakterisieren, wenn beispielsweise bestimmte Urlaubsziele wegen
zunehmender Verschmutzung gemieden werden (ABWANDER).

Eine zweite Fragensequenz betrifft die Handlungsfolgen des ökologischen
Konfliktbewußtseins. Wahlbeteiligung, Partizipation in Planungsprozessen sowie
legale und illegale Protestformen verändern die Legitimationsgrundlagen des
politisch-administrativen Systems und erzeugen Legitimationsprobleme. Das
individuelle politische Verhalten kann zum umweltentlastenden Strukturwandel

beitragen, wenn eine Präferenzartikulation durch Wahlen, Beteiligung an der öffentichen Meinungsbildung und anderen Formen der politischen Einflußnahme stattfinden. Kritische Größen dieser Annahme sind zum einen das quantitative Potential, das für eine verstärkte politische Intervention notwendig ist, und zum anderen die Form der Interessenartikulation. Letztere kann über die üblichen Kanäle der parlamentarischen, repräsentativen Demokratie verlaufen wie

- die individuelle Wahlentscheidung für oder gegen bestimmte Parteien;
- die Unterstützung umweltpolitisch aktiver Verbände;
- die institutionelle Teilnahme an Planungsentscheidungen oder Protestaktionen.

Der Variablenkomplex PROTEST zeigt diesen Handlungszusammenhang auf. Auch in diesem Kontext wird ein abgestuftes Verhalten entlang der Zentralitätshierachie erwartet. Das größte umweltpolitische Protestpotential wird in Hamburg als größtem Zentrum des Untersuchungsraumes angenommen.

Die Analyse der Handlungsbereitschaft zum ökologischen Konsum- und Konfliktverhalten soll primär die Akzeptanz einer intensivierten Umweltpolitik und möglicher politischer Interventionen in den Wirtschaftsprozeß beschreiben. Die Frageformulierung berücksichtigt and dieser Stelle, daß Personen in Befragungssituationen vieles für akzeptabel halten, was sie ablehnen würden, wenn entsprechende Maßnahmen sie tatsächlich beträfen. Hier stellt sich sehr deutlich das methodische Problem, auf welche Weise Präferenzen für Kollektivgüter zu erheben sind. "So wird die Nachfrage nach Umweltleistungen bei einer Befragung nach Umweltleistungen zu hoch angegeben, weil jedermann hofft, seinen Kostenanteil - hier die Opportunitätskosten etwa des Verzichts auf gewisse Teile des umweltbelastend produzierten bzw. konsumierten Güterbündels - ganz oder teilweise auf andere Nutzer abwälzen zu können" (Benkert 1981,S.18). Ziel ist die Messung der Umweltpräferenz, die die bekannte Kluft zwischen Einstellung und Verhalten minimiert. Im Variablenkomplex AKZEPTANZ sind mit Fragen zur Zahlungsbereitschaft, zur Bereitschaft zu Mehrarbeit im Haushalt, zu den Gründen eines möglichen Umzuges und zum Entscheidungsverhalten in einem konkreten Konfliktfall entsprechende Prüfgrößen entwickelt worden.

Gefahrenwahrnehmung und Risikobewertung

Das Auftreten von Umweltbelastungen beeinflußt sowohl generelle Lebens- als auch konkrete Handlungsziele. Die Wünsche und Interessen, die in kurz-, mittel- und langfristige Handlungssequenzen eingehen, lassen sich nicht bzw. nicht mehr im gewünschten Maße durchsetzen. So wird beispielsweise eine Person mit Präferenz für eine ruhige Wohnlage durch Verkehrslärm gestört, eine Person mit Wunsch, in der Elbe baden zu können durch die Wasserverschmutzung, eine Person mit dem Ziel einer gesunden Lebensführung durch Krankheitsbedrohungen. Hervorgerufen werden diese Einschränkungen durch Umweltgifte in Luft, Wasser und Nahrungsmitteln. Solche Beeinträchtigungen kennzeichnen die subjektiv wahrgenommenen Umweltprobleme, die in der Befragung in eine allgemeine (globale) und eine wohnortsspezifische (lokale) Dimension unterteilt werden (vgl. Tabelle 3.2). Weiterhin werden die Umweltprobleme auf Verursachergruppen bezogen, wobei die jeweiligen Befragten als Eigenverantworliche in die Gruppe der möglichen Verursacher eingeschlossen sind. Da man davon ausgehen kann, daß Art und Intensität der Gefahrenwahrnehmung das Handeln bestimmen, sind kausale Zusammenhänge der folgenden Art zu erwarten: (a) Atomkraftwerke als wichtiges Problem - der Staat/die Energiewirtschaft als Verursacher - politischer Protest als Handlungsfolge; (b) Luftverschmutzung als wichtiges Problem - die Teilnehmer am Straßenverkehr als Verursacher - verändertes Verkehrsverhalten als Handlungsfolge; (c) Chemie in Nahrungsmitteln als wichtiges Problem - die Landwirtschaft/die Ernährungsindustrie als Verursacher - verändertes Konsumentenverhalten als Handlungsfolge.

Tabelle 3.2: Variablen der Gefahrenwahrnehmung und Risikobewertung

Variable	Variablenkomplex	Frage
Globale und lokale Umweltprobleme	GEFAHRENWAHRNEHMUNG	7,10,13
Verursacher und Verantwortung	VERURSACHER	11,12
Gesellschaftliche und persönliche Gefahren	PERSÖNL. DEPRIVATION	32(4),33(a,b,d,e,f)
Politische Unzufriedenheit	POLITISCHE DEPRIVATION	25
Globale und lokale Umweltqualität	UMWELTBEWERTUNG	8,9

Solche Sequenzen werden durch die Intensität der empfundenen Beeinträchtigungen (= Intensität der ökologischen Betroffenheit) gesteuert. Das Empfinden von Angst, die Furcht vor Umweltkatastrophen, die Registrierung alltäglicher Belastungen u.a. mehr kennzeichnen Phänomene, die im Begriff Deprivation zusammengefaßt werden können. Er kennzeichnet die Diskrepanz zwischen dem, was eine Person legitimerweise erwarten zu können glaubt, also dem, was ihr vermeintlich zusteht, und dem, was sie tatsächlich erhält oder in Zukunft zu erhalten glaubt (Opp et al. 1984,S.6). Die Intensität der ökologischen Betroffenheit ist gleich dem Ausmaß der Deprivation. Als grundlegende Hypothese gilt: je höher die persönliche Deprivation, desto ausgeprägter das umweltentlastende Handeln. Neben der ökologischen Betroffenheit wird auch die Zufriedenheit mit der Umweltpolitik erfaßt und als politische Deprivation interpretiert. Hier ist eine starke Beziehung zu den Handlungsvariablen zu vermuten, die politisches Engagement bzw. Protest gegen die praktizierte Umweltpolitik ausdrücken.

Parallel zur Erhebung der Gefahrenwahrnehmung erfolgt eine Bewertung des Zustands der Umwelt, in die die räumliche Komponente einbezogen wird. Dadurch wird eine weitere Messung der ökologischen Betroffenheit möglich, die im Unterschied zur bereits diskutierten Dimension von der Einzelperson und dem Menschen abstrahiert. Mit der Einbeziehung des räumlichen Aspekts läßt sich die Fragestellung prüfen, ob eine unterschiedlich eingeschätzte lokale Umweltqualität zu entsprechend unterschiedlichen Handlungsfolgen führt.

Soziokulturelle Einbettung der ökologischen Betroffenheit

In der Literatur finden sich zahlreiche Hinweise, daß umweltgerechtes Verhalten durch soziale Kontexte gesteuert wird. Dieser Sachverhalt wird im Modell dadurch berücksicht, daß soziokulturelle Einflüsse als 'intervenierende' Variablen in die Betrachtung des Zusammenhangs von Gefahrenwahrnehmung/Risikobewertung und dem umweltentlastenden Handeln einbezogen werden. Zwei Gruppen von soziokulturellen Einflußfaktoren lassen sich unterscheiden: Einflüsse der Information und Kommunikation sowie selektive Anreize und Barrieren.

Der Perzeptionsansatz geht in der Regel davon aus, daß Informationen der realen Welt aufgenommen werden und nach mentalen Verarbeitungsprozessen Entscheidungen mitgestalten. Auch im vorliegenden Kontext ist davon auszugehen, daß Art und Intensität der ökologischen Betroffenheit einer Person u.a. von Art und Umfang der ihr vorliegenden Informationen über Umweltprobleme gesteuert werden. Wenn eine Betroffenheit vorliegt, kann es allerdings auch zu einem Handeln kommen, das eine gezielte Informationssuche bzw. eine Sensibilität für weitere Informationen über Umweltprobleme beinhaltet. Daher ist es schwer zu entscheiden, wann die Wahrnehmung von Umweltproblemen durch Information gesteuert wird oder wann sie selbst erst zur Informationssuche motiviert. Diesem, normalerweise wechselseitigen Zusammenhang ist im Modell dadurch entsprochen worden, daß Betroffenheit und Information/Kommunikation auf der gleichen Ebene angesiedelt worden sind.

Es ist davon auszugehen, daß besonders solche Personen umweltentlastend handeln, die sich gezielt über Umweltprobleme informieren. Wenn Informationen von staatlichen und privaten Verbraucherberatungen, Umweltverbänden und Bürgerinitiativen in Anspruch genommen und damit gleichzeitig vergleichsweise hohe Kosten der Informationsbeschaffung akzeptiert werden, sind entsprechende Handlungen wahrscheinlicher. Ein analog wirkender Effekt ist hinsichtlich der

138

kommunikativen Einbettung der Umweltprobleme anzunehmen: Erfolgt eine häufige Verständigung über Umweltgefahren im sozialen Umfeld der Familie, Freunde, Nachbarn und Kollegen, so sind umweltentlastende Handlungen wahrscheinlicher als beim Ausbleiben kommunikativer Verständigungsprozesse.

Soziale Interaktionen über Umweltprobleme leiten zum zweiten Bereich der soziokulturellen Einbettung der ökologischen Betroffenheit und speziell zur Frage nach den Wirkungen von positiven und negativen Sanktionen über. Der zu untersuchende Kontext kann folgendermaßen beschrieben werden: Die Intensität des umweltgerechten Handelns hängt möglicherweise von den 'Belohnungen' und 'Bestrafungen' der sozialen Umwelt ab. Sie stellen eine wesentliche soziokulturelle Determinante des Handelns dar. In der vorliegenden Untersuchung geht es um die Prüfung der Hypothese, daß der Wertewandel von materialistischen zu postmaterialistischen Einstellungen, die sich besonders im Engagement für den Umweltschutz bemerkbar machen, zu neuen gesellschaftlichen Normen geführt hat. Eine positive Sanktionierung des umweltentlastenden Handelns wirkt als Anreiz, eine negative als Barriere.

Tabelle 3.3: Variablen der soziokulturellen Einbettung der ökologischen Betroffenheit

Variable	Variablenkomplex	Frage
Information und Interesse	IuK	14,22,24
Kommunikation	IuK	44
Soziale Sanktionierung von umweltbewußtem Verhalten	SANKTION	45
Eigenverantwortung und Systemleistung	STEUER	31,32(3),33(c,i,h)
Perzipierter Einfluß auf Umweltpolitik	EINFLUSS	23,28,33(k)

Ein weiteres wichtiges Kriterium zur Förderung bzw. Verhinderung umweltentlastender Handlungen ist die subjektive Einsicht in die gesellschaftliche Bedeutung des einzelnen. Üblich ist die Differenzierung in intrapersonal gesteuerte Personen, die eine höhere Verantwortlichkeit für die 'intakte Umwelt' empfinden und sich auch tendenziell häufiger als wichtige Verursacher der Umweltprobleme einschätzen und daher persönliche Handlungsstrategien präferieren: "Es selber besser machen". Extrapersonal gesteuerte Personen weisen dem weitgehend anonymen politischen und ökonomischen System die primäre Verantwortung zu und nehmen daher Umweltprobleme als gesellschaftlich zu regelnde Fragen wahr. Beide Typen zeigen entsprechend unterschiedliche Verhaltensformen, die mit dem Variablenkomplex STEUER erfaßt werden (vgl. Tabelle 3.3).

Etwas ähnliches erfaßt der perzipierte Einfluß, der dem eigenen Handeln bezüglich der Veränderung der Umweltprobleme zugeschrieben wird. Wie bereits ausgeführt wurde, ergibt sich aus der Neuen Politischen Ökonomie die Hypothese, daß der Einfluß des Individuums auf gesellschaftliche Ziele gering ist, d.h., daß das Individuum das Gruppenziel nicht beeinflussen kann. Der eigene Beitrag zur Erreichung des Gruppenzieles wird daher gering ausfallen, auch wenn der einzelne das Gruppenziel bejaht. Diese Ansicht führt letzlich zu der Argumentation, daß zusätzliche Anreize zum umweltgerechten Verhalten vorliegen müßten als etwa die Einsicht, daß jeder einen Beitrag zur Verminderung der Umweltprobleme zu leisten hat. Das Modell des rationalen Wahlhandelns kennt aber keine uneigennützigen Aktivitäten; Altruismus ist in diesem Ansatz kein erklärendes Moment für Handeln. Ersatzweise steht hier folgende Annahme: Zwischen dem objektiven Einfluß einer Person auf die Verwirklichung eines Zieles der Gesellschaft, und dem von dieser Person perzipierten Einfluß bestehen Unterschiede (Opp et al. 1984,S.70). Der objektive Einfluß ist in diesem Modell allerdings unwesentlich. Wichtig ist dagegen die Höhe des wahrgenommenen persönlichen Einflusses. Je höher dieser eingeschätzt wird, d.h. für umso wahrscheinlicher die Person es hält, daß das gesellschaftliche Ziel durch seinen Eigenbeitrag erreicht wird, desto größer wird der persönliche Beitrag sein.

Der perzipierte Einfluß ähnelt den Variablen, die im Komplex STEUER angesprochen worden sind, weicht aber in einem entscheidenden Aspekt von diesen ab (intrapersonale Steuerung). Die Höhe der Eigenverantwortlichkeit sagt an sich nichts über den perzipierten Einfluß der damit verbundenen Handlungen aus. Zwar ist eine gegenseitige Verstärkung wahrscheinlich, d.h. hohe Eigenverantwortlichkeit korreliert positiv mit hohem perzipiertem Einfluß, dennoch erscheint es sinnvoll, die Unterscheidung zunächst aufrechtzuerhalten. Der Variablenkomplex EINFLUSS konstruiert die zuletzt genannte Größe sowohl für den haushaltsbezogenen als auch für den politischen Bereich.

Opportunitätskosten und Gelegenheitsstrukturen, die das Beschaffen von Information und die Durchführung von Verständigungsprozessen beeinflussen, sowie Anreize und Barrieren, die durch Sanktionen und den perzipierten Einfluß gebildet werden, lassen sich schwer als Gesamtgröße konstruieren. Unter Beachtung der in Abschnitt 3.1.2 gemachten Aussagen, läßt sich aber annehmen, daß die Differenz zwischen der Gefahrenwahrnehmung für die Gesellschaft und der für die eigene Person einen entsprechenden Indikator ergibt. Diese Differenz bezeichnet die kognitive Dissonanz zwischen dem, was aufgrund der allgemeinen Umweltzerstörung eigentlich getan werden müßte, und dem, was der einzelne tatsächlich zur Umweltentlastung unternimmt.

Soziodemographische und sozioökonomische Einflüsse auf die ökologische Betroffenheit und auf das umweltentlastende Handeln

Weitergehende Erklärungen zum Ausmaß der ökologischen Betroffenheit und dem umweltentlastenden Handeln ergeben sich aus soziodemographischen und sozio-ökonomischen Merkmalen. Diese Einflüsse sind bereits länger und intensiver untersucht worden als die bisher genannten. Nach Van Liere und Dunlap (1980) ist es möglich, mit Hilfe von Variablen wie Alter, Geschlecht, Ausbildung, Einkommen und anderen die 'soziale Basis' der Gefahrenwahrnehmung und Risikobewertung zu bestimmen. Die genannten Variablen sind Indikatoren in soziologisch orientierten Fragestellungen, von denen einige zur Erklärung des umweltentlastenden Handelns mit herangezogen werden sollen.

Tabelle 3.4: Soziodemographische und sozioökonomische Einfüsse auf die ökologische Betroffenheit und das umweltentlastende Handeln

Variable	Variablenkomplex	Frage
Alter	ALTER	35
Kleinkinder	KINDER	36
Bildung	BILDUNG	37
Berufserfahrung	BERUF	38
Einkommen	EINKOMMEN	40
Geschlecht	GESCHLECHT	34

Alter: Im Forschungsüberblick von Langheine und Lehmann (1986) bestätigt sich trotz einiger Gegenbeispiele die Hypothese, daß jüngere Menschen umweltbewußter sind. Theoretisch läßt sich diese Annahme mit einem Hinweis auf Parsons und Mannheim begründen (vgl. Malkis u. Grasnick 1977), die den Konflikt zwischen unterschiedlichen handlungsleitenden Werten wie ökonomischem Wachstum, Effektivität und Prosperität vs. ökologischen Prinzipien, Partizipation und Solidarität auf die Stellung im Lebenszyklus zurückführen. Die Altershypothese von Malkis und Grasnick besagt, daß jüngere Menschen weniger in das herrschende ökonomische System integriert sind und damit eher für Umweltreformen eintreten, auch wenn diese für die bestehende Wirtschaftsordnung als bedrohlich angesehen werden können. Eine weitere Hypothese betrifft den Zeitabschnitt, in dem Menschen Werte internalisieren. So werden umweltbezogene Werte und Einstellungen in der Jugend und in der Ausbildungszeit aufgenommen und stabilisiert. Da davon auszugehen ist, daß die Umwelterziehung, u.a. in den Schulen, seit den siebziger Jahren zugenommen hat, müßte das umweltgerechte Handeln bei Jüngeren ausgeprägter sein.

Berufserfahrung: Die gerade wiedergegebene Sozialisationshypothese wird insbesondere von Fietkau durch eine aus der Erwerbstätigkeit abgeleitete Hypothese ergänzt: Danach tragen "Personen, die im Dienstleistungsbereich arbeiten und hier insbesondere im Bereich der sozialen Dienstleistungen, in weit höherem Maße postmaterielle/ökologische Werte" (Fietkau u. Kessel 1981,S.7). Diese These läßt sich einerseits mit dem Argument begründen, daß Sozial- und Gemeinwesenarbeit eine hohe Sensibilität für Defizite, Ungleichheiten und Ungerechtigkeiten schafft. Andererseits führen Tätigkeiten im tertiären Sektor kaum zu einem instrumentellen Umgang mit der Natur, so daß ein umfassenderer Umweltschutz leichter mit der individuellen Arbeit vereinbar ist.

Geschlecht: Der Zusammenhang zwischen Umweltpräferenzen und Geschlecht ist bisher in ganz unterschiedlicher Weise dargestellt worden. Langheine und Lehmann (1986,S.12f.) berichten von größeren Kenntnissen bei den Männern und höherer Betroffenheit bei den Frauen. Die von ihnen herangezogenen Untersuchungen weisen aber z.T. gegenteilige Ergebnisse auf, so daß der Einfluß des Geschlechts auf Umweltpräferenzen ohne weitergehende Hypothesenbildung bleibt.

Soziale Schichtung: Mit den Variablen Schulabschluß, Einkommen und betriebliche Tätigkeit wird häufig ein Indikator zur sozialen Schichtung gebildet. Es wird eine positive Korrelation zwischen Schichtung und Umweltpräferenz angenommen, denn nach der Theorie der Hierarchie von Bedürfnissen (Maslow 1970) stehen zunächst die materiellen Bedürfnisse im Vordergrund. Erst wenn diese befriedigt sind, erhalten immaterielle Präferenzen größere Bedeutung. Auch die im deutschsprachigen Raum am weitesten verbreitete Auffassung über Umweltbewußtsein geht auf Maslows Bedürfnishierarchie zurück, die durch die Dimensionen Materialismus und Postmaterialismus gekennzeichnet ist (Inglehart 1979). Danach hat sich in den späten sechziger und in den siebziger Jahren ein Wertewandel vollzogen, der u.a. "im Engagement für den Erhalt der natürlichen Umwelt sowie im politischen Einsatz im Umweltschutz zum Ausdruck" kommt (SRU 1987,S.52). Allerdings kommen andere Forschungen zu dem Ergebnis, daß kein linearer Zusammenhang zwischen Umweltpräferenzen und sozialer Schichtung bestünde; ebensowenig ist der Begriff des Wertewandels eindeutig auf soziale Schichten zu beziehen (Von Liere u. Dunlap 1980; Herz 1987). Auch im vorliegenden Konzept wird kein kausaler Zusammenhang zwischen sozialer Schichtung und Umweltpräferenz angenommen. Wesentlich sind aber die durch Bildung, Einkommen und berufliche Funktion erworbenen Ressourcen, die für ein Engagement genutzt werden können. So ist zu erwarten, daß Personen mit großen Ressourcen und hoher Risikoerwartung eher umweltgerecht handeln. Soziale Schichtung erklärt somit nicht das Umweltbewußtsein an sich, sondern nur, wessen Umweltbewußtsein zum Handeln führt.

Kinder: Die Existenz von Kindern verstärkt die Risikowahrnehmung von Umweltproblemen und verstärkt die verantwortungsethisch begründete Motivation, die im Begriff 'intergenerationelle Gerechtigkeit' zusammengefaßt werden könnte. Es wird angenommen, daß Eltern ihren Kindern ein gesundes Aufwachsen ermöglichen und ihnen eine intakte Umwelt übergeben wollen und daher stärkere Umweltpräferenzen artikulieren als andere.

Standort- und Umwelteinflüsse auf die ökologische Betroffenheit

In den bisher vorliegenden Untersuchungen haben die Standort- und Umweltdeterminiertheit der Gefahrenwahrnehmung und des umweltentlastenden Handelns eine geringe Rolle gespielt. Soziologische und sozialpsychologische Erklärungen überwiegen. Die bei Langeheine und Lehmann als Stadt-Land Differenzierung bezeichnete Raumbezogenheit von Umweltpräferenzen löst sich bei näherer Betrachtung in eine dichotome Einteilung der Erwerbspersonen in 'nature extractive versus nonextractive occupation' auf und führt damit die oben genannte Berufserfahrungshypothese weiter. Ähnliche Unstimmigkeiten lassen sich auch am folgenden Beispiel nachzeichnen: Während Gillwald die Hypothese formuliert, daß "jegliche Art von Umweltbelastung ... Veränderungen im Wohlbefinden, in Verhaltensformen, Aktivitätsniveau und zwischenmenschlichen Beziehungen bewirkt ..." (Gillwald 1983,S.10), sieht Rammstedt (1979) ausschließlich solche Umweltbelastungen als handlungsrelevant an, die subjektiv wahrgenommenen werden und die hier im Abschnitt über die ökologischen Betroffenheit angesprochen worden sind (Abschnitt 3.1.1).

Andere Variablen, die in die lineare Beziehung zwischen der objektiven Existenz und der subjektiven Wahrnehmung von Umweltproblemen intervenieren, werden bei Ester und v.d. Meer (1982) genannt. Die Autoren weisen besonders darauf hin, daß mit zunehmender Wohndauer eine Abschwächung der Problemwahrnehmung einsetzt. Auch dieses Phänomen ist bereits im Modell der kognitiven Dissonanz erläutert worden. Ein analoges Ergebnis hat im übrigen die Forschung zur raumbezogenen Identität hervorgebracht: Die Intensität der regionalen Identität und die Intensität der subjektiv empfundenen Umweltbelastungen korrelieren negativ (Lalli 1988).

Weiterhin behaupten Ester und v.d. Meer, daß die Beschäftigung in umweltbelastenden Betrieben gleichermaßen wirkt, da in diesen Fällen Aspekte der materiellen Existenzsicherung zur Geltung kommen. In unserer Untersuchungsregion, insbesondere in kleineren Gemeinden an der Unterelbe, kann diese Hypothese weitergeführt werden. Es wird angenommen, daß dieser Effekt nicht nur bei den Beschäftigten der Grundstoffindustrie und Kernkraftwerke auftritt, sondern auch bei den übrigen Bewohnern, da die Ansiedlung dieser Einrichtungen zur sozialen und politischen Polarisation in der Bevölkerung geführt und ein Bewußtsein für die ökonomische Abhängigkeit von der Industrialisierung geschaffen hat. Dieses ist ein erstes Kriterium zur Auswahl der Befragungsorte (vgl. Tabelle 3.5 und 3.6).

Tabelle 3.5: Standort- und Umwelteinflüsse auf Wahrnehmung und Handeln

Variable	Variablenkomplex	Frage
Lage zu Großemittenten	LAGE	1
Zentralität	ZENTRALITÄT	1
Raumbezogene Sozialisation	ZENTRALITÄT	4
Wohnungsumfeld und andere standortspezifische Eigenschaften	MILIEU	2,3,5
Nutzungen der Natur	RESSOURCE	42

Insgesamt jedoch scheinen die bisherigen Untersuchungen eindeutig darauf hinzuweisen, daß die Beziehungen zwischen der Gefahrenwahrnehmung und konkreten Umweltproblemen durch einen sozialen Transformationsprozeß überlagert werden. Allerdings ist zu vermuten, daß dieser Prozeß durch die Raumstruktur beeinflußt wird und zwar insbesondere durch die jeweilige Zentralitätsstufe des Wohnortes. Zwei Wirkungsrichtungen werden hier als wichtig angesehen. Erstens sind die soziokulturellen Einflußgrößen der Information und Kommunikation sowie die spezifischen selektiven Anreize und Barrieren entsprechend der zentralörtlichen Hierachie räumlich ungleich verteilt. Zweitens ist die Zentralitätsstufe auch ein Maßstab der Verdichtung und damit gleichzeitig ein Indikator für die 'objektive' Belastungssituationen. Diese müßte sich in der subjektiven Wahrnehmung abbilden. Besonders ausgeprägt dürfte die Differenz der allgemeinen und lokalen Umweltbewertung bei denjenigen sein, die entlang der zentralörtlichen Hierachie umgezogen sind, denn als Wanderungsmotiv für den Auszug aus der Großstadt/dem Verdichtungsraum werden häufig die Luft- und Lärmbelastungen angegeben.

Um diese verschiedenen Einflußgrößen näher zu bestimmen, ist für die Befragung ein spezielles Design entworfen worden. Entlang der Unterelbe wurden Orte in unterschiedlicher Distanz zu Großemittenten ausgewählt. Als Großemittenden werden Betriebe der Grundstoffindustrie und Risikoeinrichtungen (Kernkraftwerke) angesehen (vgl. Tabelle 3.6). Mit dem Distanzfaktor wird implizit eine Belastungsfunktion eingeführt, die linear vom Standort der umweltbelastenden Einrichtung in alle Richtungen abnimmt. Für Hamburg wurde eine etwas anders geartete Einteilung vorgenommen (vgl. Tabelle 3.7), der eine Mischung der relativen Lage zu Großemittenten, der Nähe zur Innenstadt/Höhe des Verkehrsaufkommens und des sozialräumlichen Milieus zugrunde liegt.

Neben den unterschiedlichen Belastungssituationen ist der Einfluß räumlich abgegrenzter, sozialer Lebenswelten angesprochen und als Raummilieu bezeichnet

Tabelle 3.6: Befragungsorte an der Unterelbe

Lage zu Großemittenten bzw. Risikoeinrichtungen	Nebenzentrum	Grundzentrum	Mittelzentrum
Unmittelbare Nähe/ Nachbarschaft	Abbenfleth-Barnkrug	Brokdorf/Wewelsfleth/Freiburg	Brunsbüttel/ Stade
Größere Distanz > 15 km	Großenwörden-Hüll	Himmelpforten/ Burg	Glückstadt

worden. Gegliedert nach den Zentralitätsstufen werden diese standortspezifischen Charakteristika im folgenden kurz beschrieben.

Als ländliches Nebenzentrum gilt ein Dorf, das keine nennenswerten Versorgungsfunktionen aufweist. Alle Bedarfe müssen in anderen Orten befriedigt werden, wodurch die Pkw-Nutzung üblich und notwendig ist. Weiterhin sind diese kleinen Orte mit weniger als 1000 Einwohnern noch stark agrarisch geprägt.

Grundzentren sind Dörfer bzw. Flecken mit Basisinfrastruktur wie Schulen, Einkaufsmöglichkeiten und medizinischer Versorgung. Über Sport- und Schützenvereine sowie andere freiwillige Zusammenschlüsse gibt es ein spezifisch dörfliches Milieu, das in starker Verallgemeinerung als "jeder hilft jedem, jeder kontrolliert jeden" bezeichnet werden kann. Die von uns einbezogenen Orte dieser Kategorie entwickeln sich allerdings sehr unterschiedlich. Während Brokdorf, Wewelsfelth und Freiburg stagnierende und rückläufige Bewohnerzahlen aufweisen, wachsen Himmelpforten und Burg und bilden attraktive Wohngemeinden am Geestrand. In den beiden letztgenannten Orten ist das traditionelle Dorfgemeinschaftsleben durch die zahlreichen Zuzüge stark verändert worden.

Mittelzentren sind Kleinstädte, von denen zumindest Stade eine vollausgebaute Infrastruktur aufweist. Die Entwicklung Stades und Brunsbüttels ist sehr eng mit der Industrialisierung der Unterelbe verbunden, wobei Stade durch die Modernisierung der Altstadt und den Ausbau von klein- und mittelständischem Gewerbe zum Zentrum der niedersächsischen Unterelberegion geworden ist. In Brunsbüttel sind die von der Industrialisierung erwarteten Effekte ausgeblieben, so daß die euphorischen Planungen der siebziger Jahre stark reduziert werden mußten. Glückstadt hat durch die Altstadtsanierung wie Stade ein attraktives Einkaufs- und Tourismusimage erhalten. Zwar ist Glückstadt in den neueren regionalplanerischen Festlegungen nicht mehr als ein zum Mittelzentrum auszubauender Ort ausgewiesen, im Vergleich zu den anderen Befragungsorten erscheint die Einstufung als Mittelzentrum jedoch weiterhin angebracht.

Die Befragungsgebiete des Oberzentrums Hamburg wurden vor allem nach soziodemographischen Kriterien bestimmt, die ein typisches Verteilungsbild einer

Tabelle 3.7: Befragungsquartiere in Hamburg

Schanzenviertel	Hochbelastetes Innenstadtgebiet, weitgehend saniertes Altbaugebiet, 'Alternativszene'.
Winterhude	Hochbelastetes Innenstadtgebiet, luxussanierter Altbaubestand, gutbürgerliches Wohngebiet, 'Yuppieszene'.
Barmbek-Nord	Hochbelastetes innenstadtnahes Gebiet, früher sozialer Wohnungsbau, traditionelles Arbeiterwohngebiet.
Osdorfer Born	Wenig belastetes Stadtrandgebiet, Großwohnsiedlung des sozialen Wohnungsbaus.
Wilhelmsburg	Hochbelastetes Stadtrandgebiet, hoher Sanierungsbedarf, überdurchschnittlicher Ausländeranteil.
Niendorf-Nord	Wenig belastetes Stadtrandgebiet, Mischgebiet aus Einfamilienhäusern und modernem sozialem Wohnungsbau.

Großstadt wiedergeben. Wilhelmsburg ist ein Stadtteil mit hohem Ausländeranteil und hohen Sanierungsbedarfen, der inmitten von Großemittenten wie Eisenbahn, Autobahn, Schnellstraßen, hafenorientierter Industrie, Mülldeponien (Georgswerder) und Spülflächen liegt. Wilhelmsburg gilt schon seit langem als Problemgebiet, und entsprechend schlecht ist das Stadtteilimage. Das Schanzenviertel im Bezirk Eimsbüttel ist bekannt für das Alternativmilieu, das schon in den siebziger Jahren zu einer Neuprägung des Quartiers führte. Ein Indikator sind sehr hohe GAL-Wahlergebnisse. Das Schanzenviertel liegt nahe der Universität, so daß von dort ausgehende Impulse schnell aufgenommen werden. Mit Winterhude wurde ein Gebiet ausgewählt, in dem 'Gentrification' seit längerer Zeit wirksam ist. Die Mieten in den luxussanierten Altbauwohnungen gehören zu den höchsten in Hamburg. Als traditionelles Arbeitergebiet ist Barmbek-Nord einbezogen worden, dort sind Nachkriegsbauten dominant. Das Gebiet ist durch eine beginnende Überalterung gekennzeichnet. Dagegen wurde mit Niendorf-Nord ein Gebiet am Ende einer neuen U-Bahnlinie gewählt, daß von jungen Familien mittlerer Einkommensschichten bewohnt wird. Einzel- und Reihenhausbebauung wechseln ab mit neuen Formen des Großwohnungsbaus, die nicht mehr an die Dimensionen des Massenwohnungsbaus der fünfziger und sechziger Jahre anknüpfen. Der Osdorfer Born liegt wie Niendorf-Nord am Stadtrand, ist aber eine 'typische' Großwohnsiedlung mit allen damit zusammenhängenden Problemen.

Es ist davon auszugehen, daß in die Bewertung der lokalen Umweltsituation die subjektive Zufriedenheit mit dem Wohnort/Stadtteil eingeht. Andere Untersuchungen haben auf den Unterschied zwischen der globalen und der lokalen Bewertung der Umweltsituation aufmerksam gemacht (Allensbach 1987), der zur Begründung der Variablenauswahl bereits angesprochen worden ist. Die lokalen Verhältnisse werden in der Regel als weniger belastet wahrgenommen. Diese Diskrepanz ist aber nicht unbedingt ein Moment der kognitiven Dissonanz, sondern das Ergebnis eines Vergleichs mit anderen möglichen Wohngebieten bzw. der Unzufriedenheit mit den lokalen Verhältnissen. Die Differenz zwischen der globalen und lokalen Bewertung der Umweltsituation ist also ein Indikator für die Zufriedenheit mit dem Wohnquartier. Dieser müßte unter anderem durch solche Faktoren gesteuert werden, die eine hohe Identifikation mit dem jeweiligen Wohnort vermuten lassen wie die Wohndauer oder die Eigentumsverhältnisse.

Die bisherigen Überlegungen haben mögliche Standorteinflüsse deutlich gemacht. Der letzte Variablenkomplex bezieht sich dagegen auf den Nutzen der Natur für individuelle Aktivitäten (Tabelle 3.5). Bestimmte Eigenschaften der Umwelt, die physische und psychische Ausgleichsmomente für die Person bereitstellen, gehen durch die Umweltverschmutzung verloren. Im sterbenden Wald mag man nicht spazieren gehen, zwischen toten Seehunden nicht baden, auf möglicherweise verseuchtem Boden keine Gartenarbeit verrichten. Je stärker derartige Nutzungsansprüche vorhanden sind, desto größer dürfte die Sensibilität für Umweltveränderungen ausgeprägt sein, und desto eher sind umweltentlastende Handlungen zu erwarten. Solche Nutzungen der Natur sind aber nicht mit einer ökonomisch motivierten Inwertsetzung wie etwa der landwirtschaftlichen Tätigkeit gleichzusetzen. Diese wäre dem sozioökonomischen Bereich zuzuordnen und würde sich entsprechend der Erwerbshypothese nicht positiv auf umweltentlastende Handlungsmuster auswirken.

Tabelle 3.8: Übersicht über die Variablenkomplexe des Haushaltsfragebogens

1	Umweltentlastendes Handeln
	KONSUM ABWANDERUNG PROTEST AKZEPTANZ

2a	Ökologische Betroffenheit
	GEFAHRENWAHRNEHMUNG UMWELTBEWERTUNG DEPRIVATION VERURSACHER
2b	Soziokulturelle Einbettung
	INFORMATION KOMMUNIKATION SANKTION EINFLUSS STEUER

3a	Standort- und Umwelteinflüsse
	LAGE ZENTRALITÄT RESSOURCE MILIEU
3b	Sozialstrukturelle Einflüsse
	ALTER KINDER BILDUNG BERUF EINKOMMEN GESCHLECHT

3.1.4 Methodisches Vorgehen

Die im Text und in den verschiedenen Tabellen des vorhergehenden Abschnittes bereits angesprochenen hypothetischen Zusammenhänge und Variablenkomplexe (zusammengefaßt in Tabelle 3.8) haben das Grundgerüst für mehrere Fragebögen gebildet. Bereits 1987 sind einige Hypothesen und Variablen in einem Geländepraktikum im Elbe-Weser-Dreieck getestet worden. Ein neuer Fragebogen ist Anfang 1989 zunächst in einem Seminar (n = 20) getestet und anschließend einem Pretest in Hamburg (n = 30) unterzogen worden. Die Auswertung dieser Prüfverfahren führte zur endgültigen Fassung des Fragebogens (vgl. Anhang), der zwischen dem 15.3.1989 - und dem 31.3.1989 in den bereits genannten Auswahlgebieten eingesetzt wurde (n = 634). Die Befragung wurde weitgehend mit den Studierenden organisiert und durchgeführt, die bereits am Geländepraktikum und später an dem Seminar teilgenommen hatten. So konnte eine sonst kaum zu erreichende Interviewerschulung erzielt werden.

Die Befragungsorte selbst sind systematisch in Zählbezirke eingeteilt worden, denen jeweils ein Interviewer zugeordnet wurde. Damit hatte jeder Bewohner der Befragungsgebiete theoretisch die gleiche Chance, in die Befragung aufgenommen zu werden. Systematische Verzerrungen können ausgeschlossen werden, und die Abweichungen der Ergebnisse von den sozialstrukturellen Angaben der Volkszählung 1987 sind zu vernachlässigen. Da die Verweigerungsraten außer in den Gebieten Hamburg-Wilhelmsburg, Brokdorf und Wewelsfleth sehr gering ausgefallen sind, kann insgesamt von einem repräsentativen Querschnitt des Untersuchungsraumes ausgegangen werden.

Die Mehrzahl der Variablen ist auf nominalem und ordinalem Skalenniveau erhoben worden. Bei der Auswertung ist daher den nichtparametrischen statistischen Verfahren immer dann der Vorzug gegeben worden, wenn sie ausreichend aussagekräftig waren. Verwendet wurden zum Vergleich der zentralen Tendenz zweier Gruppen der U-Test nach Mann-Whitney, die Ein-Weg-Rangvarianzanalyse nach Kruskall und Wallis (H-Test) und Maßzahlen der ordinalen Assoziation (Kendalls Tau-b und der Gamma-Koeffizient nach Goodmann und Kruskal). Diese Verfahren sind in der empirischen Sozialforschung weit verbreitet und können parametrische Statistiken häufig gut ersetzen (vgl. dazu Renn 1975,S.41ff.; Benninghaus 1976; Lienert 1973; Siegel 1987). Etwas anders verhält es sich dagegen bei Zusammenhängen, die nur durch multivariate Verfahren analysiert werden können. Zwar hat es im Bereich der multivariaten Statistik mit qualitativen Merkmalen in den letzten Jahren zahlreiche Vorschläge gegeben (z.B. der GSK-Ansatz; vgl. Küchler 1979; Kemper 1984), hier ist man aber über die Grundlagenfor-

148

schung bisher kaum hinausgekommen. Um eine aufwendige methodische Diskussion zu umgehen, sind eine Reihe ordinalskalierter Variablen in intervallskalierte umgeformt worden. Solche Variablen erhalten im folgenden die Bezeichnung Konstruktvariable, da sie aus verschiedenen Fragen des Fragebogens zusammengesetzt worden sind. Soweit diese Variablen annähernd normalverteilt sind, lassen sie sich in multiplen Verfahren der Varianz-, Regressions- und Clusteranalyse einsetzen.

Die Ergebnisse der Fragebogenerhebung werden in drei Bereiche untergliedert dargestellt. Begonnen wird im Abschnitt 3.2.1 mit der Beschreibung der verschiedenen Formen des umweltentlastenden Handelns (Ebene 1 der Abb. 3.3 bzw. der Tabelle 3.8). Es schließen sich im Abschnitt 3.2.2 Erläuterungen zur Wahrnehmung der Umweltgefahren und Bewertung des Umweltrisikos an (Ebene 2 der Abb. 3.3 bzw. Ebene 2a der Tabelle 3.8). Hier werden Ausmaß und Intensität der ökologischen Betroffenheit beschrieben, die als wesentliche Ursache des umweltentlastenden Handelns anzusehen sind. Beide Abschnitte sind überwiegend deskriptiv, d.h. sie sollen das Ausmaß der Handlungen und der Betroffenheit in Hamburg und im Unterelberaum deutlich machen. Obwohl diese Betrachtung an sich ausreichend wäre, um die Einflüsse der Bevölkerung auf den autonomen und induzierten Strukturwandel abzuschätzen, soll in Abschnitt 3.3 versucht werden, Erklärungen für die ökologische Betroffenheit und die Umweltschutzaktivitäten zu geben, indem mit verschiedenen statistischen Verfahren lineare Einflüsse geprüft werden. Im Befragungskonzept sind eine Reihe unabhängiger Variablen diskutiert worden, die aus nutzentheoretischen Überlegungen (Ebene 2b der Tabelle 3.8), aus sozialstrukturellen Hypothesen (Ebene 3b der Tabelle 3.8) und aus wirtschafts- und sozialgeographischen Annahmen im engeren Sinne (Ebene 3a der Tabelle 3.8) abgeleitet worden sind. Der Einfluß dieser Variablen muß systematisch diskutiert werden, um einerseits die Übertragbarkeit bereits bestehender theoretischer Hypothesen für den Unterelberaum zu prüfen und um andererseits alternative Erklärungsmöglichkeiten zu bewerten. Obwohl die Einzelprüfung der möglicherweise erklärenden Variablen ein sehr aufwendiger Vorgang ist, können nur so Bausteine für eine wirtschafts- und sozialgeographische Theorie des Umweltbewußtseins und des umweltentlastenden individuellen Handelns gefunden werden. Als eine Art Zusammenfassung der Ergebnisse wird in Abschnitt 3.4 versucht, komplexe Erklärungen der ökologischen Betroffenheit und des Handelns zu geben. Dafür wird auf multivariate Verfahren zurückgegriffen. Diese erlauben es, eine Rangordnung der einzelnen unabhängigen Variablen aufzustellen, und ermöglichen auf diese Weise, die jeweils beste statistische Erklärung der handlungsbezogenen Variablen zu zeigen. Auf der Grundlage dieser Ergebisse erfolgt abschließend die Diskussion, ob und auf welche Weise sich umweltentlastende Handlungsformen der Bevölkerung stabilisieren und steigern lassen.

3.2 Ökologische Betroffenheit und umweltentlastende Handlungsmuster in Hamburg und im Unterelberaum

3.2.1 Formen des umweltentlastenden Handelns

In der theoretischen Begründung sind zwei Bereiche individueller Umweltschutzaktivitäten als wesentlich herausgestellt worden, die als Manifestationen oder Folgen des ökologischen Konsum- und Konfliktbewußtseins ansprechbar sind. Der erste Bereich umfaßt Handlungen, die direkte Umweltentlastungseffekte erzeugen, beispielsweise durch einen geringeren Ressourcenverbrauch oder eine differenzierte Entsorgung der Haushaltsabfälle. Eine steigende Nachfrage nach weniger umweltbelastenden Produkten führt zu einem veränderten Warenangebot, das sich positiv auf einen umweltentlastenden Strukturwandel auswirkt. Der zweite Bereich wird durch politische Präferenzen der Bevölkerung für staatliche Interventionen in Produktions- und Konsumprozesse begründet. Ohne die Artikulation der häufig außerhalb der Parlamente stehenden Interessen von Einzelpersonen, Bürgerinitiativen und der Ökologiebewegung ist das Heranwachsen dieses Politikbereiches in den letzten beiden Jahrzehnten nicht erklärbar.

Im folgenden Abschnitt werden diese Formen des umweltentlastenden Handelns beschrieben und durch Variablen ergänzt, die die zukünftige Bereitschaft für weitergehende Umweltschutzaktivitäten erfassen. Einbezogen wird auch der perzipierte Einfluß, den die Befragten ihren Aktivitäten zuschreiben, da davon auszugehen ist, daß die umweltentlastenden Handlungen um so kontinuierlicher und intensiver sind, desto größer dieser Einfluß eingeschätzt wird.

Handlungen als Folge des ökologischen Konsumbewußtseins

Die häufigsten Handlungsformen, die sich als Folge eines ökologischen Konsumbewußtseins ergeben können, sind Veränderungen der haushaltsbezogenen Tätigkeiten. Beispiele sind der Einkauf von Nahrungs- und Reinigungsmitteln, der tägliche Verbrauch von eingeschränkt erneuerbaren Ressourcen wie Trinkwaser oder die Abfalltrennung. Für vier analog gestellte Fragen gibt Abb. 3.4 das Antwortverhalten wieder. Frühere Untersuchungsergebnisse, die besagen, daß ca. ein Drittel der Haushalte umweltbewußt einkauft, werden durch die Ergebnisse der Erhebung im Unterelberaum im großen und ganzen bestätigt. Die Kategorie "immer" wird bei-

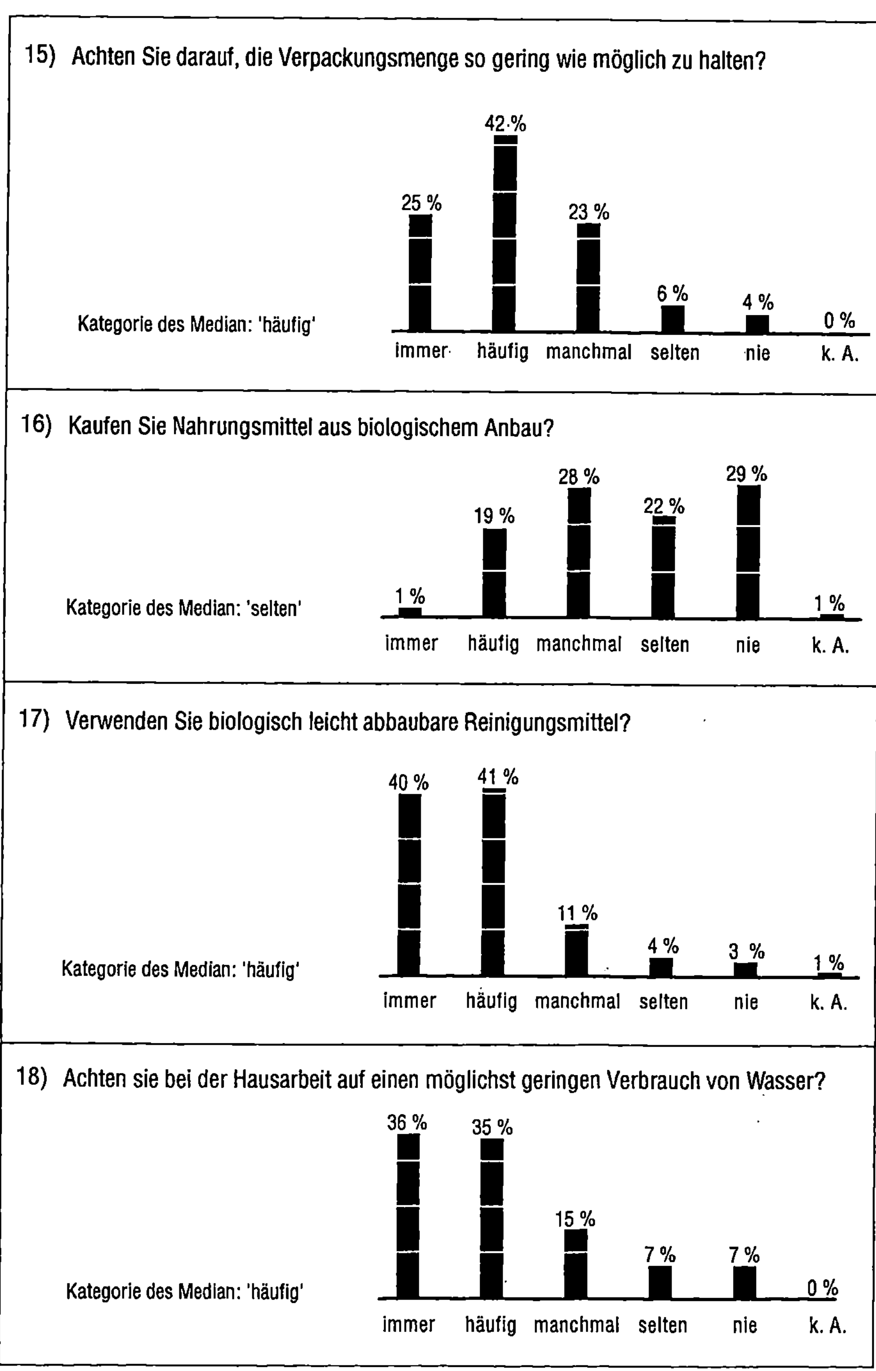

Abb. 3.4: Merkmale des umweltentlastenden Verbraucherverhaltens.

spielsweise bei der Frage nach dem Kauf von biologisch leicht abbaubaren Reinigungsmitteln von gut 40 % der Befragten angegeben. Auch auf die Verminderung des Wasserverbrauchs und auf die Reduzierung der Verpackungsmenge beim Einkauf wird von einem großen Anteil der Befragten geachtet. Bei diesen drei Tätigkeiten gibt es nur noch geringe Potentiale, die für eine zusätzliche Umweltentlastung mobilisiert werden könnten. Anders ist dies beim Konsum von Nahrungsmitteln aus biologischem Anbau. Nur etwa 20 % geben die Kategorie "häufig" an, über 50 % die Kategorien "selten" und "nie".

Tabelle 3.9: Abfalltrennung in Privaten Haushalten im Unterelberaum.
(Haushaltsbefragung 1989, Frage 19, n = 634)

		in %
1	Glas	79
2	Papier/Pappe	75
3	Problemabfälle[1]	30
4	Weißblech/Aluminium	28
5	Organische Abfälle	19
6	Sonstiges (Altkleider,Kunststoffe)	9

[1] u.a. Batterien, Farben und Lacke, Arzneimittel

Ein weiterer Indikator für das ökologische Konsumbewußtsein ist die häusliche Abfalltrennung, die eine Voraussetzung für Recycling-Aktivitäten darstellt. Die Befragung ergab eine Rangfolge für die Aussonderung von Wertstoffen und problematischen Abfallkomponenten, wie sie in Tabelle 3.9 wiedergegeben ist. Altglas und Altpapier werden von der überwiegenden Mehrheit getrennt gesammelt. Für die Entsorgung dieser beiden Wertstoffe besteht auch eine vergleichsweise gute, leicht erreichbare Infrastruktur. Dagegen sind die Anteile der Bevölkerung, die sich mit der zusätzlichen Arbeit einer Abfalltrennung belasten, die über das getrennte Sammeln von Glas und Papier hinausgeht, als eher gering zu bewerten. Als eine Begründung für dieses Ergebnis ist sicherlich die Entsorgungsinfrastruktur anzuführen, die in der Regel schlecht ist. Dadurch wird der Entsorgungsaufwand der zusätzlichen Abfalltrennung entsprechend gesteigert.

In verschiedenen Untersuchungen zur Abfalltrennung wurde der Entsorgungsaufwand in Beziehung zur Erreichbarkeit der Entsorgungsinfrastruktur gesetzt. Dabei ergab sich letztlich, daß die meisten befragten Personen grundsätzlich zu einer weitergehenden Abfalltrennung bereit sind (SRU 1987,S.131). Welche Sammelsysteme bereitzustellen sind, damit diese Bereitschaft umgesetzt wird, ist jedoch eine kontrovers diskutierte Frage (vgl. z.B. Haas u. Lempa 1988; VDI 1988).

Neben den haushaltsbezogenen Aktivitäten ist die Pkw-Nutzung als eine der

Tabelle 3.10: Pkw-Ausrüstungs- und Nutzungsänderung aus Umweltschutzgründen. (Haushaltsbefragung 1989, Frage 20)

		Anzahl der Nennungen[*]	
		abs.	in %
1	Kauf/Einbau eines Katalysators	115	24
2	Kauf eines Pkw der Kategorie 'schadstoffarm'	93	19
3	Kauf eines Diesel-Pkw	49	10
4	Reduzierte Nutzung des Pkw	47	10
5	Sonstiges (Häufigerer Besuch des Kundendienstes u.a.)	8	2
	Veränderte Ausrüstung/Nutzung insg.	284	59
	Keine Änderung	196	41

[*] Mehrfachnennungen möglich

Hauptursachen der Luft- und Bodenbelastung anzusehen. Gleichzeitig ist das Auto ein wichtiges Statussymbol in der Gesellschaft, auf das nur ungern verzichtet wird. Von den 480 Personen der Befragung, die einen Pkw besitzen, haben nach eigenen Angaben 59 % ihre Pkw-Nutzung und Ausrüstung aus Gründen des Umweltschutzes geändert (vgl. Tabelle 3.10).

Die Antwortkategorien und ihre Häufigkeit zeigen, daß nur zwei Änderungen als wirklich umweltentlastendes Handeln interpretiert werden können: der Kauf eines Katalysators als Investition in eine Rückhaltetechnologie und die reduzierte Nutzung des Pkw. Die Befragung zeigt, daß nur der Kauf/Einbau eines Katalysators von einem ähnlich hohen Prozentsatz der Befragten durchgeführt wird, wie die oben beschriebenen haushaltsbezogenen umweltentlastenden Tätigkeiten. Der wichtige Verzicht auf die Pkw-Nutzung dagegen ist bislang von geringer Bedeutung.

Angesichts der bestehenden Umweltprobleme, besonders auch der Verkehrsprobleme, ist an dieser Stelle die Frage von Bedeutung, in welchem Umfang eine Bereitschaft zur Verhaltensänderung besteht. Sie ist hinsichtlich des Konsumentenverhaltens, der Hausarbeit und der Pkw-Nutzung sehr hoch (Tabelle 3.11). Die hohen Prozentanteile belegen, daß eine zusätzliche Bereitschaft für umweltgerechtes Handeln des einzelnen nicht mehr gefördert zu werden braucht. Zur Verbesserung der Umweltsituation ist nahezu jeder bereit, mehr Geld auszugeben, auf bestimmte Produkte zu verzichten, mehr Hausarbeit in Kauf zu nehmen und sogar auf das Auto zu verzichten. Darüber hinaus ist zu berücksichtigen, daß ein Teil derjenigen, die sich zu diesen Fragen ablehnend geäußert haben, bereits ihr Maximum an umweltentlastenden Handlungen erreicht haben und sich zu keiner Steigerung mehr in der Lage sehen. Das gilt, wie wir später sehen werden, insbesondere für kostenintensive Konsumaspekte.

Allerdings ist es in der Verhaltensforschung eine bekannte Tatsache, daß Ein-

Tabelle 3.11:   Bereitschaft zur Änderung des ökologischen Konsumentenverhaltens. (Haushaltsbefragung 1989, Frage 21)

	Anzahl der Nennungen in %
Höhere Ausgaben für umweltschonende Produkte	80
Verzicht auf Produkte mit umweltgefährdenden Eigenschaften	93
Höherer Aufwand bei der Hausarbeit	83
Auf das absolut Notwendige reduzierte Pkw-Nutzung (nur Pkw-Nutzer)	76

stellungsvariablen (die Bereitschaft etwas zu tun) nicht unbedingt mit Handlungsvariablen korrelieren. Sie stehen insbesondere dann nicht in kausaler Beziehung, wenn eine Person den Beitrag, den das eigene Handeln zu einer substantiellen Verbesserung der Umweltsituation leistet, als gering und unwichtig einstuft. Auf die Frage, welchen Beitrag, man als Verbraucher durch sein Verhalten beim Einkauf und bei der Hausarbeit für den Umweltschutz leistet, antworteten annähernd 45 % der Befragten, daß dieser "sehr wichtig" sei. Über 27 % der Befragten wählten die Kategorie "wichtig". Insgesamt messen demnach weit mehr als zwei Drittel der Befragten ihrer Bereitschaft zu mehr Umweltschutzaktivitäten eine hohe Bedeutung bei.

Dennoch bleiben Inkonsistenzen zwischen der Einstellungs- und Handlungsebene bestehen. Sie lassen sich am deutlichsten zwischen der theoretisch formulierten und der praktizierten Nutzungsreduzierung des Pkw aufzeigen: Während 76 % der Befragten die Bereitschaft äußern, ihre Pkw-Nutzung auf das absolut Notwendige zu reduzieren, geben nur 10 % an, daß sie tatsächlich einen entsprechenden Verzicht auf sich nehmen. Diese Differenz ist ein Ausdruck des vorhandenen Bewußtseins, daß der Individualverkehr abnehmen muß und der an sich auch bestehenden Bereitschaft, an verkehrsreduzierenden Maßnahmen mitzuwirken. Ohne äußere Zwänge und Auflagen scheint diese Einstellung aber nicht zu entsprechenden Handlungen zu führen. Hier machen sich die als kognitive Dissonanz bezeichneten Phänomene bemerkbar, die weiter unten durch andere Variablen genauer faßbar werden.

Zum ökologischen Konsumbewußtsein zählt auch die Wahl des Urlaubs- und des Wohnortes. Die Frage, ob bestimmte Urlaubsorte wegen zunehmender Umweltprobleme gemieden werden, wird von 29 % bejaht. Die ehemaligen Urlaubsorte sind in Tabelle 3.12 wiedergegeben. Es sind überwiegend Küstenstandorte an der Nord- und Ostsee sowie am Mittelmeer, die wahrscheinlich wegen der zunehmenden Meeresverschmutzung gemieden werden.

Die letzte Handlungsvariable im Komplex zum Konsumbewußtsein bezieht sich auf die Umzugsabsicht aus Umweltgründen. Von den 114 Personen, die in naher Zukunft umziehen wollen, geben 18 % die lokalen Umweltprobleme als handlungs-

Tabelle 3.12: Wegen zunehmender Umweltbelastung gemiedene Urlaubsgebiete. (Haushaltsbefragung 1989, Frage 43)

		Anzahl der Nennungen[*]	
		abs.	in %
1	Nordsee/Elbe	93	15
2	Mittelmeergebiete	69	11
3	Ostsee	43	7
4	Wintersportgebiete	18	3
5	Sonstiges[1]	27	4
	Insgesamt	185	29

[1] Orte/Gebiete mit Massentourismus und einzelne Städte
[*] Mehrfachnennungen möglich

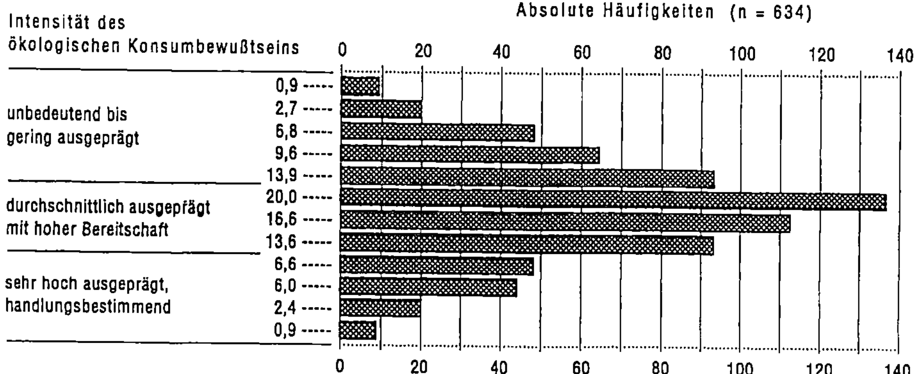

Abb. 3.5: Histogramm des umweltentlastenden Verbraucherverhaltens

leitendes Motiv an. Umweltprobleme sind damit ein ebenso starkes Umzugsmotiv wie berufliche Gründe oder das als mangelhaft empfundene soziale Umfeld.

Die Handlungen, die sich infolge des ökologischen Komsumbewußtseins ergeben, lassen sich zu folgenden Komponenten zusammenfassen, die strukturelle Aspekte beschreiben:

1. Im Bereich des Einkaufens und der Haushaltsführung sind umweltentlastende Handlungsweisen stark verbreitet. Sowohl die Bereitschaft zu entsprechenden Tätigkeiten als auch die durchgeführten Handlungen erreichen Anteile von mehr als 70 % der Befragten. Diese haushaltsbezogenen Aktivitäten werden von den Befragten als sehr wichtig eingestuft, so daß davon auszugehen ist, daß sich umweltentlastende

Verhaltensweisen stabilisieren lassen und mittelfristig solchen Handlungsformen entsprechen, die routinemäßig ausgeübt werden.

2. Das einheitliche Bild wird differenzierter, wenn solche Aspekte des umweltorientierten Handelns betrachtet werden, die nur bei gezielter Informationsbeschaffung und mit einem stark erhöhten Aufwand für die haushälterischen Tätigkeiten realisierbar sind. Beispiele sind der Erwerb von biologisch angebauten Nahrungsmitteln oder die über Glas und Pappe/Papier hinausgehende Abfalltrennung. Letztlich gehört auch der Erwerb eines Katalysators für den Pkw zu den weniger üblichen, weitergehenden Maßnahmen.

3. Die häufig beschriebene Distanz zwischen Bereitschaft und tatsächlichem Handeln wird in der Befragung am deutlichsten bei der reduzierten Nutzung des Pkws, für die zwar eine hohe Bereitschaft besteht, die aber nur von einem kleinen Anteil der Befragten tatsächlich praktiziert wird. Die Differenz beträgt immerhin 66 Prozentpunkte und markiert die Schwierigkeit, diese umweltbelastende Handlungsweise zu fördern.

4. Eine weitere Folge der Wahrnehmung von Umweltgefahren ist die veränderte Standortwahl für das Wohnen oder für den Urlaub, die bei jedem dritten Befragten festgestellt werden konnte. Im Unterschied zu den vorher angesprochenen Verhaltensaspekten steht hier die Präferenz im Vordergrund, sich lokalen Umweltproblemen nicht länger auszusetzen. Diese Handlung impliziert keine direkte Umweltentlastung.

Um Erklärungsansätze für die angesprochenen Handlungsmuster zu gewinnen, werden die Merkmale zu zwei Konstruktvariablen zusammengefaßt. Die erste Variable (KONSUM) beinhaltet die auf Einkauf, Hausarbeit und Pkw-Nutzung ausgerichteten Merkmale. Berücksichtigt wird auch die Informationsbeschaffung und die über den Kauf/Einbau eines Katalysators vollzogene Umweltschutzinvestition. Die über eine Likert-Skala gewonnene neue Variable ist normalverteilt und daher für weitergehende statistische Verfahren geeignet (Abb. 3.5). Die zweite Konstruktvariable (ABWANDER) kennzeichnet die 'Exit-Option' von Hirschman und berücksichtigt als 'Abstimmung mit den Füßen' den Wechsel des Wohn- bzw. des Urlaubstandortes aus Umweltgründen. Diese Variable hat dichotome Ausprägungen.

Handlungen als Folge des ökologischen Konfliktbewußtseins

Die Umweltpolitik kennzeichnet einen Bereich, in dem das politisch-administrative System der BRD zumindest latent in einer Legitimationskrise steht. Das ist die Quintessenz der Beantwortung der Fragen über das Interesse an und der Zufriedenheit mit diesem Politikbereich. Die Antworten sind in ihrer Eindeutigkeit kaum zu

156

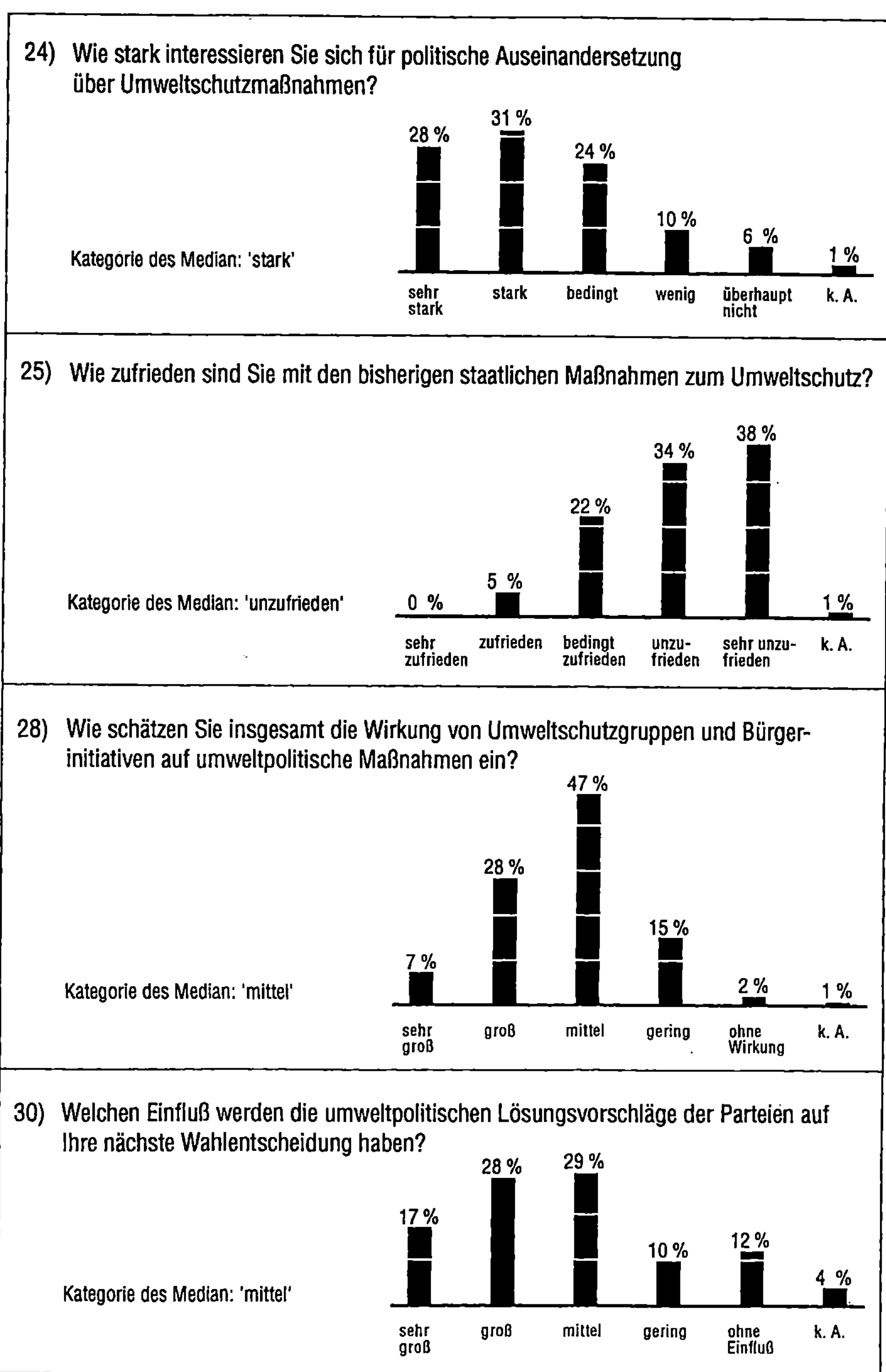

Abb. 3.6:   Merkmale des umweltentlastenden Konfliktverhaltens

übertreffen. Das Interesse an politischen Auseinandersetzungen wird von über 50 % der Befragten als 'sehr stark' oder 'stark' bezeichnet (vgl. Abb. 3.6). Eine derartige Aufmerksamkeit finden andere öffentliche Themen selten. Ebenso eindeutig fällt die Beurteilung der bisherigen staatlichen Maßnahmen zum Umweltschutz aus. Die negativste Kategorie 'sehr unzufrieden' wird am häufigsten genannt. Das große Interesse der Bevölkerung trifft auf eine Politik, die als ausgesprochen defizitär empfunden wird. Dementsprechend hoch ist der Anteil der Befragten, die politisch aktiv geworden sind: Etwa 64 % haben sich an einer der in Tabelle 3.13 zusammengestellten Protesthandlungen beteiligt. Die Aktivitäten sind im Fragebogen mit Absicht in dieser Reihenfolge abgefragt worden, die von der 'bloßen' Geldspende zu immer arbeitsaufwendigeren und konfliktträchtigeren Handlungen reicht und zunehmendes Engegement zeigt. Angenommen wurde eine abnehmende Beteiligung der Befragten an Aktivitäten entlang der Reihenfolge; dieses hat sich außer bei den beiden ersten Kategorien auch bestätigt. Dennoch bleibt es bemerkenswert, daß jede(r) Fünfte bereits an umweltpolitischen Veranstaltungen teilgenommen hat und 15 % der Befragten dauerhaft aktiv sind.

Tabelle 3.13:   Aus Umweltschutzgründen motivierte politische Aktivitäten der Bevölkerung. (Haushaltsbefragung 1989, Frage 26)

	Anzahl der Nennungen[*]	
	abs.	in %
Spende für Umweltschutzverbände	189	30
Teilnahme an einer Unterschriftenaktion	313	49
Teilnahme an Versammlungen/Bürgeranhörungen	141	22
Teilnahme an Protestaktionen/Demonstrationen	125	20
Mitarbeit in Initiativen/Vereinen/Verbänden	95	15
Keine Aktivität	225	36

[*] Mehrfachnennungen möglich

Sehr hoch ist ebenfalls die Bereitschaft, sich zukünftig an Aktionen von Umweltgruppen und Bürgerinitiativen zu beteiligen, sie wird von über 52 % der Befragten geäußert. Nur 26 % antworten ablehnend. Damit ist das Mobilisierungspotential für umweltschutzbezogene politische Aktivitäten sehr hoch, die Popularität von Organisationen wie Greenpeace oder dem BUND unterstreicht dieses Ergebnis. Allerdings wird der Einfluß von Umweltschutzgruppen als weniger stark bewertet als etwa die Bedeutung des individuellen Beitrags zur Umweltentlastung im Konsumbereich (Abb. 3.6, Frage 28). Die Bereitschaft zur politischen Mitwirkung an außerparlamentarischen Aktivitäten muß daher in diesem Fall stärker mit dem perzipierten Einfluß der

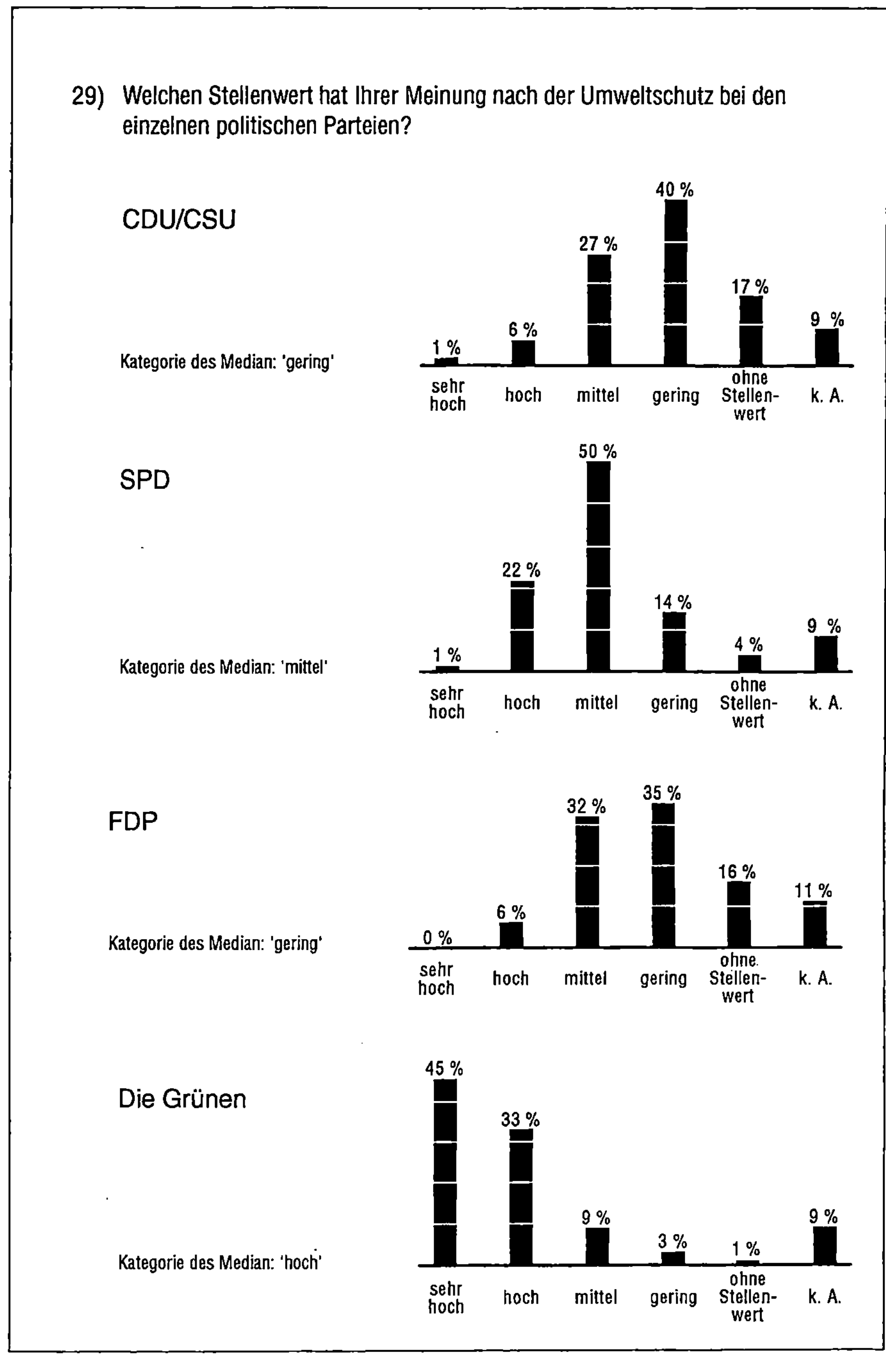

Abb. 3.7:   Stellenwert des Umweltschutzes bei den politischen Parteien.

Umweltschutzgruppen in Beziehung gesetzt werden. Diese Annahme beinhaltet aber nicht, daß diejenigen, die politisch aktiv sind, den Einfluß 'ihrer' Arbeit höher einschätzen, als diejenigen, die keine Aktivitäten aufweisen. Der perzipierte Einfluß ist nur schwach mit der Anzahl der Protestaktivitäten assoziiert.

In repräsentativen Demokratien sind Wahlen die 'normale' Form der politischen Partizipation zur Veränderung umweltpolitischer Maßnahmen. Die dort artikulierten Präferenzen für oder gegen Programme der Parteien sollen die politische Willensbildung steuern und einer legitimierten Regierung zur politischen Macht verhelfen. In zwei Fragen ist versucht worden, diesen Prozeß transparent zu machen. Ziel war es nicht, demoskopisch relevante Ergebnisse zu erarbeiten, die zur konkreten Prognose für kommende Wahlen verwendet werden können, wie z. B. die häufig gestellte 'Sonntagsfrage'. Intendiert war vielmehr die Ermittlung eines Indikators, der die Relevanz parteipolitischer Maßnahmen für die individuelle Wahlentscheidung wiedergibt.

Über 45 % der Befragten geben an, daß umweltpolitische Lösungsvorschläge der Parteien einen "sehr großen" bzw. "großen" Einfluß auf ihre nächste Wahlentscheidung haben werden (Abb. 3.6). Gleichzeitig weisen immerhin 22 % der Umweltpolitik nur "geringen" und "überhaupt keinen" Einfluß zu. Die auf diese Weise ermittelte Bedeutung der Umweltschutzpolitik für die Wahlentscheidung der Befragten weist zusammen mit der Bewertung der Parteien eindeutige Beziehungen auf (Abb. 3.7).

Die Assoziationsmatrix zeigt entsprechende Verbindungen auf (Tabelle 3.14a): Danach korreliert eine hohe Bedeutung der Umweltpolitik für die Wahlentscheidung negativ mit der Bewertung der CDU/CSU und der FDP bzw. positiv mit der Bewertung der Grünen. Entsprechend korrelieren die Parteien auch untereinander. Die CDU/CSU wird umweltpolitisch eng mit der FDP verbunden, im schwächeren Maße auch mit der SPD, nicht aber mit den Grünen. Die Regierungsparteien der Bundeskoalition der Wahlperiode, in der die Befragung stattfand (1986-1990), sind sich somit zumindest in diesem Politikbereich aus der Sicht der Bevölkerung sehr ähnlich und vergleichsweise wenig um die Lösung der Umweltfrage bemüht. Zur SPD gibt es Unterschiede. Es wird sowohl eine Tendenz zu den Regierungsparteien deutlich, die die SPD als konventionelle Partei kennzeichnet, als auch eine Verbindung zu den Grünen. In der umweltpolitischen Bewertung liegt die SPD somit auf der Schnittstelle zwischen der negativen Einschätzung der CDU/CSU-FDP einerseits und der sehr positiven Bewertung der Grünen andererseits.

Eine Modellrechnung zeigt die wahrscheinliche Wahlentscheidung vor dem Hintergrund der Umweltfrage auf. Sie geht von der Annahme aus, daß die Wahlentscheidung ausschließlich durch die umweltpolitische Bewertung der Parteien

Tabelle 3.14: Umweltpolitik und Wahlentscheidung.
(Haushaltsbefragung 1989, Fragen 29 und 30)

a) Assoziations- und Korrelationskoeffizienten zwischen der umweltpolitischen Bewertung der Parteien und der Bedeutung der Umweltpolitik für die Wahlentscheidung[1]

	CDU/CSU	FDP	SPD	Grüne	Bedeutung
CDU/CSU	1,00	0,75	0,40	0,08	-0,16
FDP	0,89	1,00	0,46	0,19	-0,10
SPD	0,50	0,59	1,00	0,40	0,08
Grüne	0,10	0,24	0,57	1,00	0,26
Bedeutung	-0,21	-0,14	0,09	0,30	1,00

[1] Oberhalb der Diagonalen: Produkt-Moment-Korrelationskoeffizient nach Pearson, unterhalb der Diagonalen: Gamma-Koeffizient

b) Wahlentscheidung bei ausschließlicher Berücksichtigung der Umweltpolitik: Modellrechnungen mit der Frage: Welche Partei gibt der Umweltschutzpolitik den höchsten Stellenwert?[2]

ba) berücksichtigt alle Befragten, unabhängig von der Bedeutung dieser Frage für die Wahlentscheidung:

	CDU	FDP	SPD	Grüne	Unent-schieden	Anteil an Stichprobe
1. Priorität	1,4	0,3	5,0	78,3	15,0	100,0
2. Priorität	3,0	5,2	46,2	4,4	41,2	100,0

bb) berücksichtigt nur die Befragten, die der Umweltpolitik mindestens 'große' Bedeutung beimessen:

	CDU	FDP	SPD	Grüne	Unent-schieden	Anteil an Stichprobe
1. Priorität	0,4	0,3	1,7	39,5	3,0	45,0
2. Priorität	1,4	2,7	28,0	1,7	11,2	45,0

bc) berücksichtigt nur die Befragten, die der Umweltpolitik 'sehr große' Bedeutung beimessen:

	CDU	FDP	SPD	Grüne	Unent-schieden	Anteil an Stichprobe
1. Priorität	0,2	0,1	0,9	15,0	0,8	16,9
2. Priorität	0,3	1,4	11,1	0,8	3,3	16,9

[2] alle Angaben in %

determiniert wird, d.h. daß eine Wahl nur nach dem Gesichtspunkt entschieden wird, welchen Stellenwert der Umweltschutz bei den einzelnen Parteien hat. In Tabelle 3.14b wird versucht, entsprechende Wählerpotentiale abzuleiten. Sie sind in der Tabelle als erste Priorität wiedergegeben. Die Angaben unter (ba) geben die Stimmenanteile wieder, die die Parteien erhalten würden, wenn der perzipierte Stellenwert, den die Umweltpolitik bei den Parteien einnimmt, unmittelbar die Wahlentscheidung bestimmen würden. Über 78 % der Bevölkerung räumen dann den Grünen ein, für diese Frage die höchste Aufmerksamkeit zu besitzen.

Unter (bb) und (bc) sind die entsprechenden Anteile unter der Bedingung der jeweiligen Bedeutung der Umweltproblematik für die eigene Wahlentscheidung wiedergegeben. Diese hat für 45 %, also fast die Hälfte der Befragten, mindestens einen 'großen' Stellenwert (bb). Für demoskopische Zielsetzungen aufschlußreich sind die Angaben unter (bc). Die Verteilung derjenigen, die den Einfluß der umweltpolitischen Lösungsvorschläge der Parteien als 'sehr groß' bezeichen (16,9 %), kann mit dem Wählerpotential der Grünen in etwa gleichgesetzt werden. Es beträgt im gesamten Untersuchungsraum etwa 15 % der Wahlberechtigten. Daß derartige Kompetenz- und Sympathiebekundigungen aber nicht unmittelbar zur tatsächlichen Wahl einer Partei führen müssen, zeigen am Beispiel der Wahlentscheidung für oder gegen die Grünen Brand und Honolka (1987) auf. Für weitere Analysezwecke kann davon ausgegangen werden, daß die Stärke des Einflusses, den die Umweltpolitik auf die Wahlentscheidung hat, stark positiv mit der Wahl der Grünen korreliert.

Zusätzlich ist eine zweite Priorität abgeleitet worden. Sie kennzeichnet diejenige Partei, die der Umweltproblematik nach Ansicht der Befragten den zweithöchsten Stellenwert beimißt. Diese Berechnung verfolgt das Ziel, die Verteilung der Wahlpräferenzen, abgesehen von der dominierenden Einstellung für die Grünen, zu ermitteln. Merklich erhöhen sich die Anteile der SPD und der Unentschiedenen, während auch in der zweiten Priorität die Anteile für die Regierungsparteien nur unwesentlich steigen.

Zusammenfassend läßt sich sagen, daß hohe umweltpolitische Präferenzen bei der Wahlentscheidung primär den Grünen zugute kommen. Diese Partei hat im Untersuchungsraum ein Wählerpotential von ca. 15 %. Mit einigem Abstand folgt die SPD, auch sie kann bei Wahlen von der Umweltfrage profitieren. Da sie bedeutende Anteile erst in der zweiten Priorität erhält, wird für eine Wahlentscheidung für die SPD die Kopplung des Umweltschutzes mit anderen entscheidungsrelevanten Wahlthemen wichtig, beispielsweise die Verbindung der Umweltproblematik mit sozialen Aspekten oder der Beschäftigungspolitik. Die Regierungsparteien des Bundes können sich dagegen von der Umweltfrage nur sehr geringe Stimmenvorteile erhoffen.

Insgesamt lassen sich Folgen des ökologischen Konfliktbewußtseins in drei Bereiche unterscheiden:

1. Nahezu zwei Drittel der Befragten beteiligen sich an solchen Aktivitäten, die organisierte Umweltinteressen unterstützen, um damit an umweltpolitischen Entscheidungen teilzuhaben oder um auf diese Weise gegen (unterlassene) Maßnahmen zu protestieren. Die Verteilung der Aktivitäten weist auf die Wirkung von Opportunitätskosten hin, d.h. je aufwendiger die Handlungen werden, desto seltener werden sie praktiziert. Dennoch ist der Organisationsgrad der Befragten mit 15 % und die Teilnahme an außerparlamentarischen Oppositionsformen mit 20 % als hoch zu bewerten.

2. Dieses Protestpotential wird auch zukünftig bestehen bleiben, obwohl die fortgesetzte Handlungsbereitschaft im politischen Bereich mit dem perzipierten Einfluß gewichtet werden muß, den die Befragten der Ökologiebewegung beimessen, und der als eher "mittelmäßig" eingeschätzt wird. Hier wird ein Unterschied zum ökologischen Konsumbewußtsein deutlich, für das inzwischen eine dauerhafte und stabile Motivation vorliegen dürfte.

3. Der Einfluß umweltpolitischer Präferenzen auf die Wahlentscheidung kann über die Befragung nur vereinfacht aufgezeigt werden. Gemessen an den durchschnittlichen Wahlergebnissen wird hier der Einfluß auf eine Wahlentscheidung zugunsten der Grünen überschätzt, umgekehrt verhält es sich mit der CDU/CSU. Dennoch bleibt diese lineare Kausalitätsbeziehung ein wichtiger Handlungsaspekt, denn er kennzeichnet das umweltpolitische Legitimationsdefizit der konventionellen Parteien und potentielle Wählerwanderungen zu den Parteien, die umweltpolitisch als kompetent und konsequent angesehen werden.

Zur weiteren Analyse werden drei Konstruktvariablen gebildet: Die erste Variable kennzeichnet die politische Partizipation (PROTEST). Sie ist für den weiteren Verlauf der Untersuchung die wichtigste, weil sie eine direkte Handlungsform wiedergibt. Die zweite Konstruktvariable charakterisiert das zukünftige Handlungs- und Protestpotential, das mit dem Einfluß gewichtet wird, der der Ökologiebewegung zugeschrieben wird; die dritte beinhaltet die wahlpolitische Bedeutung des Umweltschutzthemas.

Akzeptanz weitreichender umweltpolitischer Maßnahmen

Bei der Beschreibung der Handlungen, die als Folge des ökologischen Konsum- und Konfliktbewußtseins ausgeführt werden, ist die Ebene der Handlungsbereitschaft bereits mit eingeflossen. Da bekannt ist, daß zwischen Einstellung und Handeln die aus Theoremen der kognitiven Dissonanz ableitbaren Distanzen liegen, sind weitere Variablen zur Ermittlung der persönlichen Akzeptanz weitreichender politischer Entscheidungen aufgenommen worden. Für den Fragebogen wurden Formulierungen gewählt, die eventuelle Konsequenzen dieser politischen Entscheidungen möglichst eindeutig herausstellen.

Unabhängig von der Diskussion, ob die in den Fragen angedeuteten individuellen und politischen Konsequenzen notwendig und sinnvoll sind, ist die Bereitschaft zu solchen sehr weitgehenden Maßnahmen als außerordentlich hoch zu bewerten (Tabelle 3.15). Am verständlichsten ist dies bei der Frage nach Produktverboten, denn es läßt sich leicht vorstellen, daß sich daraus ergebende Einschränkungen wegen des differenzierten Warenangebots kompensiert werden können. Auf einem ähnlich hohen

Niveau liegt die Zustimmung dazu, dem Umweltschutz in Konfliktfällen Priorität einzuräumen. Auch die häufig von Umweltverbänden geforderte räumliche Ausdehnung der Naturschutzgebiete auf mindestens 10 % der Fläche der BRD erhält eine klare Zwei-Drittel-Mehrheit.

Etwas geringer fällt die Zustimmung zu Aussagen aus, die weitreichende persönliche Konsequenzen implizieren. Dennoch ergibt sich eine hohe Akzeptanz dafür, solche Betriebe zu schließen, von denen starke Belastungen für die Umwelt ausgeht. Sogar die Möglichkeit der eigenen Kündigung wird von nahezu der Hälfte der Befragten als Handlungskalkül einbezogen. Betriebsschließungen und Kündigungen werden auch dann mehrheitlich akzeptiert, wenn nur die Erwerbstätigen betrachtet werden. Ein Grund für dieses Ergebnis sind die Antworten der im tertiären Sektor Beschäftigten, die von solchen Maßnahmen direkt nicht betroffen wären; aber auch die Industriebeschäftigten stimmen Betriebsschließungen mit 56 % und der eigenen Kündigung mit 38 % zu und liegen damit nur unwesentlich unter dem Befragungsdurchschnitt. Ebenfalls sehr hoch ist die Akzeptanz der als Zahlungsbereitschaft bezeichneten zusätzlichen Besteuerung der Personen und Haushalte.

Tabelle 3.15: Einstellungen zur Akzeptanz und Handlungsbereitschaft für weitreichende umweltpolitische Maßnahmen.
(Haushaltsbefragung 1989, Frage 32, 33, 41, 46, Angaben in %, n = 634)

	ja	nein	w.n.k.A.	
Produktverbot auch bei nicht absehbaren Konsequenzen für die Verbraucher	80	2	15	4
In Konfliktfällen Priorität für den Umweltschutz vor anderen Nutzungen	78	13	8	1
Widmung von mindestens 10 % der Gesamtfläche der BRD für den Naturschutz	75	18	7	1
Zustimmung zu Betriebsschließungen, auch wenn Arbeitsplätze verloren gehen	62	30	4	4
Einkommensverzicht für Umweltpolitik (Zahlungsbereitschaft)	60	38	-	2
Eigene Kündigung wegen Nichtakzeptanz betrieblicher Umweltprobleme	47	42	4	7
Bedeutungslosigkeit der Atomkraftwerke für die Energieversorgung	40	30	27	3

Die größte Unsicherheit wird bei dem Problem der Atomkraftwerke offenbar, das zu den stärksten Auseinandersetzungen und zu einer Polarisierung der Gesellschaft geführt hat. Dennoch kann auch die als 'Abschalten der Atomkraftwerke' populäre Forderung auf Zustimmung bauen. Die weitere Auswertung der Einstellungen zur Handlungsbereitschaft basiert auf diesen Fragen, die zu einer Konstruktvariablen (AKZEPTANZ) zusammengefaßt werden. Sie entsteht aus der Addition der Zustimmungen zu den in Tabelle 3.15 aufgeführten Maßnahmen und nimmt daher einen Wert zwischen 0 und 7 an. Die Akzeptanz solcher politischer Maßnahmen, die einen erheblichen Eingriff in individuelle Lebenszusammenhänge implizieren, liegt damit zwischen 0 = "nicht vorhanden" und 7 = "sehr hohe soziale Akzeptanz".

3.2.2 Die Wahrnehmung des Umweltrisikos und die Bewertung der Umweltsituation

Eine Erklärung für die aufgezeigten Handlungsmuster liegt nahe: individuelle Umweltschutzaktivitäten sind eine mehr oder weniger direkte Folge der persönlichen Gefahrenwahrnehmung und Risikobewertung. Wenn es gelänge, entscheidungsrelevante Faktoren der Umweltwahrnehmung zu isolieren, müßte mit ihnen die Verschiedenheit bzw. die Varianz des umweltorientierten Handelns erklärbar sein. Auf dieser Grundlage könnten auch Prognosen hinsichtlich der Wirkung dieser Handlungen auf den regionalen Strukturwandel erfolgen.

Bei der Erläuterung des Wirkungsmodells ist allerdings auf den intervenierenden Einfluß anderer Variablen aufmerksam gemacht worden, insbesondere solcher, die die soziale Einbettung des umweltorientierten Handelns beschreiben. Da jedoch im folgenden Abschnitt primär die Abhängigkeit des Handelns von der Umweltwahrnehmung interessiert, werden diese intervenierenden Variablen zunächst ausgeblendet und allein der Einfluß von Gefahrenwahrnehmung und Risikobewertung geprüft. Weiterhin ist davon auszugehen, daß räumliche Unterschiede modifizierend wirken. Auch sie werden dargestellt, die Frage jedoch, ob hier Regelmäßigkeiten zu finden sind, die auf bestimmbare und verallgemeinerbare Raumstrukturen zurückzuführen sind, bleibt zunächst unberücksichtigt.

Umweltprobleme aus der Sicht der Bevölkerung

Repräsentativerhebungen belegen bereits seit einigen Jahren, daß die Umweltfrage nach Meinung der Bevölkerung zu den größten gesellschaftlichen Problemen gehört. Meinungsbildend sind gleichermaßen Merkmale der 'Nicht-Erfahrung', wie z.B. der Treibhauseffekt, sowie der individuellen Beobachtung und der direkten Erfahrung von Gefährdungen und Beeinträchtigung im unmittelbaren Lebensraum. Um eine Differenzierungsmöglichkeit zwischen allgemeinen/globalen und konkreten/regionalen Umweltproblemen zu erhalten, sind im Fragebogen zwei offene Fragen verwendet worden (Frage 7 und 10), die versuchen, diese Maßstabsabhängigkeit zu erfassen. Nach einer Zusammenfassung der Antworten in zwölf Kategorien, die nicht alle eindeutig zu unterscheiden sind, haben die in Tabelle 3.16 aufgelisteten Probleme große Bedeutung.

Es gibt einige bemerkenswerte Unterschiede bei der Beantwortung der beiden Fragen. Hervorzuheben ist zunächst, daß fast alle Befragten allgemeine Umweltprobleme benennen können. Nur 4 % sind der Meinung, daß es keine Probleme gibt.

Dieser Anteil steigt aber auf beachtliche 28 %, wenn die lokale bzw. regionale Situation angesprochen wird. Gleichzeitig ist der Anteil der Mehrfachnennungen bei den lokalen Problemen geringer als bei den allgemeinen.

Die Reihenfolge der Umweltprobleme zeigt aufschlußreiche Unterschiede: Zwar sind die generellen Kategorien Wasser- und Luftverschmutzung in beiden Verteilungen dominant, daneben aber werden auf der allgemeinen und globalen Ebene Probleme als besonders wichtig bezeichnet, die im Zusammenhang mit der Diskussion über Klimaveränderungen stehen oder die den in den Medien stark thematisierten 'Müllnotstand' betreffen. Diese spielen dagegen als konkret erfahrbare Probleme kaum eine Rolle. Ähnliches gilt für solche Bodenbelastungen, die überwiegend auf die Landwirtschaft zurückzuführen sind und für das Waldsterben. Umgekehrt verhält es sich hinsichtlich der Gefahreneinschätzung der Atomkraftwerke, der Kfz-Emissionen, der Nahrungsmittelbelastungen sowie der regional ansässigen Industriebetriebe. Sie charakterisieren die regional spezifischen Umwelt-Problemerfahrungen, die allerdings in Relation zu den allgemeinen Gefährdungen als vergleichsweise weniger wichtig beurteilt werden.

Beziehungen zwischen Umweltproblemen und Informationsquellen

Grundlegende Untersuchungen, die am Beginn der Entwicklung des wahrnehmungsgeographischen Ansatzes der Geographie standen (zur Entwicklung vgl. Höllhuber 1982), haben immer wieder die Bedeutung der Informationsanreize betont: sie geben auch für den hier thematisierten Wirkungszusammenhang den entscheidenden Impuls. Besteht bereits eine gewisse Sensibilität für das Problem der Umweltverschmutzung, kann eine eventuelle Handlungsstrategie die Suche nach weiteren Informationen sein, die es der Person ermöglichen, sich ein 'Bild' über ein Problem zu machen bzw. die diffuse Umweltgefahr in ein kalkulierbares Risiko zu überführen. In einem solchen Fall vermischen sich originäre Informationsreize und mehr oder weniger gezieltes Suchverhalten.

Bei der Bildung eines Umweltbewußtseins wird den Massenmedien unter den denkbaren Informationsquellen die zentrale Rolle zugeschrieben (Kaase 1985). In seinem Entwurf der Risikogesellschaft verwendet Beck (1986) die suggestive Kategorie der 'Nicht-Erfahrung aus zweiter Hand'. Dies ist eine sprachliche Umschreibung für zwei Aspekte der Umweltgefahren: Erstens sind sie meist nur kognitiv erfaßbar, entziehen sich also weitgehend der sinnlichen Wahrnehmung. Zweitens wird der Erkenntnisprozeß von 'Meinungsmachern' gesteuert und ist daher leicht manipulierbar. Träfen solche Auffassungen allgemein zu, würden sich

Tabelle 3.16:   Allgemeine und regionale Umweltprobleme aus der Sicht der Bevölkerung des Unterelberaumes.
(Haushaltsbefragung 1989, Frage 7 und 10)

a) Allgemeine Umweltprobleme[*]			b) Lokale/Regionale Umweltprobleme[*]		
Rang	Anzahl der Nennungen		Rang	Anzahl der Nennungen	
	abs.	%		abs.	%
1. Wasserverschmutzung[1]	344	54	1. Wasserverschmutzung[1]	172	27
2. Luftverschmutzung[2]	305	48	2. Luftverschmutzung[2]	169	27
3. Klimaveränderung i.w.S.[3]	201	32	3. Atomkraftwerke[6]	98	15
4. Abfall[4]	131	21	4. Verkehr/Abgase[12]	90	14
5. Lärmbelästigungen[5]	86	14	5. Lärmbelästigungen[5]	67	11
6. Radioaktivität[6]	73	12	6. Nahrungsmittelbelastungen[13]	66	10
7. Bodeneinträge (Landw.)[7]	58	9	7. Nahe gelegene Industrie[11]	39	6
8. Waldsterben[8]	45	7	8. Klimaveränderung i.w.S.[3]	32	5
9. Chemisierung[9]	38	6	9. Grundstoffind. (Chemie)[10]	26	4
10. Industrielle Emissionen[10]	33	5	10. Bodeneinträge (Landw.)[7]	23	4
11. Verkehr/Abgase[12]	33	5	11. Abfall[4]	11	2
12. Nahrungsmittelbelastungen[13]	15	2	12. Waldsterben[8]	8	1
Keine Nennung	22	4	Keine Nennung	179	28
Eine Nennung	114	18	Eine Nennung	194	31
Zwei Nennungen	264	42	Zwei Nennungen	185	29
Drei u.m. Nennungen	234	37	Drei u.m. Nennungen	76	12
	634	100		634	100

[*] Mehrfachnennungen möglich

Häufig genannte Einzelprobleme:

[1] Grundwasser- und Trinkwasserverschmutzung, Situation der Flüsse und Meere (insb. Elbe und Nordsee), Tankerunfälle mit Ölpest, Verklappungen im Meer
[2] Luftverschmutzung, Smog
[3] Klimaveränderung, Ozonloch, FCKW, CO_2, Treibhauseffekt, Regenwaldzerstörung
[4] Industrie-, Haus-, Kunststoff- und Giftmüll, Verpackungsmaterialien, Deponien
[5] Lärm, Tiefflieger, Verkehrslärm
[6] Atomindustrie, Atomkraftwerke, radioaktiver Müll, Atombombentests; bei b) überwiegend Atomkraftwerke
[7] Überdüngung, Gülleausbringung, Pestizide
[8] Baum- und Waldsterben
[9] Chemische bzw. künstliche Stoffe in der Umwelt, Chemieprodukte
[10] Industrielle Emissionen, überwiegend bezogen auf die chemische Industrie
[11] Emissionen bestimmter nahegelegener Industriebetriebe
[12] Abgase und Gestank der Kraftfahrzeuge
[13] Gifte in der Nahrung

Untersuchungen über die Gefahrenwahrnehmung der Individuen eigentlich erübrigen. Vielmehr käme es lediglich darauf an, die Struktur der Berichterstattung über Umweltprobleme in den Medien zu verfolgen und daran anknüpfend die Methoden der Informationsverarbeitung des einzelnen zu analysieren. Auf diese Weise scheint auch der SRU vorgegangen zu sein, wenn er vom 'Durchschlagen' bestimmter Informationsaspekte spricht (Abschnitt 1.1) und eine derart informierte Öffentlichkeit von der Mitbestimmung über Umweltpolitik ausschließen möchte.

Diese Bemerkungen machen deutlich, daß sich mit der Informationsfrage eine Reihe von wichtigen Aspekten verbinden. In der Befragung sind die Informationsquellen differenziert ermittelt worden, um die Bedeutung der unterschiedlichen Medien zu bestimmen. Tabelle 3.17 gibt die quantitative Verteilung der Mediennutzung wieder und stellt außerdem eine Beziehung her zwischen den genutzten Medien, also der Informationsgrundlage, und den genannten Umweltproblemen. Es ist kaum überraschend, daß Zeitungen und das Fernsehen mit jeweils über 50 % eindeutig die wichtigsten Informationsträger für die Bevölkerung sind. Kurzberichte, 'Headlines', aber auch Kommentare und Erläuterungen erreichen mit großem Abstand die meisten Menschen. Damit ist aber noch nicht beantwortet, ob die Gefahrenwahrnehmung allein durch diese Art der Informationsverbreitung geprägt wird bzw. ob spezifische Umweltprobleme auf diese Weise 'durchschlagen'.

Um an dieser Stelle weiterzukommen, wurde zwischen Umweltproblem und Informationsquelle eine Assoziationsprüfung durchgeführt, die in der Erläuterung der Tabelle 3.17 näher beschrieben ist. Mit dieser Prüfung sollte untersucht werden, ob sich die Bevölkerung im Unterelberaum über regionale Umweltprobleme anders informiert als über allgemeine und ob die Nutzung von Informationsquellen räumlich differiert. Auch wenn zunächst nur der erste Aspekt betrachtet wird, zeigt Tabelle 3.17 einige interessante Ergebnisse auf.

Nach dem Assoziationsmuster zwischen den Informationsquellen und Umweltproblemen können sieben Gruppen unterschieden werden, die sich auf unterschiedliche Art über Umweltprobleme informieren. Sie sind in Tabelle 3.18 zusammengefaßt.
1. Die größte Gruppe sind solche Personen, die Informationen über Umweltprobleme durch die Massenpresse wie 'Bild' oder 'Morgenpost', oder über das Fernsehen bekommen. Mit quantitativ geringerem Anteil stellt auch der Hörfunk ein entsprechendes Informationsmedium dar. Diese Gruppe macht gut 40 % der Stichprobe aus.

2. Zahlreiche Assoziationen zwischen den Informationsquellen und Umweltproblemen ergeben sich bei den überregionalen Tageszeitungen und den wöchentlich erscheinenden Zeitschriften und politisch orientierten Magazinen wie 'Die Zeit' oder der 'Spiegel'. Zu den Umweltproblemen, die hier nicht überdurchschnittlich häufig

Tabelle 3.17:   Umwelt-Informationsquellen.
(Haushaltsbefragung 1989, Fragen 10 und 14)

Informationsquelle	Anzahl der Nennungen abs.	in %	Umweltprobleme 1	2	3	4	5	6	7	8	9	10	11	12
Zeitungen	336	53												
Massenpresse	122	19	-	-	-	-	-	-	3	-	-	-	-	-
Regionale Tageszeitungen	136	21	-	-	-	3	-	-	-	-	-	2	2	-
Überregionale Tageszeitungen	70	11	-	3	-	1	2	2	-	-	-	4	-	-
Wochenzeitung	80	13	-	4	-	4	-	-	-	-	-	-	-	-
Zeitschriften	60	10												
Umweltmagazine	29	5	-	1	-	-	-	3	-	-	-	-	1	-
Fachzeitschriften/Bücher	34	5	-	-	-	2	-	5	-	-	-	-	-	-
Informationsmaterialien	58	9												
Infos der Umweltverbände	46	7	1	5	1	-	-	1	2	-	2	3	-	-
'Offizielle' Materialien	16	3	-	-	-	-	-	-	1	-	1	1	-	-
Fernsehen	335	53												
Nachrichten/Magazine	133	21	-	2	-	-	-	-	-	-	-	-	-	-
Regionalprogramm	20	3	-	-	-	-	-	-	-	-	-	-	-	-
Hörfunk	96	15												
Regionalprogramm	22	4	-	-	-	-	-	-	-	-	-	-	-	-
Persönliche Kommunikation	94	15												
Arbeits-/Ausbildungsstätte	33	5	-	-	-	-	-	-	-	2	-	-	-	-
Familie/Freunde/Nachbarn	59	9	-	-	-	-	-	4	-	1	-	-	-	-
Persönliche Erfahrung	40	6	-	-	-	-	1	-	-	-	-	-	-	-
Keine Nennung	10	2												
Eine Nennung	179	28												
Zwei Nennungen	263	42												
Drei u. m. Nennungen	182	29												

1	Wasserverschmutzung	2	Luftverschmutzung
3	Atomkraftwerke	4	Verkehr/Abgase
5	Lärmbelästigungen	6	Nahrungsmittelbelastungen
7	Nahe gelegene Industrien	8	Klimaveränderungen i.w.S.
9	Grundstoffindustrien (Chemie)	10	Bodeneinträge (Landwirtschaft)
11	Abfall	12	Waldsterben

Im Spaltenbereich 'Umweltprobleme' symbolisiert jede Ziffer eine überdurchschnittliche Beziehung zwischen Umweltproblem und Informationsquelle. Wenn ein Umweltproblem mehrere derartige Assoziationen aufweist, geben die Ziffern weiterhin die Bedeutung der Informationsquellen untereinander wieder. Sie basieren auf dem Chi-Quadrat, das aus den Residuen zwischen erwarteter und beobachteter Häufigkeit berechnet wird. In einer Kreuztabelle läßt sich die erwartete Häufigkeit aus den Randsummen der Anzahl der Nennungen eines Umweltproblems und der Nennungen einer Informationsquelle ermitteln. Die Abweichungen zwischen erwarteten und tatsächlich eingetretenen Häufigkeiten ergeben den gesuchten Hinweis auf die Beziehung der beiden Variablen. Je größer das Residuum, desto stärker ist der Zusammenhang zwischen beiden Variablen. Beispiel: Atomkraftwerke werden insgesamt von 98 Personen als Umweltproblem genannt. Die Informationsquelle 'Infos der Umweltverbände' geben insgesamt 46 Personen an. Die Verteilung der Randsummen läßt erwarten, daß sich 7 Personen über das Problem 'Atomkraftwerke' durch 'Infos' informieren. Tatsächlich sind es aber 21. Aus den Differenzen läßt sich die Prüfgröße Chi-Quadrat berechnen, die zur Signifikanzbeurteilung verwendet wird. In der obigen Tabelle sind solche Abweichungen markiert, in denen die auf dieser Grundlage ermittelte Prüfgröße Chi-Quadrat mit 90 %iger Wahrscheinlichkeit auf eine Beziehung schließen läßt.

auftauchen, gehören erwartungsgemäß diejenigen, die die Industrialisierung des Unterelberaumes betreffen. Die Gruppe, die sich über diese Medien informiert, umfaßt etwa 17 % der Stichprobe.

3. Eine weitere Gruppe entnimmt ihre Informationen über Umweltprobleme überwiegend der Lokalpresse. Die Assoziationen zu den explizit regionalen Umweltproblemen steigern sich dadurch allerdings nicht. Sie umfaßt ca. 11 % der Stichprobe.

4. Einige eindeutige Assoziationen lassen sich auch bei denjenigen feststellen, die über die Lektüre spezieller Zeitschriften und Bücher offensichtlich einen hohen Aufwand für Weiterbildung auf sich nehmen. Diese Gruppe umfaßt immerhin 10 % der Stichprobe.

5. Das vielleicht wichtigste Ergebnis der Verteilungsanalyse ist die herausragende Bedeutung, die Informationsmaterialien der Umweltverbände und Bürgerinitiativen zukommt. Die 'graue' Literatur, die am Anfang der Umweltbewegung eine überaus wichtige Rolle zur ersten Informationsdiffusion hatte, ist für etwa 7 % der Befragten nach wie vor die Quelle, auf der die Benennung von Umweltproblemen beruht. Hier deutet sich ein besonderer Kommunikationszusammenhang an.

6. Eine weitere Gruppe läßt sich mit dem Kriterium der persönlichen Kommunikation abgrenzen. Die hier ausgetauschte Information darf man sich jedoch nicht als unabhängig von anderen Medien vorstellen. Dagegen spricht beispielsweise, daß die Probleme der Klimaveränderung in dieser Gruppe eine besondere Rolle spielen. Diese können nur aus den Medien bekannt sein. Dennoch scheinen 'Face-to-Face'-Kontakte als Form der Verständigung über mögliche Umweltgefahren wichtig zu sein. Die Größe dieser Gruppe liegt ebenfalls bei 7 % der Stichprobe.

7. Als letzte Gruppe ist diejenige abgrenzbar, die persönliche Erfahrung als Informationsquelle angibt und die sich dadurch von allen anderen Gruppen unterscheidet. Beziehungen treten nur zu zwei Umweltproblemen auf, zur Wasserverschmutzung (Elbe) und zu Lärmbelästigungen (Tiefflieger). Diese Gruppe umfaßt etwa 5 % der Stichprobe.

Einmal abgesehen von der Notwendigkeit weiterer Prüfungen, ob die induktiv gebildeten Gruppen sich stabilisieren lassen, verdeutlicht das differenzierte Assoziationsmuster zwischen Informationsquellen und Umweltproblemen, daß die zitierten Aussagen, die eine Abhängigkeit der Wahrnehmung von Umweltgefahren von 'Meinungsmachern' unterstellen, stark vereinfachen und höchstens auf die Personen zu beziehen sind, die unter (1) als Konsumenten der Massenmedien genannt worden sind. Allerdings bildet diese Gruppe mit über 40 % eine Mehrheit.

Tabelle 3.18:   Informationsgruppen bei Umweltproblemen.
(Haushaltsbefragung 1989, Frage 14)

	Bezeichnung	abs*.	in %
1.	Konsumenten der Massenmedien	271	42,7
2.	Leser der überregionalen Presse und Wochenzeitungen	108	17,0
3.	Leser der Lokalpresse	74	11,7
4.	Leser von Umweltmagazinen und Spezialliteratur	65	10,3
5.	Leser von Informationsmaterialien und 'grauer' Literatur	46	7,3
6.	Personen mit überwiegend 'Face-to-Face'-Kontakten	41	6,5
7.	Ausschließlich persönliche Erfahrung	29	4,6
	Summe	634	100

* Die Abweichungen der Nennungen zur vorhergehenden Tabelle beruhen auf dem Ausschluß von Mehrfachnennungen. Priorität haben jeweils diejenigen Informationsquellen bekommen, die zuerst und als die wichtigsten genannt worden sind.

Verursacher von Umweltproblemen

Wer als Verursacher der Umweltprobleme angesehen wird, ist im Anschluß an die Frage nach regionalen Umweltproblemen mit einer offenen Frage erhoben worden. Trotz des Versuchs, auf diese Weise Verursachergruppen möglichst direkt mit regionalen Problemen in Beziehung zu setzen, dominieren bei den Antworten generelle Kategorien: Die industrielle Produktion wird am häufigsten genannt, gefolgt von einer Kategorie, die als 'wir alle' bezeichnet werden kann und insbesondere das Massenkonsumverhalten umschreibt (Tabelle 3.19). Die industrielle Produktion läßt sich in verschiedene Subkategorien zerlegen, bei denen allerdings wiederum die allgemeine Kategorie 'Industriesystem-Kapital' im Vordergrund steht und außer dieser nur die Chemieindustrie und die in räumlicher Nähe gelegenen Industriebetriebe klar abgrenzbar und quantitativ bedeutsam sind. Relativ häufig werden außerdem die Kategorien 'Teilnehmer am Straßenverkehr', 'Politiker/Staat' und 'Landwirte' genannt.

Mit einem Vorgehen, das bereits bei den Informationsquellen Verwendung gefunden hat, erfolgt in der Tabelle 3.19 eine Zuordnung der Verursacher zu den Umweltproblemen. Durch das Assoziationsmuster lassen sich drei Problem-Verursacher-Zusammenhänge herausstellen:

1. Die Wasserverschmutzung als das am häufigsten genannte und wichtigste Umweltproblem hat verschiedene Verursacher. Der unerwartet hohe Anteil der Nennungen der generellen Kategorien 'Industriesystem' und 'wir alle' weist darauf hin, daß das allgemeine Problem der Wasserverschmutzung auf ebenso allgemein angesprochene Verursacher zurückgeführt wird. Gleichzeitig aber sind den Befragten

Tabelle 3.19: Verursacher der Umweltprobleme.
(Haushaltsbefragung 1989, Fragen 10 und 11)

Verursacher	Anzahl der Nennungen		Umweltprobleme											
	abs.	in %	1	2	3	4	5	6	7	8	9	10	11	12
Industrielle Produktion	440	69												
Industriesystem-Kapital	349	55	3	2	-	-	3	-	-	-	-	-	-	1
Chemieindustrie	66	10	4	-	-	-	-	1	-	-	-	-	-	-
Industriebetriebe in der Nachbarschaft	30	5	-	-	2	-	-	-	1	-	2	-	-	-
Gesellschaft, Verbraucher, 'wir alle'	247	39	1	-	3	-	-	2	-	1	-	-	-	-
Teilnehmer am Straßenverkehr	89	14	-	1	-	1	4	-	-	-	-	2	-	-
Politiker/Staat	78	12	-	-	1	-	2	3	2	-	1	-	-	-
Landwirte	46	7	2	-	-	-	-	-	-	-	-	1	-	-
Militär	11	2	-	-	-	-	1	-	-	-	-	-	-	-
Ausland	9	1	5	-	-	-	-	-	-	-	-	-	-	-
Sonstige	27	4	-	-	-	-	-	-	-	-	-	-	-	-
Keine Nennung	23	4												
Eine Nennung	308	49												
Zwei Nennungen	243	38												
Drei u. m. Nennungen	60	9												

1	Wasserverschmutzung	2	Luftverschmutzung
3	Atomkraftwerke	4	Verkehr/Abgase
5	Lärmbelästigungen	6	Nahrungsmittelbelastungen
7	Nahe gelegene Industrien	8	Klimaveränderungen i.w.S.
9	Grundsfoffindustrien (Chemie)	10	Bodeneinträge (Landwirtschaft)
11	Abfall	12	Waldsterben

Jede Ziffer symbolisiert eine überdurchschnittliche Beziehung zwischen Umweltproblem und dem jeweiligen Verursacher. Wenn ein Umweltproblem mehrere derartige Assoziationen aufweist, geben die Ziffern weiterhin die Rangfolge der Verursacher untereinander wieder. In der Tabelle sind solche Abweichungen mit Ziffern versehen, bei denen die Prüfgröße Chi-Quadrat mit 90 %iger Wahrscheinlichkeit auf eine Beziehung schließen läßt (vgl. zum Verfahren Tab. 3.17).

auch spezielle Verursachungen bewußt, dieses zeigt die Nennung der Gruppe der Landwirte im Zusammenhang mit der Wasserverschmutzung und den Bodeneinträgen (Grundwasserbelastungen und Einträge in die Oberflächengewässer durch die agrarwirtschaftliche Bodenbearbeitung). Ebenfalls überdurchschnittlich oft taucht die Kategorie 'Ausland' auf, womit die Vorbelastung der Elbe durch Einträge in der ehemaligen CSSR und der ehemaligen DDR angesprochen wird. Sie tragen wesentlich zu Gesamtbelastung des Flusses bei (vgl. Kapitel 2).

2. Die Luftverschmutzung als am zweithäufigsten genanntes Umweltproblem wird nach Meinung der Befragten wie die Wasserverschmutzung überwiegend durch die industrielle Produktion und den Konsum hervorgerufen. Verursacht wird dieses Problem aber auch durch die motorisierten Teilnehmer am Straßenverkehr sowie

speziell durch die Chemieindustrie und die in der Nähe des jeweiligen Wohnsitzes gelegenen Unternehmen.

3. Als Verursacher der Risiken der Atomkraftwerke treten erstmals politische Akteure stärker in Erscheinung. Bau und Betrieb dieser Anlagen wird damit primär als politisches und weniger als ökonomisches Unternehmen aufgefaßt. Aufgrund der Standortdichte der Atomkraftwerke an der Unterelbe überrascht es kaum, daß dieses Umweltproblem auch dem Verursacher 'Industriebetriebe in der Nachbarschaft' zugeordnet wird. Ein Verursacher des Umweltrisikos Atomkraftwerke ist auch der Verbraucher, der wahrscheinlich wegen seines Energiebedarfs und seines Anspruchs auf Versorgungssicherheit häufig genannt wird.

Die übrigen Beziehungen zwischen Problemen und Verursachern sind weitgehend selbstsprechend und benötigen keine Erläuterung. Näher einzugehen ist auf die Kategorie 'Politiker/Staat', denn diese weist auf die Bedeutung der indirekten Verursachung hin. Eine unzureichende politische Intervention wird bei den Problemen der Nahrungsmittelbelastungen, des Waldsterbens sowie der Industrialisierung des Unterelberaumes gesehen. Dasselbe gilt für die Lärmbelästigungen. Der Tieffluglärm führt beispielsweise zu einer häufigen Nennung der Verursachergruppe 'Militär'.

Insgesamt lassen sich die genannten Verursacher der Umweltprobleme in drei Typen gliedern. Als wichtigste Gruppe werden Akteure und Komponenten der Produktionsprozesse genannt. Hier gehen das Management bestimmter Branchen, besonders das der Chemieindustrie, die Kapitaleigner sowie die Betriebe als Subjekte oder das Industriesystem als Ganzes ein. In diese Gruppe gehört auch die industrialisierte Landwirtschaft. Als zweitwichtigste Gruppe tritt die Gesellschaft als Ganzes in Erscheinung, überwiegend verkörpert durch 'die Verbraucher'. Die Befragten meinen, daß 'wir alle' Umweltprobleme mitverursachen und damit auch mitverantworten müssen. Als dritte Gruppe wird die indirekte Erzeugung oder die Duldung der Umweltprobleme durch unterlassene Intervention des Staates und der Politiker angegeben.

Bewertung der Verantwortlichkeit

Umweltprobleme werden häufig als nicht intendierte Handlungsfolgen bezeichnet. Gemeint ist damit, daß die Verursacher von Umweltproblemen diese nicht gewünscht, ja nicht einmal erwartet haben. Begründet wird dieses Argument oft mit dem Hinweis auf die Komplexität der Ökosysteme, deren Wirkunszusammenhänge von den Verursachern von Umweltproblemen nicht überschaut werden. Dadurch soll beispielsweise verständlich gemacht werden, warum hochtoxische Säuren und Laugen in grob abgedichteten Becken auf Mülldeponien abgelagert wurden, ohne daran zu denken, daß Giftstoffe in benachbarte Oberflächengewässer oder in das Grundwasser gelangen könnten. Nicht intendierte Handlungsfolgen basieren im Zusammenhang mit der Umweltfrage auf der Unkenntnis über die Diffusionspfade von Schadstoffen. Diese Argumentation unterstellt weiterhin, daß die Verursachung bei Kenntnis der Reichweite der Schädigungen freiwillig eingestellt worden wäre.

Hinsichtlich der in der Befragung genannten Verursacher wurde diese Hypothese geprüft, indem zwischen einer der drei in Tabelle 3.20 wiedergebenen Antwortkategorien zu entscheiden war. Nicht intendierte Handlungsfolgen spielen im Zusammenhang mit der Entstehung und Verantwortung von Umweltproblemen im Verständnis der Bevölkerung im Unterelberaum eine geringe Rolle. Im Gegenteil: gut die Hälfte der Befragten unterstellen den Verursachern eine Handlungsweise, die eher als kalkuliertes Risiko zu bezeichnen wäre und die die umweltbelastenden Folgen auf die Gesellschaft abwälzt. Weitere 40 % gehen von fahrlässigen Verursachungen aus, und nur ein kleiner Teil schätzt Umweltprobleme als unbeabsichtigte Handlungsfolgen ein.

Um zu ermitteln, ob die Art der Verschuldung der Umweltprobleme für die Verursacher unterschiedlich bewertet wird, ist eine Konstruktvariable gebildet worden, die die Verursacher in drei Typen einteilt. Die externe Verursachung läßt sich als Systemdefizit charakterisieren, das aus dem Übergewicht des Gewinninteresses ökonomischer und dem ignoranten Handeln politischer Akteure gebildet wird. Dagegen kennzeichnet die interne Verursachung die Mitwirkung an der Problemerzeugung durch jeden einzelnen. Es ist plausibel, zu erwarten, daß bei den Befragten die Auffassung dominieren würde, Umweltprobleme seien nicht intendierte Handlungsfolgen des internen Verursachertyps, während die fahrlässige Herbeiführung oder das bewußte in Kaufnehmen den externen Verursachern zugeschrieben wird. Diese Hypothese ist auch zutreffend und läßt sich mit dem Chi-Quadrat auf 5 %igem Niveau signifikant absichern. Hinsichtlich der Umweltfrage liegt somit eine gesellschafts- und besonders auch industriekritische Grundtendenz in der Bevölkerung vor. Allerdings sind die Ergebnisse nicht so eindeutig, daß aus ihnen kausale Beziehungen abgeleitet werden können. Ob und wie stark sich diese Einstellungen auf das Handeln auswirken, wird weiter unten analysiert.

Tabelle 3.20:   Intentionen der Verursacher von Umweltproblemen.
(Haushaltsbefragung 1989, Frage 11 und 12)

Die Verursacher haben die Umweltprobleme ...	Anzahl der Nennungen			Verursachertyp[*]		
	abs.	in %	kor.%	extern	beide	intern
nicht beabsichtigt 55		8,7	9,2	7,7	9,4	13,1
fahrlässig herbeigeführt 229		36,1	38,2	36,2	36,6	47,5
bewußt in Kauf genommen 315		49,7	52,6	56,0	54,0	39,4
Keine Angabe 35		5,5	-	-	-	-
	634	100	100	100	100	100

[*] Der externe Verursachertyp umfaßt die Kategorien 'industrielle Produktion', 'Landwirte', 'Politiker/Staat', 'Militär' und 'Ausland' sowie 'Teilnehmer am Straßenverkehr', sofern der Befragte keinen Pkw besitzt. Der interne Verursachertyp umfaßt die Kategorie 'Wir alle' und die übrigen 'Teilnehmer am Straßenverkehr'.

Bewertung des Umweltrisikos

Die Angabe von Umweltproblemen und ihren Verursachern wird nur dann für weitere Interpretationen zugänglich, wenn Anhaltspunkte darüber bestehen, für wie gefährlich die Umweltprobleme gehalten werden. In den allgemeinen Überlegungen zu Beginn dieses Kapitels ist bereits darauf hingewiesen worden, daß ein Meßsystem sinnvoll wäre, das den Unterschied oder die Distanz zwischen dem wünschenswerten und dem bestehenden Umweltzustand wiedergibt. Da es aber nicht möglich ist, eine allgemeine Umweltqualitätsnorm aufzustellen und keine generalisierbaren Vorstellungen über wünschenswerte Umweltzustände vorhanden sind, wird hier ein umgekehrtes Vorgehen verfolgt. Es unterstellt, daß der gegenwärtige Zustand der Umwelt nicht so ist, wie er nach Auffassung der Befragten sein sollte und daß Umweltprobleme diesen Unterschied kennzeichnen. Immer, wenn ein lokales Umweltproblem genannt wird, besteht eine Distanz zwischen dem Bestehenden und dem Wünschenswerten. Diese Distanz erreicht ihr Maximum, wenn nicht nur die Funktionsfähigkeit von Ökosystemen als zerstört empfunden, sondern auch die Überlebensfähigkeit der befragten Person in Frage gestellt wird.

Eine erste Bewertungsdimension ergibt sich aus der Verknüpfung der genannten Umweltprobleme mit der Aussage darüber, wie sie sich entwickeln werden. Tabelle 3.21 gibt die generelle Einschätzung der Umweltsituation wieder, die zeigt, daß mehrheitlich eine weitere Verschärfung der Umweltkrise erwartet wird, während nur 18 % eine Verbesserung voraussehen. Verschlechterungen werden besonders im Zusammenhang mit der Klimaveränderung, den Nahrungsmittelbelastungen und den

Tabelle 3.21:   Entwicklung der Umweltprobleme.
(Haushaltsbefragung 1989, Fragen 10 und 13)

	Entspannen	Gleich bleiben	Verschärfen
Werden sich die Umweltprobleme Ihrer Einschätzung nach in den nächsten 10 Jahren verschärfen oder entspannen?	18%	24%	58%

Rangfolge der Umweltprobleme nach der erwarteten Veränderung

a)	Überdurchschnittliche Verschärfung	b)	durchschnittliche Verschärfung mit Tendenz zur Stabilisierung
1.	Klimaveränderung	8.	Waldsterben
2.	Nahrungsmittelbelastungen	9.	Abfall
3.	Verkehr/Abgase	10.	Bodeneinträge (Landwirtschaft)
4.	Wasserverschmutzung	11.	Lärmbelästigungen
5.	Grundstoffindustrien (Chemie)	12.	Nahe gelegene Industrien
6.	Atomkraftwerke		
7.	Luftverschmutzung		

Schadstoffbelastungen durch den Verkehr befürchtet. Eine negative Entwicklung wird weiterhin auch bei der Wasserverschmutzung, der radioaktiven Belastung durch Atomkraftwerke und der Luftverschmutzung erwartet. Dagegen meinen die Befragten, daß bei den Beeinträchtigungen durch nahegelegene Industriebetriebe, bei den Lärmbelästigungen, den Bodeneinträgen durch die Landwirtschaft und interessanterweise auch bei der Abfallproblematik die geringsten Belastungszunahmen bzw. ein stabiler Zustand eintreten werden.

Eine weitere Bewertungsdimension ergibt sich aus der Wahrnehmung der Gefahr für die Menschheit und für die eigene Person. Zu unterscheiden sind drei Betroffenheitsebenen, die als allgemeine Betroffenheit, Gefahren für die Menschheit als Ganzes und als Risiken für die eigenen Person beschrieben werden können (Tabelle 3.22). Die beiden zuletzt genannten Aspekte weisen eine Analogie zu den genannten Umweltproblemen auf: Gefahren für die Menschheit kennzeichnen allgemeine/globale Umweltprobleme, Risiken für die eigene Person ergeben sich aus lokalen Problemen.

Die durch allgemeine Umweltprobleme verursachte Gefahr wird von den Befragten in kaum zu übersteigender Form eingeschätzt. Das Auftreten von Umweltkatastrophen und die Möglichkeit erheblicher Gesundheitsbeeinträchtigungen spielen im Gefahrenbewußtsein von mehr als 75 % der Bevölkerung eine Rolle. Eine deutlich geringere Einschätzung der Umweltgefahren erfolgt dann, wenn die Ichform in der Aussage auftaucht. Die abstrakte Gefährdung wird also deutlich höher eingeschätzt als die konkrete, auf die eigene Person bezogene.

Ein ähnliches Bild ergibt die allgemeine bzw. globale und lokale Bewertung des Zustandes der Umwelt. Die globale Umweltsituation wird von 8 % als 'zerstört' und

Tabelle 3.22:   Gefahrenwahrnehmung für die Menschheit und für die eigene Person. (Haushaltsbefragung 1989, Fragen 32 und 33)

	Antwortkategorie	Zustimmung*	Ablehnung*		
			Unentsch.*		K.A.*
A)	*Allgemeine Betroffenheit*				
a)	Umweltprobleme spielen für mich eine große Rolle	71	19	10	1
b)	Ich denke zwar manchmal über die Umweltverschmutzung nach, aber eigentlich berührt mich dieses Problem wenig	8	9	82	1
B)	*Gefahren für die Menschheit/Gesellschaft*				
c)	Uns drohen Umweltkatastrophen mit unermeßlichen Folgen	74	15	5	6
d)	Die heutigen Umweltbelastungen führen bereits zu erheblichen Gesundheitsrisiken	83	14	2	1
C)	*Risiken für die eigene Person*				
e)	Die Umweltverschmutzung stellt für mich eine tagtägliche Belastung dar.	46	24	29	1
f)	Ich fühle mich durch die Umweltverschmutzung akut gefährdet.	33	36	30	1

*Alle Angaben in % (n = 634)

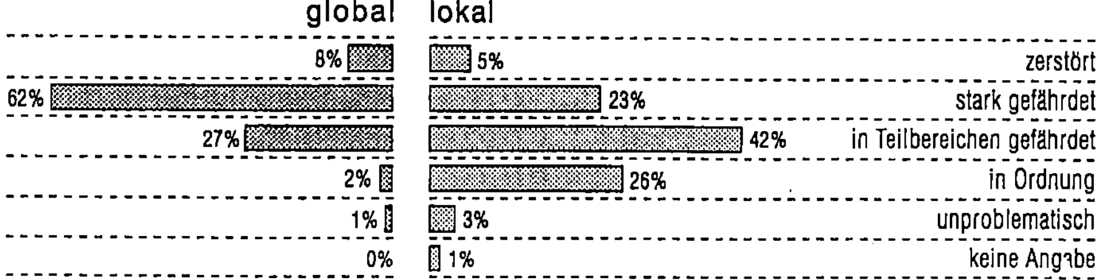

Abb. 3.8:   Bewertung des Zustands der Umwelt

von 62 % als 'stark gefährdet' bewertet (Abb. 3.8). Dieser Anteil entspricht in etwa dem, der bedrohliche Gefahren für die Menschheit wahrnimmt. Der Zustand der lokalen Umwelt (Wohngegend) wird dagegen besser eingestuft, für ein Viertel der Befragten ist er immerhin 'in Ordnung'. Auch dieses entspricht ungefähr der Wahrnehmung von Risiken für die eigene Person. Empfinden noch fast die Hälfte der Befragten Umweltprobleme als Alltagsbelastung, geben 'nur' noch ein Drittel eine akute Gefährdung an. Der Zustand der Umwelt in der Wohngegend wird ebenfalls nur noch von 28 % als 'zerstört' bzw. 'stark gefährdet' bezeichnet. Damit steht dem nahezu einheitlich als bedrohlich und als schwer geschädigt bewerteten globalen Zustand eine etwas positivere Bewertung des lokal/regionalen gegenüber.

Offensichtlich werden die nur abstrakt erfahrbaren, globalen Umweltprobleme als weiter fortgeschritten und damit auch gefährlicher eingestuft als die Gefahren, mit denen sich die Befragten im Alltag auseinandersetzen. Aber auch wenn die globalen Gefahren höher eingestuft worden sind als die lokalen, bleibt es bedenklich, daß fast jede(r) Dritte den Zustand der Umwelt in seinem als Wohngegend umschriebenen Lebensraum als zumindest stark gefährdet ansieht. Hinzu kommt, daß annähernd 60 % der Befragten meinen, die Umweltprobleme würden sich in Zukunft verschärfen, während nur 18 % eine zukünftige Verbesserung des heutigen Umweltzustandes erwarten.

Die Unterschiede zwischen den auf die Menschheit als Ganzes und den auf die eigene Person bezogenen Wahrnehmungen bzw. zwischen der globalen und lokalen Zustandsbewertung sind Phänomene, die im Zusammenhang mit Theorien der kognitiven Dissonanz bereits angesprochen worden sind. Sie können in zweifacher Richtung interpretiert werden. Der Unterschied zwischen der auf die Menschheit und der auf die eigene Person bezogenen Wahrnehmung drückt eine Dissonanz aus, die von der befragten Person nicht oder nur unter hohen Kosten aufhebbar ist. Die folgende, aus der Tabelle 3.22 abgeleitete Kreuztabelle dient der Veranschaulichung.

| | | Persönliche Risiken | |
		vorhanden	eher nicht vorhanden
Generelle Gefahren für die Menschen	vorhanden	a) 33%	b) 47%
	eher nicht vorhanden	c) 4%	d) 16%

Antworten des Typs (a) und (d) sind eindeutig dahingehend interpretierbar, daß keine Dissonanzen vorliegen. Auch Antworten des Typs (c) sind leicht nachvollziehbar, wenn z.B. persönliche Dispositionen für bestimmte Krankheiten vorliegen, wie allergische Reaktionen. Für den theoretischen Zusammenhang interessant ist der stark besetzte Typ (b), der, gewissermaßen unlogisch, ein allgemein wahrgenommenes Risiko nicht auf die eigene Person bezieht. Hier ist zu unterstellen, daß kein 'realer' Unterschied zwischen generellem und persönlichem Risiko besteht, sondern die Bereitschaft fehlt, die Dissonanz zwischen den Formen des eigenen Handelns und der generellen Gefahrenwahrnehmung aufzuheben. Der für diese Untersuchung wesentliche Unterschied zwischen Typ (a) und (b) liegt darin, daß (a) und (b) wahrscheinlich eine abweichende Bereitschaft zum umweltentlastenden Handeln aufweisen, die bei (a) stark, bei (b) gering ausgeprägt ist. Die Konvertierung des Typ

(b) zu (a), d.h. die Aufhebung der Dissonanz ist mit Aufwand (Opportunitätskosten) verbunden und wird nur dann erfolgen, wenn zusätzliche selektive Anreize auftreten bzw. Barrieren entfernt werden (vgl. Abschnitt 3.1.3).

Da dieses Phänomen mit mehreren Fragen ermittelt worden ist, gibt es die Möglichkeit, nicht nur das Vorhandensein bzw. Nichtvorhandensein der Dissonanz zu erfassen, sondern auch eine Abstufung vorzunehmen. Sie ergibt sich aus den Fragen der Bereiche (B) und (C) der Tabelle 3.22. Beide Bereiche werden zunächst getrennt in einer Likert-Skala zusammengefaßt und anschließend subtrahiert. Die Dissonanz D entsteht auf diese Weise als $D = (Bc + Bd) - (Ce + Cf)$, wobei ja = 1, teilweise = 0,5 und nein = 0 gesetzt worden ist. Diese skalierte Dissonanz ist ein Maß für die Höhe der notwendigen selektiven Anreize bzw. der bestehenden Barrieren und wird folgendermaßen interpretiert: Je kleiner die Differenz, desto höher ist die Motivation zum umweltentlastenden Handeln. Je größer die Differenz, desto geringer ist die Handlungsbereitschaft.

Neben dieser Interpretation drückt sich im Unterschied zwischen der Bewertung des 'globalen' und 'lokalen' Umweltzustandes auch eine als 'real' empfundene Differenz aus. Bewohner in bestimmten Regionen/Standorten bewerten ihre Wohngegend dann als relativ unbelasteter im Vergleich zur globalen Situation, wenn sie meinen, daß sie in einer noch 'heilen Inselwelt' inmitten sich überall verschlechternder Umweltbedingungen leben. Der Unterschied zwischen globaler und lokaler Umweltqualität gibt dann den perzipierten Abstand zwischen der als real empfundenen, relativ besseren lokalen Situation zur globalen wieder.

Mit diesen beiden, aus Annahmen der kognitiven Dissonanz abgeleiteten Indikatoren gibt es weitere Möglichkeiten, den Einfluß der Gefahrenwahrnehmung auf das umweltentlastende Handeln zu bestimmen und auch die Zufriedenheit mit der Wohngegend zu untersuchen. Der letztgenannte Aspekt wird im nächsten Abschnitt verwendet werden, um die Befragungsorte nach ihrer perzipierten Umweltqualität zu charakterisieren.

Räumliche Unterschiede der wahrgenommenen Umweltqualität

Die Angaben, die von den Befragten zu allgemeinen und konkreten Umweltproblemen gemacht werden, sind im Untersuchungsraum nicht gleichmäßig verteilt. Größere Unterschiede lassen sich auf Gefahren und Beeinträchtigungen zurückführen, die im unmittelbaren Lebensumfeld der Befragten besonders gravierend sind. Dieses ist erwartet und erwünscht, weil die Erhebung auch Ergebnisse zu den lokal als wichtig eingestuften Problemen liefern will. Insgesamt ist zunächst festzustellen, daß die räumliche Verteilung derjenigen Befragten, die in ihrer Wohngegend Umweltprobleme benennen, eine deutliche, lineare Abnahme von der Agglomeration hin zum ländlichen Raum aufweist. Tabelle 3.23 gibt die Häufigkeit der Nennungen von Umweltproblemen nach zentralörtlichen Kriterien wieder. Lokale Abweichungen bei den Nennungen einzelner Probleme sind gesondert angegeben, sie erlauben spezielle Interpretationen.

Als ubiquitär können die Wasserverschmutzung, die Klimaveränderungen und die Abfallproblematik angesehen werden. Die Nennungen dieser Probleme sind gleichmäßig im Untersuchungsraum verteilt. Typisch großstädtisch ist dagegen das Problem der Luftbelastung. Die generell als hoch bewerteten Luftverschmutzungen werden durch die speziellen Belastungen durch den Verkehr verstärkt. Die Befragungsergebnisse in den beiden innerstädtischen Befragungsquartieren unterstreichen dieses naheliegende Ergebnis. Ein weiteres großstädtisches Problem ist das der Nahrungsmittelbelastung, welches im ländlichen Raum nicht genannt wird. Interessant ist die relativ häufige Nennung dieser Kategorie in Hamburg-Winterhude; es ist zu vermuten, daß die Nennung dieses Problems positiv mit den Statusvariablen korreliert.

Typisch für den ländlichen Raum ist dagegen die Nennung von Lärmbelästigungen, die überwiegend durch den Fluglärm militärischer Maschinen hervorgerufen werden. Weiterhin werden relativ häufiger landwirtschaftliche Einträge in den Boden wie Gülleausbringung oder Spritznebel genannt, die zu lokalen Belästigungen der Wohnbevölkerung führen.

In den Kleinstädten Stade und Brunsbüttel sowie in dem von Großemittenten eingekreisten Hamburger Stadtteil Wilhelmsburg werden die in der Nachbarschaft liegenden industriellen Betriebe überdurchschnittlich häufig genannt. Die dort angesiedelten Grundstoffindustrien (Aluminium, Chemie) und Atomkraftwerke führen zu einer entsprechenden Problemwahrnehmung, die interessanterweise nicht allein durch die Entfernung zu den emittierenden Einrichtungen erklärt werden kann, da entsprechende Nennungen in unmittelbar an Emittenten angrenzenden Orten wie Brokdorf oder Abbenfleth/Barnkrug nicht auftreten.

Mit Hilfe einer Clusteranalyse sind die auf die Befragungsorte aggregierten Umweltprobleme nach weiteren räumlichen Mustern untersucht worden. Im ersten Schritt der Clusteranalyse werden die Orte zu einer Gruppe zusammengefaßt, die die geringste Differenz zueinander aufweisen. Die Differenz ist gleich 0, wenn in zwei Orte die gleichen Umweltprobleme in gleicher relativer Häufigkeit angegeben werden. Im nächsten Schritt erfolgt eine weitere Integration derjenigen Orte/Gruppen, die die zweitgeringste Distanz haben. Das Verfahren ist beendet, wenn alle

Tabelle 3.23:   Räumliche Unterschiede in der Wahrnehmung von Umweltproblemen. (Haushaltsbefragung 1989, Fragen 1 und 10)

Regionale Umweltprobleme	n	%	OZ	MZ	GZ	NZ	Lokale Abweichungen
1. Wasserverschmutzung	172	27	o	o	o	o	
2. Luftverschmutzung	169	27	+	o	-	-	
3. Atomkraftwerk	98	15	-	+	o	o	Stade,Brunsbüttel Wewelsfleth
4. Verkehr/Abgase	90	14	+	o	-	-	Barmbek Schanzenviertel
5. Lärmbelästigungen	67	11	-	o	+	o	Burg
6. Nahrungsmittelbelastung	66	10	+	o	-	-	Winterhude
7. Nahegelegene Industrie	39	6	-	+	o	o	Wilhelmsburg, Stade
8. Klimaveränderung i.w.S.	32	5	o	o	o	o	
9. Grundstoffindustrie (Chemie)	26	4	-	+	o	o	Brunsbüttel, Stade
10. Bodeneinträge (Landwirtschaft)	23	4	-	-	+	+	Freiburg, Großenwörden
11. Abfall	11	2	o	o	o	o	Niendorf
12. Waldsterben	8	1	+	-	o	-	
Keine Nennung	179	28	-	o	o	+	

OZ = Oberzentrum (Hamburg), MZ = Mittelzentren, GZ = Grundzentren, NZ = Nebenzentren bzw. Orte/Siedlungen ohne Zentralität

Durchschnittliche Nennung (o) sowie positive (+) bzw. negative (-) Abweichungen von mehr als 10 Prozentpunkten vom durchschnittlichen Befragungsanteil. Die Ortsnamen in der Spalte 'Lokale Abweichungen' kennzeichnen überdurchschnittlich häufige Problemnennungen in diesem Befragungsgebiet.

Orte/Gruppen zu einem Cluster zusammengefaßt worden sind.

Von den verschiedenen Verfahrensmöglichkeiten wurde eine agglomerative Clusteranalyse ausgewählt (Steinhausen u. Langer 1977). Dazu mußten die wahrgenommenen Umweltprobleme nach den 16 Befragungsorten summiert und anteilsmäßig umgerechnet werden. Diese Ausgangstabelle (Anhang) enthält die Anteile der Nennungen, die wegen der Möglichkeit der Mehrfachnennungen die 100%-Marke übersteigen können. Zwischen den 16 Orten wird auf der Grundlage der unterschiedlichen Anteile der Nennungen eine Distanzmatrix erstellt. Verfahren der Clusteranalyse unterscheiden sich auch durch die verwendeten Maßeinheiten und die Art, wie die Neuberechnung der Distanzen erfolgt, wenn sich Gruppen gebildet haben. Dadurch können die Zusammenfassungen verändert werden. Hier ist das 'Single-linkage'-Verfahren mit der Maßeinheit der quadrierten euklidischen Distanz verwendet worden, das immer die jeweils nächsten Nachbarn zu einem Cluster zusammenfaßt. Es erfolgt keine Neuberechnung der Distanzmatrix, so daß sich der Vorgang der Aggregation auf der Grundlage der einmalig berechneten Distanzen zwischen den Clusterelementen (hier Befragungsorte) vollzieht. Zur Prüfung der in diesem Verfahren oft entstehenden 'Brücken' wurden die Ergebnisse des 'Single-linkage'- mit denen des 'Average-linkage'-Verfahrens verglichen, das auf mittlere Clusterdistanzen aufbaut.

Als graphische Übersicht über den Vorgang der Clusterbildung wird häufig ein Dendrogramm verwendet. In der Form, wie dieses in Abb. 3.9 wiedergegeben ist, zeigt es von links nach rechts gelesen zunächst den Ausgangszustand und dann die einzelnen Schritte der Zusammenfassung. Die Distanz illustriert die 'Entfernung' der Orte zueinander bzw. zu den Clustern.

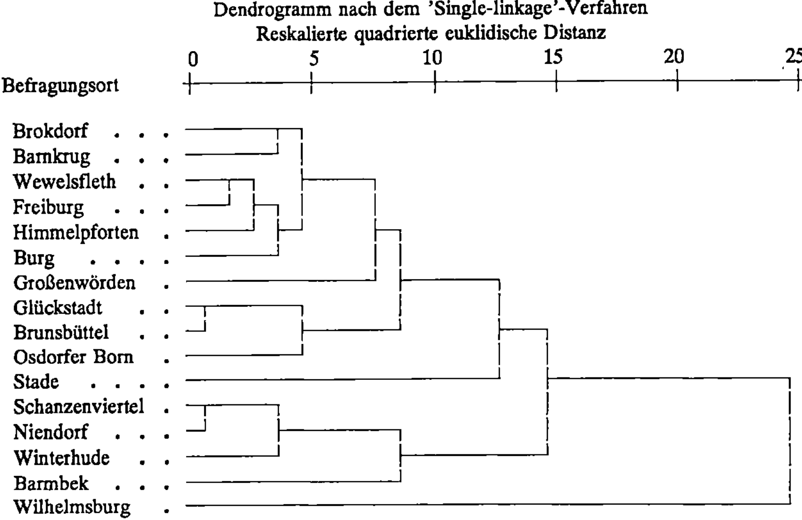

Abb. 3.9: Dendrogramm der lokalen Problemwahrnehmungen. (Haushaltsbefragung 1989, Fragen 1 und 10)

In der oberen Hälfte des Dendrogramms ist das Entstehen eines ländlichen Problemclusters zu verfolgen, der, unbeeinflußt durch die Zerschneidung des Gebietes durch die Elbe, die Dörfer des Unterelberaumes beiderseits des Flusses zusammenfaßt. Die diese Gruppe charakterisierenden Problemnennungen wie Lärm oder Bodeneinträge sind bereits bei der Zentralitätsabstufung angesprochen worden. Die nächste Gruppe wird durch die beiden Schleswig-Holsteinischen Kleinstädte Glückstadt und Brunsbüttel gebildet. Allerdings scheint sich die kleinstädtische Problemwahrnehmung bis zum Hamburger Stadtrand zu erstrecken, denn die Befragten des Gebietes Osdorfer Born, welches am Stadtrand und unmittelbar an der

Grenze nach Schleswig-Holstein gelegen ist, werden in einem relativ frühen Schritt in diese Gruppe mit einbezogen. Die Lage im Verdichtungsraum wirkt sich hier noch nicht bestimmend aus. Die 'ländliche' und die 'kleinstädtische' Gruppe werden durch den 'Ausreißer' Stade von den übrigen Hamburger Befragungsgebieten abgegrenzt. Stade ist in vielen Aspekten Brunsbüttel sehr ähnlich, allerdings werden hier von einem außergewöhnlichen hohen Anteil (41 %) der Befragten die Atomkraftwerke als das wichtigste Umweltproblem genannt, so daß Stade wegen dieser lokalen Besonderheit erst in einem späten Schritt in den 'ländlichen'/'kleinstädtischen' Problemcluster einbezogen wird.

Mit der bereits angesprochenen Ausnahme des Stadtrandgebietes Osdorfer Born und des Gebietes Wilhelmsburg zeigen die Hamburger Befragungsquartiere einheitliche Problemnennungen. Zwar gibt es einige quartierspezifische Besonderheiten, wie die unterdurchschnittliche Problemnennung in Barmbek oder die relativ häufige Nennung der Nahrungsmittelbelastungen in Winterhude, insgesamt aber ist eine einheitliche Strukturierung zu erkennen. Allein die Problemnennungen in Wilhelmsburg erscheinen als die große Ausnahme. Sie lassen sich keinem anderen Cluster zuordnen. Das Zusammenfallen von großstädtischen Problemen wie Verkehrslärm und Luftverschmutzung und die Nähe zu vielen emittierenden Industriebetrieben ist in der Stichprobe einzigartig.

Die räumliche Verteilung der Beurteilung der Umweltqualität bestätigt die Gruppierung der Befragungsorte, die sich durch die Clusteranalyse ergeben hat. Während der Zustand der Umwelt in der Wohngegend im Befragungsdurchschnitt als 'in Teilbereichen gefährdet' eingeschätzt wird, werten die Hamburger Befragten ihre Umwelt häufig als 'stark gefährdet' bis 'zerstört'. Die Befragten in den ländlichen Orten dagegen sehen den Zustand ihrer Umwelt als weniger problematisch an (Tabelle 3.24).

Werden die Einzelbefragungen nach dem Zentralitätskriterium und nach den Befragungsorten aggregiert, ergibt sich die in Tabelle 3.24 zusammengestellte Verteilung der orts- und raumbezogenen Umweltqualität. Wiedergegeben werden das arithmetische Mittel der Bewertungen der Umweltqualität in der Wohngegend (lokale Umweltqualität), die Standardabweichung, der Variationskoeffizient als Indikator für die Streuung der Variablen und die Differenz zwischen lokaler und allgemeiner Umweltbewertung, die durchweg positiv ist, da die lokale Umweltsituation fast immer besser bewertet wird als die globale.

Beachtenswert ist die positive Korrelation zwischen der Bewertung der allgemeinen/globalen und lokalen Umweltsituation, die hochsignifikant ist. Diejenigen, die den allgemeinen Zustand als 'stark gefährdet' oder 'zerstört' bezeichnen, werten den Zustand in ihrer Wohngegend auch vergleichsweise

Tabelle 3.24: Subjektive Einschätzung der lokalen Umweltqualität nach Zentralität und Befragungsorten.
(Haushaltsbefragung 1989, Fragen 1, 8 und 9)

Befragungsort	Me	x	s	v	Diff	n
Oberzentrum-Hamburg	3	2,74	0,91	33,3	0,60	305
Schanzenviertel	2	2,19	0,96	44,0	0,26	58
Wilhelmsburg	3	2,79	0,96	34,3	0,46	52
Barmbek	3	2,88	0,90	31,4	0,55	49
Osdorfer Born	3	2,71	0,90	33,2	0,61	48
Niendorf	3	2,92	0,72	24,8	0,92	50
Winterhude	3	3,06	0,73	23,7	0,90	48
Mittelzentren	3	3,07	0,85	27,7	0,84	153
Brunsbüttel	3	2,95	0,80	27,3	0,75	55
Glückstadt	3	3,11	0,81	26,2	0,88	47
Stade	3	3,16	0,92	29,3	0,90	51
Grundzentren	3	3,40	0,88	25,8	0,95	85
Freiburg	3	3,27	0,83	25,3	0,83	30
Burg	3	3,46	0,92	26,6	0,86	28
Himmelpforten	4	3,48	0,89	25,7	1,19	27
Nebenzentren/ohne Zentralität	3	3,35	0,77	23,0	0,82	84
Barnkrug/Abbenfleth	3	3,06	0,64	20,9	0,61	18
Wewelsfleth	3	3,29	0,78	23,8	0,77	31
Brokdorf	3	3,41	0,80	23,3	0,82	17
Großenwörden/Hüll	4	3,67	0,77	20,9	1,11	18
Alle Befragten	3	2,99	0,91	30,4	0,74	627

Me = Median, x = arithmetisches Mittel, s = Standardabweichung, v = Variationskoeffizient, Diff = Differenz zwischen lokaler und globaler Bewertung der Umweltqualität, n = Anzahl der Befragten.
Der Variationskoeffizient v standardisiert das Streuungsmaß Standardabweichung über das arithmetische Mittel. In der Tabelle werden extreme Lagen des Mittelwertes durch v betont und erleichtern die Interpretation.
Die Berechnung der 'Diff' ist unter der Verwendung der Rangskalen der Fragen 8 und 9 erfolgt:
1 = zerstört, 2 = stark gefährdet, 3 = in Teilbereichen gefährdet,
4 = im großen und ganzen in Ordnung, 5 = unproblematisch.
Korrelationskoeffizient zwischen globaler und lokaler Umweltqualität: r = +0,56

schlechter. Daher ist die Differenz zwischen der allgemeinen und lokalen Bewertung aufschlußreich. Sie wird hier als die wahrgenommene Abweichung des lokalen vom allgemeinen Zustand der Umwelt interpretiert und als ein Maß der örtlichen Umweltqualität ansehen.

In Hamburg schätzen die Bewohner des Schanzenviertels ihre Wohngegend am schlechtesten ein, hier ist gleichzeitig die Differenz zwischen globaler und lokaler Zustandsbewertung am geringsten. Danach folgen die Ortsteile Wilhelmsburg, Barmbek und Osdorfer Born. Die Angaben der Befragten in diesen Gebieten entsprechen dem Durchschnitt der Hamburger Stichprobe. Dagegen zeigen Niendorf und Winterhude eine sehr hohe Differenz zwischen allgemeiner und konkreter Zustandsbewertung, sie gleicht der des ländlichen Raumes. Die Bewohner dieser Quartiere sind offensichtlich der Meinung, daß sich ihre Wohngegend stark positiv von den allgemeinen Umweltbedingungen abhebt.

Beim Vergleich der Ortsteile sind die Standardabweichung und der Variationskoeffizient wichtig, da sie als Indikator für die Homogenität der Bewertungen in den Befragungsgebieten angesehen werden können. So ist die Einschätzung des Umweltzustandes in den vergleichsweise gut bewerteten Gebieten Niendorf und Winterhude sehr viel homogener als etwa im Schanzenviertel oder in den anderen Gebieten Hamburgs. Obwohl die Möglichkeit eines 'ökologischen Fehlschlusses' beachtet werden muß, scheinen hier Milieueffekte vorzuliegen, die in zweien der innenstadtnahen Befragungsgebiete (Schanzenviertel und Winterhude) mit ähnlichen realen Bedingungen hinsichtlich der Luftqualität und der Verkehrsbelastung zu beinahe gegensätzlichen Zustandsbewertungen führen. Extrembewertungen treten somit nicht nur zwischen besonders stark bzw. wenig belasteten Wohngebieten auf, wie etwa zwischen Wilhelmsburg und Niendorf, auch nicht nur zwischen besonders 'armen' und besonders 'reichen' Quartieren, sondern auch zwischen Quartieren, die einerseits durch die 'Alternativszene' und andererseits durch 'Yuppies' und gutverdienende 'Postmaterialisten' geprägt sind. Auch diese Ergebnisinterpretation bedarf einer genaueren Analyse, die weiter unten erfolgt.

In den anderen Befragungsgebieten weisen die mittlere Zustandsbewertung und die Differenz zwischen allgemeiner und lokaler Umweltsituation in die gleiche Richtung: Mit abnehmender Zentralität wird die Umweltqualität positiver eingeschätzt. Die beste lokale Umweltsituation besteht aus Sicht der Befragten in den Orten Himmelpforten und Großenwörden/Hüll auf der niedersächsischen Seite der Unterelbe, die am Geestrand bzw. im Kehdinger Moor liegen. Das Gebiet um Großenwörden ist beispielsweise ein begehrter Standort für Großstadtbewohner, die als Zweitwohnsitz modernisierte Bauernhäuser/-höfe präferieren. Diesen Siedlungen entsprechen auf der anderen Elbseite Burg, das mit Himmelpforten vergleichbar ist, und Brokdorf, dem Standort des größten Atomkraftwerkes an der Unterelbe. Trotz der räumlichen Nähe zu diesem Symbol der Umweltzerstörung des Unterelberaumes weisen auch die Brokdorfer Bewertungen der lokalen Umweltsituation eine homogene Struktur auf.

Eine Clusteranalyse der auf die Befragungsorte aggregierten Gefahrenwahrnehmungen und Bewertungen der Umweltqualität zeigt, daß diese Variable räumlich nicht annähernd so gleichmäßig verteilt ist, wie die perzipierten Umweltprobleme. Das Dendrogramm (Abb. 3.10) ist umrahmt durch zwei Pole: einerseits Himmelpforten und Großenwörden/Hüll mit sehr positiven lokalen Umweltbewertungen und geringer Gefahrenwahrnehmung, andererseits das Schanzenviertel mit gegenteiligen Ergebnissen. Zwischen diesen Polen liegten vier weitere Bewertungscluster. Relativ positiv wird die lokale Umwelt im ländlichen Raum in Burg, Brokdorf, Freiburg und, etwas schwächer, Wewelsfleth bewertet. Bestimmte lokale Objekte bzw. Gefahren wirken sich auf die Umweltbewertung aus, wie die Tiefflieger in Burg, die Gefahren des Atomkraftwerkes in Brokdorf für die Bewohner Freiburgs und besonders Wewelsfleths. Brokdorf stellt in seiner 'Normalität' einen Sonderfall dar, auf den später eingegangen wird.

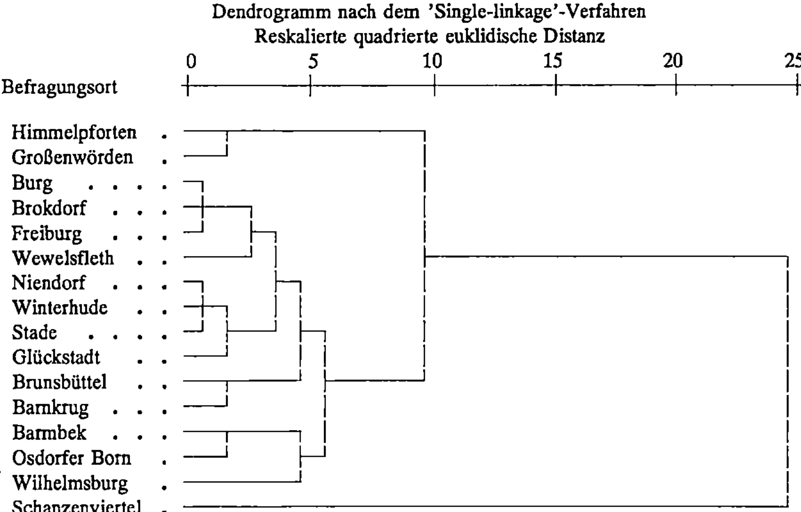

Abb. 3.10:   Dendrogramm der lokalen Gefahrenbewertung.
(Haushaltsbefragung 1989, Frage 1,32 und 33)

Die nächste Gruppe zeigt eine relativ positiv bewertete lokale Umwelt im kleinstädtischen bzw. hochverdichteten Raum. Charakteristisch für diese Gruppe ist die hohe Differenz zwischen globaler und lokaler Umweltbewertung. Die Bewohner der Hamburger Ortsteile Niendorf und Winterhude sowie der Kleinstädte Stade und Glückstadt äußern eine ausgesprochene Zufriedenheit mit ihrer Wohnumwelt, sie wird wesentlich besser beurteilt als der globale Umweltzustand. Dieses Phänomen ist in den beiden nächsten Gruppen schwächer ausgeprägt. In Brunsbüttel und Barnkrug wirkt sich offensichtlich die Nähe zur Großindustrie aus, die einen stärkeren negativen Einfluß auf die lokale Umweltbewertung ausübt als die Kernkraftwerke. Die Bewertungen in den Hamburger Quartieren Barmbek und Osdorfer Born sowie in einem späteren Schritt auch in Wilhelmsburg entsprechen in der Tendenz eher denen außerhalb des Verdichtungsraumes. Das Schanzenviertel ist hinsichtlich der Umweltqualität keiner Gruppierung zuzuordnen.

Zusammenfassung

Ziel dieses Abschnitts ist es gewesen, Umweltprobleme auf der Grundlage der subjektiven Wahrnehmung aufzufächern und auf einige räumliche Unterschiede hinzuweisen. Auch ohne den Einsatz aufwendiger statistischer Verfahren lassen sich bereits jetzt einige bemerkenswerte Unterschiede der subjektiven Wahrnehmung von Umweltproblemen zusammenfassen.

1. Im Vergleich zwischen allgemeinen/globalen und konkreten/lokalen Umweltgefahren werden erstere häufiger genannt und in ihren Wirkungen auf die Umwelt als zerstörerischer eingestuft. Die Wahrnehmung der Umweltgefahren scheint primär auf einem Prozeß zu basieren, der als Nicht-Erfahrung bezeichnet wurde. Sie ist in großem Umfang abhängig von der Berichterstattung über Umweltprobleme.

2. Lokale Umweltprobleme sind im stärkeren Maße mit benennbaren Objekten verbunden, von denen Gefahren ausgehen, wie z.B. mit Atomkraftwerken, bestimmten Industriebetrieben, Verkehrsaufkommen, Tieffluggebieten, oder sie beziehen sich auf konkrete Ökosysteme wie die Elbe.

3. Die räumliche Differenzierung der Problemwahrnehmung zeigt eine klare Tendenz entlang der zentralörtlichen Hierarchie auf, die hier als Indikator für den Verdichtungsgrad der Wohngegend benutzt wird. Die zunehmende Verdichtung korreliert negativ mit der Zustandsbewertung der Umwelt und positiv mit der Anzahl der Nennungen von konkreten Umweltproblemen: So meinen die Bewohner der Dörfer des Unterelberaumes, in einer relativ besseren Umweltsituation zu leben und sehen entsprechend weniger Probleme.

4. Es gibt eine Reihe interessanter lokal spezifischer Abweichungen, so die große Bewertungsdifferenz zwischen den Hamburger Stadtteilen Winterhude und Schanzenviertel, die weit unter dem Durchschnitt liegende Anzahl der Problemnennungen in Barmbek, das starke Problembewußtsein der Stader Befragten oder die im generellen Trend liegende Bewertung der Umweltqualität bei den Befragten in Brokdorf, trotz der unmittelbaren Nähe zum Atomkraftwerk, das als das norddeutsche Symbol für Umweltzerörung durch die risikoreiche Atomwirtschaft anzusehen ist. Diese lokalen Abweichungen werden offensichtlich durch Milieueffekte bewirkt.

5. Wenn umweltorientiertes Handeln eine direkte Reaktion auf die dargestellte Problemwahrnehmung ist, so müßten sich vor allem die Unterschiede entlang der zentralörtlichen Hierarchie auswirken. In Hamburg sind damit relativ mehr und

vielfältigere Handlungsformen zu erwarten als in den peripheren Räumen. Gleichzeitig ist aus der unterschiedlichen Bewertung bzw. der Differenz zwischen globalen und lokalen Zustandswahrnehmungen die Hypothese abzuleiten, daß mit zunehmender Differenz die Handlungsmotivationen abnehmen, da die allgemeinen Verhältnisse schwer veränderbar und die lokalen in einem relativ guten Zustand sind. Ausgeprägtes umweltorientiertes Handeln ist daher im Schanzenviertel, Passivität dagegen von den Bewohnern der hoch bewerteten Grund- und Nebenzentren zu erwarten.

3.3 Diskussion der erklärenden Hypothesen und der unabhängigen Variablen

Nachdem in den vorangehenden Abschnitten verschiedene Merkmale dargestellt worden sind, die die ökologische Betroffenheit, die Gefahrenwahrnehmung, die Bewertung der Umweltqualität sowie das umweltschutzorientierte Handeln beschrieben haben, sollen jetzt die im Modell diskutierten, erklärenden Hypothesen geprüft werden. Um es vorweg zu wiederholen: Es wird von einem vielschichtig determinierten Handeln ausgegangen, bei dem die Risikowahrnehmung das zentrale, aber nicht das alleinige Erklärungsmoment darstellt. Wie erläutert wurde, können Standortpotentiale, soziodemographische Strukturen oder selektive Anreize und Barrieren mindestens ebenso wichtig sein, um Handlungspotentiale für oder gegen einen umweltentlastenden Strukturwandel zu bestimmen.

Entsprechend der im Konzept (Abschnitt 3.1.3) entwickelten Systematik werden im folgenden diejenigen Variablen diskutiert, die nach den theoretischen Überlegungen einen Einfluß ausüben. Dieses erfolgt zunächst mit bivariaten Verfahren, die die beschriebenen abhängigen und unabhängigen Variablen statistisch in Beziehung setzen, um die verschiedenen Einzelhypothesen zu bearbeiten. Erst in einem weiteren Schritt werden dann multivariate Verfahren zur 'besten' Erklärung der ökologischen Betroffenheit und des umweltentlastenden Handelns herangezogen. Am Anfang stehen solche mikroanalytischen Merkmale, die einen Vergleich mit anderen Erhebungen erlauben. Dieses Vorgehen ist nicht nur aus komparativen Gründen sinnvoll, sondern verspricht weiterhin eine größere Sicherheit im Umgang mit solchen Variablen, für die bisher keine vergleichbaren Untersuchungsergebnisse vorliegen.

3.3.1 Der Einfluß soziodemographischer und sozioökonomischer Strukturvariablen

Soziodemographische und sozioökonomische Einflüsse auf die Gefahrenwahrnehmung und die Risikobewertung sind bereits häufiger getestet worden. Es liegen eine Reihe von erklärenden Hypothesen vor, die im folgenden mit den Ergebnissen der Befragung verglichen werden.

Einfluß der Variable 'Alter'

Es sind insbesondere zwei Argumente gewesen, die zur Hypothese der abnehmenden ökologischen Betroffenheit und des umweltentlastenden Handelns mit zunehmendem Alter geführt haben. Zum einen sind jüngere Menschen generell weniger 'etabliert' im Sinne einer geringeren Integration in das ökonomische System und deswegen aufgeschlossener für Veränderungen. Zum anderen hat der 'ökologische Wertewandel' bisher primär bestimmte Altersstufen erreicht. Wenn es zutrifft, daß ab Mitte der siebziger Jahre eine Sensibilisierung für Umweltfragen einsetzte und umweltbezogene Werte und Einstellungen insbesondere in der Jugend und in der Ausbildungszeit internalisiert werden und diese maximal bis 25 Jahre (Ende Studium) gerechnet wird, dann müßten die Personen, die heute Anfang 40 oder jünger sind, eine höhere Gefahrenbewertung und ein ausgeprägteres umweltentlastendes Handeln zeigen als ältere Menschen.

Auf signifikante Unterschiede im Bewertungsverhalten weisen Mittelwertvergleiche mit dem U-Test und die Maßzahlen für ordinale Assoziationen (Tau-b und Gamma) hin. Im Text wird die Stärke der Assoziation durch den Gamma-Koeffizienten wiedergegeben. Das Vorzeichen erlaubt eine Interpretation der Richtung des Zusammenhangs. Dabei ist zu berücksichtigen, daß die Bewertung der Umweltqualität bzw. die Gefahrenwahrnehmung sowie die Konstruktvariablen zum umweltentlastenden Handeln als Ordinalskalen kodiert worden sind, so daß hohe Werte eine schlechte Umweltbewertung bzw. größere Gefahren oder häufigeres Handeln wiedergeben, niedrige Werte dagegen eine gute Bewertung bzw. weniger Gefahren oder selteneres Handeln anzeigen. Wenn Gamma einen negativen Wert annimmt, beispielsweise beim Alter, besagt dieses, daß mit zunehmendem Alter bessere Bewertungen der Umweltsituation, eine geringere Wahrnehmung von Umweltgefahren oder selteneres Handeln auftreten. Eine vollständige Assoziations-/Korrelationsmatrix ist als tabellarische Übersicht im Anhang zusammengestellt.

Nach den Ergebnissen der Befragung sind die Wahrnehmung von Umweltgefahren und die Bewertung der Umweltrisiken umgekehrt proportional zur Höhe des Alters. Bei allen Variablen, die eine ökologische Betroffenheit ausdrücken, weisen die Befragten unter 30 Jahren die höchsten Werte, die Altersgruppen über 45 Jahre bzw. über 60 Jahre die niedrigsten Werte auf. Besonders markant wird der Alterseffekt bei der Bewertung des globalen Zustandes der Umwelt und der Wahrnehmung von Gefährdungen sowohl für die Menschheit als Ganzes als auch für die eigene Person.

Damit bestätigt sich, daß die in den siebziger Jahren einsetzende und zunehmende Sensibilisierung gegenüber Umweltveränderungen bei den jüngeren Menschen am stärksten verankert ist. Wenn vorhin davon gesprochen worden ist, daß das Ausmaß an Betroffenheit kaum noch steigerungsfähig erscheint, dann gilt dies insbesondere für die Generation bis zu 30 Jahren. Die größte Assoziation weist das Alter mit der Bewertung der globalen Situation der Umwelt auf (Gamma = -0,46), gefolgt von der Einschätzung der zukünftigen Entwicklung der Umweltsituation (Gamma = -0,36). Die negativen Vorzeichen der Maßzahl Gamma stellen einen statistischen Ausdruck für ein Phänomen dar, daß vor einigen Jahren unter dem Stichwort 'No future-Generation' große Beachtung gefunden hat.

Ein wenig verändert sich dieses Bild, wenn die Umweltpolitik einbezogen wird. Zwar ist die Unzufriedenheit mit der bestehenden Umweltpolitik bei den 21-30jährigen am stärksten ausgeprägt, aber das Interesse an diesem Politikfeld ist unterdurchschnittlich und liegt nur etwas höher als bei den über 60jährigen. Eine hohe Unzufriedenheit und ein überdurchschnittliches Interesse an der Umweltpolitik weist dagegen die Altersgruppe zwischen 30 und 45 auf, gefolgt von der Gruppe zwischen 45 und 60 Jahren. Die größere Betroffenheit der jüngeren Befragten mündet damit nicht automatisch in größeres Interesse an diesem Politikbereich und auch nicht, wie gezeigt werden wird, in umfassendere, umweltentlastende Aktivitäten.

Auch diejenigen Variablen, die Handlungen in Folge des ökologischen Konsum- und Konfliktbewußtseins beschreiben, haben eindeutige Beziehungen zum Alter. Die mittlere Alterskategorie (31-45 Jahre) zeigt nahezu immer die ausgeprägtesten umweltentlastenden Handlungen. Es folgt bei den Konsumvariablen die nächstältere Altersklasse, bei den Variablen, die den Protest und die Konfliktbereitschaft beschreiben, ist es die nächstjüngere. Die Personen über 60 Jahre geben durchgehend die wenigsten umweltentlastenden Handlungen und die geringste Bereitschaft dazu an. Die hinsichtlich der ökologischen Betroffenheit herausgehobenen jüngeren Personen unter 30 Jahren erreichen hier nur bei der Motivation, zukünftig an umweltpolitischen Aktionen teilzunehmen, die höchsten Werte. Trotz dieser Bekundung spiegelt die hohe ökologische Betroffenheit bei tendenziell abnehmender Aktivität der 21-30jährigen eine typische Verlaufsform der öffentlichen Auseinandersetzung mit der Umweltfrage wieder. Manifeste umweltpolitische Konflikte nehmen ab, außerparlamentarische Aktionen gehen zurück, während gleichzeitig eine extrem hohe Betroffenheit von Umweltproblemen artikuliert wird.

Zusammengefaßt weist die Variable Alter auf zwei Einflußrichtungen hin: Wie theoretisch zu erwarten war, ist das Ausmaß der ökologischen Betroffenheit mit dem Alter linear verbunden. Anders verhält es sich beim umweltentlastenden Handeln. Hier ragt die Gruppe derjenigen, die vom Beginn der politischen Auseinandersetzungen um die Umweltfrage in den siebziger Jahren geprägt worden sind (31-45 Jahre), sowohl im konsum- als auch im konfliktorientierten Handeln heraus. Beim ökologischen Konsumbewußtsein ist ihr die nächstältere Altersgruppe am ähnlichsten, bei den politischen Aktionen die nächstjüngere. Der Verlauf der politischen Auseinandersetzungen um die Umweltprobleme ist somit bestimmend für das umweltentlastende Handeln gewesen. Er hat besonders die Altersklassen der heute zwischen 31- und 45jährigen geprägt. Dagegen überwiegt bei den älteren Personen ein in diesem Zusammenhang als systemimmanent zu beschreibendes umweltentlastendes Handeln, während die jüngeren weiterhin auf politische Protest- und Aktionsformen setzen, die aber hinter der Konfliktintensität der siebziger und achtziger Jahre zurückbleiben. Für die Personen über 60 Jahre ist die Umweltfrage politisch von vergleichsweise geringer Bedeutung.

Einfluß der Variablen Schulbildung und Einkommen

Der Bildungsstand der Befragten kann sich nach den theoretischen Überlegungen in zweifacher Weise auswirken. Erstens ist das Erkennen von Umweltgefahren ein komplexer Wahrnehmungsprozeß: Nicht sichtbare Beziehungen zwischen einzelnen Umweltbelastungen und dem Gesundheitszustand werden nur dann als Risiko erkennbar, wenn man in der Lage ist, in Kategorien komplexer Erkenntnistheorien zu denken, oder wenn Ursache-Wirkungs-Zusammenhänge in der Schule erlernt worden sind. Eine bessere Ausbildung müßte daher mit einer höheren ökologischen Betroffenheit assoziiert sein. Zweitens setzen umweltentlastende Handlungsstrategien Ressourcen voraus, die durch gute und längere Ausbildung geschaffen werden können. Die Anwendung der 'Voice-Option', d.h. die Partizipation an politischen Entscheidungsprozessen, ist abhängig von Kenntnissen über die Entscheidungswege in repräsentativen Demokratien. Auch das ökologische Konsumverhalten setzt Bildungsressourcen voraus, beispielsweise das Wissen über Möglichkeiten, besonders umweltgefährdende Produkte zu ersetzen oder darüber, wie eine Produktlinienanalyse durchgeführt wird. Insgesamt ist daher eine eindeutig positive Beziehung zwischen der Höhe des Bildungsgrades und dem Grad der ökologischen Betroffenheit bzw. Intensität des umweltentlastenden Handelns zu erwarten.

Die Auswertung ergibt bei allen Variablen entsprechende Ergebnisse. Sowohl hinsichtlich der Gefahrenbewertung und des Interesses an Umweltfragen, des umweltentlastenden Konsums und des konfliktorientierten Handelns wirkt sich der zunehmende Ausbildungsgrad intensivierend aus. Die relativ stärksten Assoziationen ergeben sich auf der Ebene der ökologischen Betroffenheit hinsichtlich der Bewertung des globalen Umweltzustandes (Gamma = 0,36), des lokalen Umweltzustandes (Gamma = 0,28) und des Interesses an umweltpolitischen Auseinandersetzungen (Gamma = 0,27). Auf der Handlungsebene wirkt sich der Bildungsstand am stärksten auf den artikulierten Protest (Gamma = 0,46), auf die Abwanderung aus Urlaubs- und Wohnorten wegen der zunehmenden Umweltbelastung (Gamma = 0,30) sowie auf die Akzeptanz weitreichender umweltpolitischer Maßnahmen aus (Gamma = 0,26).

In der theoretischen Erörterung ist darauf hingewiesen worden, daß der Ausbildungsstand nicht allein, sondern im Zusammenhang mit anderen Variablen, insbesondere mit dem Einkommen, eine soziale Schichtung beschreibt. Eine Prüfung des isolierten Einflusses des Haushaltsnettoeinkommens ergibt nur zwei nennenswerte Assoziationen. Mit zunehmenden Einkommen steigert sich die Differenz zwischen der Bewertung des globalen und lokalen Zustands der Umwelt (Gamma = 0,1). Mit einem höherem Einkommen lebt man offensichtlich in 'besseren Wohngegenden', die als Inseln in der problematischen globalen Umwelt angesehen werden. Die höchste Assoziation besteht zwischen Einkommen und ökologischem Konsum (Gamma = 0,17), was deutlich macht, daß umweltgerechtes Verbraucherverhalten auch eine Kostenfrage ist. Umweltschutzinvestitionen für das Auto sowie der Konsum biologisch produzierter Lebensmittel und anderer umweltschonender Produkte sind offensichtlich vom verfügbaren Nettoeinkommen abhängig. Aber auch diese Beziehung ist im Vergleich zum Einfluß, den der Bildungsstand auf den ökologischen Konsum hat, gering. Betrachtet man die Variablen, die den sozialen Status kennzeichnen, wird das Ausmaß der ökologischen Betroffenheit und des umweltentlastenden Handelns also primär durch die Bildung gesteuert, nur im Bereich des ökologischen Konsums weist die Ressource Geld einen zusätzlichen Einfluß auf.

Einfluß der Art der Erwerbstätigkeit

Ein grundsätzlicher Zusammenhang wird zwischen der Art der Erwerbstätigkeit und Einstellungen gegenüber der Umwelt vermutet. Wenn man sich vor Augen führt, daß im Zentrum der letzten technologischen Revolution, in Kalifornien, schon in den sechziger und Anfang der siebziger Jahre eine ausgeprägte Diskussion über Umweltfragen einsetzte, dann liegt die Hypothese nahe, daß dort, wo die Entfremdung von der Natur im Arbeitsprozeß am weitesten fortgeschritten ist, sich die ökologische Betroffenheit sehr stark entwickelt (Oßenbrügge 1986). Differenziert hat Fietkau diese Hypothese gefaßt, indem er postmaterielle Werte und Einstellungen insbesondere bei denjenigen Erwerbstätigen vermutet, deren Arbeit keinen unmittelbaren instrumentellen Umgang mit der Natur hat. In konventionellen Einteilungen der Arbeitsformen trifft dieses primär für die Dienstleistungen zu. Die Hypothese läßt sich dahingehend erweitern, daß sich insbesondere kurative und sozialfürsorgerische Tätigkeiten auf Betroffenheit und Handeln auswirken, weil die Umwelt als krank bzw. als hilfsbedürftig angesehen wird.

Anhand der Befragungsergebnisse ist zunächst mit dem U-Test geprüft worden, ob im Antwortverhalten der Erwerbs- und der Nichterwerbstätigen Unterschiede bestehen. Hinsichtlich der ökologischen Betroffenheit sind diese nicht festzustellen; Wahrnehmung der Umweltzerstörung, persönliche Gefährdungspotentiale und Interesse an umweltpolitischen Fragen variieren kaum. Dagegen weisen die Handlungsvariablen durchgehend signifikante Unterschiede auf, die bei den Fragen zur Abwanderung von Wohn- und Urlaubsorten, den Protestaktivitäten und der Bereitschaft, zukünftig an Aktionen teilzunehmen, die höchsten Differenzen erreichen. Hier zeigt sich, daß die aktive Teilnahme am Erwerbsleben auch andere Aktivitätsbereiche stimuliert. Dieses Ergebnis bestätigt die Feststellungen früherer Untersuchungen.

In einem zweiten Schritt sind die Erwerbstätigen nach vier Wirtschaftssektoren unterteilt und einem H-Test unterzogen worden. Die Wirtschaftssektoren sind die Landwirtschaft, das Produzierende Gewerbe, Handel/Verkehr und die Dienstleistungen. Diese Einteilung ist ein wenig problematisch, weil die Zugehörigkeit zu einem Wirtschaftsbereich bzw. zu einer Branche nicht unmittelbar Rückschlüsse auf die betrieblichen Funktionen des Befragten erlaubt. Das Stichwort der Tertiärisierung der Produktion weist darauf hin, daß Dienstleistungsfunktionen auch im Produzierenden Gewerbe in zunehmendem Maße vorkommen.

Dennoch ergeben sich bereits bei dieser Einteilung Ergebnisse, die als Bestätigung der Erwerbstätigkeitshypothese angesehen werden können. Wenn man die vier Sektoren ordinal interpretiert, d.h. den Landwirten den relativ stärksten, den Beschäftigten im Produzierenden Gewerbe und denen im Handels- und Verkehrssektor einen mittelstarken sowie den Beschäftigten im Dienstleistungsbereich den relativ schwächsten instrumentellen Umgang mit der Natur unterstellt, kann man wieder mit den bereits bekannten Maßzahlen operieren. Die Erwerbstätigen der Dienstleistungsberufe empfinden danach eine vergleichsweise höhere persönliche Gefährdung (Gamma = 0,23). Nach Mittelwertvergleichen weist diese Gruppe auch ein höheres politisches Interesse auf und ist unzufriedener mit der praktizierten Umweltpolitik. Eindeutige Ergebnisse ergeben auch die Beziehungen zu den Handlungsvariablen. Die in den Dienstleistungsbranchen Beschäftigten weisen einen umweltbewußteren Konsum auf (Gamma = 0,31), führen in stärkerem Maße Protesthandlungen durch (Gamma = 0,27), lassen die Umweltpolitik stärker in ihre Wahlentscheidung einfließen (Gamma = 0,24) und haben eine höhere Akzeptanz für weitreichende umweltpolitische Maßnahmen (Gamma = 0,28). Es bestehen demnach hinsichtlich der ökologischen Betroffenheit und dem umweltentlastenden Handeln tatsächlich deutliche Unterschiede zwischen Erwerbstätigen im primären und tertiären Sektor.

Da der Dienstleistungssektor heterogen zusammengesetzt ist, sind die einzelnen Branchen nach der Systematik der Bundesversicherungsanstalt für Angestellte unterschieden und ebenfalls mit Hilfe von Mittelwertvergleichen untersucht worden. Zwei Erwerbsgruppen fallen deutlich heraus: Einstellungs- und Handlungskomponenten, die für den Dienstleistungsbereich insgesamt typisch sind, treten am stärksten bei den Beschäftigten des Wissenschafts- und Bildungsbereiches auf. Neben diesen ist bei einigen Handlungsvariablen auch eine überdurchschnittliche Repräsentanz der Beschäftigten im Gesundheitswesen festzustellen. Unterdurchschnittlich sind Betroffenheit, Handlungsbereitschaft und Aktivitäten bei den Beschäftigten des Gaststätten- und Reinigungsbereichs sowie des Finanzdienstleistungsbereichs ausgeprägt. Dicht am Befragungsmittel liegen die Beschäftigten der Gebietskörperschaften.

Generell hat die Erwerbstätigkeit einen aktivierenden Einfluß auf umweltentlastende Handlungsformen. Unterscheidet man nach Wirtschaftssektoren und Branchen, so zeigen die Beschäftigten einiger Branchen des Dienstleistungssektors die höchste Aktivität. Bei der Betrachtung der Gruppe 'Wissenschaft und Bildung' ist zu beachten, daß hier auch der höchste durchschnittliche Ausbildungsstand erreicht wird, so daß Erwerbstätigkeit nicht als vollständig unabhängige Variable angesehen werden kann. Ohne hier auf Ergebnisse multivariater Verfahren vorzugreifen, kann man generell davon ausgehen, daß die Effekte, die von Bildungsstand und Erwerbstätigkeit auf das umweltentlastende Handeln ausgehen, sich gegenseitig verstärken.

Einfluß der Variable Kinder

Im Modell ist angenommen worden, daß die Existenz von Kindern in einem Alter, in dem noch elterliche Aufsichtspflicht besteht, zu einer höheren Sensibilität gegenüber Umweltfragen führt und aktiveres umweltentlastendes Handeln nach sich zieht. Kinder sind gegen Umweltbelastungen eher anfällig, so daß aus einer Fürsorgehaltung heraus ein höheres Gefahrenbewußtsein vorhanden sein müßte.

Weiterhin gibt es die Hypothese, daß Eltern ihren Kindern eine Umwelt mit möglichst wenigen Belastungen übergeben möchten und daher überdurchschnittlich für Umweltschutzaktivitäten motiviert sind.

Die Variable Anzahl der Kinder erzielt eine schwache positive Assoziation mit den Variablen zur ökologischen Betroffenheit, d.h. zu den wahrgenommenen persönlichen und gesellschaftlichen Gefahren und Risiken. Das Vorhandensein von Kindern erhöht auch die Bereitschaft, zukünftig an Aktionen teilzunehmen und die Akzeptanz für weitergehende umweltpolitische Maßnahmen. Die stärkste positive Assoziation besteht mit der Variable umweltgerechter Konsum. Das Fürsorgemoment scheint sich am stärksten auf die Art der Ernährung auszuwirken.

Dagegen wirkt sich die Variable Kinder weder auf die Bewertung der raumbezogenen Umweltqualität noch auf das umweltpolitische Handeln aus. Letzteres mag durch die zusätzlichen häuslichen Bindungen und Aktivitäten plausibel erscheinen und nicht gegen die einleitenden Hypothesen sprechen. Der nicht vorhandene Einfluß auf die Bewertung der Umweltqualität weist aber deutlich darauf hin, daß die Anzahl der Kinder keinen derart determinierenden Einfluß ausübt wie etwa die Ausbildung oder das Alter. Möglicherweise besteht generell eine gering ausgeprägte individuelle und soziale Aufmerksamkeit gegenüber den Umweltbedingungen, denen Kinder gegenüberstehen.

Einfluß der Variable Geschlecht

Bemerkenswert am Einfluß der Variable Geschlechtszugehörigkeit ist zunächst ihr schwaches Assoziationsmuster mit den zur Diskussion stehenden abhängigen Variablen. Die weiblichen Befragten äußern eine etwas höhere persönliche Betroffenheit. Diese Gruppe zeigt auch ein etwas ausgeprägteres umweltentlastendes Konsumverhalten und artikuliert eine weitergehende Akzeptanz für einschneidende umweltpolitische Maßnahmen. Die männlichen Befragten weisen dagegen ein etwas stärkeres Protestverhalten auf. Diese an sich gängigen Meinungen über geschlechtsbezogenes Verhalten sind mit einem Signifikanzniveau von 5 % gesichert, ihre statistische Aussagekraft ist jedoch geringer als die anderer Variablen der soziodemographischen Struktur.

Zusammenfassung

Ökologische Betroffenheit und umweltentlastendes Handeln lassen sich hinsichtlich ihrer soziodemographischen und sozioökonomischen Determiniertheit insbesondere auf zwei Variablen zurückführen. Das Alter der Befragten hat eine hohe, generell negative Assoziation mit solchen Variablen, die die Gefahrenwahrnehmung, die damit verbundenen Risiken und die davon ableitbare Handlungsbereitschaft ausdrücken. Der Einfluß dieser Variable wird bei den konkreten Handlungsvariablen geringer. Hinsichtlich politischer Aktivitäten ist das Bildungsniveau entscheidend, die Höhe des Ausbildungsgrades ist positiv mit umweltpolitischem Protest und der Bedeutung des Umweltschutzes für die Wahlentscheidung verknüpft. Zur Erklärung des ökologischen Konsumentenverhaltens ist weiterhin die Variable Haushaltsnettoeinkommen wichtig, die jedoch ansonsten keine erklärende Wirkung hat.

Neben diesen Variablen sind auf schwächerem Niveau Einflüsse der Anzahl der Kinder und des Geschlechts sowie der Erwerbstätigkeit erkennbar. Der erklärende Gehalt der diesen Variablen zugrunde liegenden Hypothesen ist zwar auf statistisch abgesicherten Niveau aufrechtzuerhalten, bleibt jedoch relativ schwach und löst sich, wie später zu sehen sein wird (Abschnitt 3.4), bei einer multiplen Betrachtung auf.

3.3.2 Der Einfluß der ökologischen Betroffenheit auf das umweltentlastende Handeln

Das zentrale Element der Fragestellung dieser Untersuchung ist es, die Wirkung der ökologischen Betroffenheit auf den autonomen, d.h. den durch Marktkräfte gesteuerten bzw. den induzierten, d.h. den durch politische Maßnahmen gesteuerten räumlichen Strukturwandel zu bewerten. Der Kern des generellen Wirkungsmodells ist deshalb der direkte Zusammenhang zwischen Variablen, die als Indikatoren der Gefahrenwahrnehmung und Risikobewertung fungieren, und solchen, die private und politische Formen des umweltentlastenden Handelns wiedergeben. Dabei wird unterstellt, daß sich Märkte nur durch Nachfragesignale verändern und umweltpolitische Maßnahmen erst durch Protestaktionen der Bevölkerung bzw. durch mögliche Wahlentscheidungen veranlaßt werden. Es soll damit nicht negiert werden, daß beispielsweise das politische System auch ohne Anreize agiert, d.h. daß es eine systemimmanente Risikobewertung durchführt und Maßnahmen aus Gemeinwohlabsichten oder gesamtgesellschaftlicher Verantwortung einleitet. Von solchen indirekten Zusammenhängen zwischen Individuum und politischer Entscheidung bzw.

zwischen Öffentlichkeit und politischem System wird im folgenden jedoch abgesehen, und es werden nur solche direkt wirkenden Verflechtungen analysiert, die als Anreize oder Signale für das politische bzw. das ökonomische System wirksam werden.

Der Einfluß der Gefahrenwahrnehmung von Umweltproblemen

Komponenten der ökologischen Betroffenheit, die zu bestimmten Handlungsfolgen führen, lassen sich aus den Stellungsnahmen wie "Umweltprobleme spielen für mich eine große Rolle", "Uns drohen Umweltkatastrophen mit unermeßlichen Folgen" oder "Ich fühle mich durch die Umweltverschmutzung akut gefährdet" (Tabelle 3.22) herleiten. Die daraus abgeleiteten Teilindikatoren 'Allgemeine Betroffenheit', 'Allgemeine Gefahren' und 'Risiken' weisen alle erklärende Assoziationen mit den Handlungsvariablen aus. Gamma-Werte von 0,43 und mehr zeigen die sehr enge Verbindung von Betroffenheit und Deprivation mit Veränderungsbereitschaft und tatsächlichem Handeln auf. Damit kommt der Form der ökologischen Betroffenheit, die in Abschnitt 3.1 als die Dimension 'Die Zerstörung der Natur zerstört auch die Lebensgrundlagen des Menschen' vorgestellt worden ist, eine sehr große Bedeutung bei. Für multivariate Zwecke sind die Teilindikatoren in einer Intervallskala zusammengefaßt worden (NEUBET, Tabelle 3.25). Dieser Gesamtindikator der ökologischen Betroffenheit zeigt so die Höhe des Umweltrisikos für den einzelnen und für die Menschheit in der subjektiven Bewertung an.

Tabelle 3.25: Verteilung der handlungsrelevanten ökologischen Betroffenheit. (Haushaltsbefragung 1989, Fragen F32d, F33a, 33b, F33d, F33e, F33f)

Ausmaß der Betroffenheit [*]	Anzahl der Befragten	
	abs.	in %
Keine Betroffenheit (0 - 1,5 Punkte)	25	4,0
Geringe Betroffenheit (2 - 3,5 Punkte)	10	17,3
Mittlere bis hohe Betroffenheit (4 - 5,5 Punkt)	155	2,8
Hohe bis sehr hohe Betroffenheit (6 - 7,5 Punkte	194	31,1
'Maximale' Betroffenheit	142	22,8

[*] Likert-Skala aus 6 Fragen; vgl. die Indikatoren 'allgemeine Betroffenheit', 'Gefahren für die Menschheit/Gesellschaft' und 'Risiken für die eigene Person' (Tabelle 3.22). Der letztgenannte Indikator ist mit dem Faktor 2 gewichtet worden.

Einfluß der Bewertungen der Umweltsituation

Auch die Bewertungen der globalen und lokalen Umweltsituation weisen starke Assoziationen mit den Handlungsvariablen auf. Dabei sind die Gamma-Koeffizienten der Bewertung der allgemeinen Umweltsituation für einige Variablen wie die umweltpolitisch motivierte Wahlentscheidung, die Bereitschaft, zukünftig an Protesthandlungen teilzunehmen sowie die Akzeptanz von weitergehenden umweltpolitischen Maßnahmen höher als die der Bewertung der lokalen Umweltsituation. In diesen Fällen erweist sich die abstrakte Gefahrenwahrnehmung gegenüber der konkreten als handlungsrelevanter. Die relativ stärkste Assoziation jedoch haben die Bewertungen der lokalen, raumbezogenen Umweltqualität mit den bisher ausgeführten Protesthandlungen. Dagegen weisen sie relativ geringe Assoziationen mit dem umweltentlastenden Verbraucherverhalten auf. Die Bewertung der Umweltqualität schlägt sich also eher in der Beurteilung der politischen Perspektiven nieder.

Auch die Einschätzung der zukünftigen Entwicklung ist gleichmäßig mit den umweltentlastenden Handlungen assoziiert. Diejenigen, die eine weitere Verschlechterung der Umweltsituation befürchten, weisen eine weitaus höhere Akzeptanz umweltpolitischer Maßnahmen sowie ein ausgeprägteres Protestverhalten auf und wechseln häufiger den Standort. Weniger eindeutig ist der Einfluß der Variablen 'zukünftige Entwicklung der Umweltqualität' auf das Konsumentenverhalten.

Einfluß der Unzufriedenheit mit der Umweltpolitik

Haben die bisher angesprochenen Variablen das Ausmaß der persönlichen Deprivation beschrieben, weist die politische Deprivation, die mit der Frage nach der Zufriedenheit mit der bisherigen praktischen Umweltpolitik gemessen wurde, erwartungsgemäß eine enge Assoziation zu den politischen Handlungsvariablen auf (Protesthandlungen, Gamma = 0,31; Akzeptanz, Gamma = 0,33). Allerdings sind die Beziehungen zur Wahlentscheidung und der Bereitschaft, sich zukünftig an Aktionen zu beteiligen, hier geringer ausgeprägt. Insgesamt ist der Einfluß der politischen Deprivation geringer als der der persönlichen Betroffenheit. Es besteht außerdem eine interessante Beziehung zum Wechsel des Urlaubsortes aus Umweltgründen, die den hohen Gamma-Wert von 0,41 erreicht. Allerdings ist hier eher ein Einfluß in umgekehrter Richtung zu vermuten: Die Abwanderung wird von den Befragten auf die mangelnde Intervention der politischen Entscheidungsträger in die sich verschlechternde Umweltsituation in den Urlaubsorten begründet.

Zusammenfassung

Die genannten Variablen zur ökologischen Betroffenheit leisten für sich genommen zwar einen signifikanten Beitrag zur Erklärung der Handlungsvariablen, sind aber nicht unabhängig voneinander. Tabelle 3.26 zeigt daher eine vollständige Korrelations-/Assoziationsmatrix, die die Beziehungen zwischen Variablen auf der Basis des Gamma-Koeffizienten und des Produkt-Moment-Korrelationskoeffizienten verdeutlicht. Danach stehen die Variablen der ökologischen Betroffenheit, der Bewertung der globalen und der lokalen Umweltqualität in einer engen Beziehung. Eine hohe Assoziation besteht auch zwischen der Betroffenheit und der Unzufriedenheit mit der Umweltpolitik sowie - etwas schwächer - mit der Einschätzung der zukünftigen Entwicklung. Die Differenz in der Bewertung der lokalen und der globalen Umweltsituation ist dagegen relativ schwach mit den anderen Variablen verbunden.

Die insgesamt recht engen Beziehungen zwischen den Variablen illustrieren die Ähnlichkeit der Bewertungen der Umweltgefahren, auch wenn sie in unterschiedlichen Fragen erhoben werden. Trotz dieser gleichgerichteten Grundtendenz hat die Einzelbetrachtung einige Besonderheiten ergeben, die in die komplexe Erklärung der umweltentlastenden Handlungsmuster einfließen wird.

Tabelle 3.26: Assoziations-/Korrelationsmatrix zwischen Variablen der Gefahrenwahrnehmung und Bewertungen der Umweltsituation*

		1.	2.	3.	4.	5.	6.
1.	Ökologische Betroffenheit	1,00	0,26	0,44	0,43	-0,13	0,41
2.	Bewertung der zukünftigen Entwicklung	0,35	1,00	0,25	0,28	-0,11	0,27
3.	Bewertung der globalen Umweltqualität	0,60	0,44	1,00	0,55	-0,22	0,31
4.	Bewertung der lokalen Umweltqualität	0,52	0,41	0,74	1,00	0,69	0,36
5.	Differenz globaler zu lokaler Umweltqualität	-0,18	-0,18	-0,28	0,87	1,00	0,27
6.	Unzufriedenheit mit der Umweltpolitik	0,48	0,34	0,48	0,45	-0,18	1,00

* Oberhalb der Diagonalen: Produkt-Moment-Korrelationskoeffizient
Unterhalb der Diagonalen: Gamma-Koeffizient

3.3.3 Der Einfluß der soziokulturellen Faktoren

Im Konzept ist als weiterer Erklärungsbereich die soziokulturelle Einbettung in Form der Information und Kommunikation sowie der selektiven Anreize und Barrieren abgeleitet worden, die sich als intervenierender Faktor auf den Einfluß der ökologischen Betroffenheit, der Gefahrenwahrnehmung und der Risikobewertung auf die umweltentlastenden Handlungsmuster auswirkt.

Der Einfluß der selektiven Anreize und Barrieren

Bei der Diskussion der Gefahrenwahrnehmung ist deutlich geworden, daß zwischen der Bewertung allgemeiner Umweltgefahren, die die Menschheit als Ganzes treffen, und dem persönlich empfundenen Risiko auffällige Differenzen bestehen. Diese Differenzen sind als Maßstab für die Dissonanz zwischen der Einsicht in die Notwendigkeit zum konsequenten umweltgerechten Handeln und den fehlenden Anreizen bzw. den vorhandenen Barrieren zur tatsächlichen Aktivität. Je geringer die Differenz ausfällt, desto stärker müßten Formen des umweltentlastenden Handelns auftreten, je größer, desto stärker werden Barrieren wirksam.

Diese erklärende Differenz wird aus den bereits diskutierten Indikatoren 'Gefahren für die Menschheit/Gesellschaft' und 'Risiken für die eigene Person' errechnet (vgl. Tabelle 3.22). Sie weist für alle Handlungsvariablen Werte des Gamma-Koeffizienten auf, die den hypothetischen Zusammenhang bestätigen. Die stärksten Assoziationen treten mit den Protestaktivitäten (Gamma = -0,27), mit der Akzeptanz für weitergehende umweltpolitische Maßnahmen (Gamma = -0,25), mit der Wahlentscheidung (Gamma = -0,26) und mit der Standortverlagerung (Gamma = -0,29) auf. Zum ökologischen Verbraucherverhalten besteht die schwächste, aber noch immer eine signifikante Beziehung (Gamma = -0,17). Damit ist es belegt, daß selektive Anreize und Barrieren zwischen Risikowahrnehmung und umweltentlastendes Handeln treten. Handlungsbarrieren sind dann gering ausgeprägt, wenn die befragte Person eine ökologische Betroffenheit in Ichform ausdrückt. Diejenigen jedoch, die lediglich allgemeine Probleme und globale Umweltgefahren benennen, weisen vergleichsweise wenig umweltentlastende Handlungen auf.

Eine wesentliche Größe, die zu Umweltschutzaktivitäten führt bzw. diese unwahrscheinlich macht, ist der Einfluß, den die Person ihren Handlungen zuschreibt. Je höher dieser Einfluß eingeschätzt wird, desto wahrscheinlicher sind entsprechende Aktivitäten. Gut 30 % der Befragten haben auf die Aussage: "Ob ich mich für mehr Umweltschutz einsetze oder nicht, ist eigentlich egal, weil ich doch keinen Einfluß habe", mit vollständiger oder teilweiser Zustimmung geantwortet. Diese Personen zeigen ein signifikant niedrigeres umweltentlastendes Handeln. Mit zwei weiteren Variablen zur Wirkung des Verbraucherverhaltens sowie zur Bedeutung der Umweltschutzverbände ist die Variable EINFLUSS konstruiert worden. Diese Variable gibt die Einfußmöglichkeiten der nicht politisch organisierten Öffentlichkeit zur Veränderung der Umweltprobleme wieder. Sie ist mit den verschiedenen umweltentlastenden Handlungen assoziiert. Danach haben Personen, die ihren Handlungen einen hohen Einfluß zumessen, ein ausgeprägteres umweltentlastendes Verbraucherverhalten, eine höhere Bereitschaft, zukünftig an Aktionen teilzunehmen und eine größere Aufmerksamkeit für umweltpolitische Aussagen der Parteien im Hinblick auf ihre Wahlentscheidung.

Dagegen bringt die Unterscheidung zwischen intern und extern gesteuerten Personen als unabhängige Variablen ebenso zu vernachlässigende Ergebnisse wie die zwischen Vertrauen in und Zweifel an der Effizienz von Gesetzen bzw. an der Problemlösungskapazität von Wissenschaft und Technologie. Letzlich ergeben sich auch aus der Unterscheidung nach der Einteilung der Verursacher in 'das Industriesystem' und 'wir alle' (Fremdverschuldung vs. Eigenverantwortung) keine erklärenden Assoziationen.

Im Konzept der Befragung wird als ein weiterer möglicher Anreiz für umweltentlastendes Handeln derjenige Statusgewinn genannt, der eintritt, wenn die Gesellschaft Umweltschutzaktivitäten positiv sanktioniert. Tatsächlich unterstützt das Antwortverhalten die Annahme, daß durch die Durchführung umweltentlastender Handlungen die gesellschaftliche Anerkennung gesteigert wird. Allerdings weist diese Variable mit Ausnahme einer leicht nachvollziehbaren, positiven Assoziation mit der Bereitschaft, zukünftig an Protestaktionen teilzunehmen, keine statistisch absicherbaren Beziehungen zu den Handlungsvariablen auf. Demnach werden umweltentlastende Handlungen nicht wegen der damit möglicherweise verbundenen gesellschaftlichen Anerkennung durchgeführt.

Einflüsse der Information und Kommunikation

Auch wenn Umweltschutzaktivitäten, wie gerade beschrieben, keine positive gesellschaftliche Sanktionierung erfahren, sind umweltentlastende Handlungen eng mit Kommunikationsmustern verbunden. Zwischen 30 % und 40 % der Befragten geben an, sich 'oft' mit Freunden und Kollegen oder in der Familie über Umweltprobleme auseinandersetzen. Dieses 'oft' steht für Gespräche, die mindestens einmal wöchentlich stattfinden. Vergleichsweise selten werden dagegen entsprechende Gespräche mit den Nachbarn geführt. Dieses ist ein weiteres Indiz dafür, daß Umweltprobleme in der Wohngegend eine relativ geringe Rolle spielen. Die einzelnen Antworten auf die Frage nach dem Personenkreis, mit dem über Umweltprobleme diskutiert wird (Frage 44 des Haushaltsfragebogens), sind im Additionsverfahren verbunden worden. Die auf diese Weise entstandene neue Variable zeigt die "Kommunikationsintensität" der Befragten. Die Assoziationsprüfung dieser Variablen mit den umweltentlastenden Handlungsmustern ergibt durchweg statistisch signifikante Ergebnisse: je intensiver die Kommunikation, desto ausgeprägtere Umweltschutzaktivitäten treten auf. Der stärkste Einfluß besteht hinsichtlich der Protestformen (Gamma = +0,28), was den Schluß nahelegt, daß die Wahl der 'Voice-Option' in kommunikativen Prozessen vorbereitet wird. Eine starke Assoziation ergibt sich weiterhin zur Standortverlagerung von Wohn- und Urlaubsort aus Umweltgründen. Dieser Vorgang ist wahrscheinlich in Diskussionen und kommunikative Abwägungsprozesse eingebettet, die vorhandene Handlungsbarrieren wegräumen bzw. Anreize geben.

Unterscheidet man zwischen den verschiedenen Kommunikationszusammenhängen, weisen die Gespräche mit den Familienangehörigen und mit Freunden die engsten Assoziationen mit den Handlungsvariablen auf. Dabei zeigen Auseinandersetzungen in der Familie Auswirkungen primär auf umweltentlastende Aktivitäten beim Einkauf und bei der Hausarbeit. Diskussionen im Freundeskreis wirken sich verstärkend auf Protesthandlungen bzw. auf die zukünftige Aktionsbereitschaft aus. Die Häufigkeit der Gespräche mit Nachbarn oder Kollegen, die auch erhoben worden ist, zeigt dagegen keine bemerkenswerte Assoziation zu Handlungsformen.

Neben den Kommunikationszusammenhängen spielen auch die Informationsquellen, die außerdem Einfluß auf die Problemwahrnehmung haben, eine Rolle bei der Erklärung der umweltentlastenden Handlungsmuster. Die Informationsbeschaffung über 'Informationen der Verbände', 'Spezialliteratur' und 'überregionale Zeitungen' steht in der engsten Beziehung zu den Handlungen. Dagegen hat die Nutzung der Informationsquellen, die als 'übliche Medien' bezeichnet werden, einen unterdurchschnittlichen Einfluß. Die geringste Assoziation zu Variablen des umweltentlastenden Handelns besteht bei der Informationsquelle 'eigene Erfahrung'; die Information über Gespräche ist mittelstark mit entsprechenden Handlungsmustern assoziiert. Hier wird deutlich, daß die gerade genannte starke Assoziation der Kommunikation mit dem umweltentlastenden Handeln mit der Nutzung anderer Informationsquellen gekoppelt ist.

Die markanten Unterschiede in der Wirkung der Nutzung einzelner Informationsquellen auf das umweltentlastende Handeln zeigt, daß diejenigen, die eine Gefährdung durch Umweltbelastungen empfinden, sich in der Regel gezielter informieren und häufiger umweltentlastende Handlungen vollziehen. Setzt man die Informationssuche mit der Bereitschaft zur Übernahme von Opportunitätskosten gleich, ergibt sich eine Rangfolge, die bei der persönlichen Erfahrung, der Nutzung der Massenmedien und der Regionalpresse am unteren Ende beginnt und geringe Kosten impliziert und die mit der Lektüre von spezieller und 'grauer' Literatur endet. Es gilt also: je höher die Bereitschaft zur Übernahme von Opportunitätskosten ausgeprägt ist, desto wahrscheinlicher werden umweltentlastende Handlungen ausgeführt. Diese Überlegung ist weiterhin mit der räumlich unterschiedlichen Zugänglichkeit einzelner Informationsquellen zu verknüpfen. Nicht alle überregionalen Tageszeitungen können beispielsweise in peripheren Räumen am Erscheinungstag zugestellt werden. Ebenso ist die Informationsverbreitung der Umweltverbände in Orten unterhalb von Mittelzentren schwierig. Bürozeiten und das Vorhandensein von Beratungsständen sind abhängig von einer bestimmten Nachfragehäufigkeit, die mit der lokalen Einwohnerzahl eng verbunden ist. Daher dürfte der Zentralitätsgrad die Opportunitätskosten der Informationsbeschaffung stark beeinflussen. Umgekehrt müßte ein Ausschalten des Einflusses der Zentralität die Assoziation der Informationsquellen mit den Handlungsvariablen erhöhen.

Die Prüfung dieser Überlegung zeigt eine schwache Tendenz in die angenommene Richtung. Die Gamma-Koeffizienten zwischen Informationsquelle und umweltentlastenden Handlungen sind bei ausschließlicher Betrachtung der Hamburger Befragten durchweg höher. Insgesamt aber bleibt der vermutete Einfluß der Zentralität auf die Opportunitätskosten gering. Wichtiger zur Erklärung von umweltentlastenden Aktivitäten ist das Interesse an umweltpolitischen Auseinandersetzungen. Diese Variable weist durchweg signifikante Beziehungen zu den Handlungsvariablen auf.

Zusammenfassung

Einige der Merkmale der soziokulturellen Einbettung der Wahrnehmung und Bewertung von Umweltgefahren lassen auf einen intervenierenden Einfluß dieser Variablen auf den Zusammenhang von Gefahrenwahrnehmung und umweltentlastendem Handeln schließen. Wichtige Variablen sind der Einfluß, den die Befragten ihrem Handeln zumessen, die Gesprächsintensität im Familien- und Freundeskreis, die Wahl der Informationsquellen und das politische Interesse. Auffällig ist weiterhin, daß eine gesellschaftliche Anerkennung von umweltentlastenden Handlungen nicht angenommen wird. Damit entfällt ein wichtiger, nichtmaterieller Anreiz. Unterscheidungen zwischen intern und extern gesteuerten Personen oder zwischen Variablen wie das Vertrauen in das und die Zweifel an dem wissenschaftlich-technischen bzw. dem politisch-legislativen System sind ohne weiterführenden Erklärungswert.

3.3.4 Standort- und Umwelteinflüsse auf Wahrnehmung und Handeln

Die konzeptionellen Überlegungen lassen in mehrfacher Hinsicht erwarten, daß die raumbezogenen Variablen zur Erklärung des Ausmaßes der ökologischen Betroffenheit und des umweltentlastenden Handelns herangezogen werden können. Mindestens zwei Einflußfaktoren sind zu unterscheiden, sie sind hier 'Zentralität' und 'lokales Milieu' genannt worden. Neben diesen eindeutig auf den Wohnort konkretisierbaren Variablen tritt der nicht regionalsierbare Faktor 'Naturnutzung', der dennoch die Wirkung von Standortpotentialen deutlich machen kann. Die Milieueffekte bleiben, abgesehen von der Analyse der Wohnsituation, zunächst ausgeblendet und werden erst in den komplexen Erklärungsansätzen thematisiert.

Einfluß der Zentralität

Der Einfluß der Zentralität wird über zwei Variablen bestimmt: Zum einen läßt die zentralörtliche Ausstattung des jetzigen Wohnortes eine Einteilung in Ober-, Mittel-, Grund- und Nebenzentrum bzw. Orte ohne zentralörtliche Funktion zu. Zum anderen ist die Frage nach der Zentralität desjenigen Wohnortes gestellt worden, in dem die Person aufgewachsen ist. Die zuletzt genannte Variable wird in leicht abweichenden Kategorien abgefragt. Die Kategorie Oberzentrum teilt sich in Großstadt und Großstadtrand, während die unterschiedlichen zentralörtlichen Ausstattungen des ländlichen Raumes in die Kategorie Dorf zusammengefaßt worden sind. Nur das Mittelzentrum erscheint wieder in dem synonym verwendeten Begriff Kleinstadt.

Die Zentralität des heutigen Wohnortes ist mit dem Ausmaß der ökologischen Betroffenheit positiv assoziiert (Gamma = 0,20). Bewohner des Oberzentrums Hamburg artikulieren somit eine höhere Gefahrenwahrnehmung. Diese Beziehung ist zwar statistisch ausreichend gesichert, erreicht aber nicht die Intensität, die beispielsweise zwischen der Gefahrenwahrnehmung und Variablen der soziodemographischen Struktur besteht. Entsprechende Assoziationen bestehen auch bei der Akzeptanz weitergehender umweltpolitischer Maßnahmen und bei der Unzufriedenheit mit der bisherigen Umweltpolitik. Das Ausmaß der politischen Deprivation ist in Hamburg am höchsten und nimmt entlang der zentralörtlichen Hierachie ab.

Diese Beobachtung steht im Einklang mit dem Einfluß, der von selektiven Anreizen für bzw. Barrieren gegen umweltentlastende Handlungen ausgeht. Der dafür ermittelte Gesamtindikator, ist in Hamburg geringer und nimmt mit abnehmender Zentralität zu. Somit befinden sich im ländlichen Raum weniger Anreize für umweltpolitische Handlungen bzw. größere Barrieren als in der Großstadt. Umgekehrt verhält es sich beim ökologischen Konsumentenverhalten, das in den unteren Zentralitätstufen stärker ausgeprägt ist (Gamma = -0,12). Die naheliegende Vermutung, daß es hier zu einer Gegenüberstellung des 'städtischen Wegwerfverhaltens' mit der 'ländlichen Wiederverwertungsmentalität' kommt, wird bei den Milieueffekten wieder aufgenommen.

Weiterhin ist nochmals auf den Unterschied in der Bewertung der globalen und lokalen Umweltqualität hinzuweisen. Mit abnehmender Zentralität erfolgt nicht nur eine bessere Bewertung der lokalen Umweltsituation, sondern es nimmt auch die Differenz zwischen der Bewertung der globalen und der lokalen Situation zu. Die Differenz ist besonders dann hoch, wenn die Person in einem Ort höherer Zentralität aufgewachsen ist. In diesen Fällen wird die relativ gute Bewertung der örtlichen Umweltqualität dadurch verstärkt, daß die gegenwärtige Umweltsituation im Wohngebiet mit der früheren am höher verdichteten Wohnstandort verglichen wird.

Generell steht die Wohndauer in Beziehung zu den Variablen der Gefahrenwahrnehmung, der Risikobewertung und zu denen des umweltentlastenden Handelns. Es besteht eine lineare Abhängigkeit zwischen der Dauer der Ortsansässigkeit und den abhängigen Merkmalen, wobei die 'Zugezogenen' eine höhere Betroffenheit angeben und politisch aktiver bzw. handlungsbereiter sind. Eine durchgängige, überdurchschnittlich negative Bewertung der erst kurz am Wohnort Ansässigen hinsichtlich der globalen Umweltsituation zeigt sich auch dann noch, wenn der Einfluß der Variable Lebensalter konstant gehalten wird. Dieses ist wahrscheinlich eine Wirkung der Standortsuche, denn Umweltpotentiale gehören in diesem Prozeß sicherlich zu den entscheidenden Pull-Faktoren, während Umweltbelastungen zu den Push-Faktoren zu zählen sind. Die bei der Wohnungssuche einsetzende gezielte Informationssuche und Bewertung sensibilisieren für Umweltbelastungen.

Die Umzugsfrequenz ist normalerweise bei Mietern höher als bei Eigentümern. Mit dem U-Test lassen sich signifikante Unterschiede der Gefahrenwahrnehmung, der Risikobewertung und des umweltentlastenden Handelns zwischen diesen beiden Gruppen nachweisen. Besonders markant sind zwei Phänomeme: Erstens artikulieren Mieter generell eine höhere Betroffenheit. Am stärksten ist der Unterschied zwischen Mietern und Eigentümern bei der Bewertung der lokalen Umweltsituation und der Differenz zwischen der Bewertung der lokalen und der globalen Umweltsituation. Offensichtlich sehen Mieter die Umweltqualität ihrer Wohngegend in einem schlechteren Zustand als Eigentümer. Wegen ihrer größeren Ortsbindung bewerten letztere ihren Wohnstandort besser und heben ihn stärker von der allgemeinen Situation ab. Zweitens weisen Eigentümer ein ausgeprägteres umweltentlastendes Konsumentenverhalten auf, das nun allerdings nicht auf die größere Ortsbindung zurückführbar ist, sondern eher auf die bessere 'infrastrukturelle' Ausstattung der Eigentümer.

Der letztgenannte Aspekt zeigt, daß ökologische Betroffenheit und umweltentlastendes Handeln sich wahrscheinlich nicht primär an die Eigentumsverhältnisse knüpfen, sondern an die Wohnform. In der Befragung sind vier Kategorien verwendet worden: Einzelhaus, Mehrfamilienhaus, geschlossene Blockrandbebauung bzw. mehrgeschossiger Zeilenbau und Großwohnsiedlung. Es zeigt sich, daß die Mieter von Einzelhäusern sich ähnlich den Eigentümern verhalten und sich von Mietern in stärker verdichteten Wohngebieten unterscheiden.

Insgesamt besteht die höchste Betroffenheit und die schlechteste Bewertung der Umweltsituation bei Mietern in Gebieten mit Blockrandbebauung oder Zeilenbau, von denen auch am häufigsten umweltentlastende Handlungen ausgehen. Das geringste Umweltrisiko und der geringste umweltpolitisch motivierte Protest ist bei solchen Personen zu finden, die in Einzelhäusern leben. Nahezu umgekehrt verhält es sich beim ökologisch orientierten Konsumverhalten, das in den Großwohnsiedlungen am geringsten ausgeprägt ist und in Einzelhäusern das Maximum erreicht. Dieses Handlungsmoment wird also parallel auf zwei Maßstabsebenen gesteuert: umweltgerechtes Konsumentenverhalten nimmt von der Stadt zum Land und von verdichteten Wohnquartieren zu Einzelhausgebieten zu.

Aus der Befragung lassen sich zusammenfassend drei raumbezogene Einzelgrößen isolieren, die Effekte auf die Betroffenheit und das Handeln haben: (a) der Verdichtungsgrad sowohl auf lokaler Ebene (Bebauungsdichte) wie auf regionaler Ebene (Zentralität), (b) die Dauer der Ortsansässigkeit oder Ortsbindung und damit eng verbunden (c) die Richtung eines vollzogenen Umzugs auf der Zentralitätsachse.

Einfluß der Umweltnutzungen

Umweltnutzungen sind in vier verschiedenen Bereichen erfaßt worden: Garten- und Feldarbeit, Spazierengehen und Fahrrad fahren, Baden in Flüssen, in Seen und im Meer sowie Sport in der Natur. Assoziiert man diese Nutzungskategorien untereinander, sind 'Garten- und Feldarbeit' einerseits und 'Sport in der Natur' andererseits gegensätzliche Pole, die miteinander kaum Assoziationen aufweisen, jedoch Beziehungen mit den anderen Variablen der Umweltnutzung haben. Daher ist es ausreichend, nur diese beiden Extreme weiter zu verfolgen.

Mit einer Ausnahme weist die 'Garten- und Feldarbeit' keine erklärenden Effekte für die ökologische Betroffenheit und das umweltentlastende Handeln auf. Die einzige bemerkenswerte Assoziation besteht zum ökologischen Konsumentenverhalten (Gamma = 0,21), die auch bestehen bleibt, wenn der Einfluß der Zentralität statistisch konstant gehalten wird. Demnach liegt eine positive Assoziation zwischen dieser Umweltnutzung und dem umweltgerechten Konsum vor, die sich unabhängig davon ergibt, ob die Garten- und Feldarbeit im städtischen Kleingarten, im Hausgarten oder auf landwirtschaftlichen Flächen stattfindet. Zurückzuführen ist diese Beziehung damit grundsätzlich auf die Möglichkeit, Obst und Gemüse für den Eigenbedarf 'biologisch' zu produzieren oder Abfall zu kompostieren.

Die wenigen aussagekräftigen Assoziationen der 'Garten- und Feldarbeit' mit Merkmalen der ökologischen Betroffenheit und dem umweltentlastenden Handeln werden kontrastiert durch zahlreiche Beziehungen der Nutzungskategorie 'Sport in der Natur'. Die Häufigkeit sportlicher Aktivitäten in der Natur weist signifikante Beziehungen zur persönlichen Risikowahrnehmung und zum umweltpolitischen Interesse sowie zu allen Handlungsvariablen auf. Eine besonders starke Assoziation besteht zur Verlagerung des Urlaubsstandortes (Gamma = 0,30), die leicht nachzuvollziehen ist, denn Freizeit- und Urlaubspräferenzen dürften eng zusammenhängen.

Die Wirkung dieser Nutzungskategorie unterstreicht die Bedeutung der Dimension der ökologischen Betroffenheit, die sich gegen die Zerstörung der Umwelt wegen des damit verbundenen Verlustes an physischen und psychischen Ausgleichsmöglichkeiten wendet (vgl. Abschnitt 3.1). In abgeschwächter Form weisen die anderen erhobenen Nutzungskategorien in die gleiche Richtung.

3.4 Komplexe Erklärungsansätze für die Gefahrenwahrnehmung und das umweltentlastende Handeln

In den vorausgehenden Abschnitten sind erklärende Variablen für die ökologische Betroffenheit und das umweltentlastende Handeln isoliert vorgestellt worden. Die Analyse des Einflusses dieser Variablen hat verschiedene Hinweise darauf gegeben, warum einige Personen sich stärker bedroht fühlen bzw. mehr umweltentlastende Handlungen ausführen als andere. In den folgenden beiden Abschnitten wird jede einzelne abhängige Variable nochmals diskutiert, um die jeweils beste statistische Erklärung herauszuarbeiten. Auch dazu finden zunächst keine parametrischen Verfahren Verwendung. Bei den Variablen aber, die intervallskaliert vorliegen, werden multiple Varianz- und Regressionsanalysen vorgezogen. Neben der größeren Genauigkeit haben letztere den Vorzug, Residualwerte zu erzeugen, die als Größe zur Analyse der Milieueffekte interpretiert werden können. Anders ausgedrückt sollen diejenigen Varianzanteile der abhängigen Variablen, die nicht durch die bereits bekannten sozialstrukturellen Merkmalskombinationen erklärt werden können, als mögliche Milieueffekte diskutiert werden, um räumlich begrenzte Wahrnehmungs-, Bewertungs- und Handlungsstrukturen herauszuarbeiten.

3.4.1 Multivariate Erklärungen der Gefahrenwahrnehmung und der Umweltbewertung

Auf deskriptiver Ebene sind drei verschiedene Aspekte der Gefahrenwahrnehmung und der Umweltbewertung behandelt worden. Die multivariaten Erklärungsversuche beginnen mit dem wichtigsten Aspekt, der ökologischen Betroffenheit aufgrund der bestehenden Gefahren für die Menschheit als Ganzes und für die eigene Person. Daran anschließend wird die Bewertung der globalen und lokalen Umweltsituation und abschließend die Unzufriedenheit mit der Umweltpolitik bearbeitet.

Ökologische Betroffenheit - Menschheitsgefahren und persönliche Risiken

Die Wahrnehmung der auf die Menschheit als Ganzes und auf das Individuum gerichteten Umweltgefahren ist in sechs verschiedenen Fragen ermittelt worden (Tabelle 3.22), die sich in einer 'Betroffenheitsskala' zusammenfassen lassen (vgl. Tabelle 3.25). Die Betroffenheit weist signifikante Beziehungen zu folgenden Variablenkomplexen auf:
1. Die ökologische Betroffenheit ist sozialstrukturell primär durch das Alter gesteuert. Jüngere Menschen empfinden Umweltgefahren generell als bedrohlicher. Auf schwächerem Niveau wirken sich der Ausbildungsstand und die Anzahl der Kinder entsprechend aus. Auch artikulieren Frauen eine höhere Betroffenheit als Männer. Eine dem Alter vergleichbare Assoziationsstärke ergibt sich jedoch nur bei der Art der Erwerbstätigkeit. Landwirtschaftliche und industrielle Tätigkeiten, also potentiell umweltbelastende Aktivitäten, führen zu einer geringen, Tätigkeiten im tertiären Bereich und hier insbesondere die kurativen und ausbildungsbezogenen beruflichen Aktivitäten dagegen zu einer hohen Betroffenheit. Der multiple Korrelationskoeffizient und das über die Anzahl der Variablen korrigierte Bestimmtheitsmaß (vgl. Korrelationsmatrix im Anhang) zeigen jedoch, daß sich der Erklärungsgehalt der genannten Variablen nur wenig akkumulieren läßt.
2. Standort- und Umwelteinflüsse auf die ökologische Betroffenheit sind für drei

Merkmale sehr gut nachzuweisen. Erstens steigert sich die Betroffenheit mit der zunehmenden Zentralität der Siedlungen. Dieses läßt sich einerseits als Einfluß der Umweltqualität interpretieren, denn die schlechteste Umweltsituation ist in der Regel in den hoch verdichteten Räumen zu finden; andererseits ist eine weitere Standortsteuerung denkbar, denn mit zunehmender Zentralität nimmt auch die Informationsdichte zu und damit die Möglichkeit, sich über Umweltprobleme zu informieren. Standorteinflüsse gehen auch vom Merkmal der Ortsansässigkeit aus, deren Dauer, unabhängig vom Alter der Befragten, zu einer linearen Veränderung der Betroffenheit führt. Mit abnehmender Standortbindung erfolgt eine zunehmende Sensibilität bezüglich der Umweltgefahren, umgekehrt führt eine starke Ortsbindung zu einer geringeren Risikowahrnehmung. Diese Aussage läßt sich durch die Merkmale Wohnverhältnis und Wohnform (Mieter/Eigentümer) unterstreichen. Die in der Regel räumlich mobileren Mieter und die Bewohner von Wohnungen in verdichteten Stadtteilen artikulieren eine höhere Betroffenheit, die Eigentümer bzw. die Bewohner von Einzelhäusern dagegen eine geringere.

Weiterhin besteht ein deutlicher Einfluß auf das Ausmaß an Betroffenheit bei denjenigen Personen, die Umweltpotentiale zum physisch/psychischen Ausgleich nutzen: Sport in der Natur sensibilisiert für Umweltgefahren. Für Kenner des Unterelberaumes ist dieser Zusammenhang wahrscheinlich nicht allzu überraschend, denn beispielsweise die in Ruder- und Sportbootverbände zusammengeschlossenen Freizeitsportler an der Unterelbe sind seit längerem Teil der regionalen ökologischen Protestbewegung. Zusammenmgenommen weist die Umwelt- und Standortdetermination einen multiplen Korrelationskoeffizienten auf, der hinter dem der sozialstrukturellen Merkmale zurückbleibt.

3. In den konzeptionellen Ausführungen über den Wirkungszusammenhang von Gefahrenwahrnehmung und umweltentlastendem Handeln ist keine Steuerung der Wahrnehmung durch Merkmale des soziokulturellen Kontextes angenommen worden. Dennoch werden im folgenden derartige Abhängigkeiten diskutiert, weil Ursache-Folge-Relationen hier nicht eindeutig bestimmbar sind.

Insgesamt gibt es zahlreiche und teilweise auch hohe Korrelationen zwischen dem Ausmaß der ökologischen Betroffenheit und dem soziokulturellen Kontext. Von großer Bedeutung ist beispielsweise das Interesse an umweltpolitischen Auseinandersetzungen in Verbindung mit der Kommunikation über Umweltprobleme im Freundes- oder Familienkreis und den genutzten Informationsquellen. Die Intensität der ökologischen Betroffenheit ist daher eng mit kommunikativen Handlungen verbunden.

Assoziationen bestehen auch mit den Merkmalen, die selektive Anreize und Handlungsbarrieren bezeichnen. Zu den wichtigen Variablen gehört die Höhe des perzipierten Einflusses des einzelnen auf umweltpolitische Entscheidungen. Daher ist auch anzunehmen, daß ein als hoch eingeschätzter Einfluß eine starke Handlungsmotivation darstellt, auf diese Annahme wird noch eingegangen werden. Beachtliche negative Korrelationen bestehen zum Vertrauen in politische/wissenschaftlich-technische Problemlösungen: Mit zunehmendem Zweifel an der Kompetenz des 'Systems' nimmt auch die ökologische Betroffenheit zu. Bestätigt wird dieser Befund durch die interne Steuerung der Gefahrenwahrnehmung. Diejenigen, die eine hohe Eigenverantwortung für die Behebung der Umweltprobleme angeben, haben gleichzeitig eine ausgeprägtere Gefahrenwahrnehmung. Auch diese Verbindung zwischen dem Gefühl der Eigenverantwortlichkeit sowie der Inkompetenz staatlich gesteuerter Institutionen und der Intensität der ökologischen Betroffenheit müßte eine starke Motivation für umweltentlastende Handlungen ergeben. Der multiple Korrelationskoeffizient dieser Variablen liegt bei 0,48, wodurch die enge Verbindung statistisch wiedergespiegelt wird.

4. Die Verteilung der ökologischen Betroffenheit nach Befragungsorten wird in Abb. 3.11 wiedergegeben. Dargestellt sind die standardisierten Abweichungen der ökologischen Betroffenheit (NEUBET) vom arithmetischen Mittel der Befragung (vgl. Tabelle 3.25) und die standardisierten Residualwerten einer multiplen Regression, die das Ausmaß der Betroffenheit von sozialstukturellen (Alter, Ausbildung, Kinderzahl, Geschlecht, Einkommen) und Standorteinflüssen (Zentralität, Wohndauer) bereinigt. Die Abweichungen werden in Einheiten der Standardabweichung gemessen. An einem Lesebeispiel für Abbildung 3.11 läßt sich das Verfahren verdeutlichen: Das arithmetische Mittel der Konstruktvariable NEUBET, die in diesem Rechenverfahren stellvertretend für die ökologische Betroffenheit steht (vgl. Tabelle 3.25), beträgt 5,6; die Standardabweichung 2,0. Durch die Standardisierung wird der Mittelwert auf 0 gesetzt (entspricht der x-Achse in Abb. 3.11) und die Standardabweichung auf 1. Die Abweichung der tatsächlichen Ausprägungen beträgt beim Schanzenviertel beispielsweise standardisiert 0,45, real 0,45 * 2 = 0,9, d.h. die ökologische Betroffenheit in diesem Befragungsquartier liegt 0,9 Einheiten über dem Befragungsdurchschnitt. Die Linien bei +/.0,15 Standardabweichung kennzeichnen einen Bereich, der statistisch keine zuverlässigen Aussagen zuläßt.

Grundsätzlich ist bei diesem statistischen Verfahren zu erwarten, daß durch die Regression eine Angleichung der Abweichungen auftritt. Sie würde besagen, daß die sozialstrukturellen und standortbezogenen Variablen die auftretende Varianz erklären. Der Ort Großenwörden ist dafür ein idealtypisches Beispiel, denn nach der Regression entspricht die örtliche Ausprägung der ökologischen Betroffenheit dem Befragungsdurchschnitt des Gesamtraumes. Interessante Abweichungen von diesem Trend werden im folgendem behandelt.

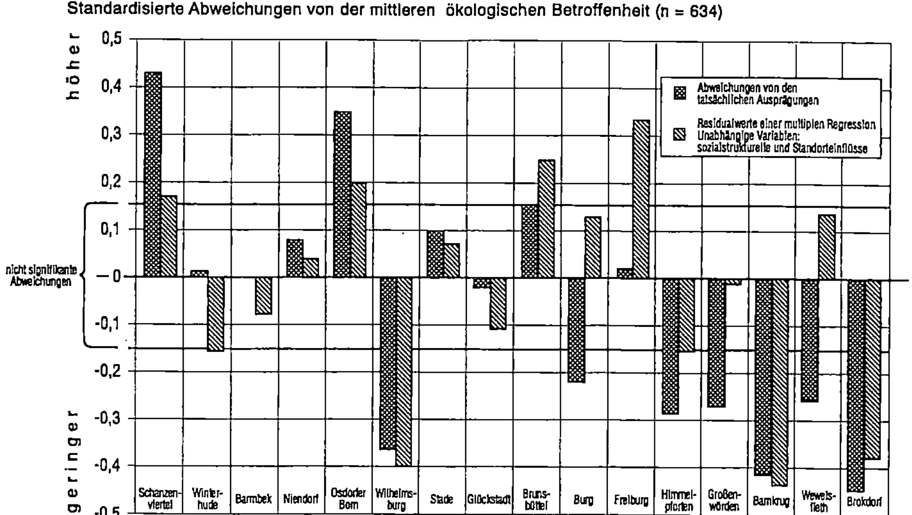

Abb. 3.11: Bewertung der ökologischen Betroffenheit nach Befragungsorten

Eine erste Auffälligkeit betrifft die beiden Hamburger Wohnquartiere Schanzen-viertel und Osdorfer Born. Hier ist die ökologische Betroffenheit offensichtlich so hoch, daß nach der Regression trotz einer Annäherung zum Befragungsdurchnitt immer noch eine signifikante positive Abweichung verbleibt. In beiden Quartieren ist von einer Konzentration von Personen auszugehen, die in der Umweltproblematik eine größere Gefahr erblicken als in den meisten anderen Wohngebieten. Für das Schanzenviertel ist eine plausible Erklärung dadurch gegeben, daß dieses Viertel einen beliebten Wohnstandort für die 'Alternativszene' darstellt, die eine hohe Affinität zur Umweltbewegung und zur Grün-Alternativen Liste als politische Organisation aufweist. Die räumliche Konzentration ergibt eine hohe Sensibilität für Umweltgefahren, die beispielsweise dazu führt, daß hier auch alte Personen oder Befragte mit niedrigem Schulabschluß eine vergleichsweise hohe Betroffenheit artikulieren und sich so ihrem Wohnumfeld anpassen. Für das Osdorfer Born ist eine Erklärung schwieriger. Die hohe tatsächliche Abweichung läßt sich dadurch erklären, daß hier viele jüngere Eltern mit Kindern als Mieter in Großwohnsiedlungen befragt worden sind, die zudem eine geringe Ortsbindung aufweisen. Diese Faktoren erklären die hohe tatsächliche Betroffenheit, die allerdings durch die Regression hätte ver-schwinden müssen. Die immer noch vorhandene positive Abweichung läßt sich nur durch Milieueffekte erklären, die in besonderen Kommunikationsstrukturen vermutet werden.

Eine zweite Auffälligkeit wird durch die Ergebnisse für Hamburg-Wilhelmsburg, Barnkrug und Brokdorf markiert. Die außergewöhnlich geringe Betroffenheit in diesen Orten ist sozial- und siedlungsstrukturell nicht erklärbar. Für Bewohner von Orten, die entweder tatsächlich hohen Belastungen ausgesetzt sind (Wilhelmsburg) oder die unmittelbar in Nachbarschaft zu Symbolen der Umweltzerstörung leben, gilt es wahrscheinlich, daß man Umweltprobleme als weniger ernst und bedrohlich ansieht (ähnlich auch: Stöckl 1982).

Eine dritte Gruppe von Ergebnissen ist in solchen Orten auffällig, in denen die Regression auf eine starke Betroffenheit aufmerksam macht, die zuvor durch die sozialstrukturellen und Standorteinflüsse verdeckt worden sind. Dazu gehören besonders Freiburg und Brunsbüttel, tendenziell auch Burg und Wewelsfleth. Eine Gemeinsamkeit dieser Orte ist die mittlere Distanz zu Großemittenten, würde man die Orte durch ein Viereck verbinden, läge das AKW-Brokdorf etwa in der Mitte. Dieses allein erklärt aber sicherlich nicht die Abweichungen. Bevor hier Schlußfolgerungen gezogen werden, soll die Bewertung der globalen und lokalen Umweltbewertung miteinbezogen werden.

Bewertung der globalen und lokalen Umweltsituation

Die beiden Variablen, mit denen die Bewertung des Umweltzustandes auf der globalen und lokalen Ebene gemessen wird, weisen enge Beziehungen miteinander auf. Es ist bereits darauf hingewiesen worden, daß die globale Umweltsituation überwiegend als 'zerstörter' empfunden wird als die lokale. Dieses Ergebnis entspricht den Ausführungen zur ökologischen Betroffenheit, die bei den Gefahren für die Menschheit als Ganzes kaum steigerungsfähig ist, bei den persönlichen Gefahren und Risiken jedoch differenziert auftritt. Im folgenden werden die Variablen zur Bewertung der Umweltsituation vergleichend diskutiert.

Die soziodemographische und sozioökonomische Steuerung beider Indikatoren der Umweltbewertung ist weitgehend identisch mit der der ökologischen Betroffenheit. Unterschiede in der Bewertung der Umweltsituation werden bei den soziokulturellen Steuerungsfaktoren deutlich. Es zeigt sich, daß die Bewertung der lokalen Umweltqualität durch andere Faktoren gesteuert wird als die der globalen und als die ökologische Betroffenheit. Offensichtlich wirkt sich beim erstgenannten Indikator das raumbezogene Moment stärker aus. Dennoch ist auch für die Bewertung der lokalen Umweltsituation der Informations- und Kommunikationsaspekt wesentlich. Die Häufigkeit von Gesprächen im Freundeskreis ist mit einer negativen Bewertung der

212

lokalen Umweltsituation verbunden, ebenso die Stärke des Interesses an Umweltpolitik und der Informationstyp. Die Intensität familiärer Auseinandersetzungen wirkt sich dagegen primär auf die negative Globalbewertung aus, während sie für die Bewertung des Wohnumfeldes weniger wichtig ist.

Auffällig ist die hohe Korrelation zwischen lokaler Umweltbewertung und dem Gesamtindikator für selektive Anreize: Je besser die lokale Umweltqualität eingeschätzt wird, desto stärker sind Handlungsbarrieren gegen umweltentlastende Handlungsformen ausgeprägt. Dieses Ergebnis wird weiter unten zusammen mit anderen zur Typisierung der Befragungsorte verwandt.

Obwohl es in der wissenschaftlichen Literatur bisher wenige Beispiele gibt, die raumbezogene Faktoren auf ihren Beitrag zur Wahrnehmung und Bewertung von Umweltgefahren überprüfen, ist zu erwarten, daß die Bewertung der globalen und lokalen Umweltqualität in starkem Maße durch Standort- und Umwelteinflüsse gesteuert wird. Die Befragung hat ergeben, daß die subjektive Wahrnehmung der lokalen Umweltqualität durch die Zentralität des Wohnortes gesteuert wird, die gleichzeitig ein Maß für den Verdichtungsgrad und damit auch für den Belastungsgrad ist. Die Umweltsituation wird mit zunehmender Zentralität schlechter bewertet. Verstärkt wird dieser Trend durch diejenigen Wohnortwechsler, die in einem Ort geringer Zentralität aufgewachsen sind und den gegenwärtigen Belastungen deshalb besonders kritisch gegenüberstehen. Einen entsprechenden Trend gibt es auch in der umgekehrten Richtung. Die 'Insellage' des jetzigen Wohnortes, also die Konstatierung einer eher unproblematischen lokalen Umweltsituation im Gegensatz zur zerstörten globalen wird besonders von solchen Personen betont, die aus dem verdichteten in den ländlichen Raum umgezogen sind. Weitere wichtige Faktoren sind wiederum das Wohnverhältnis und die Wohnform. Je verdichteter die Bauform, je mehr Mieterhaushalte pro Flächeneinheit, desto schlechter wird die lokale Umweltsituation eingestuft. Umgekehrt 'garantiert' Hausbesitz in weniger verdichteten Quartieren bessere Bewertungen. Auch die Dauer der Ortsansässigkeit trägt zu einem eher positiven Urteil bei.

Die räumliche Differenzierung der Umweltbewertungen ist bereits in Abschnitt 3.2.2 beschrieben worden und hat interessante Details der subjektiven (Un-)Zufriedenheit der Bewohner mit ihrem Wohnort bzw. Stadtteil gezeigt. Auf dieser Grundlage können die Befragungsorte in vier Typen unterteilt werden, die sich aus den unterschiedlichen, über die Befragungsorte aggregierten Antworten zur globalen und lokalen Umweltsituation ergeben (Tabelle 3.27).

1. Der erste Typ weist geringe Differenzen zwischen der Bewertung der allgemeinen und der lokalen Umweltsituation auf. Die örtlichen Belastungen werden als ebenso gravierend wie die allgemeinen empfunden. Am stärksten tritt dieses Moment im

Tabelle 3.27: Typisierung der Befragungsorte nach den Bewertungen der globalen und lokalen Umweltsituation.
(Haushaltsbefragung 1989, Fragen 8 und 9)

Bewertung der Umweltsituation nach Maßstabsbezügen		lokal	
		schlecht	gut
global	schlecht	Schanzenviertel, Osdorfer Born, Brunsbüttel, Wewelsfleth, Abbenfleth, Barnkrug	Niendorf, Glückstadt, Himmelpforten
	gut	Wilhelmsburg	Barmbek, Winterhude, Stade, Freiburg, Großenwörden Burg, Brokdorf

Schanzenviertel auf. Globale und lokale Umweltkrisen sind für die Bewohner dieses Wohnquartiers ein zusammenhängendes Phänomen. Da die Bewohner des Schanzenviertels eine vergleichsweise starke soziale Basis der 'neuen sozialen Bewegungen' darstellen, kann dieses Ergebnis auf Kommunikationsstrukturen und umweltpolitische Auseinandersetzungen in diesem Quartier zurückgeführt werden. In die gleiche Richtung weisen die Befragungsergebnisse in der Großwohnsiedlung Osdorfer Born. Dieses bleibt auch unter Ausschaltung der soziodemographischen und -ökonomischen Strukturdaten gültig (vgl. Abb. 3.12). Im Unterschied zur 'Alternativszene' des Schanzenviertels, der man unterstellen kann, daß sie die globalen Probleme auch in den lokalen Verhältnissen erkennt und damit umfassend kritikfähig ist, liegt für die Großwohnsiedlung eher ein Nebeneinander von bedrohlichen globalen Umweltproblemen und schlechten Wohnumfeldverhältnissen vor. Weiterhin fallen in diese Gruppe Brunsbüttel, Wewelsfleth und Barnkrug. In Brunsbüttel ist dies auf die enge Nachbarschaft der Wohnquartiere zum störanfälligen Kernkraftwerk Brunsbüttel und zur Großindustrie zurückzuführen. In Wewelsfleth wird die Bewertung der Umweltsituation durch die Nähe zum Kernkraftwerk in Brokdorf hervorgerufen und in Barnkrug/Abbenfleth durch die Nähe zur Großindustrie in Stade-Bützfleth. Die Befragten im letztgenannten Ort zeigen aber, wie oben festgestellt werden konnte, eine ausgesprochen geringe Betroffenheit von dieser Einschätzung auf. Sie markieren damit einen Übergang zum folgenden Typ.

2. Die zweite Gruppe umfaßt diejenigen Befragungsorte, in denen eine relativ bessere Bewertung der allgemeinen mit einer schlechten Bewertung der örtlichen Situation zusammenfällt. Dieses ist ausschließlich und markant ausgeprägt im Hamburger Stadtteil Wilhelmsburg der Fall. Die globale Umweltsituation wird als weniger zerstört eingestuft. Dies entspricht dem allgemeinen Gefahrenbewußtsein, das hier ebenfalls gering ausgeprägt ist. Dagegen besteht aber im Vergleich zur globalen

Situationsbewertung eine gewisse Aufmerksamkeit für die lokalen Umweltprobleme. Werden die sozial- und siedlungsstrukturellen Einflüsse ausgeschaltet (vgl. Abb. 3.12), ist Wilhelmsburg das Gebiet mit der drittschlechtesten lokalen Umweltbewertung nach dem Schanzenviertel und Wewelsfleth. Überdurchschnittlich oft werden Luftbelastungen durch die Industrie und den Verkehr angegeben.

Diese Verknüpfung einer guten Bewertung der globalen und einer schlechten Bewertung der lokalen Verhältnisse kann nur aus der besonderen lokalen Situation abgeleitet werden. Die Bewohner Wilhelmsburgs nehmen eine Art regionale Deprivation wahr, d.h. sie empfinden ihre Wohnumgebung im Gegensatz zu anderen Quartieren als besonders belastet. Diese Wahrnehmung entspricht durchaus den gegebenen Immissionsverhältnissen.

3. Die dritte Gruppe faßt die Befragungsgebiete zusammen, in denen sowohl die globale als auch die lokale Umweltsituation überdurchschnittlich positiv bewertet werden und in denen diese Tendenz auch bestehen bleibt, wenn der Einfluß sozialstruktureller und zentralitätsbezogener Faktoren ausgeschaltet ist. In Hamburg sind es die beiden innenstadtnahen Stadtteile Winterhude und Barmbek, in denen zwar ähnliche lokale Umweltprobleme auftreten wie im Schanzenviertel, diese aber keine entsprechende Bewertung beobachtbar ist. Daher müssen hier kompensatorische Effekte vorhanden sein. Winterhude gehört beispielsweise trotz der Innenstadtnähe zu den qualitativ hochwertigen Wohngebieten mit großem Grünanteil. Ein derartiges Wohnumfeld wird offensichtlich als unbelasteter bewertet als das vergleichsweise kompakt bebaute Schanzenviertel.

Barmbek dagegen ist ein Gebiet mit überwiegend kompakter Zeilenbauweise aus den fünfziger Jahren. Das traditionelle Arbeitergebiet ist heute von vergleichsweise vielen alten Menschen bewohnt und ist hinsichtlich der Adaption an neue Werte und Normen relativ wenig dynamisch. Im Gegensatz zum Schanzenviertel herrscht hier ein traditioneller Diskurs vor, in den die Umweltprobleme vergleichsweise wenig eingedrungen sind.

Außerhalb Hamburgs gehört das Mittelzentrum Stade zu den Orten, in denen überdurchschnittlich positive Bewertungen ausgesprochen werden. Im Unterschied zum Vergleichsort Brunsbüttel ist dieser Kernkraft- und Großindustriestandort in der subjektiven Wahrnehmung unbelasteter. Ausschlaggebend dürften die sehr ungleichen Wirkungsketten der Industrialisierung an beiden Standorten sein. Während in Brunsbüttel die hochgesteckten Erwartungen der Ansiedlungsphase nicht erreicht wurden, hat Stade parallel zur Ansiedlung der Großindustrie eine ambitionierte Altstadtsanierung vorangetrieben und ist zweifellos zum attraktivsten Zentrum im Elbe-Weser-Dreieck aufgestiegen.

Wenig überraschend ist es, daß Orte geringer Zentralität in dieser Gruppe

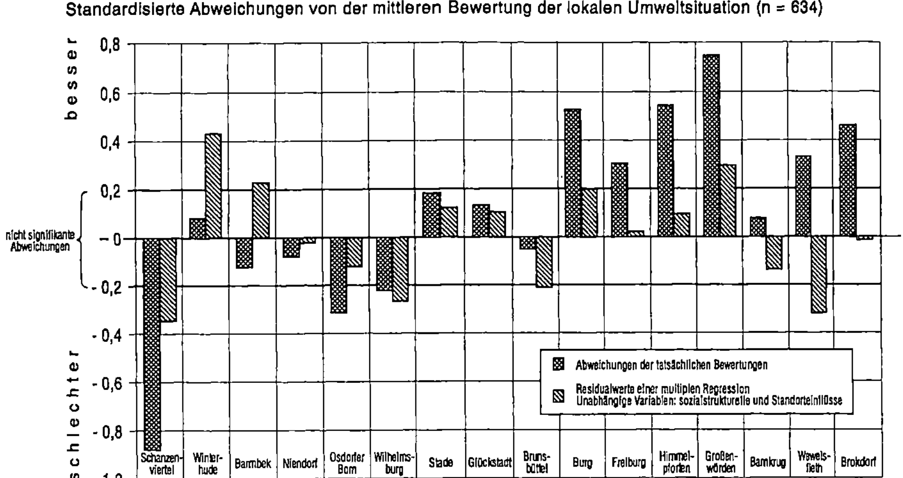

Abb. 3.12:   Bewertung der lokalen Umweltsituation nach Befragungsorten

vertreten sind. Eine Ausnahme ist allerdings Brokdorf, wo wegen des Kernkraftwerkes eine kritische Bewertung der lokalen Situation erwartet worden war. Der Unterschied zum 3 km entfernt liegenden Ort Wewelsfleth ist markant. In Brokdorf gibt es nach Meinung der Ortsansässigen wenig Umweltprobleme. Das Kernkraftwerk wird nur von 6 % der Befragten genannt, im Gegensatz dazu in Wewelsfleth von 35 % (andere AKW-Standorte: Brunsbüttel 21 % und Stade 41 %). Durch die heftigen Auseinandersetzungen scheint sich ein kollektiver Verdrängungsmechanismus verbreitet zu haben, der das Problem aus der Welt geschafft hat und der sich gleichzeitig nivellierend auf die Bewertung aller anderen Umweltprobleme auswirkt.

4. In der vierten Gruppe trifft eine relativ schlechte Bewertung der allgemeinen mit einer überdurchschnittlich positiven Bewertung der lokalen Situation zusammen. Der Hamburger Ortsteil Niendorf bildet den Gegenpol zum Ortsteil Wilhelmsburg. Ebenso wie in Niendorf verhalten sich die Befragten in den Orten Glückstadt und Himmelpforten.

Mit den Variablen des Fragebogens lassen sich keine weiteren Aussagen machen, die über die Erklärung von Milieueffekten, wie der Existenz besonderer lokaler Kommunikationsnetze, eines kollektiven Empfindens regionaler Deprivation oder eines besonderens Wohnumfelds, hinausgehen. Hier liegt Bedarf für weitergehende empirische Forschungen vor.

Unzufriedenheit mit der staatlichen Umweltpolitik

Die Unzufriedenheit mit der bisherigen Umweltpolitik des Staates ist nach den im Fragebogen verwendeten Antwortvorgaben, die an traditionelle Schulnoten angelehnt sind, kaum steigerungsfähig. Nur 5 % der Befragten bezeichnen sich als zufrieden mit den staatlichen Maßnahmen; weitere 22 % sind zumindest noch bedingt zufrieden, alle anderen sind wenig von den staatlichen Aktivitäten überzeugt. Ein derart eindeutiges und damit varianzarmes Ergebnis kann mit den hier zur Verwendung kommenden statistischen Verfahren nicht gut differenziert erklärt werden. Dennoch sind folgende Beziehungen auffällig:

1. Soziodemographisch ist die politische Unzufriedenheit eng mit dem Alter gekoppelt: je jünger die Befragten, desto schlechter werden staatliche Aktivitäten eingeschätzt. Weiterhin sind wiederum der Ausbildungsgrad und die Art der Erwerbstätigkeit wichtig.

2. Die soziokulturelle Einbettung der Unzufriedenheit mit der Umweltpolitik ist besonders hinsichtlich des Informations- und Kommunikationsaspekts eindeutig strukturiert. Danach sind diejenigen Personen kritischer, die eher fachspezifische Informationsquellen benutzen und sich über Umweltprobleme häufiger im Familien- und Freundeskreis sowie auch mit Nachbarn auseinandersetzen. Es sind somit informierte und diskussionsbereite Personen, die die staatlichen Akteure im Um- weltschutz negativ bewerten. Daher ist die hohe Unzufriedenheit noch ernster zu nehmen als sie es allein durch das quantitative Ausmaß ist.

3. Die Standort- und Umwelteinflüsse auf die Unzufriedenheit sind gering ausgeprägt. Zentralitätsgrad, Dauer der Ortsansässigkeit und Wohnform weisen zwar statistisch signifikante Korrelationen auf, diese bleiben aber insgesamt gering. Auch die Differenzierung nach den Befragungsorten ergibt keine neuen Einsichten, festigt aber bereits bestehende Erkenntnisse: So weisen in Hamburg die Bewohner des Schanzenviertels und des Gebietes Osdorfer Born überdurchschnittliche, die Bewohner Barmbeks und besonders Wilhelmsburgs unterdurchschnittliche Unzufrie- denheiten auf. Im ländlichen Unterelberaum fällt wiederum Brokdorf auf. Die dortigen Befragten sind diejenigen mit der höchsten Zufriedenheit bezüglich der staatlichen Umweltpolitik. Es zeigt sich, daß ein dörfliches Kollektiv die lokale Umweltsituation als vergleichsweise unbelastet und staatliche Maßnahmen als zufriedenstellend bewerten kann, auch wenn es durch zentrale Entscheidungen zum Vorgarten eines höchst umstrittenen Atomkraftwerkes umgewandelt worden ist.

3.4.2 Multivariate Erklärungen für das umweltentlastende Handeln

Mit dem gleichen Verfahren wie im vorhergehenden Abschnitt werden im folgenden die einzelnen handlungsbezogenen Variablenkomplexe vorgestellt. Entsprechend den konzeptionellen Überlegungen ist davon auszugehen, daß umweltentlastende Verhaltensweisen durch (1) die Gefahrenwahrnehmung und Risikobewertung sowie durch (2) soziokulturelle Faktoren gesteuert werden. Diese werden daher zunächst untersucht, anschließend (3) die sozialstrukturellen Faktoren sowie (4) die Standort- und Umwelteinflüsse. Am Ende (5) wird, gewissermaßen zusammenfassend, auf das Resultat einer multiplen Regression hingewiesen, die die erklärenden Variablen in eine Rangfolge bringt.

Ökologisch orientiertes Konsumentenverhalten

Umweltgerechte Verhaltensweisen beim Einkauf, bei der Hausarbeit oder bei der Pkw-Nutzung können auf dem direkten Weg positiv auf den umweltentlastenden Strukturwandel einwirken. Durch Konsumverzicht oder durch die Beachtung von Umweltschutzgesichtspunkten bei Kaufentscheidungen wird das Produktangebot beeinflußt, durch Wertstofftrennung im Hausmüll eine Grundlage für die ökologische Abfallwirtschaft geschaffen, durch eine verminderte Fahrzeugnutzung die Luft- und Lärmbelastung reduziert. Folgt man der Idee, daß sich Konsum- und Produktionsprozesse durch Austauschprozesse auf freien Märkten selbst regulieren, dann erhält das umweltgerechte Konsumverhalten eine strategische Bedeutung zur Veränderung des Wirtschaftsprozesses. Vor diesem Hintergrund ist nicht nur die in diesem Abschnitt generell behandelte Frage relevant, durch welche Faktoren derartige Verhaltensweisen gesteuert werden, sondern besonders auch der weiterführende Aspekt, in welcher Form eine Intensivierung dieser Verhaltensweisen möglich ist.

1. Die Variablen zur Gefahrenwahrnehmung und zur Umweltbewertung weisen nahezu alle signifikante Beziehungen zum ökologischen Konsumentenverhalten auf. Der höchste Korrelationskoeffizient ergibt sich jedoch zwischen der ökologischen Betroffenheit und dem Konsumentenverhalten. Eine Verstärkung des umweltgerechten Verbraucherverhaltens ist daher eng mit einer erweiterten Gefahrenwahrnehmung verbunden, die, wie gezeigt werden konnte, nur noch bei den Risiken für die eigene Person steigerungsfähig ist. Anders ausgedrückt: Wenn man dem Verbraucher deutlich macht, durch welches spezielle Konsumverhalten reflexive, auf seine Person gerichtete Umweltschäden ausgehen, dann ist eine Intensivierung des umweltentlastenden Konsumentenverhaltens denkbar. Allgemeine Apelle, die die Gesellschaft als

Ganzes oder generalisiertes Verbraucherverhalten ansprechen, können dagegen inzwischen als wirkungslos bezeichnet werden.

2. Die soziokulturelle Abhängigkeit des ökologischen Konsumentenverhaltens ist sowohl durch Faktoren der Information und Kommunikation als auch durch selektive Anreize und Barrieren bestimmt. Sehr wichtig ist die Art der Information über Umweltprobleme in Verbindung mit dem Interesse an Umweltpolitik. Ist ein hoher Aufwand für die Informationsbeschaffung gegeben, beispielsweise für Fachliteratur, Broschüren und Informationsmaterialien der Umweltverbände, ist das umweltentlastende Verhalten ausgeprägter. In solchen Informationsquellen werden häufig konkrete Handlungsanweisungen gegeben, die offensichtlich befolgt werden. Der Verbraucherberatung kommt also ein hoher Stellenwert zu. Sie muß aber, anders als im bestehenden System, viel stärker zum Konsumenten hingetragen werden und darf sich nicht auf ein passives Informationsangebot beschränken.

Neben der Information ist die Diskussion in der Familie wichtig. Es scheint, daß sich Kaufentscheidungen und Formen der Hausarbeit dann umweltentlastend verändern, wenn Umweltgefahren zum dauernden Gesprächsthema in der Familie werden. Zumindest in den Haushalten mit schulpflichtigen Kindern könnte daher der Unterricht ein aktivierender Faktor werden, um Familien für haushaltsbezogene Umweltfragen zu sensibilisieren. Wichtig sind weiterhin Gespräche im Freundeskreis. Die Intensität der Gespräche mit Personen, zu denen eine größere gesellschaftliche Distanz besteht, hat dagegen keine verstärkenden Effekte.

Auch der selektive Anreiz, durch umweltbewußten Konsum möglicherweise eine höhere gesellschaftliche Anerkennung zu erreichen, spielt eine geringe Rolle. Von großer Bedeutung ist dagegen der Einfluß, den die Person ihrem Handeln bezüglich der Entwicklung der Umweltsituation zumißt. Weiß oder denkt der Verbraucher, daß seine Entscheidungen weitergehende Effekte haben, verstärken sich die entsprechenden Handlungsweisen, die sich auf die Herstellung des öffentlichen Gutes 'intakte Umwelt' positiv auswirken. Durch weitergehende Aufklärung über die Effekte des Verbraucherverhaltens ließe sich auch dieser Zusammenhang verstärken.

Es ist bereits deutlich geworden, daß besonders diejenigen Personen umweltentlastende Handlungsstrategien zeigen, die neben einer hohen allgemeinen auch eine hohe persönliche Betroffenheit artikulieren. Entsprechend agieren diejenigen Personen, die ein hohes Maß persönlicher Verantwortung für die Umweltprobleme empfinden. Handlungsbarrieren könnten aber auch bei extern gesteuerten Personen fallen, wenn weitere selektive Anreize zum erwünschten Konsumverhalten gegeben werden, wie beispielsweise eine höhere gesellschaftliche Anerkennung oder wie eine Reduzierung der Opportunitätskosten.

3. Neben den bereits bekannten, sich auf die Intensität der Gefahrenwahrnehmung

auswirkenden soziodemographischen und sozioökonomischen Merkmalen wie Schulbildung, Alter, Anzahl der Kinder oder auch Geschlecht gibt es hinsichtlich der Steuerung des umweltentlastenden Verbraucherverhaltens zwei Besonderheiten.

Erstens ist die Branche der Erwerbstätigkeit ein höchst aufschlußreicher Indikator. Erwerbstätige im Dienstleistungssektor und dort vor allem im Gesundheits- und Bildungsbereich weisen in starkem Maße umweltentlastende Verhaltensweisen auf. Wenn man in diesem Zusammenhang berücksichtigt, daß das Merkmal 'Gespräche mit Kollegen' für sich genommen keine erklärenden Aspekte aufwies, sind demnach die Art der Beschäftigung und die zur Verwendung kommenden Arbeitsmethoden ausschlaggebend. Die häufig zu vernehmende These, daß der Übergang zur Dienstleistungsgesellschaft einen autonom wirksamen Entlastungseffekt mit sich bringe (vgl. Kapitel 4), hat damit zumindest hinsichtlich der Beschäftigten ihre Berechtigung. Zweitens ist die Höhe des Haushaltsnettoeinkommens eine wichtige steuernde Größe. Wenn ein Haushalt über größere finanzielle Ressourcen verfügt, werden häufiger 'umweltfreundliche' Produkte gekauft, die in einigen Bereichen, wie z.B. im Lebensmittelbereich, teurer als konventionelle Produkte sind. Unter der Annahme, daß sich der quantitative Warenverbrauch eines Haushaltes mit steigendem Einkommen nicht ändert, können damit auch dem steigenden individuellen Wohlstand Umweltentlastungseffekte zugesprochen werden.

4. Standort- und Umwelteinflüsse sind zwar in verschiedener Form gegeben, aber von besonderer Bedeutung sind nur die beiden bereits angesprochenen Formen der Umweltnutzung als Ressource für Freizeitaktivitäten. Diejenigen, die regelmäßig Arbeiten im Garten durchführen, weisen häufiger umweltentlastende Handlungen auf als andere. Entsprechendes gilt für die Gruppe, die Sport im Freien ausführt. Ausschlaggebend für die erste Gruppe ist die Erzeugung von Nahrungsmitteln aus dem selbst kontrollierten Anbau sowie die Möglichkeit der Kompostierung. Die zweite Gruppe gehört generell zu den stärker von Umweltproblemen Betroffenen.

Letztlich ist hier der Hinweis zu wiederholen, daß ökologisches Verbraucherverhalten sowohl großräumig als auch kleinräumig mit zunehmender Verdichtung abnimmt. Hier wirken sich wahrscheinlich unterschiedliche haushaltsorientierte Infrastruktureinrichtungen aus, die den Bewohnern auf dem Land bzw. in Einfamilienhausgebieten mehr Möglichkeiten für umweltgerechte Handlungen bieten als denen in der Stadt bzw. in Großwohnsiedlungen. Dieser Unterschied wird durch zwei Faktoren bedingt: einmal ist das Vorhandensein eines Gartens, den man zum Eigenanbau oder zur Kompostierung verwenden könnte, an bestimmte Wohnformen geknüpft. Zweitens sind die Platzmöglichkeiten in Mietwohnungen in der Regel beschränkter als in Einfamilienhäusern. Im multiplen Modell bekommt jedoch auch die Variable des Zentralitätswechsels eine erklärende Wirkung, d.h. diejenigen, die auf dem Land aufgewachsen sind und heute in der Stadt wohnen, weisen eher ein umweltentlastendes Verbraucherverhalten auf als diejenigen, die den entgegengesetzten Zentralitätswechsel durchgeführt haben. Die These von der 'städtischen Wegwerfgesellschaft' ist damit zumindest im Ansatz belegt.

5. Eine schrittweise Regression erlaubt abschließend eine zusammenfassende Erklärung des ökologischen Konsumentenverhaltens. Das Verfahren sucht im 1. Schritt diejenige Variable, die den höchsten Erklärungswert hat. Daraufhin werden die Korrelationen der übrigen Variablen neu berechnet. Diejenige, die den höchsten partiellen Korrelationskoeffizienten mit der abhängigen Variable, in diesem Fall dem ökologischen Konsumentenverhalten, aufweist, wird im 2. Schritt in die Regressionsgleichung aufgenommen usw. Es könnte, rein rechnerisch, eine vollständige Regression mit allen verfügbaren Variablen gerechnet werden. In diesem Fall wurde ein Eingangslimit gesetzt, das besagt, daß der partielle Korrelationskoeffizient $>^+/_- 0,05$ sein muß, um die schrittweise Regression fortzusetzen. Im Falle des ökologischen Konsumentenverhaltens kommt man so auf 14 unabhängige Variablen, die zusammen zu einem multiplen Korrelationskoeffizienten (r) von 0,62 und einem korrigierten Bestimmtheitsmaß (r^2) von 0,36 führen.

Wichtigste Variable zur Erklärung des umweltentlastenden Verbraucherverhaltens ist die ökologische Betroffenheit, die bereits ein r^2 von 0,15 erreicht. Den höchsten partiellen Korrelationskoeffizienten im ersten Schritt erreicht die Intensität der Garten- und Feldarbeit. Sie ist unabhängig von der ökologischen Betroffenheit, hat aber trotzdem eine starke Beziehung zum Verbraucherverhalten. Sie ist so zu interpretieren, daß Garten- und Feldarbeit einen anderen Zugang zu (pflanzlichen) Nahrungsmitteln und einen anderen Umgang mit Abfallstoffen bewirkt. Auf diese beiden Variablen folgen die Merkmale des soziokulturellen Kontextes: die Art/der Aufwand der Informationsbeschaffung, der perzipierte Einfluß und die Gespräche in der Familie. Daran schließen sich soziodemographische Merkmale an, dabei stehen Alter und Einkommen an der Spitze. Außerdem spielen die Standorteinflüsse Zentralität und Zentralitätswechsel eine Rolle. Abgeschlossen wird diese sehr komplexe Gleichung mit zwei weiteren Variablen des soziokulturellen Kontextes.

Die große Bedeutung, die der Garten- und Feldarbeit im multiplen Modell zukommt, ist ein nicht erwarteter Beleg für die Stimmigkeit der Wohnungsbau- und Siedlungskonzepte von L. Migge, die im vorigen Kapitel vorgestellt worden sind. Die für die zwanziger Jahre dieses Jahrhunderts richtungsweisende Idee, Entsorgungsproblemen und Naturentfremdung mit 'Selbstversorger-Konzepten' zu begegnen, scheint nach wie vor ihre Bedeutung zu haben. Es ist eine wichtige Aufgabe für die moderne Stadtplanung, diesen Kontext für die zukünftige Stadtentwicklung zu reflektieren und konzeptionell neu zu erschließen.

Umweltpolitisch motiviertes Konfliktverhalten

Die Idee der marktwirtschaftlichen Regulation des Umweltschutzes durch nachfrageinduzierten Angebotswandel ist mit hoher Wahrscheinlichkeit nur eine der weniger wichtigen Möglichkeiten, den Entwicklungsprozeß umweltentlastender zu gestalten. Von primärer Bedeutung sind staatliche Eingriffe, die den Wirtschaftsprozeß mit einem Ordnungsrahmen versehen, die Lenkungsaufgaben übernehmen und Anreize für gesamtgesellschaftlich erwünschte Veränderungen geben. Derartige Staatstätigkeiten sind in Demokratien grundsätzlich abhängig von der Akzeptanz der Wahlbevölkerung, die noch näher untersucht wird. Im Falle umweltpolitischer Maßnahmen ist jedoch nicht allein die Akzeptanz wesentlich, sondern vielmehr der Druck der Öffentlichkeit, der die Legislative und die Exekutive zu mehr Aktivität zwingt. Wie gezeigt werden konnte, ist die bestehende Zufriedenheit mit umweltpolitischen Maßnahmen sehr gering, außerparlamentarische Protestformen treten häufig auf.

1. Protestformen sind dann in einem überdurchschnittlichen Umfang zu erwarten, wenn eine hohe ökologische Betroffenheit mit einer schlechten Bewertung der lokalen Umweltsituation zusammenfällt. Die Erwartung einer Verschlechterung der Umweltsituation wirkt sich verstärkend auf das Protestpotential aus. Die große Bedeutung, die die lokale Umweltbewertung hat, legt es nahe, Protesthandlungen als Ergebnis lokaler Umweltprobleme zu sehen. Das Ergebnis wird in der Realität durch den Entstehungsprozeß der umweltpolitisch orientierten Bürgerinitiativen bestätigt, die sich seit Mitte der siebziger Jahre organisiert haben, um lokalen Mißständen zu begegnen. Es ist auch in Zukunft davon auszugehen, daß außerparlamentarische Protestformen dort manifest werden, wo lokale Umweltprobleme auftauchen, wo also die allgemeine ökologische Betroffenheit mit einem konkreten Handlungsbedarf zusammentrifft.

2. Ob Protesthandlungen als Möglichkeit der politischen Artikulation gewählt werden oder nicht, ist im starken Maße von soziokulturellen Faktoren abhängig und zwar vor allem vom Informations- und Kommunikationsaspekt. Wichtig ist der Zugang zu Spezialliteratur und zu den Informationsmaterialien der Umweltverbände in Verbindung mit einem generellen Interesse an Umweltpolitik. Wichtig ist weiterhin die 'Verarbeitung' dieser Informationen in Gesprächen mit Freunden und/oder Familienmitgliedern. Protesthandlungen werden somit durch vergleichsweise aufwendige Informationsbeschaffung und durch kommunikative Verständigungsprozesse vorbereitet.

Die Bedeutung selektiver Anreize und Handlungsbarrieren ist demgegenüber geringer. Dennoch zeigt dieser Indikator deutlich, daß Protesthandlungen häufiger werden, wenn nur wenige Barrieren vorliegen. Insbesondere solche Personen suchen partizipative Formen der politischen Einflußnahme, die Zweifel an der Problemlösungskapazität des politisch-administrativen und technisch-wissenschaftlichen Systems haben. Das Mißtrauen, mit dem der Systemrationalität begegnet wird, ist begleitet von einem vergleichsweise hohen Verantwortungsbewußtsein, welches besagt, daß jeder einen Beitrag zur Verbesserung der Umwelt zu leisten hat. Außerdem wird ein relativ hoher Einfluß der eigenen Aktivität auf die Lösung der Umweltprobleme wahrgenommen. Interessant ist aber, daß der perzipierte Einfluß zur Erklärung des Protesthandelns weniger aussagekräftig ist als zur Erklärung des Verbraucherverhaltens. Dem eigenen, haushaltsbezogenen Handeln wird also eine höhere Effizienz zugesprochen als der politischen Mitbestimmung.

3. Die sozialstrukturelle Steuerung des Protestverhaltens ist stark durch die Schulbildung bestimmt. Ihre Qualität ist eine eindeutig identifizierbare Ressource, um die ökologische Gefahrenwahrnehmung in politisches Handeln umzusetzen. Auch wenn Bildungsressourcen generell ein wichtiges Element zur Erklärung von Betroffenheit und Handeln sind, ist ihre Bedeutung für das Protestverhalten im Vergleich zu den anderen sozialstrukturellen Merkmalen, insbesondere dem Alter, besonders ausgeprägt. Neben der Ausbildung ist bei den Erwerbstätigen wiederum der Wirtschaftszweig außerordentlich aussagekräftig.

4. Besondere Standorteinflüsse auf das Protestverhalten sind nur in geringem Umfang festzustellen. Die hohe negative Korrelation zwischen der Dauer der Ortsansässigkeit und dem Protest deutet darauf hin, daß die Ortsbindung und die damit möglicherweise verbundene Identifikation zur Passivität führt. In jedem Fall bewirkt sie, wie gezeigt worden ist, eine bessere Bewertung der lokalen Umweltsituation und wirkt so partizipatorischen Aktivitäten entgegen. Ebenso ist der Effekt der Nutzung der Natur für sportliche Aktivitäten nicht direkt zu interpretieren, sondern im Zusammenhang mit der Bewertung der raumbezogenen Umweltqualität, die, wie gezeigt wurde, bei 'Freiluftsportlern' schlechter ausfällt.

5. In die zusammenfassende Regression werden sieben Variablen aufgenommen, die mit dem Merkmal Protesthandlung einen multiplen Korrelationskoeffizienten von 0,62 ergeben. Die wichtigsten steuernden Variablen sind die Informationsquellen, die Bewertung der lokalen Umweltqualität, die Schulbildung, die Verständigung über Umweltprobleme im Freundes- und Familienkreis, die ökologische Betroffenheit und das Interesse an umweltpolitischen Auseinandersetzungen. Damit sind Protesthandlungen überwiegend auf Form und Intensität der Gefahrenwahrnehmung und -bewertung sowie auf die Intensität der Diskussion über diese Risiken zurückzuführen.

Wahlentscheidung und zukünftige Protesthandlungen

Die Handlungsbereitschaft für umweltpolitische Aktivitäten ist ein wesentlicher Moment, um zukünftige Protestpotentiale abzuschätzen. In der Befragung sind zwei Bereitschaftsvariablen erhoben worden, die sich zum einen auf die Wahlentscheidung beziehen, zum anderen auf den Vorsatz, sich in Zukunft an Protestaktionen zu beteiligen. Die letzte Variable ist mit dem Einfluß gewichtet worden, den die Befragten den Umweltverbänden beimessen.

Den primären steuernden Einfluß auf beide Variablen hat die Intensität der ökologischen Betroffenheit. Aber auch die anderen, bereits als wichtig herausgestellten Einflußfaktoren sind für die Protestbereitschaft und die Wahlentscheidung von Bedeutung. Besonderheiten ergeben sich im soziokulturellen Kontext. Sich zukünftig an Protesthandlungen beteiligen zu wollen, wird in starkem Maße von solchen Personen angegeben, die meinen, daß umweltentlastende Handlungsweisen eine hohe gesellschaftliche Anerkennung finden. Auch die umweltpolitisch motivierte Wahlentscheidung ist mit der Annahme einer positiven gesellschaftlichen Sanktionierung verbunden. Bei diesen Formen der Handlungsbereitschaft wirkt sich somit der selektive Anreiz einer höheren gesellschaftlichen Anerkennung verstärkend aus. Sozialstrukturell korreliert die Handlungsbereitschaft stärker mit dem abnehmenden Alter als mit der Qualität der Schulbildung. Dieses ist ein weiteres Indiz für die steigende normative Bedeutung umweltentlastender Handlungsweisen, die für junge Menschen in starkem Maße mit höherer sozialer Anerkennung gekoppelt ist.

Akzeptanz weitreichender umweltpolitischer Maßnahmen

Umweltpolitik wird sicherlich nicht nur auf Druck der Öffentlichkeit von politischen Entscheidungsgremien reaktiv vollzogen, sondern dem politischen System ist eine aktive, eigenständige Rolle beizumessen, die aus verantwortungsethischen Motivationen der Entscheidungsträger resultiert. Form und Intensität einer aktiven Umweltpolitik bedürfen aber der sozialen Akzeptanz, die sich in Anerkennung und Unterstützung von umweltpolitischen Maßnahmen ausdrückt. Wie gezeigt werden konnte, ist die Akzeptanz außerordentlich hoch, auch wenn mögliche Konsequenzen und Restriktionen für die eigene Person berücksichtigt werden. Gesteuert wird sie in starkem Maße von der Gefahrenwahrnehmung und der Risikobewertung. Die Variablen dieses Bereichs allein weisen mit der Akzeptanz umweltpolitischer Maßnahmen einen multiplen Korrelationskoeffizienten von $r = 0{,}60$ auf. Damit wird deutlich, daß weitreichende umweltpolitische Maßnahmen wegen des Ausmaßes der perzipierten

Umweltgefahren und der Bedeutung der Risikobewertung legitimiert sind. Ausdehnung der Naturschutzgebiete, restriktive Produktpolitik, Einführung neuer Steuern oder Betriebsschließungen werden solange auf Zustimmung treffen, bis Umweltgefahren merklich zurückgegangen sind und sich die lokale Umweltqualität verbessert hat.

Hinsichtlich der soziokulturellen und der soziodemographischen Steuerung der Akzeptanz ergeben sich keine Unterschiede zu den bereits diskutierten Variablen. Auffällig ist die starke Bedeutung der Zentralität für die Akzeptanz. Der Verdichtungsgrad hat spürbaren Einfluß: weitreichende umweltpolitische Maßnahmen treffen in den höherrangigen Zentren auf größere Zustimmung als im ländlichen Raum.

3.5 Einordnung der Ergebnisse in den raumwissenschaftlichen und gesellschaftstheoretischen Zusammenhang

Zum Abschluß der theoretischen und empirischen Untersuchungen dieses Kapitels erfolgen zwei Verallgemeinerungen der bisher gewonnenen Erkenntnisse. Zunächst wird bewertet, ob und inwiefern die in der Befragung geäußerten Risikowahrnehmungen und Handlungsmuster einen strukturellen Einfluß auf die Raumentwicklung ausüben. Anschließend nimmt die gesellschaftstheoretische Einordnung der Ergebnisse den einleitend referierten Ansatz der Risikogesellschaft wieder auf.

3.5.1 Wirkungen der Gefahrenwahrnehmung und der Risikobewertung auf den regionalen Strukturwandel

Dem Wirkungsmodell zufolge, durch das die gesamte Arbeit strukturiert wird (Abb. 1.2), kann das individuelle Handeln die Raumentwicklung bzw. den regionalen Strukturwandel auf zwei Arten beeinflussen: Ökonomisch durch ein umweltbewußtes Konsumverhalten und politisch durch Forderungen nach einer intensiveren Umweltpolitik. Die Befragungsergebnisse belegen, daß folgende Zusammenhänge bestehen, die von einfachen, direkten Wirkungen der Standortwahl über indirekte Einflüsse der Konsumentscheidungen bis hin zu politisch-partizipatorischen Aktivitäten reichen.

1. Ein direkter Einfluß auf die Raumstruktur und ihre Veränderung wird von denjenigen Entscheidungen der Bevökerung ausgeübt, die die Standortwahl

hinsichtlich des Wohnens und der Erholung betreffen. Für ca. 25 % der Bewohner des Untersuchungsraumes spielen Umweltgründe eine große Rolle als Motiv für oder gegen die Wahl eines bestimmten Standorts. Hinsichtlich des Wohnstandorts hat dieses Motiv, welches als 'intakte Umwelt' bezeichnet werden kann, überwiegend im Verdichtungsraum Hamburg Bedeutung. Im Unterelberaum nimmt diese Bedeutung ab. Auch die Lage zu Großemittenten ist dort nach dieser Stichprobe für Wohnstandortverlagerungen selten ausschlaggebend. Insgesamt trägt die räumlich unterschiedliche Gefahrenwahrnehmung zur Suburbanisierung der Bevölkerung und zu einem Wanderungsgewinn der weniger verdichteten Regionen bei.

Von größerer quantitativer Bedeutung ist die Wahl des Urlaubsortes. Am relativ stärksten werden Erholungsstandorte an den Küsten gemieden. Hervorgerufen durch das sehr häufig genannte Problem der Wasserverschmutzung, ist diese Entwicklung zu einem strukturellen Trend geworden. Feriengebiete an der Nord- und Ostseeküste sowie am Mittelmeer verlieren damit Urlauber, die ohne eine erfolgreiche Sanierung der Meere kaum zurückzugewinnen sind. Langfristig setzt sich somit eine Entwicklung fort, die im Unterelberaum schon einmal große Veränderungen verursachte. Entlang der Niederelbe gab es bis Mitte dieses Jahrhunderts eine Vielzahl von wasserorientierten Freizeit- und Feriengebieten, die primär wegen der zunehmenden Verschmutzung der Elbe aufgegeben wurden. Derart dramatische Strukturbrüche sind an den Meeresküsten zwar nicht zu erwarten, die Tendenz ist jedoch die gleiche.

2. Effekte auf den autonomen regionalen Strukturwandel können von Konsumentscheidungen und vom Recyclingverhalten ausgehen. Grundsätzlich besteht eine sehr hohe Bereitschaft, umweltverträgliche Produkte zu kaufen bzw. auf Angebote zu verzichten, die Umweltbelastungen im Verbrauch oder als Abfall verursachen. Diese Bereitschaft führt aber nicht unbedingt zu einem konsequenten Handeln, da umweltentlastendes Konsumverhalten einen hohen Aufwand an Informationsbeschaffung und komplexe Abwägungsprozesse voraussetzt. Etwa 44 % der Befragten geben an, sich gezielt über Produkteigenschaften und Möglichkeiten zum umweltentlastenden Handeln zu informieren. Es kann aber keine Aussage darüber gemacht werden, wie wirksam die Informationsbeschaffung ist. In jedem Fall werden aber Schätzungen, die besagen, daß ca. ein Drittel aller Haushalte regelmäßig Umweltschutzüberlegungen in ihre Kaufentscheidungen einfließen läßt (Adlwarth u. Wimmer 1986), durch die Befragungsergebnisse unterstützt. Die Kaufentscheidungen der umweltbewußten Haushalte haben dazu geführt, daß bei einigen Produktgruppen wie bei Wasch- und Reinigungsmitteln, Farben, strom-/wasserintensiven Haushaltsgeräten ein deutlicher Wandel des Angebots feststellbar ist. Dennoch muß die Frage, ob sich die bisherigen Veränderungen des Verbraucherverhaltens bereits gesamtwirtschaftlich bemerkbar gemacht haben, hier unbeantwortet bleiben.

Einige Angebotsveränderungen setzen die Wertstoffrückführung aus den privaten Haushalten voraus, wie beispielsweise das Recyclingpapier. Die Abfalltrennung ist, soweit sie Glas und Papier betrifft, im Untersuchungsraum sehr weit verbreitet. Eine weitergehende Trennung erfolgt aber nur bei ca. 20-30 % der Befragten. Obwohl in der Abfallwirtschaft schon länger umfangreichere Recylingmöglichkeiten bekannt sind, werden sie bisher nur versuchsweise in Testphasen umgesetzt. Hier bestehen große Potentiale, um Wertstoffe so lange wie möglich im Produktions- und Konsumkreislauf zu halten und sie nicht nach dem ersten Gebrauch zu deponieren oder zu verbrennen.

Der größte Effekt für die Umwelt ist sicherlich durch einen umfangreichen Produkt- und Nutzungsverzicht zu erreichen. Am Beispiel der Pkw-Nutzung ist klar geworden, daß dazu bisher nur relativ kleine Bevölkerungsgruppen bereit sind. Ohne eine drastische Reduzierung des Pkw-Verkehrs sind weitreichende Umweltentlastungseffekte schwer vorstellbar. Dieses gilt besonders in den Verdichtungsräumen. Ein größerer Verzicht auf die individuelle Pkw-Nutzung könnte zwar durch eine verstärkte öffentliche Diskussion oder durch selektive Anreize und Handlungsbarrieren erreicht werden; es ist aber fraglich, ob sich die Gesellschaft solche 'freien' Veränderungen der Konsum- bzw. Nutzungsentscheidungen mittelfristig leisten kann oder ob es nicht notwendig ist, weiterreichende Maßnahmen politisch-administrativ durchzusetzen. Die Befragung hat ergeben, daß eine grundsätzliche Akzeptanz für einschneidende umweltpolitische Maßnahmen durchaus gegeben ist, bisher fehlt die Implementation entsprechender Programme.

3. Wichtiger als das umweltentlastende Konsumverhalten ist die Artikulation von Interessen, die das politisch-administrative System zu einer Verschärfung des Umweltschutzes bewegen. Die hohe Unzufriedenheit mit der Umweltpolitik und die zahlreichen Formen der Partizipation kennzeichnen das Legitimationsdefizit des Staates in diesem Politikbereich. Da Protesthandlungen abhängig sind von der Bewertung des lokalen Umweltzustandes und dieser in den Verdichtungsräumen schlechter eingestuft wird als in den ländlichen Gebieten, ist auch in Zukunft von ausgeprägten Partizipationsbestrebungen in den Metropolen auszugehen. Politische Entscheidungsträger in Verdichtungsräumen sind daher aufgefordert, regionale Politikkonzepte zur Umweltsanierung und zum umweltentlastenden Strukturwandel aufzustellen. Es wäre verfehlt, den Rückgang der Konfliktintensität in den achtziger Jahren als soziale Reaktion auf die 'erfolgreiche' staatliche Intervention in diesem Politikbereich aufzufassen. Das Abflauen der Ökologiebewegung kennzeichnet eher die Erschöpfung einer Protestform. Der latente Konfliktgehalt ist dagegen gewachsen, und die Akzeptanz für einschneidende Maßnahmen, wie Betriebsschließungen, ist außerordentlich hoch.

3.5.2 Die Wahrnehmung von Umweltgefahren in der Risikogesellschaft - eine vorläufige Bilanz

Zur Einordnung der Befragungsergebnisse in theoretische Positionen ist es zweckmäßig, vorweg besonders prägnante Aspekte der Untersuchung herauszustellen, um so einen konkreten Rahmen für die theoretische Diskussion bereitzustellen.

1. Die im Begriff 'ökologische Betroffenheit' zusammengefaßten Wahrnehmungen von Umweltgefahren sind in der Bevölkerung stark ausgeprägt. Als ausgesprochen problematisch wird auch die allgemeine Umweltsituation bewertet. So meinen drei Viertel der Befragten, daß Umweltkatastrophen in Zukunft möglich seien, über 50 % gehen von einer Verschärfung der Umweltprobleme aus, 8 % meinen sogar, daß die allgemeine Umweltsituation bereits als 'zerstört' zu charakterisieren sei, weitere 62 % bezeichnen die Situation als 'stark gefährdet'.

2. Die hohe Betroffenheit und die negative Umweltbewertung fallen mit einer ausgeprägten Unzufriedenheit über die bisherigen staatlichen Maßnahmen zusammen. Über 70 % bezeichnen sich selbst mindestens als 'unzufrieden'. In die gleiche Richtung weist die Einschätzung der Parteien: Wird danach gefragt, in welcher Partei der Umweltschutz die größte Bedeutung hat, erhalten die Grünen eine Zweidrittelmehrheit. Ausgesprochen negativ fällt diese Bewertung für die derzeitige Regierungskoalition auf Bundesebene aus (CDU/CSU u. FDP).

3. Ungefähr 20 % der Befragten haben sich 'schon einmal' an Aktionen beteiligt, die zum Aktionsspektrum der neuen sozialen Bewegung gehören. Damit sind außerparlamentarische Handlungen wie die Teilnahme an Protestveranstaltungen und Demonstrationen oder die Mitarbeit in Initiativen gemeint. Die Bereitschaft, sich zukünftig an Aktionen zu beteiligen, und die Akzeptanz umweltpolitischer Maßnahmen, die als radikal einzustufen sind, übertrifft diesen Prozentsatz bei weitem und nähert sich den Anteilen, die bei der ökologischen Betroffenheit festgestellt worden sind.

Die genannten Aspekte stehen im Zusammenhang mit erkenntnisleitenden Fragestellungen, die am Anfang dieser Arbeit entwickelt und über den Begriff der Risikogesellschaft von Ulrich Beck (1986) begründet worden sind. Für die theoretische Einordnung der Befragungsergebnisse ist es daher sinnvoll, diesen Begriff wieder aufzunehmen. Die Risikogesellschaft wird bei Beck in bewußter Abgrenzung zur Vorstellung von der Klassengesellschaft konzipiert. Letztere ist von der kritischen Sozialwissenschaft seit dem 19. Jahrhundert als System krasser Ungleichheit verstanden worden. Aus diesem Grunde war eine frühe, zentrale Frage der Sozialwissenschaft, wie sich eine Gesellschaft, in der Regel als Nationalstaat, trotz der bestehenden sozialen und räumlichen Ungleichheiten konstituiert und reproduziert. In diesen Ansätzen werden Klassengegensätze als Motor für gesellschaftliche Veränderungen angesehen. Diese zentrifugale Grundtendenz wird überdeckt durch institutionelle Regelungen und ideologische Konzepte, die die gegensätzlichen latenten und manifesten Gegensätze temporär still stellen. Eine zentrale Funktion nimmt dabei der Staat ein, dessen Entwicklung im 20 Jahrhundert es ermöglicht hat, daß die antagonistischen Interessen von Kapital und Arbeit zu weitgehenden Kooperationsmodellen zusammenfanden.

Die lange im Vordergrund stehenden ökonomischen Disparitäten sind seit Ende der sechziger Jahre durch ein neues Moment erweitert worden. Die Studentenproteste an den westdeutschen und europäischen Universitäten haben trotz aller rhetorischen Bezüge zum 'proletarischen Kampf' den Beginn einer neuen Bewegung deutlich gemacht. Die gesellschaftliche Entwicklung in den siebziger und achziger Jahren läßt sich kennzeichnen durch Konflikte um Partizipationschancen, Mitbestimmung in den Institutionen und den Aufbau neuer, außerparlamentarischer, politischer Organisationsformen. Gleichzeitig geriet das politische System in eine umfassende Legitimationskrise. Die nach dem 2. Weltkrieg entstandenen Strukturen der repräsentativen parlamentarischen Demokratie erschienen in ihren Formen der Machtausübung erstarrt und gaben wenig Identifikationspotential für die neuen sozialen Organisationen.

Gesellschaftstheoretisch sind beide Strukturelemente der hochindustrialisierten Gesellschaft, der ökonomisch bestimmte Klassengegensatz und das politisch bestimmte Verhältnis von Partizipation und Repression, in dem sehr einflußreichen Konzept des Zusammenwirkens von System und Lebenswelt aufgearbeitet, das Habermas im Rahmen einer Theorie des kommunikativen Handelns Anfang der achtziger Jahre veröffentlichte. Die für den hier thematisierten Zusammenhang zentrale Aussage seiner Gesellschaftstheorie ist die These der systemrationalen 'Kolonialisierung der Lebenswelt' (Habermas 1981a; zur genaueren Rezeption vgl. Oßenbrügge 1983). Konflikte, auch solche, die konstituierend für die Umweltbewegung waren, entstehen danach durch die 'Verdinglichung kommunikativ strukturierter Handlungsbereiche'. Sie entzünden sich dann, wenn der symbolische Gehalt der Lebenswelt, zu dem auch die Wahrnehmung des Raumes und der natürlichen Umwelt sowie ihre soziale Transformation in Bedeutungsgehalte wie 'Heimat' und 'gesunde Umwelt' gehören, verändert wird. Der Begriff Verdinglichung kennzeichnet Momente der systemrationalen Überformung, die bei der ökologischen Problematik auf drei Ebenen auftauchen und zu entsprechenden Krisen führen. Strukturprobleme hochindustrieller Gesellschaften erscheinen danach

- als Sinnkrise, weil die Systementwicklung die mit der Aufklärung verbundene Fortschrittsgläubigkeit in Frage stellt und damit ein wichtiges Moment der kulturellen Reproduktion entfällt; die Problemlösungskapazität von Wissenschaft und Technik wird in Folge stark angezweifelt.

- als Legitimationskrise, weil der Staat eine ökonomische Entwicklung favorisiert (Industrialisierung, quantitatives Wachstum), die Umweltprobleme auf immer höherem Niveau erzeugt und die immer stärker in lebensweltliche Zusammenhänge eingreift.
- als Orientierungskrise, weil der einzelne sich in seiner Handlungskoordinierung mit zunehmenden Widersprüchen seiner personalen Existenz auseinandersetzen muß und in Identitätskonflikte gerät.

Habermas selbst hat vorausgesagt, daß in Zukunft zwei Formen von Konflikten zu erwarten seien: Eine sich abschwächende ökonomische Entwicklung würde die traditionellen Verteilungskonflikte wieder hervorbringen, während ein weiteres quantitatives Wachstum zum Abbau der Verteilungsproblematik zugunsten einer Zunahme der System-Lebenswelt-Konflikte führen würde (Habermas 1981b).

Die Entwicklung in den achtziger Jahren hat gezeigt, daß beide Annahmen nur partielle Aspekte der gesellschaftlichen Realität beschreiben. Zum einen gibt es trotz des weltweit nahezu einzigartigen Wirtschaftswachstums in der früheren BRD seit Jahren eine Zunahme von neuen Ungleichheiten. Der Begriff der Zweidrittel-Gesellschaft ist zum geläufigen Schlagwort für neue Armutsphänomene geworden, auch wenn derzeit nur vereinzelt offensichtliche Verteilungskonflikte auftreten. Andererseits gab es in den achziger Jahren trotz des Wirtschaftswachstums und der damit verbundenen Zunahme der Kolonialisierung der Lebenswelt keine Verschärfung sozialer Konflikte der genannten Art. Die Literatur zu den neuen sozialen Bewegungen ist voller Spekulationen über das seit Jahren bestehende 'Bewegungstief' (vgl. u.a. Roth u. Rucht 1987).

Dennoch sind die von Habermas erläuterten Krisenbereiche so aktuell wie vor zehn Jahren, wenn sie in der Begrifflichkeit der 'Risikogesellschaft' interpretiert werden. Der für unseren Kontext interessante Aspekt ist der der egalisierenden Wirkung der Gefahrenwahrnehmung: Jeder kann potentiell in gleicher Weise von Umweltgefahren betroffen sein. Beck hat dafür den saloppen Ausdruck gefunden, Not ist hierarchisch, Smog dagegen demokratisch. Nun könnte man annehmen, daß die überall auftretende ökologische Betroffenheit eine bessere Basis für gemeinschaftliche politische Aktionen darstellen würde. Eher das Gegenteil ist aber der Fall. Die auf Umweltgefahren bezogene Risikowahrnehmung hat in erster Linie zu einer extremen Verdinglichung der Lebenswelt geführt, die eine Individualisierung politischer Handlungsstrategien fördert. Dieser Prozeß beginnt mit der 'erzwungenen' Zerlegung von Umweltgütern, die vom einzelnen zuvor im Rahmen einer 'gesunden Umwelt' als selbstverständlich gegeben angesehen werden konnten. Heute wird all das in Frage stellt, was 'früher' als selbstverständlich akzeptiert wurde. Luft ist zum Konglomerat anorganischer Gase geworden, Trinkwasser zum Gemisch von

Schwermetallen und organischen Verbindungen, ganz zu schweigen von der Zusammensetzung von Nahrungsmitteln. Diese unfreiwillige Aufklärung vor allem über biochemische Prozesse und die damit verbundene Zerlegung vordem nicht hinterfragter lebensweltlicher Zusammenhänge impliziert nicht die offensive Auseinandersetzung und die Kritik der Verursacher der Umweltzerstörung.

Der egalitäre Effekt der Risikogesellschaft führt also nicht zu einem kollektiven Aufstand gegen das ökonomische System, das Umweltprobleme produziert, oder gegen das politische System, das diese Produktion reguliert, sondern zu einer Entkollektivierung oder verstärkten Individualisierung der Handlungsstrategien, letztlich zu einer "Anpassung an die innere Zerstörung" (Illich, Taz v. 23.10.90).

Die eingangs zusammengefaßten Ergebnisse können vor diesem theoretischen Hintergrund erklärt werden. Die hohe ökologische Betroffenheit ist Zeichen für die Existenz der Risikogesellschaft. Die hohe politische Unzufriedenheit ist der Ausdruck der Legitimationskrise des politischen Systems in der Umweltfrage. Die Akzeptanz möglicher Massenarbeitslosigkeit wegen Betriebsschließungen aus Umweltgründen kann auch als Legitimationskrise des ökonomischen Systems aufgefaßt werden, das sich zu weit von der Produktion von Gebrauchswerten entfernt hat. Wie gezeigt worden ist, ergeben sich aus diesen Krisen aber keine Automatismen für öffentliche Konflikte. Die aus der Theorie der Risikogesellschaft abgeleitete Individualisierung erklärt die Distanz zwischen Betroffenheit und politischem Handeln. 'Unpolitische' Anpassungsstrategien des einzelnen haben eine größere Bedeutung bekommen als kollektive Formen des Widerstands gegen das System. Umgekehrt bestätigt die hohe Korrelation zwischen der Kommunikation in Familie und unter Freunden mit der Variablen des politischen Handelns sowie der ausgesprochen starke Milieueffekt im Schanzenviertel die Theorie des System-Lebenswelt-Zusammenhangs. Die Beziehungen zwischen ökologischer Betroffenheit und umweltpolitischem Handeln lassen sich letztlich durch eine Überlagerung charakterisieren, die einerseits durch den Widerstand gegen die Kolonialisierung der Lebenswelt und andererseits durch Anpassungsstrategien der Risikogesellschaft gekennzeichnet ist.

Aus der Risikogesellschaft gibt es keinen Ausweg. Es wäre eine Illusion, zu meinen, daß das 'Ozonloch', die Belastungen der Trink- und Oberflächengewässer oder die Bodenkontaminationen eine temporäre Angelegenheit seien. Die Einführung und Verallgemeinerung des systemanalytischen Umweltbegriffes hat auch dazu geführt, daß 'gesunde Umwelt' nicht mehr denkbar ist. Das daraus resultierende Ohnmachtsgefühl läßt Maßnahmen zum Schutze der Umwelt beliebig erscheinen und erklärt gleichzeitig, warum es möglich ist, daß die Mehrheit eine Unzufriedenheit mit der staatlichen Umweltpolitik artikuliert, ohne daß etwas passiert. Worin liegt der Ausweg aus der "organisierten Unverantwortlichkeit" (Beck 1988)?

4 Wirtschaftswachstum und Strukturwandel als Determinanten der Umweltbelastungen

Auch wenn historische Belege es nahelegen, daß die industriell-kapitalistische Produktionsweise für die Umweltzerstörung verantwortlich ist, wäre die Annahme einer expliziten Logik für diese selbstzerstörende Tendenz jedoch überzogen. Sicherlich ist die derzeitig dominierende industrielle Wirtschaftsweise dadurch zu charakterisieren, daß bei der Produktion und beim Konsum unerwünschte und unantizipierte Stoffe auftreten, die in ihren Mengen, Konzentrationen und Bestandteilen das Potential an ökologischer Selbstregulation übersteigen. Jedoch führen theoretische Ansätze, Konzepte und Einzelbeobachtungen, die durch Perspektiven wie den 'Übergang zur Dienstleistungsgesellschaft', das Herannahen einer 'umweltfreundlichen technologischen Revolution', den Bedeutungsgewinn der 'umweltorientierten Unternehmensführung' oder das Entstehen 'ökologisch orientierter Konsummuster' angedeutet werden können, zu der Frage, ob der momentan ablaufende Strukturwandel nicht bereits zu einer Umweltentlastung führt bzw. ob diese in naher Zukunft zu erwarten ist. Wenn diese Frage positiv beantwortet werden kann, so ist weiterzufragen, ob mit diesen Lösungen neue Probleme erzeugt werden, wie mit den historischen Lösungsmustern der Umweltprobleme der letzten 200 Jahre (vgl. Kapitel 2).

Forschungen über diese Frage liegen bisher nur sehr vereinzelt vor und stoßen auf erhebliche methodische Schwierigkeiten und Datenprobleme, insbesondere dann, wenn der Strukturbegriff nicht in einzelne Phänomene aufgelöst werden soll. In diesem Kapitel werden zwei Aspekte vertieft:

1. Als erstes soll versucht werden, den gesamt- und regionalwirtschaftlichen Wandel aus der Sicht des Umweltschutzes, d.h. aus einer stofflich-energetischen Perspektive, quantitativ zu untersuchen (Abschnitt 4.1). Dabei geht es sowohl um die Umwelteffekte des 'autonomen' alsauch um die Wirkungen von Umweltschutzauflagen als 'induzierten' Strukturwandel des Produzierenden Gewerbes. Um die raumzeitlichen Veränderungen zu erfassen, müssen umweltrelevante Indikatoren, wie Rohstoffverbrauch, Emissionsmengen, Emissionsintensität, in Beziehung zu solchen Merkmalen gesetzt werden, die den Wirtschaftsprozeß insgesamt beschreiben können.

2. In Abschnitt 4.2 rücken regionale Disparitäten und Verteilungseffekte des Umweltschutzes in den Vordergrund. Die Fragestellung lautet hier: Werden durch die Umweltpolitik und den Vollzug von Umweltschutzmaßnahmen das regionale Wirtschaftswachstum und die Standortentscheidungen der Unternehmen so modifiziert, daß bestehende regionale Ungleichheiten verstärkt oder neue Wettbewerbschancen eröffnet werden? Im konzeptionellen Teil dieser Arbeit (Abschnitt 1.1) ist diese

Richtung unter der Bezeichnung Raumordnungs- und Disparitätenforschung eingeführt worden.

Zu beiden unter (2) genannten Teilgebieten, aber besonders zu der zuletzt angedeuteten regionalpolitischen Perspektive, wurden zahlreiche Befragungen durchgeführt. Eine Untersuchung ist unter dem Titel "Raumwirtschaftliche Analyse des Umweltschutzmarktes in Norddeutschland" bereits publiziert worden (vgl. Oßenbrügge 1991). In der vorliegenden Arbeit werden ausgewählte Ergebnisse unter dem Gesichtspunkt ihrer Bedeutung für den regionalen Strukturwandel zusammengefaßt.

4.1 Umweltwirkungen des gesamt- und regionalwirtschaftlichen Strukturwandels in Norddeutschland

4.1.1 Umwelteffekte des wirtschaftlichen Strukturwandels und 'ökonomisch-ökologische Indikatoren'

Die Wachstumseuphorie der ersten Jahrzehnte nach dem 2. Weltkrieg hat sich nicht nur in einer Wirtschaftspolitik zur Steigerung gesamtwirtschaftlicher Indikatoren wie dem Bruttosozialprodukt oder anderen Größen der volkswirtschaftlichen Gesamtrechnung ausgedrückt, sondern auch in einfachen Verbrauchszunahmen wie dem Primärenergie- oder dem Stahlverbrauch. Obwohl diese 'Tonnenideologie' in Osteuropa noch bis vor kurzem gepflegt wurde, hat sich in der theoretischen wie praktischen Wirtschaftspolitik des Westens bereits in den siebziger Jahren ein Paradigmenwechsel vollzogen, der von der früher dominierenden 'high-volume production' zur heute weitgehend akzeptierten 'high-value production' geführt hat (Jänicke 1986). Dabei hat sich eine Erkenntnis der Ressourcenökonomie durchgesetzt, die besagt, daß ein hoher Material- und Energieverbrauch im Zeichen hoher Rohstoffkosten unökonomisch ist.

Vor dem Hintergrund dieser Trendwende sind in den letzten Jahren in verschiedenen Untersuchungen die umweltentlastenden Gratiseffekte eines eigendynamischen Strukturwandels herausgestellt worden. Zu den wichtigsten und materialreichsten Arbeiten gehören zwei Gutachten des HWWA und des RWI für das Bundeswirtschaftsministerium (vgl. Härtel et al. 1987; Halstrick u. Löbbe 1987). Ein umweltentlastender Strukturwandel wird beispielsweise dann als gegeben angesehen, "wenn die volkswirtschaftlichen Kosten der Umweltschäden langsamer zunehmen als die gesamtwirtschaftliche Produktion" (Härtel et al. 1987,S.19). Diese einfach und eindeutig klingende Definition ist in der empirischen Forschung außerordentlich schwierig umzusetzen. Allein die dafür notwendige Monetarisierung von Umweltschäden ist kaum zu leisten. Außerdem gibt es Bewertungsprobleme, beispielsweise wenn sich die Schadstoffemissionen in die Luft verringern, gleichzeitig aber die Abfallmenge zunimmt. Um eine Gesamtbilanz aufzustellen, müßte, wie in der volkswirtschaftlichen Gesamtrechnung auch, eine Möglichkeit gegeben sein, Umweltgüter einheitlich zu bewerten (vgl. dazu einführend Leipert 1989). Trotz dieser grundlegenden methodischen Schwierigkeiten hat sich in den letzten Jahren eine "Gratiseffektideologie" ausgebreitet, die von den Interessenvertretern der Industrie freudig aufgenommen und gepflegt wird:

> "Auffällige Entwicklungen in der anhaltenden Hochkonjunkturphase in der Bundesrepublik Deutschland sind aus der Sicht des BDI ... [u.a.] die neue Qualität des Wachstumsprozesses. Das kräftige Wirtschaftswachstum sei in immer stärkerem Umfang energie- und umweltverträglicher. Mit der beachtlichen Zunahme der Ausrüstungsinvestitionen werde der Kapitalstock offensichtlich nicht nur effizienter, sondern in jedem Fall umweltfreundlicher und energiesparender gestaltet" (Handelsblatt v. 28.9.1989).

Die zentralen Argumente der Vertreter des autonomen umweltentlastenden Strukturwandels bzw. des umweltfreundlichen freien Spiels der Marktkräfte betonen, daß der Übergang zur postindustriellen Ökonomie die Umweltbelastungen automatisch reduzieren würde. Daraus ließe sich folgern, daß eine möglichst schnelle regionale Anpassung an neue Produktionsformen der beste Garant für eine umweltentlastende Entwicklung sei.

Hiervon zu unterscheiden ist die kurz-, mittel- und langfristige Beeinflussung der wirtschaftlichen Entwicklung mit dem Ziel der Umweltentlastung. Umweltpolitik als Teil restriktiver Ordnungspolitik kann strukturelle Wirkungen haben. Sie kann beispielsweise zur Entstehung neuer Wirtschaftszweige führen, die Reparatur-, Recycling- oder Entsorgungstechnologien für den betrieblichen Bestand herstellen. Jänicke (1988) unterscheidet drei umweltpolitische Strategien, die sich vermindernd auf das Belastungsniveau auswirken können (vgl. Abb. 4.1). Der Begriff 'Entsorgung' steht für kurativen, nachsorgenden Umweltschutz, wie er bisher vorwiegend praktiziert worden ist. Im Kern geht es um die Sammlung und möglichst sichere Aufbewahrung von Schadstoffen. Die zweite Stufe ist die forcierte 'technologische Innovation', um beispielsweise Recyclingverfahren zu verbessern, Energie rationeller zu nutzen oder Stoffflüsse in geschlossenen Kreislaufsystemen zu halten. Die dritte Stufe ist der induzierte 'Strukturwandel', der zu einer Minimierung des Rohstoffeinsatzes, einer Minimierung der Transportvorgänge und abfallarmen Wirtschaftsformen führt. Nur wenn dieser letztgenannte Schritt auch realisiert wird, ist langfristig ein tolerierbares Belastungsniveau zu erreichen.

Die von Jänicke getroffene Dreiteilung ist jedoch rein analytisch, faktisch gehen alle drei Einflußbereiche ineinander über und überschneiden sich. Ebenso sind der autonome und der induzierte Strukturwandel schwer zu unterscheiden, besonders dann, wenn auch indirekte Wirkungsketten berücksichtigt werden sollen. So können Veränderungen der Emissionskennziffern nur ansatzweise auf einen einzigen oder ausschließlich verursachenden Faktor zurückgeführt werden, besonders dann nicht, wenn in heutige Investitionsentscheidungen umweltpolitische Standards, die für die Zukunft erwartet werden, bereits einfließen.

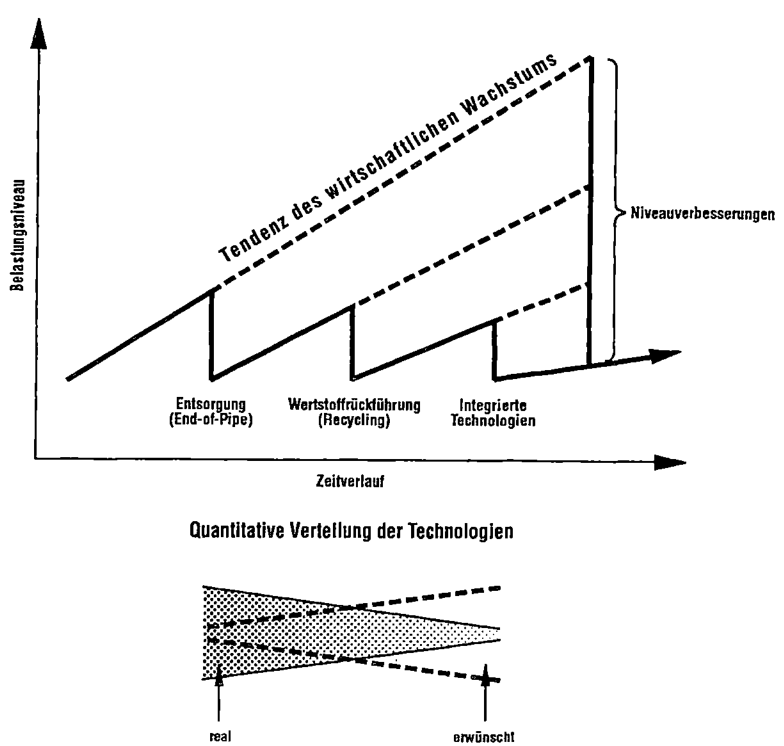

Abb. 4.1:   Mögliche Umweltentlastungen in einer wachsenden Volkswirtschaft. (Nach Jänicke 1988)

Am Beispiel der gesamtwirtschaftlichen und regionalen Entwicklung der Produktion und ihrer Emissionen wird im folgenden untersucht, ob in der früheren BRD und in Norddeutschland ein umweltentlastender Strukturwandel vorliegt. Nachdem der langfristige Prozeß der zunehmenden Umweltbelastung in Hamburg und im Unterelberaum in Kapitel 2 beschrieben worden ist, soll mit dieser Analyse die Frage beantwortet werden, ob auch weiterhin von 'Fortschritten der Naturzerstörung' und zunehmenden Gefahren und Risiken für die Bevölkerung zu berichten sein wird, oder ob positive Veränderungen eingetreten sind. Im Bewußtsein, daß diese Frage außerordentlich komplex ist, muß gleich zu Beginn auf eine wichtige Einschränkung hingewiesen werden: Das primäre Interesse richtet sich auf die flächendeckende Betrachtung der Belastungsniveaus und ihre Veränderungen. Es gibt genügend Beispiele, um zu belegen, daß die Marktwirtschaft auch umweltgerecht sein kann, und ebenso viele für einzelne Skandale und Probleme von Unternehmen und Branchen. Es gibt aber sehr wenige Versuche, die eine umfassende Betrachtung des Wirtschaftsprozesses anstreben. Dieses soll hier zumindest als Anspruch angemeldet werden, auch wenn die Untersuchung Fragen unbeantwortet lassen wird.

'Ökonomisch-ökologische Indikatoren' für Untersuchungen über Stand und Entwicklung der Umweltbelastungen

Umweltbelastungen entstehen durch die Emission von Schadstoffen aus der Produktion, die in die Medien Luft, Wasser und Boden eingetragen werden. Die konkreten Belastungssituationen in Immissionsgebieten können jedoch nicht kausal auf bestimmte Emissionen zurückgeführt werden, da die Schadstoffe nach der Freisetzung Transportvorgängen, chemischen Umwandlungsprozessen und Verdünnungen bzw. Anreicherungen unterliegen. Weiterhin ist die Assimilationsfähigkeit von Schadstoffen in Ökosystemen unterschiedlich; frühere Immissionsintensitäten und gegenwärtige Nutzungen sind somit weitere Faktoren, die die Umweltsituation bestimmen.

Obwohl aus diesen Gründen Emissionen nur mittelbar als Grundlage für Belastungsanalysen dienen können, werden sie hier der Analyse der regionalen Immissionssituation vorgezogen, weil sie näher an die Verursacher heranführen und einen Bezug zu den Produzenten und Konsumenten in definierbaren Regionen herstellen. Veränderungen der sektoralen Zusammensetzung der Produktion, des Technologieeinsatzes und des Konsumverhaltens lassen sich auf diese Weise hinsichtlich ihrer umweltbe- oder entlastenden Wirkung einschätzen. So läßt sich mit Hilfe geeigneter Indikatoren empirisch prüfen, ob

- der wirtschaftliche Bedeutungsgewinn der Dienstleistungssektoren und die Tertiärisierung der Produktion zur Abnahme der Emissionen führt, so daß trotz Wachstum (gemessen am Produktionswert) der Strukturwandel von der Tendenz her als umweltschonend zu bezeichnen ist;
- Umweltschutzmaßnahmen des Staates eine Wirkung auf die Emissionsintensität der Produktion und des Konsums gehabt haben und als effektiv angesehen werden können;

Tabelle 4.1: Die Umweltstatistik im ökologisch-statistischen Gesamtsystem.
(Statistisches Bundesamt 1988,S.12)

Hauptgruppen von Belastungen	Kategorien von Statistiken der							
	Belastungen erzeugende Tätigkeiten oder Ereignisse		Umweltbelastungen (tatsächliche, mögliche)		Reaktionen der Ökosysteme auf Belastungen		Reaktionen des Menschen auf Änderungen von Ökosystemen	
	Sachverhalte	amtliche Statistik	Sachverhalte	amtliche Statistik	Sachverhalte	amtliche Statistik	Sachverhalte	amtliche Statistik
Natürliche Ursachen	Extreme Klimaschwankungen (Hitze,Frost, hohe Niederschläge, Stürme); Überschwemmungen; Sturmfluten; Waldbrände; Lawinen.	-	Änderung der Vegetation; Umgestaltung der Landschaft; Überschwemmte Fläche; Intensität der extremen Klimaschwankungen;	-	Änderungen in Charakteristika von Boden, Wasser, Luft; Veränderungen im Status von Fauna und Flora (Artenbestand, Population).	-	Verlegen von Wohn- und Arbeitsstätten; Verkehrswegen; Errichten von Schutzbauten.	Wohnstatistik Industrie- und Verkehrsstatistik Bautätigkeitsstatistik Agrarstatistik
Gewinnung von Biomasse und anderen erneuerbaren Ressourcen	Landwirtschaftliche Erzeugung, Gartenbau; Forstwirtschaftliche Erzeugung; Fischerei; Jagd.	Agrarstatistik Forststatistik Fischereistatistik	Erosion und Änderungen in Bodenbeschaffenheit; Umgestaltung der Landschaft; Erschöpfung der Bestände (Fauna u. Flora); Änderungen im Wasserhaushalt;	Agrar- und Forststatistik	Änderungen in den biotischen Beständen (Population, Artenvielfalt, Regenerationskraft)	Waldschadenserhebung	Änderungen der Produktionsmethoden; Nutzungseinschränkungen (z.B. Fangbegrenzungen).	Agrar- und Forststatistik
Gewinnung von nichterneuerbaren Ressourcen	Gewinnung von - Erdöl - Erdgas - Metallerzen - Steinen und Erden	Industriestatistik	Erschöpfung der Vorräte; Umgestaltung der Landschaft sowie Änderungen in Bodenbeschaffenheit und Wasserhaushalt.	Flächenstatistik	-	-	Verminderung der Ausbeute; Substitution;	Industriestatistik
Umgestaltung der Landschaft	Umwidmung von Flächen (Agrar und Forst); Wasserbauliche Maßnahmen; Bau von Verkehrswegen; Wohnungs- und Gewerbebau.	Flächenstatistik Verkehrsstatistik Wohnungs-und Bautätigkeitsstatistik	In Nutzung modifizierte Flächen; In Eigenschaften veränderte Flächen (z.B. versiegelt).	Flächenstatistik	Veränderungen in den Charakteristika von Boden, Wasser, Luft; Änderungen in den biotischen Beständen (Population, Artenviel falt, Regenerationskraft).	-	Änderungen in Art und Ort der Umwidmungen; Nutzungsbeschränkungen; Errichtung von Schutzgebieten.	Industriestatistik
Einbringung von Schadstoffen (einschließlich Radioaktivität, Lärm)	Land- und Forstwirtschaft; Bergbau, Energie, Verarb. Gewerbe, Bau, Handel, Verkehr, andere Bereiche; Verbrauch einschl. Freizeitverhalten; Unfälle.	Agrar- und Forststatistik Industrie-, Handels- und Verkehrsstatistik Bevölkerungsstatistik Umweltstatistik	Emission von Abfällen und Abwasser; Emission von Luftverunreinigung; Lärmerzeugung; Radioaktive Strahlung.	Umweltstatistik	Veränderungen in den Charakteristika von Boden, Wasser, Luft; Änderungen in den biotischen Beständen (Population, Artenvielfalt, Regeneration); Änderungen der menschlichen Gesundheit.	Gesundheitsstatistik	Emissionsvermeidung durch Schutzmaßnahmen; Prozeßänderungen; Produktionsverbote; Substitution.	Umweltstatistik Finanzstatistik Volkswirtschaftliche Gesamtrechnung Industriestatistik

- bei Herstellungsprozessen unter Verwendung neuer Technologien weniger Schadstoffe emittiert worden sind, so daß die Produktion insgesamt umweltschonender geworden ist;
- das Konsumverhalten der Privaten Haushalte sich angesichts der bestehenden Probleme in einer auch strukturell wirksamen Weise verändert hat, indem die Kosumenten heute im starken Maße umweltverträgliche Güter nachfragen.

Die bisherige Erfassung und Dokumentation räumlich und zeitlich gegliederter statistischer Angaben (Tabelle 4.1) erschwert die Bildung geeigneter Indikatoren. Die wesentlichen Schwächen der Umweltschutzstatistik bestehen (a) in der sehr späten Einführung einer Meldepflicht für Emissionen, die flächendeckende Aussagen zuläßt, (b) in der teilweise technisch aufwendigen Messung der Quantität und v.a. der Qualität der emittierten Schadstoffe, (c) in den nicht oder nur unvollständig vorhandenen unabhängigen Meß- und Überwachungsapparaten öffentlich-rechtlicher Institutionen. Trotz der bestehenden Defizite werden die vorliegenden statistischen Angaben zur Prüfung der Hypothesen benutzt. Als Grundlage dienen die Sachverhalte, die in der Tabelle 4.1 der Umweltstatistik zugeordnet worden sind. Sie liegen teilweise publiziert vor, teilweise mußten sie aber auch von den jeweiligen Statistischen Landesämtern für diese Untersuchung zusammengestellt werden.

4.1.2 Emissionen in die Luft nach Verursachergruppen auf nationaler und regionaler Ebene

Um die Emissionen in die Atmosphäre vor dem Hintergrund des wirtschaftlichen und regionalen Strukturwandels zu beurteilen, kann auf Zeitreihen des Umweltbundesamtes zurückgegriffen werden. Daten liegen für die anorganischen Gase Schwefeldioxid (SO_2), Stickstoffoxide (NO_x) und Kohlenmonoxid (CO) sowie die Feststoffe und organische Verbindungen (VOC, Volatile Organic Compounds) ab 1966 aufbereitet vor. Die Merkmale sind aus der Verknüpfung statistischer Daten zum Energieverbrauch mit Kennwerten für das mittlere Emissionsverhalten der Brennstoffe in Anlagen, Motoren und Produktionsprozessen entstanden. Die Daten werden regelmäßig auf der Grundlage von stichprobenhaften Messungen und Einzelanalysen geprüft und fortgeschrieben (Daten zur Umwelt 1986,S.223). Durch dieses auf Annahmen und Stichproben basierende Berechnungsverfahren sind Fehler möglich, die den Aussagewert relativieren. Sie betreffen insbesondere die Höhe der berechneten Emissionen pro Raumausschnitt, die Höhe der daraus resultierenden Immissionen sowie die regionale Zurechnung der Immissionen zu Emissionen. Hinsichtlich der zuletzt benannten Punkte besteht allerdings die Auffassung, daß "bei Bezugnahme auf hinreichende große Gebiete ... vielfach recht enge Korrelationen zwischen Emissionen und Immissionen feststellbar (sind)" (Fränzle 1988,S.4). Die von Fränzle et al. (1987) benutzten Rastereinheiten entsprechen in etwa den Raumordnungs- regionen, die auch in dieser Arbeit Verwendung finden.

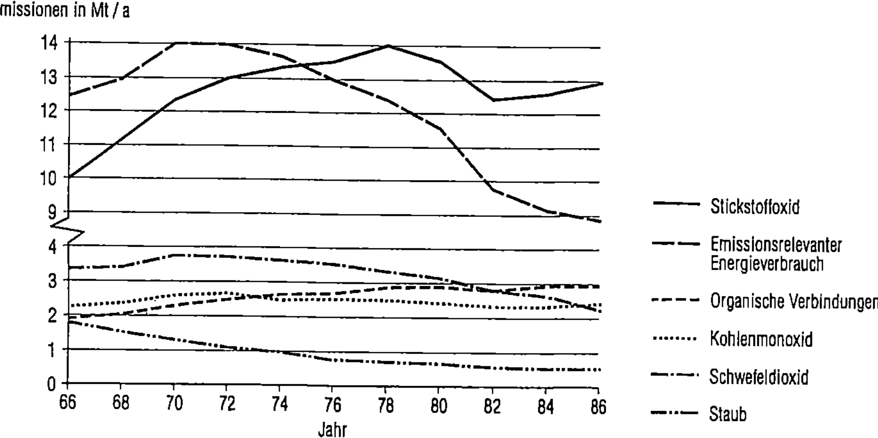

Abb. 4.2:   Entwicklung ausgewählter Emissionen in die Atmosphäre in der BRD 1966-1986. (Datengrundlage: Daten zur Umwelt 1986ff.)

Gesamtwirtschaftliche Trends

Die Gesamtentwicklung der Emissionen seit 1966 wird in Abb. 4.2 wiedergegeben. Sie zeigt eine stark anwachsende, erst seit den letzten Jahren stagnierende Belastung durch Stickstoffoxide und eine gleichbleibend hohe Emission organischer Verbindun- gen. Eine abnehmende Tendenz weisen die Schwefeldioxid-, Kohlenmonoxid- und in starkem Umfang die Staubverunreinigungen auf. Die Differenzierung nach Emit- tentengruppen gibt Hinweise auf die Ursachen für die Veränderungen der Emissions- mengen. Die relativen Anteile der Emittentengruppen an den Gesamtemissionen zeigt Abb. 4.3. Um einen besseren Vergleich zu ermöglichen, sind die in den Kraftwerken entstandenen Verunreinigungen als indirekte Emissionen auf die Stromabnehmer umgelegt worden.

Der starke Rückgang der Staubemissionen ist außer auf den Einbau von Entstaubungsanlagen im wesentlichen auf die Verdrängung der Steinkohle aus dem Hausbrand und aus der Elektrizitätserzeugung zurückzuführen. Während der Anteil der Industrie an der Erzeugung von Staubemissionen gleichbleibend hoch ist und der Anteil des Verkehrs durch die Zunahme von Dieselkraftfahrzeugen steigt, nimmt der Anteil der Haushalte ab. Der quantitative Rückgang der Staubemissionen sagt allerdings wenig über die qualitative Entwicklung der Umweltbelastungen aus. Es wird z.B. vermutet, daß die Emission von hochgiftigen Feinstäuben in weitaus geringerem Maße zurückgegangen ist als die Gesamtemissionsmenge (Halstrick u. Löbbe 1987,S.51).

Der Rückgang der Kohlenmonoxidemissionen ist ebenfalls in erster Linie auf ein verändertes Emissionsverhalten der Haushalte zurückzuführen. Auch hier hat sich die Umstellung der Wärmeerzeugung von kohlebetriebenen Einzelöfen auf Sammelheizungen positiv ausgewirkt. Während der Anteil der Industrie gleichbleibend klein blieb, ist ein stärkerer Rückgang der CO-Emissionen durch die Zunahme des Verkehrsanteils aufgrund des gesteigerten Individualverkehrs verhindert worden. Erst in den achtziger Jahren hat eine Verbesserung eingesetzt, und auch in Zukunft ist mit einer weiteren Abnahme zu rechnen.

In früheren Diskussionen über die Luftbelastung haben die SO_2-Emissionen eine zentrale Rolle gespielt. Sie gelangen fast ausschließlich durch Verbrennung von fossilen Energieträgern in die Atmosphäre. Inzwischen sind die Gesamtemissionen an SO_2 rückläufig. Wie die Abb. 4.3 zeigt, ist diese Veränderung auf Umstellungen in der Industrie zurückzuführen. Zwar ist der relative Anteil dieser Emittentengruppe nach wie vor hoch, er sinkt jedoch. Der darauf basierende langsame Rückgang der Gesamtemissionen seit Mitte der siebziger Jahre wird häufig als ein umweltpolitischer Erfolg gewertet und auf das Bundesimmissionsschutzgesetz (BImSchG von 1974) mit seinen verschiedenen Verordnungen zurückgeführt. Die zunehmende Verwendung schwefelarmer Brennstoffe und die rationellere Energieverwendung in der Industrie hat weiterhin dazu geführt, daß eine Differenz zwischen dem emissionsverursachenden Energieverbrauch und den tatsächlichen SO_2-Emission entstanden und größer geworden ist (Abb. 4.2).

Ungünstig haben sich dagegen die Emissionen von Stickstoffoxiden und organischen Verbindungen entwickelt. Bei der Stoffgruppe der organischen Verbindungen werden kleine Mengen hochtoxischer Verbindungen aus Verbrennungsprozessen durch die diffuse Verwendung von Lösemitteln beträchtlich erweitert, so daß dieser Bereich nach Angaben des Umweltbundesamtes in den Abbildungen 4.2 und 4.3 untererfaßt ist. Nach Emittentengruppen gegliedert, zeigt sich eine Abnahme der Haushalte bei gleichzeitiger Zunahme des Verkehrssektors.

Am stärksten haben die Emissionen von Stickstoffoxiden zugenommen, die ebenfalls überwiegend bei Verbrennungsvorgängen entstehen. Verantwortlich für den Anstieg ist in erster Linie der Verkehr. Die Zuwächse im Straßenverkehr sowie Maßnahmen zur Reduzierung des Benzinverbrauchs und der Kohlenmonoxidabgaben haben zu dieser Erhöhung geführt, die erst nach einer massenhaften Einführung schadstoffarmer, mit Katalysator ausgerüsteter Fahrzeuge zurückgehen wird.

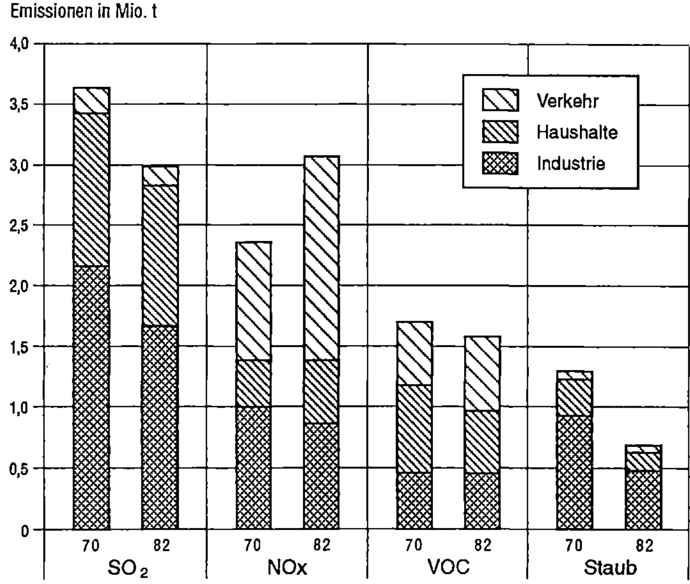

Abb. 4.3:   Verteilung der Emissionen nach Schadstoffarten - Umlage der Kraftwerksemissionen auf die Stromabnehmer. (Datengrundlage: Härtel et al. 1987,S.34)

Bereits bei der Betrachtung der Schadstoffemissionen nach Emittentengruppen wird deutlich, daß der industrielle Sektor seit 1970 einen gleichbleibenden oder abnehmenden Anteil an den Emissionen der einzelnen Gase und Stäube hat. Ein genaueres Bild über den Zusammenhang von Wirtschaftsentwicklung und Schadstoffemissionen erhält man durch den Einbezug von Indikatoren der wirtschaftlichen Aktivität, insbesondere der Produktionsmenge und des Produktionswertes. Die zur Strukturberichterstattung beauftragten Institute HWWA (Härtel et al. 1987) und RWI (Halstrick u. Löbbe 1987) benutzen als Indikatoren 'Einheiten der Nettoproduktion' bzw. den 'Index Nettoproduktion', das 'Bruttosozialprodukt' (BSP) bzw. damit zusammenhängende Größen wie das 'Bruttoinlandsprodukt' (BIP) oder den 'Nettoproduktionswert' (NPW). Auch hierbei handelt es sich überwiegend um abgeleitete Größen der 'Volkswirtschaftlichen Gesamtrechnung', deren Verwendung in Strukturanalysen üblich ist. Dennoch ist der Hinweis angebracht, daß die Verknüpfung zwischen errechneten Emissionsgrößen und errechneten Leistungsgrößen zu Fehlinterpretationen über die reale Situation führen kann. Es zeigen sich jedoch trotz allem einige eindeutige Trends.

Schon mehrfach ist darauf hingewiesen worden, daß Feuerungsanlagen eine Hauptquelle der Schadstoffemissionen sind. Daher liegt die Vermutung nahe, daß die größten Umweltbelastungen außer von der Elektrizitätswirtschaft insbesondere von der Grundstoff- und Produktionsgüterindustrie ausgehen, weil Transformationsprozesse dort im großen Maßstab durchgeführt werden. Nach einer vom Umweltbundesamt publizierten Untersuchung entfallen auf 5 Wirtschaftsgruppen über 2/3 der gesamten industriellen Emissionen an SO_2 und etwa 80 % des gesamten industriellen Ausstoßes an NO_x. Dabei handelt es sich um den Bergbau, die Chemische Industrie, die Mineralölwirtschaft, die Industrie der Steine und Erden, die Eisen- und Stahlschaffende Industrie sowie die NE-Metallerzeugung (vgl. Tabelle 4.2). Das Wachstum und die wirtschaftliche Bedeutung dieser fünf Emittentengruppen ist daher von besonderer Bedeutung.

Tabelle 4.2: SO_2- und NO_x-Emissionen durch die industrielle Produktion 1980. (Nach Härtel et al. 1987,S.36 und eigenen Berechnungen)

Produktbereiche nach Branche	SO_2 Kt	SO_2 %	NO_x Kt	NO_x %
Bergbau	140	7,7	101	10,3
Chemie, Mineralölwirtschaft, Steine und Erden	831	45,5	479	48,9
Chemie	399	21,8	208	21,2
Mineralölwirtschaft	263	14,4	70	7,2
Eisen, Stahl, NE-Metalle	370	20,3	185	18,9
Eisen und Stahl	186	10,2	107	10,9
NE-Metalle	135	7,4	52	5,3
Stahl-, Maschinen- und Fahrzeugbau	124	6,8	64	6,5
Elektrotechnik, Feinmechanik	139	7,6	52	5,3
Holz, Papier, Druckereierzeugnisse	104	5,7	37	3,8
Textilien, Bekleidung, Leder	53	2,9	24	2,5
Nahrungsmittel, Getränke	105	5,7	42	4,3
Produkte des Bergbaus und des Verarb. Gewerbes	1827	100,0	979	100,0

Generell wird die Beziehung zwischen der Entwicklung der Emissionen in die Atmosphäre und der Nettoproduktion im Bergbau wie im Verarbeitenden Gewerbe inklusive den besonders schadstoffintensiven Wirtschaftsgruppen mit dem Schlagwort 'Entkopplung von Wirtschaftswachstum und Schadstoffproduktion' belegt. Vergleicht man beide Entwicklungen, so wird deutlich, daß dem kontinuierlichen Rückgang der SO_2- und NO_x-Emissionen insgesamt ein Wachstum des Verarbeitenden Gewerbes gegenübersteht, auch wenn einige Branchen, wie die Mineralölverarbeitung oder die eisenschaffende Industrie, einen sinkenden Produktionsindex aufweisen (Abb. 4.4). Damit scheint sich zumindest bei den Emissionen in die Atmosphäre eine der eingangs aufgestellten Annahmen, daß entweder die Produktion weniger umweltbelastend geworden ist oder eine sektorale Verschiebung zu weniger umweltschädigenden Produktionsprozessen stattgefunden hat, zu bestätigen.

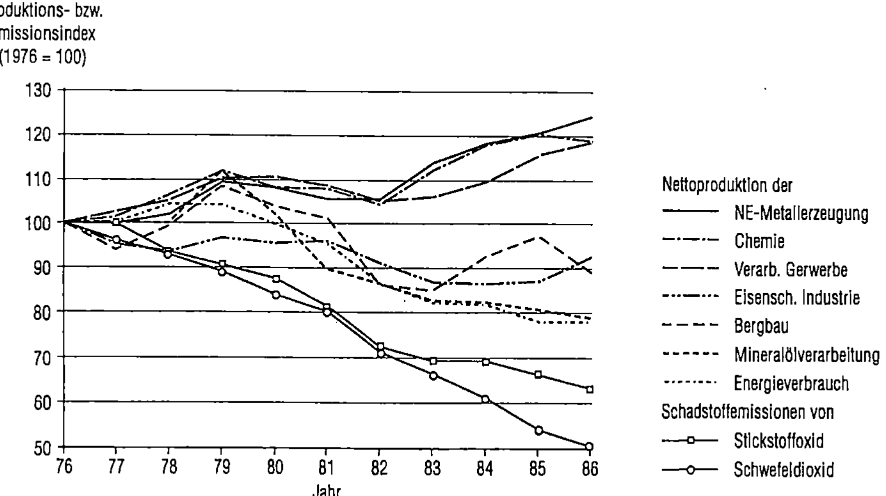

Abb. 4.4: Vergleich der Nettoproduktion und der Emissionen umweltbelastender Industriegruppen. (Datengrundlage: Daten zur Umwelt 1986ff.; Statistisches Bundesamt 4.2.1, 1977ff.)

Welche der beiden möglichen Ursachen für den verringerten Schadstoffausstoß ausschlaggebend gewesen ist, läßt sich mit Hilfe von Langzeitreihen und einer Shift-share-Analyse ermitteln. Die Modellrechnung geht vom industriellen Endenergieverbrauch und von der sektoralen Zusammensetzung des Verarbeitenden Gewerbes von 1960 aus. Durch die Fortschreibung dieser Werte auf der Grundlage des gesamten industriellen Wachstum lassen sich Erwartungswerte des Energieverbrauchs und der damit verbundenen Emissionen für 1984 ermitteln, die mit den tatsächlichen Werten verglichen werden. Die Rechnung kommt zu dem Ergebnis, daß der Verbrauch von 1960 bis 1984 von ca. 70 Mio. t SkE auf über 140 Mio. t hätte ansteigen müssen, wenn alle Industriezweige in diesem Zeitraum in gleicher Weise gewachsen wären und sich auch der spezifische Endenergieverbrauch nicht verändert hätte. Anstatt einer Verdoppelung ist es tatsächlich aber nur zu einer Steigerung von etwa 10 % gekommen. Diese aus umweltpolitischer Sicht positiv zu bewertende Differenz wird von Halstrick und Löbbe auf eine sog. Technologiekomponente zurückgeführt, die das Verhältnis zwischen Wertschöpfung und Energieverbrauch verändert hat (Abb. 4.5). Der seit 1960 zu verfolgende Technologieeffekt 'entkoppelt' den Wachstumseffekt vom tatsächlichen Energieverbrauch und veranschaulicht die zunehmend effizienter werdende Energieverwendung, die sich als relativ unabhängig von den Preisschüben für Öl 1973 und 1979/80 erweist. Von daher kommt dem in Abb. 4.4 seit 1982 zu verfolgenden Anstieg des Nettoproduktionsindex im Verarbeitenden

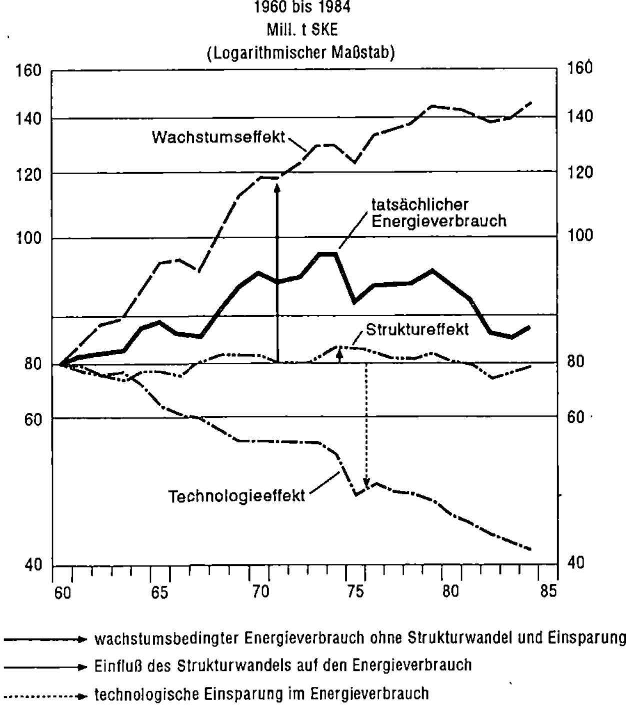

Abb. 4.5: Auswirkungen von Wachstums-, Struktur- und Technologieeffekt auf den Energieverbrauch des Verarbeitenden Gewerbes. (Halstrick u. Löbbe 1987)

Gewerbe sowie in der NE-Metallerzeugung und in der Chemie besondere Bedeutung zu. Es zeigt sich, daß zumindest bei der Emission anorganischer Gase eine endgültige Entkopplung von industrieller Produktion und Schadstoffabgabe von SO_2 und NO_x in die Atmosphäre stattgefunden hat. Zurückzuführen ist dieser Trend, wie gesagt, auf die steigende Effizienz der Primärenergienutzung.

Dagegen haben die Veränderungen der sektoralen Zusammensetzung der Industrie bisher keine Auswirkungen gezeigt (Abb. 4.5, Struktureffekt). Nach der Shift-Analyse haben die Bedeutungsverschiebungen zwischen den Sektoren (Branchen) in den letzten 25 Jahren keinen Einfluß auf den Energieverbrauch und damit auf das Emissionsniveau des Verarbeitenden Gewerbes gehabt. Das ist auch nicht weiter überraschend, weil der Rückgang emissionsintensiver Branchen (Mineralölerzeugung und Eisenschaffende Industrie) durch ein Wachstum ebenso emissionsintensiver Branchen (Chemische Industrie und NE-Metallverarbeitung) begleitet worden ist. Am stärksten haben sich im Verarbeitenden Gewerbe bisher solche Maßnahmen der Emissionsreduzierung ausgewirkt, die innerhalb einer Branche angesetzt und das Emissionsniveau der jeweiligen Produktion gesenkt haben. Der bereits abzusehende intersektorale Bedeutungsgewinn elektrotechnischer und elektronischer Branchen wird die positiv wirkende 'Technologiekomponente' der effizienten Energienutzung aller Voraussicht nach in Zukunft durch einen umweltentlastenden Struktureffekt verstärken.

Die Lockerung des Zusammenhangs zwischen dem Wachstum der Produktion und Emissionsintensität der Industrie sagt allerdings nur wenig über die Effekte des gesamtwirtschaftlichen Strukturwandels aus, da neben den Entwicklungen im Verarbeitenden Gewerbe auch Verschiebungen in der Organisation der Produktion, des Transports und Effekte der zunehmenden Tertiärisierung innerhalb wie außerhalb des industriellen Sektors zu beachten sind. Als mögliche Entwicklungen kommen in Betracht:

- Der gesamtwirtschaftliche Bedeutungsgewinn der produktions- und unternehmensorientierten Dienste sowie das starke Anwachsen des Bereichs Banken und Versicherungen müßte das Emissionsniveau der Luftschadstoffe senken.
- Die zunehmend arbeitsteilig organisierten Wirtschaftsabläufe bedingen wachsende Verkehrsleistungen, die u.a. im Straßenverkehr stattfinden und deshalb eine Zunahme der Emissionen zur Folge haben.

Eine weitere Modellrechnung von Halstrick und Löbbe, die der bereits diskutierten Shift-Analyse ähnelt, jetzt aber alle Wirtschaftszweige umfaßt, gibt erste Hinweise auf die Wirkungen der vermuteten Zusammenhänge. Unter der Annahme, daß das Produktionsniveau des Jahres 1980 die gütermäßige Zusammensetzung der des Jahres 1960 gehabt hätte und je Produktionseinheit die gleiche Schadstoffmenge emittiert worden wäre, lassen sich wiederum Differenzen zwischen hypothetischer und realer Situation bilden (Tabelle 4.3). Das Schadstoffniveau für 1960 wurde teilweise mit Hilfe des jeweiligen Produktionswertes errechnet. In diesen Fällen bleibt die bereits erwähnte Technologiekomponente unberücksichtigt, so daß die Emissionsmenge für 1960 unterschätzt und die Differenz zu stark ausfällt.

Das Ergebnis relativiert die Tatsache der 'Entkopplung' der Produktion von der Emissionsmenge: Hätte die Volkswirtschaft der Bundesrepublik Deutschland 1980

Tabelle 4.3: Auswirkungen des strukturellen Wandels auf die Luftbelastung 1960-80. (Nach Halstrick u. Löbbe 1987,S.77, gekürzt)

| | Emissionen[1] von | |
	SO_2	NO_x
Land- und Forstwirtschaft	-16,4	-6,3
Elektrizität, Dampf, Gas	+738,0	+322,9
Bergbau	-83,5	-54,8
Industrie	+36,0	-38,9
Chemische Erzeugnisse	+56,7	+29,4
Mineralölerzeugnisse	+155,5	+38,1
Glas und Glaswaren	-4,6	-13,9
Eisen und Stahl	-105,7	-72,8
Giessereien u. Ziehereien	-14,6	-7,5
Strassenfahrzeuge	+7,2	+3,8
Zellstoff, Papier, Pappe	-7,4	-1,3
Textilien	-32,9	-11,0
Nahrungsmittel	-16,8	-6,2
Bauleistungen	-8,3	-3,2
Handel	+3,0	+1,2
Verkehr	+6,4	+94,5
Eisenbahnen	-2,4	-21,3
Schiffahrt	-2,8	-21,0
Übriger Verkehr	+10,5	+136,4
Kreditinst. u. Versicherungen	+2,4	+0,9
Dienstleistungen	+2,4	+0,9
Staat	+7,9	+3,0
Insgesamt	+688,1	+320,4

[1] durch Veränderungen der Produktionsstruktur hervorgerufene (hypothetische) Belastungen (+) oder Entlastungen (-) in 1000 t.

die gleiche Produktionsstruktur wie 1960 gehabt und wäre pro Produktionseinheit die gleiche Menge Schadstoff produziert worden, so hätten nur 2,46 Mio. t SO_2 und 2,78 Mio. t NO_x emittiert werden dürfen. Die tatsächlichen Emissionen liegen bei SO_2 um 680 000 t bzw. 28 %, bei NO_x um 320 400 bzw. 11 % höher. Auch wenn bei der in der Tabelle 4.3 aufgeführten Veränderungsraten die Ausgangsbasis 1960 zu niedrig angesetzt worden ist, zeigt sich kein Hinweis auf einen 'autonomen' umweltschonenden Strukturwandel. Am stärksten wirkt sich erwartungsgemäß die erhöhte Stromnachfrage aus.

Abgesehen von Veränderungen im Verarbeitenden Gewerbe, die aber nach der obigen Analyse erwartungsgemäß keinen Erklärungswert haben, trägt der Straßenverkehr entscheidend zu den erhöhten Stickstoffemissionen bei. Die Entwicklung des Güterverkehrs zwischen 1960 und 1986 wird in Abb. 4.6. eindrucksvoll veranschaulicht. In diesem Zeitraum erfolgte eine Verdopplung der Fahrleistung von 16.1 Mrd. km (1960) auf 35,6 Mrd. km (1986) und nahezu eine Verdreifachung des Kraftstoffverbrauchs (Statistisches Bundesamt 1988,S.104).

Die Zunahme des Straßengüterverkehrs wird u.a. verursacht durch veränderte Produktionskonzepte, die sich in einer abnehmenden Fertigungstiefe, Reduzierung der Lagerhaltung und 'Just-in-time'-Produktion ausdrücken. Gleichzeitig erfolgt eine Zunahme intersektoraler und regionaler Verflechtungen, die auch die Transportvorgänge stark erhöhen. Durch neue Produktionskonzepte ging beispielsweise bei BMW die Fertigungstiefe gemessen am Anteil des Nettoproduktionswertes am Umsatz zwischen 1978 und 1986 von 45 % auf 35 % zurück. Im gleichen Zeitraum erfolgte eine Steigerung der Transportvorgänge um über 200 % (vgl. Bertram u. Schamp 1989).

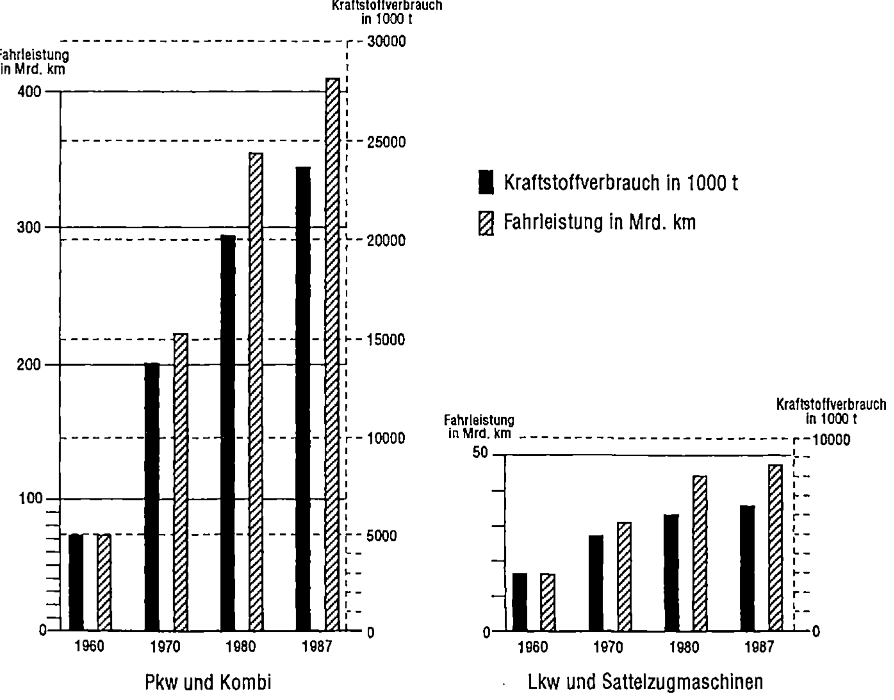

Abb. 4.6: Fahrleistungen und Kraftstoffverbrauch im Straßenverkehr 1960-1987. (Datengrundlage: Statistisches Bundesamt 1990,S.103,108,112)

Die vergleichsweise emissionsextensiven Transportmittel Eisenbahn und Binnenschiff bleiben bezüglich der Transportleistung weit hinter dem LKW zurück, ihr Transportanteil stagniert (Binnenschiff) oder weist einen starken Rückgang auf (Eisenbahn, Tabelle 4.4). Der umweltbelastende Trend zugunsten des emissionsintensiven Straßengüterverkehrs wird durch die Vereinheitlichung des EWG-Binnen-

Tabelle 4.4: Beförderte Güter der Verkehrszweige in Mio t.
(Statistisches Bundesamt 1990,S.103)

Verkehrszweige	1960	1970	1980	1989
Eisenbahn	344	392	364	315
Lkw-Fernverkehr	99	165	298	414
Lkw-Nahverkehr	.	1972	2255	2300
Binnenschiff	171	240	241	235

marktes weiter verstärkt. Weiterhin läßt die Öffnung der Ostmärkte auch ein überproportionales Wachstum des Staßengüterverkehrs erwarten, da die Erneuerung des Straßensystems rascher zu realisieren sein wird als die Modernisierung der Bahn.

Regionale Trends in Norddeutschland

Eine räumlich differenzierte Betrachtung der Beziehungen zwischen Emissionsniveau und wirtschaftlicher Entwicklung verspricht als Ergebnis interessante Varianten des allgemeinen Zusammenhanges, da Emissionen nicht räumlich gleichverteilt, sondern entsprechend der siedlungs- und wirtschaftsstrukturellen Situation eines Territoriums konzentriert bzw. dispers erfolgen. Die Raumstruktur unterliegt fortlaufend regionalen Veränderungsprozessen, die zu spezifischen Raumtypen wie Verdichtungsräumen, Entleerungsräumen usw. führen, so daß eine regionale Betrachtung der generellen Trends aufzeigen müßte, welche Ablaufformen des regionalen Strukturwandels zu einer Umweltentlastung bzw. welche zu stärkeren Belastungen führen.

Weiterhin sind regional unterschiedliche Implemationsformen der Umweltpolitik der Länder wirksam. Aussagen, wie die, daß "es für jede Region ökonomisch rational [ist], nicht über die für alle Regionen verbindlichen Mindestanforderungen hinauszugehen, sondern auf die Emissionsminderung in jeweils allen anderen Regionen zu warten" (Peters 1985,S.1004) weisen in die falsche Richtung. Solch eine Legitimierung zentralisierter umweltpolitischer Entscheidungskompetenz abstrahiert vom regionalen politischen Milieu, das sich in unterschiedlichen Präferenzen für Luftreinhaltepolitik oder in unterschiedlichen regionalen politischen Handlungsweisen ausdrücken kann. Der länderstaatlich unterschiedliche Vollzug der Umweltpolitik kann den regionalen Strukturwandel verlangsamen oder beschleunigen und so auch Einfluß auf das regionale Emissionsniveau ausüben.

Für eine regionalisierte Betrachtung sind flächendeckende Informationen Voraussetzung. Das Emissionskataster EMUKAT des Umweltbundesamtes ist hierfür neben anderen Datengrundlagen, die bei Peters (1985) aufgeführt werden, die wichtigste

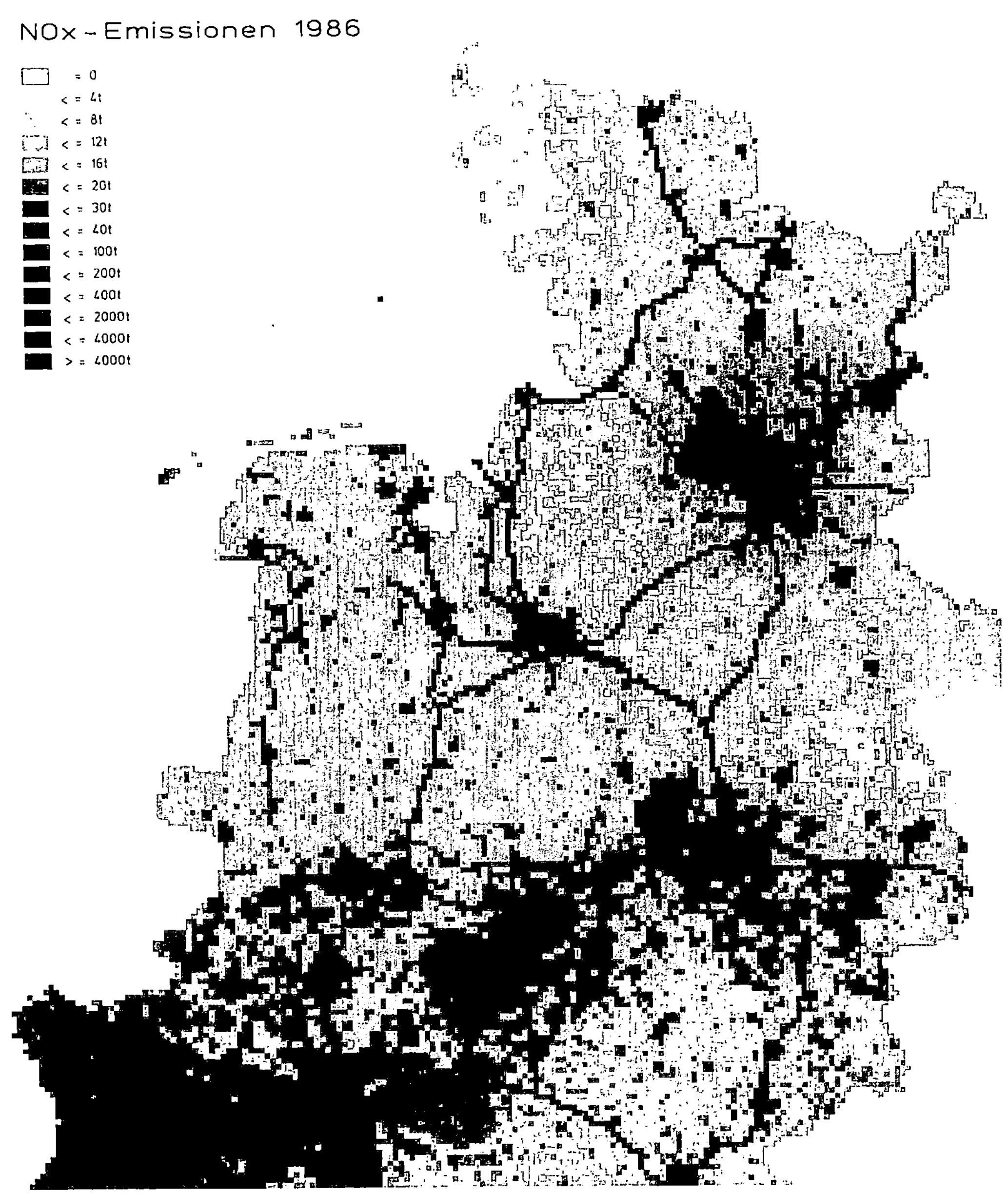

Abb. 4.7: NO_x-Emissionen aller Emittentengruppen 1986.
(Datengrundlage EMUKAT)

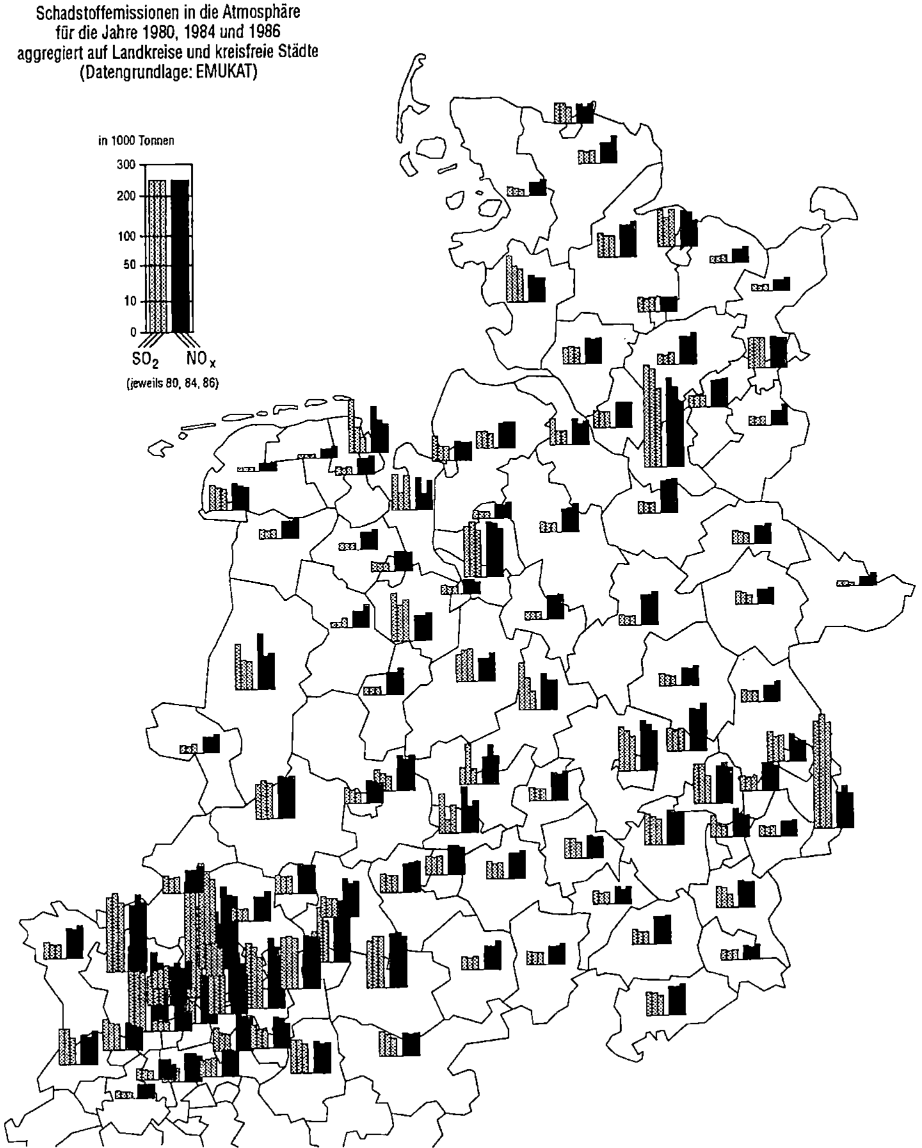

Abb. 4.8:   Schadstoffemissionen in die Atmosphäre in Norddeutschland 1980-
1986. (Datengrundlage EMUKAT; Kartographie PolyPlot/J.Hauser)

Quelle gewesen. Die Katasterdaten haben zudem den Vorteil, mit den bereits diskutierten allgemeinen Strukturdaten kompatibel zu sein. Das Emissionskataster ist in
den Daten zur Umwelt (1986,S.123) ausführlich beschrieben, daher reichen an dieser
Stelle einige Bemerkungen über das hier gewählte Vorgehen aus.

EMUKAT enthält für die Indikatoren SO_2 und NO_x Emissionsangaben bezogen auf ein 2*2 km-Raster für verschiedene Jahre und Emittentengruppen. Unterscheidbar sind Emissionen der Kraftwerke, der industriellen Feuerungsanlagen, des Verkehrs und der Haushalte. Die Ermittlung der Werte erfolgt bei den verschiedenen Emittentengruppen mit Hilfe von Primär- und Sekündärquellen. Primärquellen umfassen beispielsweise Standorte und Emissionsintensität einzelner Kraftwerke, Müllverbrennungsanlagen oder industrieller Einzelanlagen. Sekundärquellen sind beispielsweise Absatzstatistiken, die Einwohner- oder Verkehrsdichte.

Abbildung 4.7 dient der Veranschaulichung der Rohdaten, wie sie vom Umweltbundesamt geliefert werden und zeigt die Summe der NO_x-Emissionen aller Emittentengruppen des Jahres 1986. In der kartographischen Wiedergabe lassen sich punktuelle, linien- und flächenhafte Elemente leicht nachvollziehen. Punktelemente geben die Emissionen in Kleinstädten des ländlichen Raumes sowie in einzelnen Kraftwerks- und Industriestandorten wieder. Die markanten Linienelemente zeigen das Autobahnnetz sowie die Hauptschiffahrtsstraßen (Nord-Ostsee-Kanal). Flächenhaft erscheinen die Verdichtungsräume Hamburg, Bremen und Hannover sowie - sozusagen als Vergleich zum norddeutschen Raum - das Ruhrgebiet. Diese und die folgenden Karten zeigen Gebietsteile von Hessen und Nordrhein-Westfalen, für die jedoch keine weiteren Berechnungen durchgeführt worden sind.

Um die Emissionsdaten mit anderen statistischen Angaben in Beziehung setzen zu können, sind die Rasterangaben auf Landkreise und kreisfreie Städte aggregiert worden. Hierzu wurde über das Quadratraster ein Polygonnetz gelegt; durch Kreisgrenzen zerschnittene Rastereinheiten sind anteilsmäßig den jeweiligen Polygonen zugeordnet worden. In dieser Form können die Daten des Emissionskatasters in Fragestellungen über regionale Veränderungsprozesse einbezogen werden, da sie räumlich und sachlich ausreichend differenzieren. Bei der Interpretation ist jedoch der Modellcharakter der Basisdaten zu beachten, in die teilweise, wie im Haushalts- und Verkehrsbereich, wenig Primärerhebungen eingehen. Weiterhin ist zu berücksichtigen, daß es sich bei den Angaben für 1984 und 1986 um Fortschreibungen der umfassenden Erhebung von 1980 handelt.

Die Gesamtentwicklung der SO_2- und NO_x-Emissionen in den Landkreisen und kreisfreien Städte wird in den Tabellen 4.5 und 4.6 aggregiert auf Länderebene wiedergegeben und in Abb. 4.8 veranschaulicht. Die SO_2-Emissionen in Norddeutschland betrugen 1980 etwas über 600 000 t, die zu 50 % aus Kraftwerken und zu 35 % aus der industriellen Produktion stammten. Bis 1986 verringerte sich der SO_2-Ausstoß um über 30 %. Ausschlaggebend dafür sind Entschwefelungen der Kraftwerke gewesen, die in Hamburg beispielsweise eine Reduzierung der Emissionen um 50 % brachten. Auch den Abgasen industrieller Feuerungsprozesse wurde in diesem Zeitraum zunehmend das SO_2 entzogen, so daß hier beachtliche Emissionsminderungen eintraten. Mit einigen regionalen Variationen vollzog sich damit der gleiche Trend, der für das Bundesgebiet insgesamt festgestellt worden ist.

Tabelle 4.5: Struktur und Entwicklung der gesamten und industriellen Emissionsintensität in Norddeutschland 1980-1986.
(Berechnet nach EMUKAT; Daten zur Umwelt 1986ff.; Volkswirtschaftliche Gesamtrechnungen der Länder, Heft 15, 1986)

	1	2	3	4	5	6	7	8
Schleswig-Holstein	3,5	1,10	-19,2	0,78	-0,5	0,34	-46,1	0,52
Hamburg	5,8	1,65	-40,4	0,56	-4,2	0,47	-8,8	0,86
Niedersachsen	4,8	2,01	-30,4	0,66	0,6	0,66	-46,8	0,51
Bremen	1,6	1,60	-24,4	0,74	-6,8	0,32	-68,1	0,31
Übrige Länder der BRD	6,5	1,76	-27,5	0,68	1,2	0,40	-15,9	0,79

Erläuterung der Spalten:
1 Entwicklung des Bruttoinlandsproduktes 1980-1985 in %.
2 Emissionsintensität aller Emittentengruppen 1984
  (SO_2-Emissionen in kg pro 1 Mio. DM Bruttowertschöpfung, in Preisen von 1980).
3 Entwicklung der SO_2-Emissionen aller Emittentengruppen 1980-1986 in %.
4 Entwicklung der Emissionsintensität aller Emittentengruppe
  (Verhältnis SO_2-Emissionen 1980/1984 zum Verhältnis Bruttowertschöpfung 1980/1984.
5 Entwicklung der Bruttowertschöpfung des Verarbeitenden Gewerbes 1980-1984 in %.
6 Emissionsintensität der Emittentengruppe Industrie 1984
  (SO_2-Emissionen in kg pro 1 Mio. DM Bruttowertschöpfung, in Preisen von 1980).
7 Entwicklung der SO_2-Emissionen der Emittentengruppe Industrie 1980-1986 in %.
8 Entwicklung der Emissionsintensität der Emittentengruppe Industrie
  (Verhältnis SO_2-Emissionen 1980/1984 zum Verhältnis Bruttowertschöpfung 1980/1984.

Auch die NO_x-Emissionen betrugen 1980 etwa 600 000 t, sind aber nicht so stark zurückgegangen wie die SO_2-Emissionen. Mit Ausnahme Hamburgs sind die Stickoxide zum quantitativ größten Problem angewachsen. Sie entstehen primär durch den Kraftverkehr, dessen Aufkommen nach den Daten des EMUKAT in den Stadtstaaten Hamburg und Bremen abgenommen haben soll. Dieser Rückgang wird jedoch durch Zunahmen in den Flächenstaaten mehr als kompensiert.

Um zu prüfen, ob der Strukturwandel umweltbe- oder -entlastend verläuft, sind die Emissionensangaben um Daten zur Wirtschaftskraft ergänzt worden. Im einleitenden Abschnitt zu diesem Kapitel ist auf die Unterscheidung zwischen östlicher 'volume production' mit hohen Umweltbelastungseffekten und westlicher 'value production' mit geringeren, aber differenzierteren Umwelteffekten hingewiesen worden. Wie sich diese unterschiedlichen Formen regional konkretisieren, zeigt Abb. 4.9, die einen Indikator der Schadstoffemission in Beziehung zur Wirtschaftskraft der nordwestdeutschen Bundesländer und Regionen der ehemaligen DDR setzt. Die

Richtung der Pfeile weist darauf hin, ob eine Erhöhung der Wirtschaftskraft mit zusätzlichen Emissionen verbunden ist oder nicht. Deutlich wird, daß in der ehemaligen DDR bei weitaus höherem Ausgangsniveau die Steigerung des industriellen Produktionswertes mit enormen Anwächsen des SO_2-Ausstoßes verbunden gewesen ist. Im Westen dagegen erhöht sich das Bruttoinlandsprodukt pro Kopf bei leichten Rückgängen der SO_2-Emissionen.

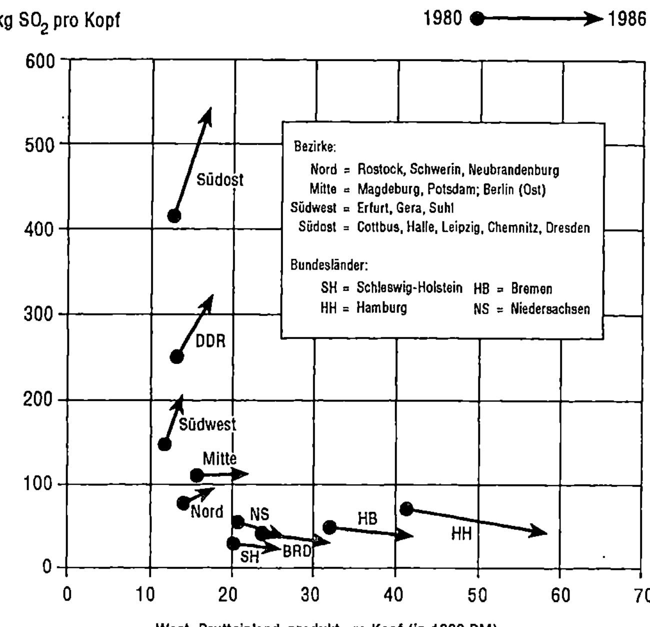

Abb. 4.9:   Das Verhältnis von Schadstoffemissionen zur Wirtschaftskraft in Nord- und Ostdeutschland 1980-1986

Grundsätzlich ist die gesamtwirtschaftliche Entwicklung einer Region dann als umweltentlastend zu bewerten, wenn die Emissionen in die Atmosphäre absolut und relativ zur Entwicklung der Produktivität zurückgehen. Beide Aspekte sind gleichermaßen wichtig: Die Ausschaltung eines bedeutenden umweltbelastenden Produktionsprozesses bringt bereits einen Entlastungseffekt. Die Stillegung der BP-Raffinerie im Hamburger Hafen 1984 wurde beispielsweise nicht nur als "Schock für Hamburg"

(Hamburger Abendblatt) bezeichnet, sondern auch lapidar als "Ein Vergifter weniger" (Taz). Diese Entlastung kann jedoch durch die Aufnahme von vielen, möglicherweise kleinen und unbeachteten, aber emissionsintensiven Aktivitäten kompensiert werden kann. Relativiert man die Emissionsentwicklung mit einem Indikator, der die Veränderung der wirtschaftlichen Aktivität wiederspiegelt, dann erhält man Anhaltspunkte, ob eine Entkopplung von Wirtschaftswachstum und Emissionsintensität stattgefunden hat oder nicht.

Für die kleinräumige Untersuchung der Regionen Norddeutschlands wird als Indikator der Wirtschaftskraft die 'Wertschöpfung zu Marktpreisen' verwendet, der in das System der Volkswirtschaftlichen Gesamtrechnung integriert ist. Auf der Preisbasis von 1980 liegt er für die Bundesländer in jeweiligen Preisen auch für die Kreise vor.

Die Intensität der Emissionen von SO_2 weicht in Norddeutschland vom übrigen Bundesgebiet nicht merklich ab (Tabelle 4.5). Anders sieht es bei der gesamtwirtschaftlichen Entwicklung aus: Das Wachstum des Bruttoinlandsproduktes ist in den vier norddeutschen Bundesländern zwischen 1980 und 1985 geringer ausgefallen als im übrigen Bundesgebiet. Dieses Wachstumsgefälle ist umfassend dokumentiert und Gegenstand von Diskussionen über mögliche Ursachen (vgl. Friedrichs et al. 1986; Becker 1986; Esser u. Hirsch 1987). Die Stadtstaaten Hamburg und Bremen lagen 1984 knapp unterhalb des Bundesdurchschnitts, Niedersachsen dagegen darüber. Lediglich Schleswig-Holstein weist eine relativ 'emissionsarme' Regionalwirtschaft auf. Die hohen Anteile der Agrarwirtschaft und die geringen Anteile des Verarbeitenden Gewerbes in diesem Bundesland wirken sich hinsichtlich der Luftemissionen positiv aus. Dagegen bilden geringe Anteile der Industrie an der gesamten Wertschöpfung keine Garantie für eine niedrige Emissionsintensität, denn in Hamburg hat das Verarbeitende Gewerbe eine relativ geringere Bedeutung als in Schleswig-Holstein. Allerdings ist die Emissionsintensität in Hamburg höher als in Schleswig-Holstein (Tabelle 4.5 Spalte 6). Die vergleichsweise 'unbedeutende' Industrie Hamburgs ist besonders durch solche Branchen gekennzeichnet, die die Luft des Verdichtungsraumes überdurchschnittlich belasten. Ein Grund ist der hohe Besatz mit Raffinerien, die hinsichtlich der Luftverschmutzung zu den Problembranchen gehören. Auch die Emissionsintensität der niedersächsischen Industrie liegt weit über dem Bundesdurchschnitt.

Die Entwicklung der SO_2-Emissionen in Norddeutschland ist vor dem Hintergrund dieser Struktur unterschiedlich zu beurteilen. Hamburg weist beispielsweise absolute und relative Rückgänge auf, die höher ausfallen als im Bundesdurchschnitt. Hier macht sich vor allem das Entschwefelungsprogramm der Kraftwerke bemerkbar. Dagegen bleiben die industriellen Emissionen in Hamburg auf hohem Niveau. Die

Tabelle 4.6: SO_2- und NO_x-Emissionen in Norddeutschland 1980-1986 nach Hauptemittentengruppen. (Datengrundlage: EMUKAT)

SO_2-Emissionen 1980 (in 1000t)

	Kraftwerke		Industrie		Verkehr		Haushalte		Summe	
	abs.	in %	abs.	in %	abs.	in%	abs.	in %	abs.	in %
Schleswig-Holstein	23,6	31,0	28,8	37,7	10,6	13,9	13,3	17,4	76,3	12,3
Hamburg	76,1	65,7	27,1	23,4	3,8	3,3	8,7	7,5	115,8	18,7
Niedersachsen	193,2	49,2	151,7	38,6	9,6	2,4	38,2	9,7	392,6	63,5
Bremen	14,9	43,9	11,1	32,8	2,5	7,2	5,5	16,1	33,9	5,5
Norddeutschland	307,8	49,8	218,7	35,4	26,5	4,3	65,6	10,6	618,5	100,0

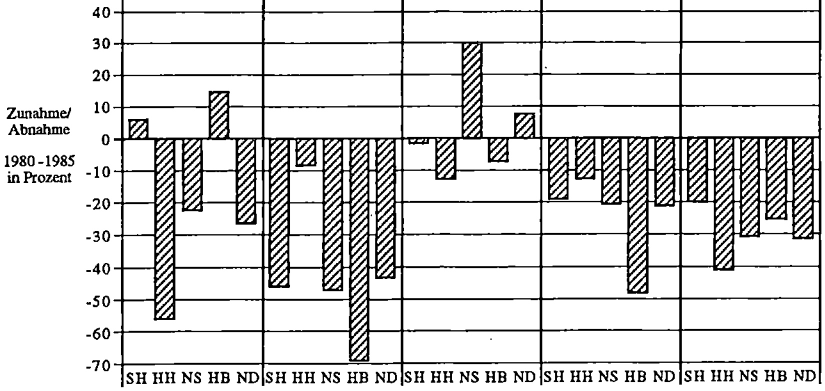

Zunahme/ Abnahme 1980-1985 in Prozent

SH HH NS HB ND | SH HH NS HB ND | SH HH NS HB ND | SH HH NS HB ND | SH HH NS HB ND

NO_x-Emissionen 1980 (in 1000t)

	Kraftwerke		Industrie		Verkehr		Haushalte		Summe	
	abs.	in %	abs.	in %	abs.	in%	abs.	in %	abs.	in %.
Schleswig-Holstein	14,5	15,3	12,6	13,4	56,1	59,5	11,1	11,8	94,3	15,8
Hamburg	34,8	40,0	8,4	9,6	36,1	41,5	7,7	8,8	87,0	14,6
Niedersachsen	83,4	22,1	76,8	20,3	183,1	48,4	34,6	9,2	378,0	63,6
Bremen	12,3	34,7	3,1	8,8	15,9	44,7	4,2	11,9	35,5	6,0
Norddeutschland	145,0	24,4	101,0	17,0	291,1	49,0	57,6	9,7	594,7	100,0

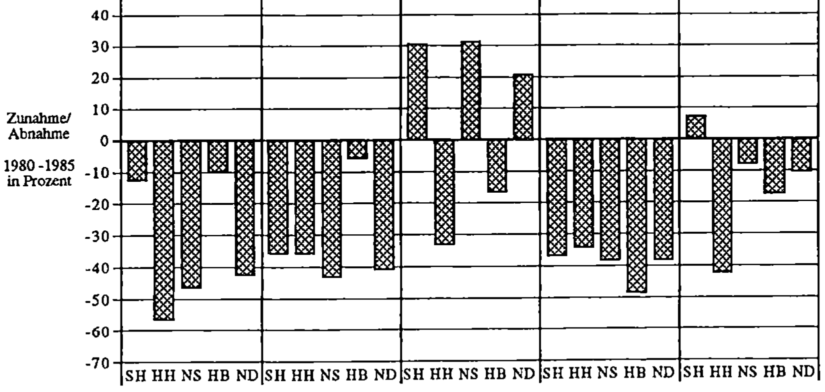

Zunahme/ Abnahme 1980-1985 in Prozent

SH HH NS HB ND | SH HH NS HB ND | SH HH NS HB ND | SH HH NS HB ND | SH HH NS HB ND

Erfolge von Luftreinhaltemaßnahmen bleiben auf den öffentlichen und halböffentlichen Bereich beschränkt. Anders sieht dagegen die Entwicklung in Niedersachsen aus (Tabelle 4.6). Ausgehend von der ungünstigen Struktur ist eine überdurchschnittliche Abnahme erfolgt, die insbesondere im industriellen Sektor deutlich wurde. Der Rückgang der Emissionsintensität, der mit einem Indexwert von 0,51 in Anbetracht der Größe des industriellen Sektors in diesem Bundesland außerordentlich hoch ist, bedeutete für Niedersachsen die Halbierung des SO_2-Ausstoßes bei gleichbleibender Produktivität. Hervorgerufen wird diese positive Entwicklung durch eine Art 'Primärsanierung'. Damit ist gemeint, daß hier in besonders belastenden Betrieben erste Maßnahmen einsetzen, die sehr effektiv sind. Ausgesprochen emissionsfreundlich hat sich die Industrie in Schleswig-Holstein und in Bremen entwickelt. In beiden Ländern erfolgte bei einer sowieso schon unterdurchschnittlichen Emissionsintensität ein hoher Rückgang des Ausstoßes von Schadstoffen.

Um zu prüfen, ob diese Veränderungen ein eindeutiges Raummmuster aufweisen, sind die absoluten und indizierten SO_2-Emissionen für die Raumkategorien der BfLR aufgeschlüsselt worden (Tabelle 4.7). Die Angaben in Tabelle 4.7a machen deutlich, daß 1980 die meisten Emissionen im Umland der Verdichtungsräume enstanden sind (63 500 t oder 29 %), während hier nur ca. 16 % der Beschäftigten des Verarbeitenden Gewerbes tätig waren. Dagegen weisen die Kerne der Verdichtungsräume und das Umland von Sekundärzentren eine relativ günstige Struktur auf. Aus Tabelle 4.7b wird ersichtlich, daß die hohen Gesamtemissionen im Umland der Verdichtungsräume zu 74 % durch die Industrie erzeugt werden.

Dieses spiegelt sicherlich den Trend der industriellen Suburbanisierung der sechziger und siebziger Jahre wieder, als besonders umweltbeeinträchtigende Industrien sich aus den Großstädten Hamburg, Bremen und Hannover in das Umland verlagerten. Als guter Indikator für diesen Zusammenhang erweist sich der Strukturindex der Emissionsintensität (Tabelle 4.7b, Spalte 8), der zeigt, daß die von der Industrie im Umland der norddeutscheutschen Metropolen hervorgerufenen Umweltbeeinträchtigungen annähernd doppelt so hoch sind wie die in den anderen Raumtypen.

Außer dem Umland der Verdichtungsräume weist die Peripherie einen ungünstigen Strukturindex auf. Auch hier ist eine relative Konzentration umweltbelastender Industrien festzustellen. Überraschend verläuft die Entwicklung zwischen 1980 und 1984. Die über die Wertschöpfung berechnete Emissionsintensität nimmt außerhalb der Kerne der Verdichtungsräume stark ab. Dafür ist nicht nur die absolute Emissionsminderung verantwortlich, sondern auch die wachsende Wertschöpfung des Verarbeitenden Gewerbes. Ausgesprochen günstig verändert sich die industrielle Produktion in den Sekundärzentren, dort wurde eine Halbierung der Emissionen von einer

Tabelle 4.7: Industrielle SO_2-Emissionen und Wirtschaftsstruktur in Norddeutschland nach Raumkategorien der BfLR 1980 - 1986.
(Berechnet nach EMUKAT; Volkswirtschaftliche Gesamtrechnung der Länder, Heft 16, 1988; Statistische Bundesamt, Fachserie 4, Reihe 4.2.1; Statistische Berichte der Stat. Landesämter E I 1)

a) *Industrielle SO_2-Emissionen in 1000 t, Beschäftigte und Wertschöpfung in Mio. DM (jeweilige Preise) des Verarbeitenden Gewerbes*

	SO_2-Emissionen		Beschäftigte		Wertschöpfung	
	1980	1986	1980	1986	1980	1984
Verdichtungsraum-Kern	20,2	27,0	31,2	29,2	34,9	31,2
Verdichtungsraum-Umland	29,0	29,8	15,6	16,4	14,7	15,4
Verdichtungsansatz-Kern	14,5	9,6	15,8	15,9	17,7	19,3
Verdichtungsansatz-Umland	18,5	17,3	25,0	29,5	19,9	21,0
Peripherie	17,7	16,4	12,4	15,8	12,8	13,1
	99,9	100,1	100,0	99,8	100,0	100,0
Norddeutschland (abs.)	218664	124497	1108823	975392	79989	86480

b) *Industrielle SO_2-Emissionsintensität*

Raumkategorien der BfLR	Emissionen				Wertschöpfung			Emissionsintensität	
	1	2	3	4	5	6	7	8	9
Verdichtungsraum-Kern	44.2	27,0	-4,8	35,5	27953	27,5	-4,2	1,58	1,05
Verdichtungsraum-Umland	63,5	74,1	-35,8	-34,8	11743	28,1	+13,3	5,41	0,55
Verdichtungsansatz-Kern	31,8	37,4	-48,1	-48,5	14144	33,8	+17,9	2,25	0,42
Verdichtungsansatz-Umland	40,4	19,2	-2,4	-13,2	15918	28,2	+14,3	2,54	0,70
Peripherie	38,7	52,8	-34,7	-44,7	10231	26,8	+11,1	3,79	0,56

Erläuterung der Spalten:
1 Industrielle SO_2-Emissionen nach EMUKAT 1980 in 1000 t
2 Anteil der industriellen Emissionen an den Gesamtemissionen in %
3 Entwicklung 1980 - 1984 in %
4 Entwicklung 1980 - 1986 in %
5 Wertschöpfung des Verarbeitenden Gewerbes 1980 in Mio. DM
6 Anteil der industriellen Wertschöpfung an der gesamten Wertschöpfung in %
7 Entwicklung 1980 - 1984 in %
8 Strukturindex der Emissionsintensität 1980: SO_2-Emissionen der Industrie in kg pro 1 Mio. DM Wertschöpfung des Verarbeitenden Gewerbes
9 Strukturindex 1984 im Verhältnis zum Strukturindex 1980

18 %igen Steigerung der Wertschöpfung begleitet. Die Sekundärzentren weisen 1984 die beste Emissionsstruktur auf. Die Kerne der Verdichtungsräume bleiben hinter dieser Entwicklung zurück. Eine rückläufige Wertschöpfung fällt mit einer nahezu stabilen Emissionsmenge zusammen. Die Zunahme der Emissionsintensität zwischen 1980 und 1984 weist auf einen umweltbelastenden Wandel hin. Entscheidend für

diese Entwicklung der Emissionsintensität ist nicht die Industriedichte, sondern der Verdichtungsgrad insgesamt. Insgesamt bleiben damit die hochbelasteten Verdichtungsräume die Hauptproduzenten von Luftschadstoffen in den achtziger Jahren. Umweltpolitisch positiv zu bewertende Entwicklungen sind überwiegend nur außerhalb der Verdichtungsräume zu beobachten. Für den Stadtstaat Hamburg läßt sich ein Veränderungsindex zwischen 1980 und 1986 berechnen, er beträgt 0,87 und zeigt damit eine gewisse strukturelle Verbesserung, die aber nach wie vor hinter der der übrigen Raumtypen zurückbleibt.

Wenn die Emissionsdaten disaggregiert auf Kreisebene betrachtet werden, lassen sich die länderweiten Trends in einige, für den Beobachtungszeitraum typische kleinräumige Entwicklungen zerlegen.

1. Als erstes läßt sich eine Gruppe von Kreisen abgrenzen, in der die Emissionsintensität zurückgeht, gleichzeitig aber die Gesamtemissionen an SO_2 gleich bleiben oder sogar zunehmen. In diese Gruppe fallen ein geschlossener Teil Schleswig-Holsteins mit den Städten Kiel, Lübeck und Neumünster und die Kreise Segeberg, Plön, Stormarn und Lauenburg. Dieser Typ ist gekennzeichnet durch regionales Wirtschaftswachstum. Zwar wird die Emissionsintensität von 1980 unterschritten, das Wachstum steigert jedoch das absolute Emissionsniveau.

2. In der zweiten Gruppe geht die Emissionsintensität ebenfalls durchschnittlich zurück, gleichzeitig nimmt aber auch das absolute Niveau der Emissionen ab. Diese Gruppe umfaßt große Teile Niedersachsen, die strukturell eine höhere Emissionsintensität aufweisen als die Landkreise Schleswig-Holsteins. In diesen Kreisen sind solche Sanierungsmaßnahmen wirksam geworden, die vorhin als Primäreffekt bezeichnet worden sind.

3. Die dritte Gruppe ist durch einen leichten Rückgang der Emissionsintensität bei einem starken Rückgang der Gesamtemissionen charakterisiert. Dieser Entlastungseffekt ist primär durch die schwache Produktivitätsentwicklung bzw. durch regionale Strukturkrisen entstanden. Er ist nicht unbedingt als dauerhaft einzustufen, da im konjunkturellen Aufschwung Produktionskapazitäten wieder stärker ausgelastet werden können.

4. Eine ausgesprochen positive Entwicklung ist in einer weiteren Gruppe festzustellen, in der sowohl die Emmissionsintensität als auch die absoluten Emissionen stark rückläufig sind. Hierzu gehören Landkreise, in denen es einige Großemittenten gibt und diese Entschwefelungen durchgeführt haben, wie beispielsweise in den Landkreisen Dithmarschen, Oldenburg, Emsland oder Nienburg sowie in der Stadt Wilhelmshaven, und auch Gebiete mit einer stark wachsenden Regionalwirtschaft, die emissionsextensiv verläuft, wie in der Stadt Osnabrück.

5. Abschließend ist auf eine Reihe von Einzelfällen hinzuweisen, die sich außerhalb

der gerade beschriebenen Verlaufstypen bewegen. Dazu gehört der Kreis Steinburg, der trotz abnehmender Gesamtemissionen eine steigende Emissionsintensität zu verzeichnen hat. Ähnlich problematisch ist die Situation im Landkreis Helmstedt. Hier fällt eine minimale Abnahme der Emissionsintensität mit den relativ und absolut höchsten Emissionen zusammen. Ungünstig entwickeln sich auch die Kreise Grafschaft Bentheim und Cloppenburg. Sie haben sehr starke absolute Emissionszuwächse zu verzeichnen, die allerdings auf einem geringen Ausgangsniveau aufbauen.

Etwa zwei Drittel der Landkreise und kreisfreien Städte Norddeutschlands gehören zu den Gruppen, die unter 2., 3. und 4. genannt worden sind und die seit 1980 eine als positiv zu wertende Entwicklung aufweisen. Im übrigen Drittel sind dagegen kaum Verbesserungen eingetreten bzw. hat sich die Emissionssituation verschlechtert. Um weitere Ursachen für diesen Prozeß herauszufinden, werden im folgenden die SO_2-Emissionen der Kraftwerke und der Industrie näher betrachtet.

Ein Teil des starken lokalen Rückgangs der SO_2-Emissionen ist auf die erfolgten Entschwefelungsmaßnahmen in Kraftwerken zurückzuführen. Die relativ effektivsten Maßnahmen erfolgten im Emsland und in Stade, wo die Emissionen um 90 % und mehr zurückgingen. In Hamburg und an einigen Standorten im südlichen Niedersachsen betrug der Reinigungserfolg immerhin um die 50 %. Dagegen gehen von den Kraftwerken in Bremen, Lübeck und in Helmstedt weiterhin starke Umweltbelastungen aus. Dennoch ist auch an diesen Standorten nach der vollständigen Umsetzung der Verordnung über Großfeuerungsanlagen mit Reduktionen des SO_2-und NO_x-Ausstoßes zu rechnen.

Komplexer ist die Situation bei den industriellen Emissionen. Soweit sie Feuerungsanlagen entstammen, fallen auch sie unter die GroßfeuerungsanlagenVO bzw. unter die neugefaßte TA Luft, die Kleinanlagen einbezieht. Auswirkungen einzelner Maßnahmen sind jedoch nicht so eindeutig zu erkennen wie im Kraftwerksbereich, da die Zahl der emittierenden Anlagen größer ist. Aus diesem Grunde werden im folgenden eine Reihe von einzelnen Hypothesen über den strukturellen Zusammenhang von Wirtschaftsstruktur und industrieller Entwicklung einerseits und Emssionen der Industrie andererseits aufgestellt und geprüft.

1. Die erste These besagt, daß der Anteil der industriellen Emissionen an den Gesamtemissionen linear mit der Bedeutung des Verarbeitenden Gewerbes für die regionale Wirtschaft verbunden ist. Es liegt an sich auf der Hand, daß dort, wo die regionale Wertschöpfung primär aus Aktivitäten der Industrie stammt, auch die Emissionen überwiegend durch Industriebetriebe erzeugt werden. Die Höhe der absoluten Emissionen ist aber von der Emissionsintensität abhängig. Dort, wo eine regionale Konzentration emissionsarmer oder emissionsintensiver Industrien vorliegt, ist die angenommene lineare Abhängigkeit abgeschwächt.

2. Zwischen der Höhe des Anteils des Verarbeitenden Gewerbes an der regionalen Wertschöpfung und der Emissionsintensität besteht eine positive Korrelation, weil die Industriedichte in altindustrialisierten Regionen tendenziell höher ist und in diesen entweder ein verstärktes 'Laissez-faire'-Handeln der Genehmigungsbehörden oder politische Rücksichtnahmen unter dem Stichwort 'Bestandspflege' zu erwarten sind. In ersten Überlegungen über die Raumwirksamkeit der Umweltpolitik hat u.a. die Wirkung der zentralverfaßten Gesetze und Maßnahmen auf unterschiedliche Industriestrukturen in den Bundesländern und Regionen eine entsprechende Rolle gespielt (vgl. Klemmer 1984).

3. Aus der vorhergehenden Überlegung folgt, daß in Regionen mit rückläufiger Wertschöpfung des Verarbeitenden Gewerbes die Emissionsintensität langsamer reduziert wird als in Regionen mit steigender industrieller Wirtschaftskraft. Diese These entspricht dem allgemeinen Trend der Entkopplung von Wirtschaftswachstum und Umweltverschmutzung. Wohlgemerkt geht es hier um die Intensität, nicht aber um das absolute Niveau der Emissionen.

Die genannten drei Hypothesen korrespondieren nur teilweise mit den Daten des EMUKAT. Zwischen der Höhe des Anteils der industriellen Wertschöpfung und der industriellen SO_2-Emissionen besteht, wie erwartet, eine positive Korrelation. Der Koeffizient r beträgt 0,56 für 1980 und 0,76 für 1984. Damit ist zunächst nur gesagt, daß die industriellen Konzentrationen im Raum mit einer entsprechenden Bedeutung der Industrie als Verursacher der Luftbelastungen einhergehen. Interessant ist jedoch der Anstieg der Korrelation zwischen 1980 und 1984. Er besagt, daß in diesem Zeitraum emissionsintensive, gleichzeitig wertschöpfungsextensive Tätigkeiten zurückgegangen sind. Die Reduzierung volkswirtschaftlich unbedeutender Produktionsprozesse, die viel SO_2 emittieren, ist ein umweltpolitisch positiv zu wertendes Ergebnis. Wenn die für 1984 berechnete Korrelation dauerhaft bleibt, d.h. daß die Höhe der SO_2-Emissionen relativ gut durch die Höhe der industriellen Wertschöpfung abschätzbar ist, dann muß eine Angleichung der branchenbezogenen Emissionsintensitäten stattgefunden haben. Für eine raumbezogene Betrachtungsweise ist dann primär die Frage interessant, wo sich wieviel Verarbeitendes Gewerbe befindet, nicht aber der spezifische Branchenmix.

Lassen sich einerseits die Emissionsmengen gut mit der Höhe der Wertschöpfung erklären, so bestimmt die Bedeutung der Industrie für die Region nicht deren Emissionsintensität. Ob einzelne Betriebe bezogen auf ihre Wertschöpfung viel oder wenig SO_2 ausstoßen oder nicht, hat mit ihrer lokalen Bedeutung nichts zu tun. Der Korrelationskoeffizient zwischen dem Anteil, den die Wertschöpfung des Verarbeitenden Gewerbes an der gesamten Wertschöpfung der Region hat, und der Emissionsintensität tendiert gegen 0 und spricht damit gegen den vermuteten Zusammenhang. Wenn überhaupt, ist ein gegenteiliger Trend erkennbar. Je höher der Anteil der industriellen Wertschöpfung wird, desto geringer wird die Emissionsintensität zwischen 1980 und 1984.

Trotzdem trifft die dritte Hypothese zu: Je stärker die industrielle Wertschöpfung wächst, desto geringer wird die Emissionsintensität. Unterstellt man, daß eine steigende Wertschöpfung zu Anlageinvestitionen und der Einführung moderner Technologien führt, sind diese offensichtlich weniger umweltbelastend. Diese Aussage ist mit einem Korrelationskoeffizienten von -0,31 zwischen den Variablen Emissionsentwicklung 1980/1984 und Entwicklung der Wertschöpfung im gleichen Zeitraum abgesichert.

Zusammenfassung

Die Reduktion der Emissionen in die Luft ist eine der umweltpolitischen Erfolgsmeldungen der achtziger Jahre. Zu den Ursachen dieser Reduktion gehört zum einen die Entschwefelung der Kraftwerke, die gegenwärtig durch die Entstickung ergänzt wird. Die Effizienz dieser Maßnahmen ist hinsichtlich der Minderung des Ausstoßes von SO_2 und NO_x beachtlich und kommt auch im Untersuchungsraum deutlich zum Ausdruck. Zum anderen scheint die Entwicklung der "Entkopplung von Wirtschaftswachstum und Emissionen in die Luft" zur Emissionsverminderung beizutragen. Auch diese These läßt sich bei ausschließlicher Betrachtung des Verarbeitenden Gewerbes bestätigen. Die Industrie selbst emittiert heute relativ weniger Schadstoffe in die Atmosphäre als vor 20 Jahren. Dieser Trend ist auch für die norddeutschen Bundesländer nachzuweisen. Dennoch gibt es eine Reihe von Einzelergebnissen, die es im Hinblick auf die Luftbelastungen durch SO_2 und NO_x als zweifelhaft erscheinen lassen, bereits von einer Trendwende (Entkopplung ...) oder gar von einem umweltentlastenden Strukturwandel der Wirtschaft zu sprechen.
1. Die gesamtwirtschaftliche Verschiebung in Richtung einer Tertiärisierung der Produktion und der Bedeutungsgewinn der Dienstleistungen haben keine Umweltentlastungseffekte erzeugt. Im Gegenteil sind die Emissionsmengen 1980 im Vergleich zu denen von 1960 wegen des stark gestiegenen Stromverbrauchs und des erhöhten Verkehrsaufkommens gestiegen. Die Ursachen dafür liegen nur zum Teil im erhöhten privaten Verbrauch. Neue Organisationsformen der Produktion mögen zwar die betrieblichen Emissionen senken, sind aber dennoch in emissionsintensive Strukturen eingebunden. Die "Just-in-time"-Produktion mit der rollenden Lagerhaltung ist nur ein Beispiel. Die Unzulässigkeit der Auffassung, der Übergang in die Dienstleistungsgesellschaft führe unter anderem zu geringeren Emissionen, wird auch am

Beispiel Hamburgs deutlich. Trotz eines sehr hohen Anteils der Dienstleistungen an der regionalen Wertschöpfung ist die Emissionsintensität nicht merklich gesunken und der Rückgang der SO_2-Emission auf den Kraftwerksbereich beschränkt geblieben.

2. Die regional differenzierte Betrachtung der SO_2-Emissionen insgesamt und speziell der industriellen Emissionen hat eine Reihe typischer Entwicklungen gezeigt. Der gesamtwirtschaftliche Trend zur Emissionsreduzierung ist in ca. zwei Dritteln der Landkreise und kreisfreien Städte sichtbar. Dabei ist zwischen zwei Entwicklungen zu unterscheiden: Emissionsverminderungen beruhen z.T. auf einem absoluten Rückgang der Produktion. Es ist daher nicht sicher, ob bei einem erneuten Aufschwung die Emissionen nicht wieder zunehmen. Andererseits werden Emissionsverminderungen durch einen starken Rückgang der Emissionsintensität hervorgerufen, der umweltpolitisch positiv zu werten ist. Diese Entwicklung erfolgt primär außerhalb der Verdichtungsräume.

Neben diesen Gruppen von Raumeinheiten, die die Atmosphäre weniger belasten, sind im übrigen Drittel der Landkreise und kreisfreien Städte kaum Entlastungseffekte zu beobachten. Im Gegenteil, unverändert hohe Emissionen, strukturelle Veränderungen und Neuanlagen führen in diesem doch beachtlichen Anteil der Kreise, die zudem hauptsächlich in Verdichtungsräumen liegen, zu weiteren Belastungseffekten. Dadurch bleibt der SO_2-Ausstoß in Zukunft eine genau zu beobachtende Schadstoffemission, auch wenn Globalangaben nahelegen, daß dieses Umweltproblem als erledigt zu betrachten sei.

3. Schwierig ist es, eine Aussage über die Struktur und Entwicklung der Emissionen in bestimmten Raumtypen zu machen. Von den hier verwendeten Indikatoren der industriellen Wertschöpfung, der Beschäftigung im Verarbeitenden Gewerbe und dem Verdichtungsgrad nach der Einteilung der BfLR, läßt nur der letztgenannte eine relativ eindeutige Aussage zu. Die industriellen Emissionen erfolgen danach primär im Umland der Kerne von Verdichtungsräumen. Es liegt die Vermutung nahe, daß die industrielle Suburbanisierung seit den sechziger Jahren zu einer Verlagerung der emissionsintensiven Industrie aus den Zentren in das unmittelbare Umland geführt hat. Die Kerne selbst hatten 1980 die günstigste Emissionsstruktur von allen Raumtypen. Jedoch zeigt die Entwicklung bis 1984 und 1986, daß die gegenwärtigen Emissionsreduktionen überwiegend außerhalb der Großstädte erfolgt sind.

Mit der Verabschiedung des Bundes-Immissionsschutzgesetzes 1974 und den ebenfalls in den siebziger Jahren erfolgten Energiepreissteigerungen hat ein Prozeß der Schadstoffreduktion begonnen, der bei dem "klassischen" Luftschadstoff SO_2 gut nachweisbar ist. Die 13. Verordnung zum BImSchG, die Großfeuerungsanlagen VO von 1983, hat Anfang/Mitte der achtziger Jahre zu einer weiteren erheblichen Verminderung der SO_2- und NO_x-Emissionen geführt, insbesondere im Kraftverkehrs-bereich. Die weiteren Verschärfungen in der Luftreinhaltepolitik, die Neufassung der TA-Luft 1986 und die Kleinfeuerungsanlagen VO 1988 können in ihrer Wirkung noch nicht beurteilt werden. Es bleibt zu hoffen, daß sie insbesondere die Emissio-nen in den Verdichtungsräumen substantiell reduzieren. Soweit eine regionalisierbare Implementation dieser Maßnahmen möglich ist, sollte sie den räumlich unterschiedli-chen Verlauf der bisherigen Emissionsrückgänge ausgleichen.

4.1.3   Wasseraufkommen und Abwasseremissionen

Die mengenmäßige Abgabe und die Zusammensetzung des Abwassers aus gewerb-lichen und privaten Nutzungen hat möglicherweise in jüngster Zeit an Bedeutung für die Belastungssituation der Seen, Flüsse und Meere verloren. Allerdings sind Schluß-folgerungen über das technologische Niveau der alten Bundesländer, daß die "öffent-liche und industrielle Abwasserbeseitigung derzeit einen Stand erreicht [hat], der eine Überlastung der Gewässer unter normalen Abflußverhältnissen weitgehend aus-schließt" (Kampe 1987,S.12) kaum nachvollziehbar und angesichts der bestehenden Probleme aquatischer Ökosysteme unangebracht. Zwar haben sich Globalangaben, wie der Anteil der an die öffentliche Sammelkanalisation angeschlossenen Haushalte, der Reinheitsgrad behandelter Abwässer oder der Wasserbedarf im Verarbeitenden Gewerbe positiv entwickelt. Die bestehenden Kläranlagen sind jedoch häufig zur Reinigung der Abwässer unzureichend, weil die Reinigungstechnologien den mit einer Vielzahl von chemischen Stoffen versehenen Abwässern nicht gewachsen sind. Zusätzlich setzt sich die Verunreinigung des Grundwassers mit Lösungsmitteln, Nitraten und anderen Schadstoffen wie bisher fort. Als Problem erweisen sich außerdem die bei der Abwasserreinigung anfallenden Klärschlammengen, die teilwei-se in der Landwirtschaft Verwendung gefunden und damit zur Grundwassergefähr-dung beigetragen haben.

Statistische Analysen sind im Abwasserbereich schwierig durchzuführen, da keine flächendeckenden Qualitätsindikatoren für Abwasser vorhanden sind. Obwohl sich Abwassermengen für das Gewerbe und für die Kommunen getrennt erheben lassen, hat dieser Indikator nur begrenzte Aussagequalität. So bedeutet eine Verminderung der Abwassermenge nicht unbedingt eine Verbesserung der Abwasserqualität. Auch wenn die Abwässer verstärkt in betrieblichen Kläranlagen behandelt werden, kann im abgeleiteten Abwasser eine Schadstoffanreicherung stattfinden. Die einzige Möglich-keit, Aussagen über die Abwasserqualität zu treffen, bieten Angaben über den BSB_5-,

CSB- und Schwermetallgehalt sowie über die absetzbaren Stoffe. Derartige Angaben werden von einigen Statistischen Landesämtern inzwischen publiziert, sie gelten aber als sehr unzuverlässig, da sie als Eigenangaben der Betriebe und Kommunen erhoben werden.

Neben den Abwasseremissionen läßt sich das Wasseraufkommen erfassen, das als Indikator für den Verbrauch von Rohstoffen geeignet ist. Das Wasseraufkommen setzt sich zusammen aus der Eigengewinnung der Betriebe (aus Grund-, Quell-, Oberflächenwasser und Uferfiltrat) und dem Fremdbezug aus dem öffentlichen Netz und von anderen Betrieben/Einrichtungen über nichtöffentliche Leitungen. Ein abnehmender Wasserverbrauch ist entweder ein Effekt wassersparender Produktionstechnologien oder resultiert aus der Wiederverwendung von gereinigten Abwässern in Kreislaufsystemen. Die Entwicklung der Mengenangaben für das eingesetzte Wasser kann als ein rohstoffbezogener Indikator für den umweltschonenden Strukturwandel angesehen werden.

Trotz der bestehenden Restriktionen für statistische Analysen werden im folgenden diejenigen Bereiche der Umweltschutzstatistik untersucht, die Angaben über Wasseraufkommen und Abwassermengen machen. Es handelt sich dabei um Angaben des Verarbeitenden Gewerbes sowie um die Wasserabgabe der öffentlichen Wasserwerke. Die Daten werden auf vergleichbarer Ebene seit 1977 publiziert. Da die Dauer zwischen Erhebung und Veröffentlichung der Daten sehr groß ist, haben in die regionale Analyse nur Daten bis einschließlich 1983 eingehen können.

Gesamtwirtschaftliche Trends

Die wasserwirtschaftliche Bilanz der BRD für das Jahr 1987 weist ein Wasseraufkommen von ca. 44,6 Mrd. m³ aus. Abzüglich des ungenutzt abgeleiteten Wassers ergibt sich der Indikator 'Wassereinsatz für eigene Zwecke', der 43,6 Mrd. m³ umfaßt und in Tabelle 4.8 wiedergegeben wird. Den größten Anteil an diesem geringfügig modifizierten Aufkommen hat das Kühlwasser für öffentliche Kraftwerke. Während Wasser für Kühlzwecke überwiegend aus Oberflächengewässern entnommen wird, daß zwar erwärmt, aber ansonsten nicht weitergehend verunreinigt wieder abgeleitet wird, greifen vor allem industrielle Produktionsprozesse und der häusliche Verbrauch auf Wasseressourcen mit Trinkwasserqualität zurück. Insgesamt wurden 1987 ca. 5,5 Mrd. m³ Trinkwasser verbraucht. Obwohl keine eindeutigen Angaben vorliegen, ist davon auszugehen, daß die Haushalte einen Anteil von annähernd 80 % am Verbrauch des gewonnenen Trinkwassers haben.

Ein Vergleich zwischen 1975 und 1987 zeigt mehrere Tendenzen auf. Zum einen

Tabelle 4.8: Wasserwirtschaftliche Bilanz für die Bundesrepublik 1987.
(Statistisches Bundesamt 1988,S.123,125; 1990,S.29,131; eigene Berechnungen)

Wirtschaftsbereich	Wassereinsatz				Abwasseranfall	
	insgesamt Mio. m³	Anteil am BRD-Aufk.	Anteil mit Trinkw.qua.	Entwicklung 75/87	insgesamt Mio. m³	Entwicklung 75/87
Landwirtschaft	235	0,5	-,-	2,2	0	0,0
Wärmekraftwerke (öffentl. Versorgung)	30258	69,2	0,2	69,3	29503	74,6
Wärmekraftwerke (nur Industrie)	2053	4,7	1,7	-14,1	1958	-11,2
Bergbau	275	0,6	22,9	-7,7	206	-16,6
Verarbeitendes Gewerbe	6601	15,1	13,9	-10,6	6163	-10,8
Andere Wirtschaftszweige	135	0,3	62,2	-25,8	118	-31,9
Private Haushalte	3650	8,3	(100,0)	9,5	3471	2,4
Öffentliche Wasserversorgung	571	1,3	-,-	4,5	-,-	-,-
Insgesamt	43648	100,0	12,7	+35,2	46306	44,4

hat eine enorme Steigerung des Kühlwasserbedarfs der Kraftwerke stattgefunden, die auf einen Ausbau und eine veränderte Produktion von Strom zurückzuführen ist (Atomkraftwerke). Gleichzeitig ist das Wasseraufkommen der Industrie zurückgegangen. Es ist zu vermuten, daß der möglicherweise gestiegene Stromverbrauch stärker durch den Fremdbezug aus öffentlichen Kraftwerken organisiert worden ist und in der Wasserbilanz 1983, ähnlich wie bei den Emissionen in die Luft, nicht mehr den industriellen Sektoren angelastet wird. Der Rückgang des Wasseraufkommens des Verarbeitenden Gewerbes und der übrigen Wirtschaftszweige weist außerdem auf den Einsatz wassersparender Technologien hin. Dieser Trend ist bei den Privaten Haushalten mit ihrem hohen Anteil am Verbrauch von Trinkwasser nicht festzustellen. Hier hat sich der Wassereinsatz im Beobachtungszeitraum um fast 10 % gesteigert. Gleichzeitig ist der private Verbrauch für einen Teil des Anstiegs des Kühlwasseraufkommens der öffentlichen Kraftwerke verantwortlich.

Veränderungen in der Verwendung von Wasser im Verarbeitenden Gewerbe weisen folgende Tabellen nach. Tabelle 4.9 unterstreicht, daß im sekundären Sektor die Tendenz besteht, Wasser einzusparen. Das Wasseraufkommen insgesamt und das Trinkwasseraufkommen sind zwischen 1977 und 1983 (Spalte 3 und 8) in nahezu allen Branchen gesunken. Ausnahmen bestehen im Bergbau und im Büromaschinenbereich sowie im hochtechnologischen Luft- und Raumfahrtsektor mit einer Zunahme des Wasseraufkommens mit Trinkwasserqualität. Ansonsten hat ein Rückgang des Wasseraufkommens von 6,5 % und des Trinkwasseraufkommens von sogar 29,0 % eingesetzt. Geprägt wird diese Entwicklung durch Verbrauchsänderungen der Großverbraucher, die in den Spalten 2 und 7 bzw. relativiert über die Wertschöpfung in den Spalten 4 und 9 wiedergegeben werden. Rückläufig ist der Wasserverbrauch der Chemie, der Eisenschaffenden Industrie und der Zellstoff-, Papier- und Pappeerzeugung sowie der Branchen der Investitionsgüter- und der Nahrungsmittelindustrie.

Als eine ressourcensparende Branche läßt sich diejenige bezeichnen, die mit möglichst geringem (Trink-)Wasseraufkommen eine möglichst hohe Wertschöpfung erzielt. Nach den Ergebnissen der Tabelle 4.9 gilt dies vor allem für die Investitions- und Verbrauchsgüterindustrien (Spalte 4 und 9). In diesen Wirtschaftsgruppen wird beispielsweise für jede DM Wertschöpfung 'nur' etwa ein Liter Trinkwasser verbraucht. Die höchste Rohstoffintensität weist demgegenüber die Zellstoff- und Papiererzeugung mit ca. 10 Litern pro DM Wertschöpfung auf. Wenn das Umweltpotential Wasser durch politische Intervention verteuert werden würde, träfe das insbesondere die Branchen, die einen hohen Wert in den Spalten 4 und 9 aufweisen. Einige der großen Trinkwasserverbraucher, wie die Chemische Industrie und die Nahrungsmittelindustrie, nehmen bei dieser Betrachtung eine Zwischenstellung ein, da die Wertschöpfung in diesen Branchen so hoch ist, daß der Einsatz von Trinkwasser ein relativ geringeres Gewicht erhält. Eine Verknappung der Ressource Wasser könnte in diesen Branchen wahrscheinlich einfacher bewältigt werden, als in anderen 'wasserintensiven' Branchen.

In Spalte 5 bzw. 10 wird die Entwicklung des Wasseraufkommens in Beziehung zur Entwicklung des Produktionsindex gesetzt. So wird eine Betrachtung möglich, die von der Entwicklung des mengenmäßigen Produktionsausstoßes unabhängig ist. Auch jetzt zeigt sich, daß zwischen 1977 und 1983 das Wasseraufkommen und auch das Aufkommen an Trinkwasser pro Einheit Nettoproduktion gesunken ist. Auffällig ist die positive Entwicklung in den holz-, zellstoff- und papierverarbeitenden Wirtschaftszweigen, die in den siebziger Jahren wegen des hohen Wasserverbrauchs und der Abwassereinleitungen in die öffentliche Kritik geraten waren. Welche Einsparpotentiale vorhanden sind, zeigt sich besonders bei der Branche Herstellung von Kunststoffwaren, in der trotz eines Wachstums von 18 % der Verbrauch von Trinkwasser um 38 % gesenkt worden ist und damit 1983 je Einheit Nettoproduktion nur noch halb soviel qualitativ hochwertiges Wasser verwendet wurde wie 1977.

Die Abwassermenge entspricht in etwa der Menge des eingesetzten Wassers (Tabelle 4.10). Unterschiede können z.B. auftreten, wenn Wasser in Dampf umgewandelt und in die Atmosphäre abgelassen wird oder wenn Wasser Bestandteil eines Produktes ist (Nahrungsmittelindustrie). Wichtiger als das Abwasseraufkommen insgesamt ist aber die Menge an verschmutztem Abwasser, die vereinfacht als diejenige Abwassermenge definiert werden kann, die nicht als ungenutztes Wasser oder als Kühlwasser abgeleitet wird. Im Verarbeitenden Gewerbe sind etwa 10 % der gesamten Abwassermenge in diesem Sinne verschmutzt, in einzelnen Branchen erreicht dieser Anteil jedoch 90 % und mehr.

Tabelle 4.9: Wasseraufkommen des Verarbeitenden Gewerbes 1977 - 1983.
(Berechnet nach Statistisches Bundesamt, Fachserie 4.2.1 und 19.2.2)

SYPRO-Nr. und Beschreibung	1	Wasseraufkommen				6	Trinkwasseraufkommen			
		2	3	4	5		7	8	9	10
21 Bergbau	2629125	23,4	+5,8	207,2	1,16	149045	12,3	-10,3	11,7	0,98
22 Mineralölverarbeitung	381478	3,4	-11,6	16,3	1,06	21388	1,8	-29,2	0,9	0,85
25 Steine und Erden	384374	3,4	+0,5	30,6	1,03	68894	5,7	-38,9	5,5	0,62
27 Eisensch. Industrie	1327006	11,8	-18,1	101,9	0,91	105394	8,7	-33,5	8,1	0,74
28 NE-Metallerzeugung	270346	2,4	-18,7	60,8	0,71	22106	1,8	-28,3	5,0	0,62
29 Gießerei	60146	0,5	+21,6	11,9	1,26	13362	1,1	-39,0	2,6	0,63
30 Ziehereien	40640	0,4	-31,4	3,7	0,70	14471	1,2	-46,5	1,3	0,54
31 Stahl-/Leichtmetall	8422	0,1	-25,1	1,0	0,76	4719	0,4	-36,3	0,6	0,65
32 Maschinenbau	82052	0,7	-13,5	1,6	0,86	43082	3,6	-18,7	0,8	0,81
33 Straßenfahrzeugbau	226952	2,0	-6,3	4,1	0,82	46506	3,8	-10,6	0,8	0,78
34 Schiffbau	14189	0,1	-38,0	5,9	0,76	4690	0,4	-44,4	2,0	0,68
35 Luft-/Raumfahrt	4894	0,0	-1,3	1,3	-,-	4163	0,3	+6,0	1,1	,-
36 Elektrotechnik	73896	0,7	-27,9	1,3	0,66	44515	3,7	-23,1	0,8	0,71
37 Feinmechanik,Optik	9333	0,1	-16,1	1,0	0,90	7283	0,6	-13,7	0,8	0,93
38 Eisen-/Metallwaren	31151	0,3	-21,2	2,1	0,79	17269	1,4	-30,2	1,1	0,70
39 Musik und Spielwaren	3759	0,0	-28,5	1,3	0,91	2918	0,2	-25,4	1,0	0,95
40 Chemische Industrie	4036501	36,0	-1,1	89,8	0,90	218708	18,1	-30,3	4,9	0,63
50 Büromaschinen/ADV	14165	0,1	+159,1	1,5	1,41	4194	0,3	-5,8	0,4	0,51
51 Feinkeramik	6886	0,1	-23,3	3,2	0,79	3273	0,3	-26,7	1,5	0,76
52 Glas	26271	0,2	-10,3	6,2	0,94	8731	0,7	-35,9	2,1	0,67
53 Holzbearbeitung	16478	0,1	-38,6	5,6	0,69	3922	0,3	-65,8	1,3	0,38
54 Holzverarbeitung	8009	0,1	-35,9	0,6	0,71	4822	0,4	-40,6	0,4	0,66
55 Zellstoff-/Papiererzeugung	685546	6,1	-14,4	173,1	0,70	41870	3,5	-22,3	10,6	0,64
56 Papier-/Pappeverarbeitung	27048	0,2	-30,1	4,7	0,61	5829	0,5	-39,5	1,0	0,52
57 Druckerei	13076	0,1	-27,8	1,2	0,68	11134	0,9	-25,7	1,0	0,70
58 Kunststoffwaren	67510	0,6	+13,4	5,6	0,95	15511	1,3	-38,2	1,3	0,52
59 Gummiverarbeitung	41309	0,4	-30,5	7,4	0,71	6949	0,6	-30,2	1,2	0,71
61 Ledererzeugung	5449	0,0	-14,4	2,2	0,75	1365	0,1	-20,9	0,5	0,69
62 Lederverarbeitung	1027	0,0	-41,5	1,1	0,72	682	0,1	-29,4	0,7	0,87
63 Textilgewerbe	265368	2,4	-19,8	23,5	0,92	32792	2,7	-41,9	2,9	0,67
64 Bekleidungsgewerbe	4546	0,0	-36,1	0,6	0,82	3390	0,3	-36,8	0,4	0,81
68 Ernährungsgewerbe	457733	4,1	-8,3	10,1	0,84	277107	22,9	-14,6	6,1	0,79
69 Tabakverarbeitung	3324	0,0	-23,8	0,3	0,70	1514	0,1	-50,7	0,1	0,45
Grundstoff-/ Produktionsgüter	7243824	64,5	-7,6	57,1	0,92	517064	42,7	-32,9	4,1	0,67
Investitionsgüter	46505	4,1	-13,0	2,2	0,81	176421	14,6	-19,9	0,8	0,74
Verbrauchsgüter	428949	3,8	-17,3	5,9	0,86	90447	7,5	-37,4	1,2	0,65
Nahrungs/Genußmittel	461057	4,1	-8,4	8,1	0,84	278621	23,0	-15,0	4,9	0,78
Bergbau/Verarbeit. Gewerbe	11228009	100,0	-6,5	18,4	0,90	1211598	100,0	-29,0	2,0	0,69

Erläuterung der Spalten

1: Wasseraufkommen: Eigengewinnung und Fremdbezug von Grund-, Quell-, Oberflächenwasser und Uferfiltrat in 1000 m³

6: Wasseraufkommen mit Trinkwasserqualität in 1000 m³

2 und 7: Anteil des Wirtschaftsbereiches am Gesamtaufkommen

3 und 8: Entwicklung des Aufkommens zwischen 1977 und 1983

4 und 9: Intensität der Nutzung. Sie entspricht dem Aufkommen in l pro 1 DM Wertschöpfung (Preise von 1980)

5 und 10: Entwicklung der Nutzungsintensität. Sie entspricht dem Aufkommensverhältnis 77/83 pro Nettoproduktionsverhältnis 77/83

Tabelle 4.10: Abwasseraufkommen des Verarbeitenden Gewerbes 1977 - 1983.
(Berechnet nach Statistisches Bundesamt, Fachserie 4.2.1 und 19.2.2)

SYPRO-Nr. und Beschreibung		Abwasser insg. [1] 1983 1000 m³	Verschm. Abwasser[2] 1983 1000 m³	Branchen- anteil an 2 in %	Entw. von 2 1977-83 in %	Abwasserintensität	
						Strukt.[3] 1983	Entw.[4] 1977-83
		1	2	3	4	5	6
21	Bergbau	2275062	172165	7,6	-7,2	13,6	1,02
22	Mineralölverarbeitung	354940	32826	1,5	-30,1	1,4	0,84
25	Steine und Erden	340270	261350	11,6	5,3	20,8	1,07
27	Eisensch. Industrie	1237781	164797	7,3	-22,0	12,6	0,86
28	NE Metallerzeugung	256374	41563	1,8	-7,3	9,3	0,81
29	Gießereien	52851	7105	0,3	-33,9	1,4	0,68
30	Ziehereien	37433	14803	0,7	-28,2	1,4	0,73
31	Stahl-/Leichtmetallbau	8166	5248	0,2	-13,4	0,6	0,88
32	Maschinenbau	77402	34446	1,5	-15,8	0,7	0,84
33	Straßenfahrzeugbau	215554	47303	2,1	-16,0	0,9	0,73
34	Schiffbau	13711	7497	0,3	-20,7	3,1	0,97
35	Luft- und Raumfahrt	6221	4512	0,2	21,3	1,2	-,-
36	Elektrotechnik	69378	36910	1,6	-19,6	0,7	0,74
37	Feinmechanik, Optik	8337	5600	0,2	-18,1	0,6	0,88
38	Eisen-/Metallwaren	30442	16635	0,7	-17,2	1,1	0,83
39	Musik und Spielwaren	3479	2674	0,1	-21,4	0,9	1,00
40	Chemische Industrie	3851201	772460	34,1	1,0	17,2	0,91
50	Büromaschinen/ADV	13168	3522	0,2	-7,7	0,4	0,50
51	Feinkeramik	5784	5231	0,2	-20,2	2,4	0,82
52	Glas	23146	10397	0,5	-5,2	2,5	1,00
53	Holzbearbeitung	13710	4010	0,2	-75,3	1,4	0,28
54	Holzverarbeitung	6761	3987	0,2	-12,9	0,3	0,96
55	Zellstoff-/Papiererzeugung	648355	289056	12,8	-25,6	73,0	0,61
56	Papier-/Pappeverarbeitung	23414	11951	0,5	-36,2	2,1	0,55
57	Druckerei	11802	7562	0,3	-34,3	0,7	0,62
58	Kunststoffwaren	62338	10425	0,5	-50,2	0,9	0,42
59	Gummiverarbeitung	37189	8481	0,4	-13,2	1,5	0,89
61	Ledererzeugung	4766	4238	0,2	-18,3	1,4	0,72
62	Lederverarbeitung	1001	655	0,0	-25,9	1,4	0,91
63	Textilgewerbe	246560	79855	3,5	-28,0	7,0	0,83
64	Bekleidungsgewerbe	4084	3927	0,2	-33,4	0,5	0,85
68	·Ernährungsgewerbe	402136	190438	8,4	-22,2	4,2	0,72
69	Tabakverarbeitung	2753	772	0,0	-48,7	0,1	0,47
	Grundstoff-/Produktionsgüter	6830104	1596451	70,6	-9,4	12,6	0,90
	Investitionsgüter	442379	161673	7,2	-16,3	0,8	0,78
	Verbrauchsgüter	393135	140902	6,2	-29,4	1,9	0,73
	Nahrungs-/Genußmittel	404889	191210	8,4	-22,4	3,3	0,71
Bergbau/Verarb. Gewerbe		10345569	2262401	100,0	-13,5	3,7	0,84

[1]   Abwasser und ungenutzt abgeleitetes Wasser insgesamt (einschl. Kühlwasser).

[2]   Direkt oder in betriebseigenen oder betriebsfremden Abwasserbehandlungsanlagen abgeleitetes Abwasser ohne Kühlwasser und ungenutzt abgeleitetes Wasser (produktionsspezifisches Abwasser, Belegschafts- wasser, Kesselspeisewasser).

[3]   Aufkommen des verschmutzen Abwassers in Liter pro Einheit Wertschöpfung in DM.

[4]   Entwicklung des Aufkommens des verschmutzten Abwassers in Beziehung zur Entwicklung der Nettoproduktion (Index = 1 entspricht einer gleichmäßigen Zunahme der Einheiten der Nettoproduktion und des Abwasseraufkommens; Index > 1 entspricht einem schnelleren Anwachsen des Abwasseraufkommens; Index < 1 kennzeichnet eine Entkopplung von Produktionssteigerung und Abwasseraufkommen).

Verschmutzes und damit problematisches Abwasser wird überwiegend (ca. 70 %) von den Betrieben der Grundstoff- und Produktionsgüterindustrie erzeugt, hier insbesondere von der Branche der Steine und Erden, die eine besonders ungünstige Struktur und Entwicklung aufweist, von der Chemischen Industrie, bei der trotz geringfügiger Verbesserung der Abwasserintensität ein Anwachsen des Abwasseraufkommens zu verzeichnen ist, von der Eisenschaffenden Industrie sowie vom Textil- und Ernährungsgewerbe, bei denen sowohl in der absoluten wie relativen Entwicklung der Abwassermengen Reduzierungen eingetreten sind. Besondere Beachtung muß der Zellstoff- und Papiererzeugung zuteil werden, da sie die mit Abstand höchste Abwasserintensität aufweist. Allerdings hat diese Branche einen merklichen Rückgang zu verzeichnen, während das geringer werdende Wasseraufkommen der übrigen Branchen der Grundstoff- und Produktionsgüterindustrie nur wenig zur Abwasserentlastung beiträgt.

Regionale Trends in Norddeutschland

Die Entwicklung des Wasseraufkommens und der Abwassserabgabe weist für Norddeutschland einen hinsichtlich des Ressourcenschutzes und der Emissionsminderung ungünstigen Verlauf auf, der vom Bundesdurchschnitt abweicht (vgl. Tabelle 4.11). Das Wasseraufkommen des Verarbeitenden Gewerbes Schleswig-Holsteins hat im Zeitraum 1977-1983 um etwa 10 % zugenommen. Dieses könnte als eine Art nachholende Industrialisierung mit dem damit verbundenen verstärkten Zugriff auf Rohstoffe und Betriebsmittel interpretiert werden, denn die Wasserintensität des Verarbeitenden Gewerbes ist im nördlichsten Bundesland bisher vergleichsweise gering gewesen. Diese Beobachtung gilt jedoch nicht für die Nutzung von Trinkwasser, die in Schleswig-Holstein trotz eines Rückgangs von 18 % gemessen an der Wertschöpfung relativ intensiv ist. Zurückzuführen ist das erhöhte Wasseraufkommen bzw. der geringe Rückgang der Trinkwassernutzung überwiegend auf den Bedarf der Chemischen Industrie, die ihr Wasseraufkommen um 385 % von 10 Mio m^3 1977 auf annähernd 50 Mio m^3 1983 steigerte. Der Bedarf an Wasser mit Trinkwasserqualität stieg im gleichen Zeitraum um 143 % von 3,4 Mio. m^3 auf über 8 Mio. m^3. Der enorme Zuwachs ist allein auf die Ansiedlung der Werke der Großchemie in Brunsbüttel (Bayer) zurückzuführen. Für die Versorgung dieser Betriebe wurde ein neues Wasserwerk in Wacken am Geestrand in Betrieb genommen. Der hohe relative Anstieg des Wasseraufkommens der Chemischen Industrie wird nur

Tabelle 4.11: Wasseraufkommen des Verarbeitenden Gewerbes der vier norddeutschen Bundesländer 1977 - 1983.

(Berechnet nach Statistischen Berichten der Stat. Landesämter (Q I 2); Volkswirtschaftliche Gesamtrechnung der Länder, Heft 15, 1986)

| | Wasseraufkommen | | | | | Trinkwasseraufkommen | | | | |
	1	2	3	4	5	6	7	8	9	10
Grundstoffindustrie	84266	67,3	42,0		1,69	17127	37,0	-18,3		0,97
Investitionsgüterindustrie	8396	6,7	-25,3		0,77	7356	15,9	-20,9		0,82
Verbrauchsgüterindustrie	3751	3,0	-29,9		0,78	2726	5,9	-34,9		0,73
Nahrungsmittelindustrie	26392	21,1	-11,3		0,89	18052	39,0	-13,5		0,87
Schleswig-Holstein	122805	98,0	10,5	10,0	1,18	45261	97,7	-18,6	3,7	0,87
Bergbau	72189	9,8	-10,5		1,03	4651	3,0	-61,7		0,44
Grundstoffindustrie	497661	67,6	-10,4		0,94	80480	51,7	-4,3		1,01
Investitionsgüterindustrie	54798	7,4	17,4		1,19	16548	10,6	-25,7		0,75
Verbrauchsgüterindustrie	43898	6,0	-7,0		0,96	8428	5,4	-55,0		0,46
Nahrungsmittelindustrie	67298	9,1	4,8		1,11	44648	28,7	-6,3		0,99
Niedersachsen	735844	99,9	-7,3	15,5	0,96	154755	99,4	-16,4	3,5	0,87
Grundstoffindustrie	314149	83,0	-17,2		0,82	6254	23,6	-20,5		0,79
Investitionsgüterindustrie	8838	2,3	-11,2		0,97	4506	17,0	-13,9		0,94
Verbrauchsgüterindustrie	1188	0,3	-51,8		0,60	1029	3,9	-51,6		0,60
Nahrungsmittelindustrie	54165	14,3	-3,1		1,18	14754	55,6	-21,6		0,95
Hamburg	378340	98,1	-15,5	25,0	0,91	26543	97,8	-22,0	1,8	0,84
Grundstoffindustrie	357296	94,0	17,2		1,17	987	11,1	16,9		1,16
Investitionsgüterindustrie	6298	1,7	-39,9		0,56	1974	22,2	-34,8		0,60
Verbrauchsgüterindustrie	4511	1,2	24,5		1,29	380	4,3	-15,2		0,88
Nahrungsmittelindustrie	12015	3,2	-24,1		0,70	5534	62,4	-13,8		0,79
Bremen	380120	100,1	13,5	59,6	1,10	8875	100,0	-17,4	1,4	0,80
Bergbau	2629125	23,4	5,8	207,2	1,16	149045	12,3	-10,3	11,7	0,98
Grundstoffindustrie	7243824	64,5	-7,6	57,1	0,92	517064	42,7	-32,9	4,1	0,67
Investitionsgüterindustrie	46505	4,1	-13,0	2,2	0,81	176421	14,6	-19,9	0,8	0,74
Verbrauchsgüterindustrie	428949	3,8	-17,3	5,9	0,86	90447	7,5	-37,4	1,2	0,65
Nahrungsmittelindustrie	461057	4,1	-8,4	8,1	0,84	278621	23,0	-15,0	4,9	0,78
Br Deutschland	11228009	100,0	-6,5	18,3	0,90	1211598	100,0	-29,0	2,3	0,69

Erläuterung der Spalten:
1: Wasseraufkommen: Eigengewinnung und Fremdbezug von Grund-,Quell-,Oberflächenwasser und Uferfiltrat in 1000 m³ 1983
6: Wasseraufkommen mit Trinkwasserqualität in 1000 m³ 1983
2 und 7: Anteil des Wirtschaftsbereiches am Gesamtaufkommen
3 und 8: Entwicklung des Aufkommens zwischen 1977 und 1983
4 und 9: Intensität der Nutzung = Aufkommen in l pro 1 DM Wertschöpfung (Preise von 1980); Bergbau ist in den Intensitätsindizes des Bundes und der Länder nicht enthalten
5 und 10: Entwicklung der Nutzungsintensität = Aufkommensverhältnis 1977/1983 pro Nettoproduktionsverhältnis 1977/1983; für Schleswig-Holstein und Niedersachsen Produktionsindizes 1980 und 1983; für Bremen Produktionsindizes des Bundesgebiets.

vom Straßenfahrzeugbau übertroffen, dessen Wasseraufkommen sich um 600 % gesteigert hat.

Auch andere Branchen der Investitionsgüterindustrie weisen absolute Zuwachsraten auf und haben das (Trink-)Wasseraufkommen pro Einheit Nettoproduktion gesteigert, z.B. der Maschinenbau oder die Feinmechanische Industrie. Insgesamt ist eine Steigerung des Wasseraufkommens von 10 % eingetreten. Auch der Rückgang des Trinkwasserverbrauchs ist in Schleswig-Holstein lange nicht so ausgeprägt wie im Bundesdurchschnitt. Die industrielle Entwicklung in diesem Land ist unter dem Aspekt des Bedarfs an qualitativ hochwertigem Wasser deshalb kritisch zu bewerten.

Die Industrie Niedersachsens spielt ebensowenig eine Vorreiterrolle bezüglich des umweltentlastenden Strukturwandels. Gemessen an der Intensität der Wassernutzung ist die Situation ähnlich wie in Schleswig-Holstein. Interessant ist in diesem Bundesland der Vergleich der Entwicklung des Wasseraufkommens mit der des Produktionsindex. Danach läßt sich der verminderte Einsatz der Ressource Wasser primär auf die Wachstumsschwäche der Industrie zurückführen. Auch beim Verbrauch von Trinkwasser haben die beiden wichtigsten Wirtschaftshauptgruppen einen Indexwert nahe 1, d.h., der verringerte Einsatz von Trinkwasser ist primär die Folge von Produktionsrückgängen.

Weil im Umweltbericht 1988 des niedersächsischen Umweltministeriums die Industrie dieses Bundeslandes als besonders sparsam herausgestellt wird, sollen einzelne Berechnungsschritte beispielhaft ausgeführt werden. Die Grundstoff- und Produktionsgüterindustrie Niedersachsens verbraucht über 50 % des Wassers mit Trinkwasserqualität. Die absolute Menge betrug 1977 84,1 Mio. m^3. Hätte sich das Aufkommen entsprechend der Entwicklung dieser Wirtschaftsgruppe in der BRD insgesamt entwickelt, wäre 1983 ein Trinkwasserverbrauch (ohne Spartechnologien) von 84,6 Mio. m^3 zu erwarten gewesen. Der tatsächliche Verbrauch in Niedersachsen betrug 1983 aber 80,5 Mio. m^3. Diese Differenz ist nun aber kein Erfolg von Sparmaßnahmen der Grundstoff- und Produktionsgüterindustrie, sondern von Produktionsrückgängen von über 5 %. Wird dieser Rückgang berücksichtigt, würde der Erwartungswert für 1983 auf 79,8 Mio. m^3 fallen. Der Quotient aus dem realen Wert und diesem zweiten Erwartungswert (in diesem Fall 1,01) wird in Tab. 4.11 (Spalte 10) wiedergegeben. Wenn sich aber die Grundstoffindustrie Niedersachsens in der Entwicklung ihrer Produktionstechnologie entsprechend dem Bundesdurchschnitt entwickelt hätte, dann betrüge der Erwartungswert für 1983 nur 53,5 Mio. m^3. Damit weist die niedersächsische Grundstoff- und Produktionsgüterindustrie eine relative Verbrauchszunahme von ca. 27,0 Mio. m^3 bzw. von 50 % auf! Besonders die Industrien der Steine und Erden und die Eisenschaffende Industrie Niedersachsens haben den Verbrauch von Trinkwasser ausgehend von einem bereits hohe Niveau noch gesteigert und verhalten sich so entgegengesetzt zum Bundestrend. Dieses Beispiel macht deutlich, daß Aussagen wie "Industriebetriebe haben in den letzten Jahren zunehmend wassersparende Technologien eingesetzt und ihren Wasserbedarf verringert, ..." (Umweltbericht Niedersachsen 1988,S.93) keiner kritischen Prüfung standhalten.

Das Hamburger Wasseraufkommen des Verarbeitenden Gewerbes ist stark durch den Verbrauch der Mineralöl- und Ernährungsindustrie beeinflußt. Allein die Raffinerien setzten 1983 mit über 190 Mio. m^3 ca. 50 % des gesamten Wasseraufkommens der Hamburger Industrie ein. Allerdings sind Wassereinsparmaßnahmen durchgeführt worden: Der regionale Abwasserindex dieser Branche liegt bei 0,85 im Vergleich zu 1,06 auf Bundesebene. Das Motiv dieser Entwicklung ist wahrscheinlich die Reduzierung der Abwassermenge, denn der Abnahme des Wasseraufkommens insgesamt steht eine Zunahme des Trinkwasseraufkommens gegenüber, die die Bundesentwicklung übertrifft. Beim zweiten Hauptverbraucher, der Nahrungs- und Genußmittelindustrie, sind im Beobachtungszeitraum umweltentlastende Effekte durch Wachstumsschwächen eingetreten. Diese Branche verbraucht mit 15 Mio. m^3 über 50 % des Trinkwasseraufkommens und bietet deswegen das größte Potential für Einsparmaßnahmen. Auch in einigen Branchen der Investitionsgüterindustrie, wie dem Stahl- und Leichtmetallbau, dem Schiffbau und der Elektrotechnik ist der Verbrauch von Trinkwasser pro Einheit Nettoproduktion gestiegen und hat so den relativ hohen Indexwert von 0,94 im Vergleich zu 0,74 im Bundesdurchschnitt bewirkt.

Ähnlich wie in Niedersachsen wird das Wasseraufkommen im Land Bremen u.a. durch die Eisenschaffende Industrie bestimmt, die allein über 90 % verbraucht (Klöckner-Stahlwerk). Das Aufkommen der Eisenschaffenden Industrie ist steigend und ist die Ursache für den mit 1,17 hohen Gruppenindex für die Grundstoff- und Produktionsgüterindustrie, der den niedersächsischen Wert weit übertrifft. Dieselbe ungünstige Tendenz wird beim Trinkwasserverbrauch der Grundstoff- und Produktionsgüterindustrie sichtbar. Wie in Hamburg ist auch in Bremen die Nahrungsmittelindustrie der Hauptverbraucher von Trinkwasser. Aber im Unterschied zu Hamburg führen hier nicht nur Produktionsrückgänge zu Wasserspareffekten, sondern auch der Einsatz ressourcenschonender Technologien. Der Index ist mit 0,79 relativ niedrig.

Vor dem Hintergrund der Analyse des Wassereinsatzes wird die Entwicklung der Abwasserableitungen des Bergbaus und des Verarbeitenden Gewerbes in Norddeutschland gut nachvollziehbar (Tabelle 4.12a). In Schleswig-Holstein, Hamburg und Bremen nimmt die Menge des verschmutzten Abwassers im Zeitraum 1977-1983 zu. Diese Zunahme resultiert aus Neuansiedlungen der Chemischen Industrie

Tabelle 4.12: Abwasserableitungen des Verarbeitenden Gewerbes nach Bundesländer und Wassereinzugsgebieten 1977 - 1983

(Berechnet nach Statistischen Berichten der Stat. Landesämter (Q I 2);
Volkswirtschaftliche Gesamtrechnung der Länder, Heft 15, 1986)

a) nach Bundesländern

	Abwasser insg. [1] 1983 1000 m³ 1	Verschm. Abwasser[2] 1983 1000 m³ 2	Länder-anteil an 2 in % 3	Entw. von 2 1977-83 in % 4	Abwasserintensität Struktur 1983 5	Abwasserintensität Entw. 1977-83 6
Schleswig-Holstein	112706	54942	2,4	+13,8	3,9	1,24#
Hamburg	366435	41407	1,8	+9,4	2,6	1,19
Niedersachsen	647925	217543	9,6	-23,5	4,5	0,84#
Bremen	363907	54863	2,4	+10,9	7,8	1,16
Br Deutschland	10345569	2262401	100,0	-13,5	4,2	0,84

Index der Nettoproduktion von 1980

b) nach Wassereinzugsbereichen

	Abwasser insg. [1] 1983 1000 m³ 1	Verschm. Abwasser[2] 1983 1000 m³ 2	Bundes-anteil an 2 in % 3	Entw. von 2 1977-83 in % 4
Ems	115609	44649	2,0	-9,0
Weser	871335	245783	10,9	-23,6
Elbe	683006	146034	6,5	+24,9
Küste und Meer	69131	32285	1,4	+6,6

Erläuterung der Spalten:
1 Abwasser und ungenutzt abgeleitetes Wasser insgesamt (einschl. Kühlwasser).
2 Direkt oder in betriebseigenen oder betriebsfremden Abwasserbehandlungsanlagen abgeleitetes Abwasser
ohne Kühlwasser und ungenutzt abgeleitetes Wasser (produktionsspezifische Abwasser, Belegschaftswas-
ser, Kesselspeisewasser).
5 Aufkommen des verschmutzten Abwassers in Liter je Einheit Wertschöpfung in DM (in Preisen von
1980).
6 Entwicklung des Aufkommens des verschmutzten Abwassers in Beziehung zur Entwicklung der Nettoproduktion (Index = 1 entspricht einer gleichmäßigen Zunahme der Einheiten der Nettoproduktion und
des Abwasseraufkommens; Index > 1 entspricht einem schnellern Anwachsen des Abwasseraufkommens;
Index < 1 kennzeichnet eine Entkopplung von Produktionssteigerung und Abwasseraufkommen).

in Brunsbüttel und aus wasserintensiveren Produktionsprozessen der Eisenschaffenden Industrie in Bremen. Die erhöhten Hamburger Ableitungen können dagegen
nicht auf dominante Einzelfaktoren zurückgeführt werden. Ein generell abnehmendes
Wasseraufkommen ist hier von einer Zunahme des verschmutzten Abwassers begleitet. Weil dieses nur durch eine starke Reduzierung des Kühlwassers und des ungenutzt abgeleiteten Wassers möglich gewesen sein kann, reduziert die Rohstoffeinspa-
rung in Hamburg nur die vergleichsweise wenig verschmutzten Abwasseranteile. Nur
die Industrie Niedersachsens entwickelt sich entsprechend dem Bundesdurchschnitt.
Hier ist die Menge des abgeleiteten verschmutzten Abwassers um 23 % zurückgegangen, allerdings hat sich gleichzeitig der in diesem Abwasser enthaltene relative

Anteil an Wasserqualitäten überdurchschnittlich gesteigert, die ürsrünglich Trinkwasserniveau aufgewiesen haben.

Interessant ist die Regionalisierung industrieller Abwasseremissionen nach Wassereinzugsbereichen (Tabelle 4.12b). Während die Weser die meisten Emissionen aufnehmen muß und als der Vorfluter der südniedersächsischen und bremischen Industrie anzusehen ist, verläuft für die Elbe die Entwicklung ausgesprochen negativ. Steigerungen der Emissionen von Abwasser stammen also eindeutig aus Hamburg und dem Unterelberaum. Sie verschlechtern die problematische Situation des Ökosystems Elbe, das sowieso schon erheblich aus dem Mittel- und Oberlauf belastet ist.

Die Entwicklung des Wasserverbrauchs der Privaten Haushalte läßt sich anhand der Berechnungen der Wasserabgabe der öffentlichen Wasserversorgung nachzeichnen. Aufgrund des Datenmaterials ist hier nur der Vergleich zwischen 1979 und 1983 möglich. Die öffentliche Wasserversorgung bedient primär die Haushalte, sie verbrauchen etwa 70 % desjenigen Wassers, das an Letztverbraucher abgegeben wird (Tabelle 4.13). Dieser Anteil schwankt in den einzelnen Bundesländern; besonders gering ist er in Berlin, wo die öffentlichen Wasserwerke die Gewerbebetriebe zu einem größeren Teil mitversorgen; besonders hoch ist er in Hamburg. Die Entwicklung der Wasserabgabe an Letztverbraucher ist im Bundesdurchschnitt seit 1975 steigend, von 1979-1983 läßt sich allerdings nur noch ein schwaches Wachstum von 1,6 % feststellen. Auch diese Entwicklung verläuft in den Bundesländern unterschiedlich. Einen starken Anstieg haben auch nach 1979 Schleswig-Holstein und Niedersachsen zu verzeichnen. Hierfür sind verschiedene Ursachen verantwortlich, der starke Anstieg muß nicht unbedingt auf einen zunehmenden Rohstoffverbrauch zurückzuführen sein. So könnte beispielsweise der Rückgang des Wasseraufkommens der Industrie einhergehen mit einer Reduzierung der Eigenförderung bei gleichzeitiger Ausdehnung des Fremdbezugs aus dem öffentlichen Netz.

Zwischen 1979 und 1983 läßt sich eine eindeutige Entwicklung des Wasserverbrauchs der Haushalte feststellen. Im Bundesdurchschnitt steigt der private Verbrauch über 9 % (Spalte 5). Im Norden der BRD sind es wiederum die beiden Flächenstaaten, die zu dieser hohen Steigerungsrate beitragen. Niedersachsen nimmt mit einer Steigerung von +17,9 % in diesen vier Jahren die Spitze ein. Eine lineare Fortschreibung dieser Verbrauchszunahme würde zu einer Verdopplung des Wasserverbrauchs Mitte der neunziger Jahre führen. Die Prognosen des künftigen Wasserbedarfs in Niedersachsen gehen allerdings von einem Rückgang bzw. einer maximalen Steigerung von ca. 22 % bis 2000 aus (Umweltbericht Niedersachsen 1988,S.95). Hamburg und Bremen haben dagegen die geringsten Zuwachsraten. Allerdings liegt in diesen Ländern der Pro-Kopf-Verbrauch bereits über dem Bundesdurchschnitt.

Die Entwicklung des häuslichen Verbrauchs von Wasser in Norddeutschland kann

Tabelle 4.13: Wasserabgabe der öffentlichen Wasserversorgung 1975 - 1983. (Statistisches Bundesamt, Fachserie 19, Reihe 2.1)

	1	2	3	4	5	6
Schleswig-Holstein	185200	68,3	19,1	11,6	8,8	48,3
Hamburg	131900	85,1	-7,9	-0,5	2,7	69,4
Niedersachsen	470300	81,1	7,2	6,2	17,9	52,6
Bremen	44800	77,2	-3,7	0,7	0,9	50,7
Nordrhein-Westfalen	13734000	66,1	8,1	-5,3	5,1	53,7
Hessen	391700	73,5	1,4	3,5	6,9	51,5
Rheinland-Pfalz	235100	80,3	4,9	5,0	7,5	52,0
Baden-Württemberg	622700	76,8	4,3	2,4	8,2	51,7
Bayern	804200	66,8	7,5	6,0	15,0	49,0
Saarland	67000	68,5	2,4	0,0	4,6	43,5
Berlin	189100	64,9	-3,9	10,4	15,5	65,9
Br Deutschland	4515400	71,4	5,7	1,6	9,2	52,5

Erläuterung der Spalten:
1 Wasserabgabe der öffentlichen Wasserversorgung 1983 an Letztverbraucher in 1000 m³
2 Anteil der Haushalte an 1 in %
3 Entwicklung der Wasserabgabe an Letztverbraucher 1975 - 1979 in %
4 Entwicklung der Wasserabgabe an Letztverbraucher 1979 - 1983 in %
5 Entwicklung der Wasserabgabe an Haushalte 1979-1983 in %
6 Wasserverbrauch der Haushalte in m³ je Einwohner 1983

insgesamt kaum als rohstoffsparend bezeichnet werden. Problematisch sind die starken Zuwächse in Schleswig-Holstein und in Niedersachsen und das hohe Verbrauchsniveau in Hamburg. Lediglich Bremen weist einen unter dem Bundesdurchschnitt liegenden Pro-Kopf-Verbrauch mit einer geringen Steigerungsrate auf und nimmt damit sozusagen eine Vorreiterrolle in Richtung des umweltentlastenden Strukturwandels ein.

Zusammenfassung

Die Frage, ob die strukturelle Entwicklung der Produktion und ob ein Wandel des Konsumverhaltens beim Umweltpotential Wasser zu weiteren Be- oder Entlastungen geführt hat, läßt sich auf der Grundlage des vorhanden Datenmaterials nur ansatzweise beantworten. Die statistischen Angaben sind in der regionalen und sektoralen Differenzierung unzureichend und beschränken sich in der Regel auf Mengenangaben, die nur indirekte Rückschlüsse auf die (Ab-)Wasserqualität zulassen. Flächendeckend können Aussagen bezüglich der Intensität des Rohstoffeinsatzes und der Ableitungen nur auf folgende Indikatoren bezogen werden: 'Wasseraufkommen' und 'Wasseraufkommen mit Trinkwasserqualität' sowie 'Abwasseraufkommen' und 'Abwasser, das kein Kühlwasser oder ungenutztes Wasser darstellt' und das hier als 'verschmutztes Abwasser' bezeichnet worden ist. Unterschiedliche organische und anorganische Belastungen des Wassers bleiben somit unberücksichtigt. Trotz dieser Restriktionen können einige aufschlußreiche Ergebnisse zusammengefaßt werden.

1. Im Bundesdurchschnitt läßt sich für das Verarbeitende Gewerbe ein Rückgang des Wasseraufkommens und in einem noch stärkeren Umfang ein Rückgang des Trinkwasseraufkommens feststellen. Die reduzierte Nutzung der hochwertigen Ressource Wasser ist sicherlich positiv zu werten. Es wäre eine günstige Entwicklung, wenn sich der Trend bei der Chemischen Industrie und den übrigen Zweigen der Grundstoff- und Produktionsgüterindustrien fortschreiben ließe. Für zukünftige Betrachtungen ist es weiterhin notwendig, die Entwicklung von Branchen der Investitionsgüterindustrie wie des Maschinenbaus, des Straßenfahrzeugbaus und der Elektrotechnik zu verfolgen, weil diese hinter den 'Einsparerfolgen' der Großverbraucher zurückfallen.

Die Reduktion der verschmutzten Abwassermenge im Verarbeitenden Gewerbe um 13,5 % zwischen 1977 und 1983 läßt sich zu je 50 % aus dem Einsatz wassersparender Technologien und der Wiederverwendung von bereits eingesetztem Wasser erklären. In einigen Branchen reduzierte sich die Menge des abgeleiteten Abwassers pro Produktionseinheit in etwa sechs Jahren um die Hälfte. Ähnlich hat sich das Abwasseraufkommen der Zellstoff- und Papierverarbeitung entwickelt, die aber nach wie vor der wichtigste industrielle Belastungsfaktor für Oberflächengewässer ist. Da es offen bleiben muß, welche Qualität das abgeleitete Abwasser hat, kann die Senkung der Abwassermenge nur eingeschränkt als Beitrag zur Umweltentlastung bewertet werden. Es zeigt sich aber durchaus die Möglichkeit, einen umweltentlastenden Strukturwandel durch fortgesetzte mengenmäßige Reduzierung der Einleitungen und durch gesetzliche Festlegungen bezüglich der Abwasserqualität und deren Überwachung zu fördern.

2. Wenn die gesamtwirtschaftlichen Entwicklungen einen gewissen Optimismus erlauben, so ist dieser für die Entwicklung in Norddeutschland kaum angebracht. Alle relevanten Daten liegen unter dem Bundesdurchschnitt. Das Wasseraufkommen ist in Schleswig-Holstein und Bremen steigend, der Rückgang der Trinkwassernutzung in allen Ländern unter dem Bundesdurchschnitt. Daher steigen auch die Abwassereinleitungen, und zwar sowohl absolut als auch relativ zu den Produktionswerten. Auch die nahe am Bundesdurchschnitt liegenden Werte Niedersachsens werden in erster Linie durch Produktionsrückgänge verursacht. Es liegt die Vermutung nahe, daß das Süd-Nord-Gefälle der wirtschaftlichen Entwicklung von einem gleichartigen Gefälle umweltbelastender Tendenzen begleitet wird. Auch liegen die Trinkwasserintensität der Produktion von Schleswig-Holstein und Niedersachsen und die Abwasserintensität aller norddeutschen Bundesländer mit Ausnahme Hamburgs

über dem Bundesdurchschnitt. Damit ist die Struktur und die Entwicklung der bestehenden Produktion in ihren Wirkungen auf Wasseraufkommen und Abwasserbelastungen als ungünstig zu bezeichnen. Die Ableitungen betreffen mengenmäßig insbesondere den Einzugsbereich der Weser, von der Entwicklung aber ganz besonders die Unterelbe, die einen Zuwachs industrieller Abwässer von 25 % in nur sechs Jahren zu verkraften hatte. Eine am Wasseraufkommen und an den Abwasserableitungen orientierte regionale Strukturpolitik für Norddeutschland müßte die einzelbetrieblichen Ursachen des relativ hohen Verbrauchs und des - gemessen am Bundesdurchschnitt - relativen Zurückbleibens der Region erarbeiten, um auf dieser Grundlage gezielt intervenieren zu können. Es ist zu prüfen, ob die Genehmigungsbehörden in dem so häufig als unterindustrialisiert bezeichnenden Norden die industriellen Emissionen weniger kritisch bewerten als in anderen Teilen des Bundesgebietes.

3. Der private Verbrauch von Trinkwasser ist im Zeitraum von 1979 bis 1983 im Bundesdurchschnitt um 9,2 % gestiegen und weist damit keine Tendenz zur Umweltentlastung auf. Der Verbrauch in Hamburg scheint sich auf dem hohen Niveau von ca. 70 m^3 pro Kopf zu stabilisieren. Wenn dieses als Richtwert angenommen würde, ergäbe sich nochmals eine Steigerung um 35 % oder 1,1 Mrd. m^3 Trinkwasser, die umweltpolitisch alles andere als erwünscht ist.

4.1.4 Folgen des nachsorgenden Umweltschutzes: Veränderungen des Abfallaufkommens

Nachdem in der umweltpolitischen Diskussion der siebziger und der frühen achtziger Jahre die Bereiche Luft- und Wasserverschmutzung sowie die Gefahren der radioaktiven Belastungen durch Atomkraftwerke im Mittelpunkt standen, rückte gegen Ende der achtziger Jahre die Abfallproblematik stark in den Vordergrund. Die 'Müll-Lawine' überrollt die vorhandenen Deponieflächen, läßt den überaus problematischen 'Mülltourismus' in andere Länder entstehen und erzwingt die Suche nach Alternativen. Ebenso wie in den bereits angesprochenen Umweltbereichen stehen sich dabei Konzepte gegenüber, die ganz unterschiedliche Implikationen für die Produktions- und Konsumprozesse aufweisen. Es lassen sich zwei gegensätzliche Positionen skizzieren. Auf der einen Seite wird nach Möglichkeiten der Reduktion der Abfallvolumina und der Immobilisierung der darin enthaltenen Schadstoffe gesucht, aber die Frage der Produktion von Müll außer acht gelassen. Die wichtigste Komponente dieser Konzepte ist die Verbrennung oder thermische Verwertung von Müll. Kurz gesagt: das Müllaufkommen ändert sich nicht, nur die Art, wie es behandelt wird. Auf der anderen Seite wird diese strukturerhaltende Komponente kritisiert und ihr eine Strategie entgegengestellt, die sich gegen abfallintensive Produkte, Produktionsprozesse und Konsumhandlungen richtet. Zwischen diesen gegensätzlichen Ansätzen besteht eine große Bandbreite von Vorschlägen über den zukünftigen Umgang mit Abfall (Peters 1987; IöfR 1988).

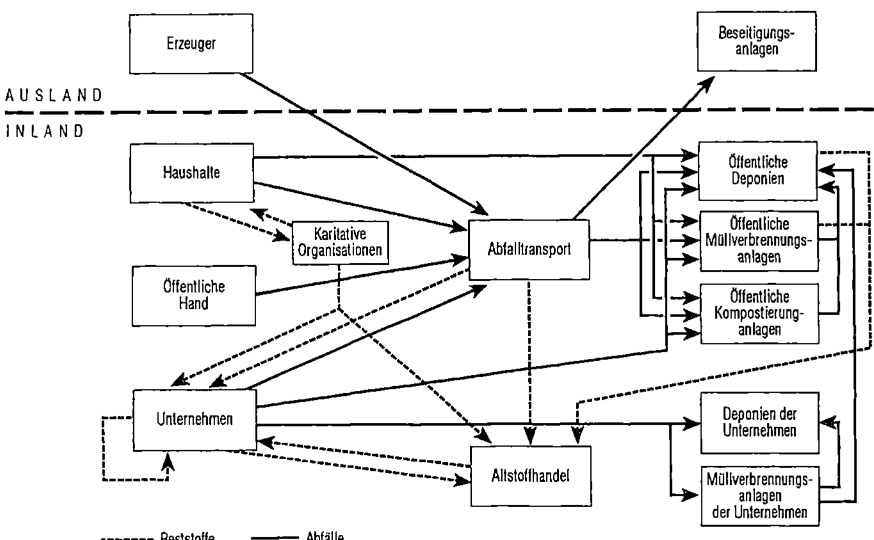

Abb. 4.10: Abfallwirtschaftliche Beziehungen.
(Spies 1985,S.29)

Im Unterschied zu den beiden bisher behandelten Emissionsbereichen, in denen die Aspekte der Verminderung und Entgiftung im Vordergrund standen, sind bei der Betrachtung der Abfallproblematik in weitaus stärkerem Maße die Aspekte des Recycling und der infrastrukturellen Planung einzubeziehen. Mit anderen Worten: die Höhe des zukünftigen Abfallaufkommens wird nicht nur durch die Effizienz des umweltentlastenden Strukturwandels gesteuert, sondern auch die Möglichkeiten der Wiederverwertung sowie die Art und Qualität der abfallbezogenen Infrastruktureinrichtungen können einen wesentlichen Einfluß auf die Müllproduktion haben (Abb. 4.10). Eine ausschließliche Betrachtung des Abfallaufkommens ist zur Prüfung der Frage, ob ein umweltentlastender Strukturwandel vorliegt oder nicht, nur von eingeschränktem Wert. Beispielsweise haben die Industrie- und Handelskammern seit einigen Jahren sog. Abfallbörsen eingerichtet. Dort werden über Anzeigenblätter mögliche Wertstoffe angeboten bzw. Rohstoffe gesucht. Abfallstoffe, die in dieser

Form 'marktfähig' sind, lassen sich kaum mit solchen vergleichen, die der Entsorgung zugeführt werden.

Trotz dieser methodischen Einschränkungen wird im folgenden die Entwicklung des Abfallaufkommens dargestellt, um so den ersten Schritt einer differenzierten Betrachtung durchzuführen. Dabei muß eine weitere datentechnische Restriktion berücksichtigt werden, denn abgesicherte Zahlen zum Gesamtabfallaufkommen in der Bundesrepublik Deutschland liegen nicht vor. Die vom Statistischen Bundesamt erhobenen Daten sind in der Statistik der 'öffentlichen Abfallbeseitigung' und in der Statistik der 'Abfallbeseitigung im Produzierenden Gewerbe und in Krankenhäusern' zusammengefaßt. Diese Statistiken werden nach unterschiedlichen Kriterien erhoben und überlappen in Teilbereichen, so daß eine Verknüpfung der Daten außerordentlich schwierig ist (vgl. Daten zur Umwelt 1988/89,S.420). Bei einer regional differenzierten Betrachtungsweise ergeben sich weitere Unsicherheiten, wie unterschiedliche Zuordnungen, frühes Greifen des Datenschutzes, fehlende Kriterien für die Gefahrenbewertung der Abfälle. Weiterhin lassen sich "Sonderabfälle" (Abfälle nach § 2 Abs. 2 AbfG) auf Länderebene erst ab 1984 ermitteln. Um Zeitreihen aufstellen zu können, ist aus diesem Grunde die im HWWA-Gutachten gebildete Kategorie "Problemabfälle" übernommen worden, die sich aus fünf Abfallhauptgruppen zusammensetzt (vgl. Härtel et al 1987,S.44). Eine Abfallhauptgruppe wird dann den Problemabfällen zugeordnet, wenn in dieser ein überdurchschnittlicher Anteil der gesetzlich definierten Sonderabfälle enthalten ist. Es sind dies die Hauptgruppen 5 (Metallurgische Schlacken und Krätzen), 7 (Oxide, Hydroxide, radioaktive Abfälle), 8 (Säuren, Laugen, Schlämme), 9 (Lösungsmittel, Farben, Klebstoffe), 10 (Ölschlämme, Phenole).

Die Analyse des öffentlichen Abfallaufkommens ist noch schwieriger als das des Produzierenden Gewerbes. Hier wird statistisch zwischen den eingesammelten sowie den an Deponien, Müllverbrennungs- und Kompostierungsanlagen angelieferten Abfällen unterschieden. Als 'eingesammelte Abfälle' werden die Abfallmengen bezeichnet, die beim Abfahren erfaßt werden. Sie können bis auf die Kreisebene regionalisiert untersucht werden. Jedoch beruhen die Angaben über die eingesammelten Abfallmengen auf Schätzungen, sind also ungenau. Die Statistik der angelieferten Abfälle ist genauer, läßt sich jedoch schwer auf die Abfallproduzenten beziehen, da die Abfälle auch aus anderen Kreisen oder Ländern kommen können. Schließlich können Angaben über Abfallmengen in den Statistiken doppelt auftauchen, nämlich sowohl beim öffentlichen Abfallaufkommen und bei dem aus dem Produzierenden Gewerbe, wenn beispielsweise die Abfälle eines Betriebes ganz oder teilweise von einem öffentlichen Reinigungsunternehmen entsorgt werden.

Gesamtwirtschaftliche Trends

Die genannten Datenprobleme werden durch die abfallwirtschaftliche Bilanz des Statistischen Bundesamtes zumindest teilweise ausgeglichen (Spies 1985). Danach hat das Abfallaufkommen der BRD im Jahre 1987 242 Mio. t betragen (Tabelle 4.14). Den größten Anteil am Abfallaufkommen hat das Baugewerbe mit der Abfallhauptgruppe Bauschutt/Bodenaushub, die allein bereits 42 % des Gesamtabfallaufkommens ausmacht. Eine weitere quantitativ bedeutende Abfallmenge fällt im Bergbau an, dessen Anteil von fast 30 % am Gesamtaufkommen zu annähernd 100 % aus Bergematerial besteht. Die Deponierung von Bauschutt und Bergematerial impliziert einen hohen Flächenbedarf. Die in diesen Abfallarten enthaltenen Schadstoffe sind unterschiedlich zu beurteilen: die für Bauzwecke abgetragenen Böden können kontaminiert sein; der Bauschutt besteht möglicherweise aus giftigen Baumaterialien und weist in der Regel eine gewichtige Haus- und Sperrmüllfraktion auf; in Bergematerialien enthaltene Substanzen können leicht mobilisiert werden. Dennoch gilt Bauschutt und Bergematerial als vergleichsweise wenig problematisch.

Tabelle 4.14:   Abfallwirtschaftliche Bilanz der Bundesrepublik 1980 - 1987.
(Statistisches Bundesamt IV E 41,42, 1990)

	1980 1000 t	1984 1000 t	1987 1000 t	Veränd. 80-87 %
Energie- und Wasserversorgung	2148	8267	8382	+290,2
Bergbau [1]	72674	77596	71169	-2,1
Verarbeitendes Gewerbe	42439	39379	38761	-8,7
Baugewerbe	121405	107905	100502	-17,2
Krankenhäuser	858	889	947	+10,4
Öffentliche Hand [2]	1968	2630	3044	+54,7
Priv. Haushalte [3]	23203	19575	19822	-14,6
Summe	264694	256241	242628	-8,3

[1] Einschl. Bergematerial
[2] Straßenreinigung, Kläranlagen
[3] Einschl. Kleingewerbe und Dienstleistungen

Drittgrößter Abfallproduzent ist das Verarbeitende Gewerbe mit Produktionsabfällen. Diese sind sehr heterogen und werden weiter unten nach Abfallgruppen aufgeschlüsselt. Einen quantitativ außerordentlich bedeutsamen Anteil am Gesamtabfallaufkommen haben auch die Privaten Haushalte, das Kleingewerbe und die Dienstleistungen mit knapp 20 Mio. t im Jahr 1987.

Die Entwicklung des Aufkommens zwischen 1980, 1984 und 1987 ist insgesamt

Tabelle 4.15: Abfallaufkommen des Produzierenden Gewerbes 1977 - 1984.
(Statistisches Bundesamt, Fachserie 19, Reihe 1.2, 1977ff.)

	Wirtschaftszweig	Aufkommen	Anteil[1]	Veränd. 77-84	Problem abfälle[2]	Abfallintensität Struktur[3]	Entw.[4]
		1000 t	in %	77=100	in %		
10	Elektrizität, Wasser	12347	15,0	275,6	0,7	345,9	2,31
21	Bergbau	4081	4,9	87,5	3,2	331,8	0,97
22	Mineralölverarbeitung	304	0,4	69,7	40,4	12,4	0,84
25	Steine und Erden	9272	11,2	86,5	0,5	717,1	0,89
27	Eisenschaff. Industrie	6769	8,2	114,1	2,4	507,1	1,16
28	NE-Metallerzeugung	1306	1,6	113,0	39,5	257,0	0,95
29	Gießereien	3201	3,9	98,0	8,6	622,7	0,95
30	Ziehereien	320	0,4	69,1	18,7	29,2	0,70
31	Stahl-/Leichtmetallbau	532	0,6	112,5	3,8	66,1	1,22
32	Maschinenbau	2301	2,8	86,8	8,1	43,3	0,86
33	Straßenfahrzeugbau	2897	3,5	108,0	12,9	53,8	0,95
34	Schiffbau	188	0,2	53,1	4,8	81,8	0,75
35	Luft- und Raumfahrt	79	0,1	131,2	15,1	19,3	-,-
36	Elektrotechnik	1715	2,1	109,3	6,5	28,4	0,93
37	Feinmechanik, Optik	185	0,2	137,8	6,1	19,6	1,42
38	Eisen-/Metallwaren	834	1,0	88,6	10,1	53,1	0,84
39	Musik und Spielwaren	80	0,1	92,2	18,4	28,0	1,17
40	Chemische Industrie	11264	13,7	133,9	43,6	242,3	1,15
50	Büromaschinen/ADV	351	0,4	552,9	1,8	31,4	2,34
51	Feinkeramik	317	0,4	77,9	0,4	143,9	0,80
52	Glas	475	0,6	101,7	2,3	108,3	1,00
53	Holzbearbeitung	3560	4,3	180,1	0,1	1075,6	1,92
54	Holzverarbeitung	1322	1,6	157,6	1,2	109,3	1,75
55	Zellstoff-/Papiererzeugung	3658	4,4	291,0	61,0	818,3	2,17
56	Papier-/Pappeverarbeitung	739	0,9	130,1	6,6	123,1	1,10
57	Druckereien	703	0,9	76,7	8,1	60,2	0,69
58	Kunststoffwaren	646	0,8	99,6	4,1	50,1	0,78
59	Gummiverarbeitung	354	0,4	102,4	2,1	62,0	0,99
61	Ledererzeugung	104	0,1	113,0	5,6	64,8	1,04
62	Lederverarbeitung	68	0,1	51,3	0,5	42,5	0,62
63	Textilgewerbe	486	0,6	56,8	1,3	42,0	0,63
64	Bekleidungsgewerbe	141	0,2	80,2	0,1	17,9	1,03
68	Ernährungsgewerbe	10948	13,3	132,2	-,-	245,0	1,20
69	Tabakverarbeitung	41	0,0	23,2	-,-	3,3	0,21
72	Bauhauptgewerbe	114051	-,-	132,9	0,1	1866,3	1,42
	Grundstoff-/Produktionsgüter	40006	48,5	117,8	27,8	303,1	1,13
	Investitionsgüter	9985	11,0	91,8	11,0	41,6	0,91
	Verbrauchsgüter	5080	6,2	97,9	4,0	67,9	0,99
	Nahrungs-/Genußmittel	10988	13,3	129,9	0,5	192,1	1,17
	Produzierendes Gewerbe insg.	196537	100,0	128,1	6,4	316,2	1,21

[1] Ohne Baugewerbe
[2] Aufkommen von 'Problemabfällen' (Abfallhauptgruppen 5,7,8,9,10) in % vom Abfallaufkommen
[3] Abfallaufkommen in t pro 1 Mio. DM Wertschöpfung
[4] Abfallaufkommen 1984 / Abfallaufkommen 1977

relativ stabil geblieben bzw. leicht rückläufig gewesen, aber es zeigen sich im einzelnen doch einige bemerkenswerte Trends. So stieg das Abfallaufkommen im Bereich der Energie- und Wasserversorgung um annähernd 300 %. Hier zeigen sich die Auswirkungen der Bemühungen, die Luftemissionen zu senken, deren Erfolg mit einer Verdreifachung des Abfallaufkommens in nur vier Jahren "erkauft" worden ist.

Ähnlich ist die Entwicklung in der Kategorie "öffentliche Hand" zu werten, die auch die Kläranlagen umfaßt. Auch hier hat eine verbesserte Abwasserreinigungstechnologie das Abfallaufkommen erheblich gesteigert. Dagegen ist die Abfallmenge im Produzierenden Gewerbe und in den Privaten Haushalten rückläufig gewesen. Ob dieses eine Folge der umweltentlastenden Veränderungen der Produktions- und Konsumprozesse ist, soll mit den folgenden Aufschlüsselungen geprüft werden.

Die Struktur und die Entwicklung des Abfallaufkommens des Produzierenden Gewerbes kann seit 1977 bundesweit gut analysiert werden. Die Herkunft der Abfälle nach Branchen ist in Tabelle 4.15 nachgewiesen. Die folgenden Angaben stimmen nicht vollständig mit denen der Abfallbilanz (Tabelle 4.14) überein. In der Abfallbilanz wird ein besonderes methodisches Vorgehen gewählt, um Abfallaufkommen und Abfallbeseitigung genau aufzuschlüsseln (vgl. Spies 1985).

Neben dem Baugewerbe und der Elektrizitätswirtschaft sind die Industrien der Steine und Erden, die Chemische Industrie und das Ernährungsgewerbe die quantitativ größten Verursacher des Abfallproblems. Weitere große Verursachergruppen sind die Grundstoff- und Produktionsgüterindustrie, die Eisenschaffende Industrie und die Gießereien. Bedeutsame Anteile haben auch einige Branchen der Investitionsgüterindustrie, wie der Maschinenbau und der Straßenfahrzeugbau.

Die Spalte "Anteil der Problemabfälle" ist ein Indikator für die Qualität der Abfallmengen. In einigen Industrien wie der Chemie, der Zellstoff-, Papier- und Pappeerzeugung oder der Mineralölverarbeitung beträgt der Anteil solcher Abfallhauptgruppen, die weitergehende Gefahren beinhalten, 40 % und mehr. Diese Problemabfälle sind, wie bereits erwähnt, nicht mit den nachweispflichtigen Abfällen nach § 2,2 AbfG identisch. Ein Vergleich der Größenordnungen erlaubt die Einschätzung der hier gewählten Kategorie Problemabfälle. Nach einer Begleitscheinauswertung für nachweispflichtige Abfälle ermittelte das Umweltbundesamt für 1984 3 746 000 t Abfälle nach § 2,2 AbfG (Sonderabfälle) und 9 633 000 t Abfälle nach § 11,2 AbfG. Die letztgenannte Abfallkategorie enthält u.a. den Sondermüll. Unter die hier gewählte Kategorie Problemabfälle fielen 1984 etwas mehr als 12 578 000 t, damit übertrafen die Problemabfälle die nachweispflichtigen Abfälle nach § 11,2 um 1,5 Prozentpunkte. Dieser Unterschied ist sehr gering. Deswegen läßt sich die Meinung vertreten, daß diese Abfallkategorie im Rahmen der ohnehin schwierigen qualitativen Bewertung von Abfall eine einfache Identifizierung von solchen Abfallsegmenten erlaubt, die Verwertungs- und Deponieprobleme aufwerfen.

Die möglichen Beeinträchtigungen der Umwelt durch Abfälle der industriellen Wirtschaftszweige lassen sich duch die Kombination der Merkmale 'Anteil der Problemabfälle am Gesamtabfallaufkommen' und der 'Abfallintensivät der Produktion' ermitteln. Größere Belastungseffekte gehen danach von der Zellstoff-, Papier-

und Pappeerzeugung aus (SYPRO-Nr. 55 + 56), die pro 1 DM Wertschöpfung annähernd 1 kg Abfall insgesamt und 0,5 kg Problemabfall erzeugt. Nahezu ebenso problematisch ist die Abfallproduktion der NE-Metall- und der Chemischen Industrie.

Obwohl die abfallwirtschaftliche Bilanz des Statistischen Bundesamtes einen Rückgang des Abfallaufkommens zwischen 1980 und 1984 festgestellt hat, liegt das Aufkommen im gesamten Produzierenden Gewerbe 1984 um 28 % höher als das im frühesten Vergleichsjahr 1977. Die Steigerung resultiert aus Entwicklungen in der Grundstoff- und Produktionsgüterindustrie, der Nahrungsmittelindustrie und dem Baugewerbe. Aufschlußreicher als die Entwicklung der absoluten Mengen ist die Entwicklung der Abfallintensität als Indikator für die Einführung umweltfreundlicher Produktionstechnologien. So gesehen wurde die Produktion in der Hälfte der Wirtschaftszweige im Zeitraum zwischen 1977 und 1984 abfallintensiver.

Die ungünstigsten Entwicklungsverläufe sowohl der absoluten Menge als auch der Abfallintensität sind Zeichen typischer Trends: Im Wirtschaftszweig mit den höchsten Produktionszuwächsen, der Herstellung von Büromaschinen und Datenverarbeitungsgeräten, erfolgt eine noch weitaus stärkere Zunahme der Abfallintensität. Hier wirkt sich offensichtlich ein Zusammenhang aus, der besagt, daß ein Wachstum, ausgehend von einem geringen Ausgangsniveau, eine überproportionale Abfallintensität aufweist. Weiterhin kann man am Beispiel der Zellstoff-, Papier- und Pappeverarbeitung oder auch bei der Elektrizitätserzeugung sehr deutlich die Verlagerung der Emissionen von einem Bereich in den anderen verfolgen, die auf den Einsatz von nachsorgenden oder 'End-of-pipe'-Technologien zurückzuführen ist. Entlastungen für die Umweltmedien Wasser oder Luft intensivieren das Abfallproblem und machen es neben dem Ressourceneinsatz zur Kernfrage des umweltentlastenden Strukturwandels überhaupt.

Die gravierenden Zunahmen betreffen besonders die Abfallhauptgruppen 4 "Asche, Schlacke, Ruß aus der Verbrennung" (1977-84: +565,5 %), 8 "Säuren, Laugen, Schlämme, Laborabfälle, Chemikalienreste, Detergentien" (+78,4 %) und 9 "Lösemittel, Farben, Lacke, Klebstoffe" (+37,6 %). Die Zuwächse in den beiden letztgenannten Abfallhauptgruppen kennzeichnen die sektorale Verschiebung in der Volkswirtschaft, die zugunsten der chemischen Produktion, der Herstellung von Kunststoffwaren und dem Verwenden von Werkstoffen verläuft, die möglicherweise das Gesamtabfallaufkommen reduzieren, aber auch schwieriger in Wiederverwertungsprozesse eingegliedert werden können.

Regionale Trends in Norddeutschland

Vor dem Hintergrund der gesamtwirtschaftlichen Entwicklung lassen sich für die vier norddeutschen Bundesländer folgende Aspekte aufführen (vgl. Tabelle 4.16 und 4.17). Die dabei verwendeten Daten beruhen teilweise auf Sonderzusammenstellungen der Statistischen Landesämter, die nicht veröffentlicht sind.

Tabelle 4.16: Anteile in % der norddeutschen Bundesländer am Gesamtabfallaufkommen und an der Bruttowertschöpfung der BRD 1984. (Daten zur Umwelt 1986,S.415)

	Abfall insg.	Problemabfälle	Nachweispflichtige Abfälle	Bruttowertschöpfung
Schleswig-Holstein	2,2	0,9	0,5	2,6
Niedersachsen	12,5	24,3	23,9	9,2
Hamburg	1,3	1,6	1,8	3,1
Bremen	0,8	0,1	0,5	1,2
BRD	100	100	100	100

Alle Angaben in %

Eine erste, stark vereinfachende Gegenüberstellung der Anteile des Abfallaufkommens der vier norddeutschen Bundesländer am Gesamtaufkommen mit den Anteilen an der Bruttowertschöpfung zeigt einen eindeutigen Unterschied der Branchenbesetzung auf. In Schleswig-Holstein, Hamburg und Bremen ist die Industriestruktur bezogen auf ihre Wertschöpfung vergleichsweise "abfallfreundlich". Hinsichtlich des Gesamtaufkommens steht Hamburg am besten da, hinsichtlich der Problemabfälle Bremen, gefolgt von Schleswig-Holstein. Ausgesprochen "abfallintensiv" ist dagegen die niedersächsische Industriestruktur: Während das Verarbeitende Gewerbe dieses Bundeslandes 1984 nur knapp 10 % der gesamten industriellen Wertschöpfung der Bundesrepublik erwirtschaftete, sind dabei fast 25 % der Problemabfälle erzeugt worden.

Die vergleichsweise gute Situation in Schleswig-Holstein ist primär auf die insgesamt positive Entwicklung der Grundstoff- und Produktionsgüterindustrie zurückzuführen. In dieser Wirtschaftshauptgruppe wurde das Abfallaufkommen zwischen 1980 und 1984 mehr als halbiert, und auch die Problemabfälle wurden reduziert. Dieser Entwicklung liegt ein erheblicher Umstrukturierungsprozeß zugrunde, der am Beispiel der Problemabfälle erläutert werden kann. 1977 und 1980 war deren quantitatives Aufkommen von der Gruppe "Metallurgische Schlacken und Krätzen" (1980 = 109 784 t) geprägt, die ein typisches Abfallprodukt der Eisenschaffenden Industrie

Tabelle 4.17: Abfallaufkommen und Abfallintensität des Produzierenden Gewerbes in Norddeutschland 1977 - 1984.

(Berechnet nach Statitisches Bundesamt, Fachserie 19, Reihe 1.2; Statistische Berichte der Statist. Landesämter Q II 2)

	1	2	3	4	5	6	7	8
Schleswig-Holstein								
Grundstoff-/Produkt.	444369	38,5		0,42	77211	62,8		0,69
Investitionsgüterind.	216709	88,5		0,91	15988	150,2		1,55
Verbrauchsgüterind.	167220	97,7		1,03	5600	277,5		2,93
Nahrungsmittelind.	621697	118,4		1,17	474	157,5		1,56
Elektrizität/Wasser	360112	122,4	134,4	0,47	144	70,2	0,1	0,27
VerarbeitendesGewerbe	1449995	69,2	114,5	0,72	99273	73,0	7,8	0,76
Baugewerbe	6103039	95,3	1700,5	1,14	5562	182,3	1,5	2,18
Niedersachsen [1]								
Grundstoff-/Produkt.	4318387	83,8		0,88	2879466	185,8		1,95
Investitionsgüterind.	830061	81,2		0,77	143440	97,5		0,93
Verbrauchsgüterind.	415452	94,8		0,96	9027	92,9		0,94
Nahrungsmittelind.	2660480	137,1		1,40	2541	87,1		0,89
Elektrizität/Wasser	819823	204,0	181,2	2,42	14129	90,5	7,0	1,07
Bergbau	198754	84,2		0,96	25050	102,1		1,16
Verarbeitendes Gewerbe	8224380	96,1	182,0	0,97	3034474	177,5	67,1	1,79
Baugewerbe	9437747	80,6	942,3	1,01	7411	95,5	0,7	1,19
Hamburg								
Grundstoff-/Produkt.	385100	89,2		0,90	174544	102,7		1,04
Investitionsgüterind.	210358	116,6		1,26	16672	108,5		1,17
Verbrauchsgüterind.	111248	134,7		1,75	12932	173,1		2,24
Nahrungsmittelind.	144037	96,8		1,33	5582	108,3		1,49
Elektrizität/Wasser	78911	56,5	90,5	1,11	750	232,9	0,9	4,57
Verarbeitendes Gewerbe	850743	100,8	56,1	1,12	209730	106,0	13,8	1,17
Baugewerbe	2444455	90,1	244,1	0,97	2645	66,7	0,3	0,72
Bremen[2]								
Grundstoff-/Produkt.	174104	124,9			2335	40,2		
Investitionsgüterind.	112448	88,6			6594	152,6		
Verbrauchsgüterind.	21501	101,7			314	50,0		
Nahrungsmittelind.	123890	117,3			129	89,6		
Elektrizität/Wasser	90490	90,3	146,9	1,01	6462	2554,2	10,5	28,32
Verarbeitendes Gewerbe	431942	109,9	71,2	1,18	9362	85,9	1,5	0,92
Baugewerbe	503383	76,0	550,1	0,95	591	57,7	0,6	0,72
BRD								
Grundstoff-/Produkt.	40006031	117,8	303,1	1,04	11115063	121,8	84,2	1,25
Investitionsgüterind.	9984183	91,8	45,7	0,90	1099612	99,0	5,0	0,97
Verbrauchsgüterind.	5080206	97,9	67,9	1,05	201633	67,2	2,7	0,72
Nahrungsmittelind.	10988323	129,9	192,1	1,18	52403	64,8	0,9	0,64
Elektrizität/Wasser	12346708	275,6	257,3	1,88	6462	25,2	0,1	0,24
Bergbau	4080715	87,5	331,8	1,24	129098	240,1	10,5	2,66
Verarbeitendes Gewerbe	66058743	113,0	135,7	1,03	12468711	117,4	25,6	1,18
Baugewerbe	114051277	132,9	1218,9	1,00	130434	102,0	1,4	1,14

Erläuterung der Spalten:
1:　　　Abfallaufkommen in t 1984
5:　　　Problemabfallaufkommen in t 1984
2 und 6: Entwicklung des Aufkommens 1977-1984 (1977=100)
3 und 7: Abfallintensität, Abfall in Gramm pro 1 DM Wertschöpfung
4 und 8: Entwicklung der Abfallintensität 1977-1984, Abfallintensität 1984 / Abfallintensität 1977

[1]　　Strukturindex enthält Bergbau und Energie
[2]　　Produktionsindex wurde durch die Bruttowertschöpfung (in Preisen von 1980) ersetzt.

und der NE-Metallerzeugung sind. Bereits zwischen 1980 und 1982 ist dieses Aufkommen auf 5000 t zurückgegangen und stieg bis 1984 nur leicht wieder an. Dagegen erhöhte sich das Aufkommen der Abfallhauptgruppe 8 "Säuren, Laugen, Schlämme" im gleichen Zeitraum von 7372 t auf 68 971 t. Die sektorale Verlagerung der Produktion von Eisen, Stahl und anderen Metallen hin zu chemischen Produkten hat somit einen quantitativen Rückgang von knapp 40 % und eine qualitative Veränderung des Aufkommens von Problemabfällen verursacht. Diese qualitative Veränderung der Zusammensetzung des Abfalls ist schwierig zu bewerten. Nimmt man als Gefahrenindikator die Nachweispflicht nach § 2,2 AbfG, dann besteht in Schleswig-Holstein die Hauptgruppe 5 zu 4,5 %, die Abfallgruppe 8 nur zu 2,6 % aus Sonderabfällen. (vgl. Statistische Berichte des Stat. Landesamtes Schleswig-Holstein Q II 2 - 2j/84). Die Zuverlässigkeit der Sonderabfallstatistik ist jedoch umstritten (vgl. Daten zur Umwelt 1988/89,S.432).

Auch wenn diese Angaben und der Strukturindikator 'Abfallaufkommen pro DM-Einheit der Bruttowertschöpfung' für Schleswig-Holstein einen vergleichsweise günstigen Wert aufzeigen, darf die Entwicklung der industriellen Produktion in diesem Bundesland nicht durchweg als umweltentlastend bezeichnet werden. Der sich positiv auswirkenden Veränderung im Grundstoffbereich, die auf Betriebsstillegungen zurückzuführen ist, steht eine stabile bis zunehmende Abfallintensität der anderen industriellen Hauptgruppen gegenüber. Die Investitions- und Verbrauchsgüterindustrie haben beispielsweise ihr Abfallaufkommen zwischen 1980 und 1984 nur geringfügig gesenkt, die Emission von Problemabfällen sogar stark gesteigert. Verursacht wurde dieses überwiegend von Betrieben der Oberflächenveredelung, des Maschinenbaus und des Druckereigewerbes.

Die regionale Verteilung besonders des Aufkommens an Sonderabfällen (Tabelle 4.18) überrascht vor dem Hintergrund dieser Entwicklung wenig, denn hier zeigt sich erneut der Trend, der im Zusammenhang mit der Luftverschmutzung als industrielle Suburbanisierung bezeichnet worden ist. Besonders deutlich heben sich die Landkreise Pinneberg und Stormarn sowie die kreisfreie Stadt Neumünster ab. Das vergleichsweise hohe Aufkommen von industriellem Sondermüll in Pinneberg läßt sich durch die Konzentration einzelner Branchen der Investitionsgüterindustrie erklären, die in Bereichen der Oberflächenveredelung und des Maschinenbaus tätig sind, sowie durch die Papierindustrie. Das auffällige Ergebnis in Stormarn wird primär durch die Druckindustrie in Ahrensburg verursacht, die bereits ein Drittel des gesamten nachweispflichtigen industriellen Sondermülls in Schleswig-Holstein erzeugt. Die abfallintensive Wirtschaftsstruktur beider Kreise ist als eine Folge der industriellen Arbeitsteilung des Wirtschaftsraumes Hamburg zu sehen und Ergebnis der industriellen Suburbanisierung der späten sechziger und der siebziger Jahre.

Tabelle 4.18:   Abfallaufkommen und Bruttowertschöpfung in Schleswig-Holstein nach Kreisen 1984.
(Berechnet nach Statistische Berichte Q II 2-2j/84, unveröff. Zusammenstellungen des Stat. Landesamtes Schleswig-Holstein)

	Abfälle insg. %	Sonder- abfälle %	Bruttowert- schöpfung %
Flensburg	3,6	1,0	5,0
Kiel	5,8	7,7	12,0
Lübeck	9,7	7,7	11,2
Neumünster	3,8	10,9	3,3
Dithmarschen	4,1	5,1	8,7
Hzgt. Lauenburg	3,1	4,3	5,7
Nordfriesland	1,5	0,2	2,7
Ostholstein	13,8	0,4	3,7
Pinneberg	13,9	16,4	10,4
Plön	4,2	0,4	1,6
Rendsburg-Eckernförde	9,8	2,3	9,1
Schleswig-Flensburg	4,4	0,2	3,8
Segeberg	9,1	6,9	7,6
Steinburg	4,8	5,6	5,0
Stormarn	8,4	33,4	50,0
Schleswig-Holstein	100,0	100,0	100,0
absolut in t	7 943 183	13 057	20 907

Besonders die abfallintensive "Mischstruktur" Pinnebergs macht deutlich, daß der Prozeß der industriellen Standortverlagerung nicht nur mit den Flächenangeboten, sondern auch mit dem Umweltgefährdungspotential der Industrie verbunden gewesen ist.

Im Unterschied zu Schleswig-Holstein ist die Wirtschaftsstruktur des zweiten norddeutschen Flächenstaates Niedersachsen ausgesprochen abfallintensiv. Gemessen in Einheiten der Bruttowertschöpfung emittiert das Verarbeitende Gewerbe Niedersachsens 35 % mehr Abfälle insgesamt und 168 % mehr Problemabfälle als der Bundesdurchschnitt. Die Entwicklung zwischen 1980 und 1984 zeigt kaum Zeichen einer Verbesserung. Die Entwicklungsindizes für das gesamte Abfallaufkommen liegen nahe 1, sie belegen damit, daß der absolute Rückgang des Abfallaufkommens auf Schrumpfungsprozesse der Industrie zurückzuführen ist. Gleichzeitig hat sich das Aufkommen der Problemabfälle pro Einheit Nettoproduktion erhöht. Die Ursachen der schlechten Situation sind zum einen der hohe Anteil der Grundstoffindustrie an der Gesamtproduktion, zum anderen die Steigerung des Abfallaufkommens in einzelnen Wirtschaftszweigen wie dem Ernährungsgewerbe. Auf der Grundlage der hier nicht wiedergegebenen Statistik über die nachweispflichtigen Abfälle, die 1984 etwas über 591 000 t betragen haben, entsteht die relativ hohe Abfallintensität in

Niedersachsen durch die Chemieindustrie, die 72 % dieser Abfallkategorie verursacht, durch den Straßenfahrzeugbau mit 17 % und durch die NE-Metallindustrie mit knapp 6 %. Allein diese drei Branchen erzeugen 95 % des gesamten industriellen Sondermülls des Bundeslandes. Hinzu kommt ein wachsender Anteil von Mineralölabfällen und Ölschlämmen aus der niedersächsischen Erdölförderung.

In den beiden Stadtstaaten Hamburg und Bremen ist die Relation zwischen industrieller Wertschöpfung und industriellem Abfallaufkommen wie in Schleswig-Holstein günstig. Es ist bereits darauf hingewiesen worden, daß in Hamburg frühere Verlagerungsprozesse umweltbeeinträchtigender Industrien in die Randbereiche ein erklärender Faktor für die heutige Struktur darstellen. Insgesamt ergibt sich für Hamburg ein recht heterogenes Bild (Tabelle 4.19). Wirtschaftszweige mit steigendem Produktionsindex reduzieren ihr Abfallaufkommen (Mineralöl- und Chemische Industrie, Maschinenbau), andere Branchen mit sinkendem Produktionsindex steigern ihr Abfallaufkommen (Steine und Erden, NE-Metallerzeugung, Straßenfahrzeugbau, Herstellung von Kunststoffwaren), und Branchen mit starkem Produktionsrückgang reduzieren relativ langsam ihr Abfallaufkommen (Schiffbau). An dieser Stelle wird deutlich, daß mit zunehmender Differenzierung immer neue Fragen und andere mögliche Verursachungen auftauchen.

Die Umweltgruppe Physik/Geowissenschaften der Universität Hamburg hat im Auftrag der GAL-Hamburg versucht, die Erzeugung und die "Verarbeitung" des gewerblichen Abfalls in Hamburg transparent zu machen (GAL 1988). Zusammenfassend wird die Abfallstruktur wie folgt beschrieben: "Die herausragenden Sonderabfall-Mengen in Hamburg sind (a) Rückstände aus der Metallbe- und -verarbeitung, (b) Schlacken, Schlämme und Filterstäube aus der Kupfer-, Aluminium- und Stahlerzeugung, (c) Öl- und Chemikalienreste aus dem Hafenumschlag und den Raffinerien, (d) Flugaschen und Schlacken aus der Müllverbrennung, (e) kommunale Klärschlämme, (f) Baggerschlämme aus dem Hafenbereich, (g) kontaminierte Böden. Typische Rückstände aus der chemischen Industrie spielen dagegen in Hamburg eine nur untergeordnete Rolle. ... Andererseits wird in Hamburg in großem Stil Eisen, Aluminium, Kupfer, Gold, Silber, Platin aus Erzen oder aus Schrott gewonnen. Mit der Herstellung elementarer Metalle ist zwangsläufig der Anfall der Begleitstoffe aus dem Erz/Schrott in Abwasser, Abluft, Schlacken, Schlämmen und Stäuben verbunden. Folglich liegt der abfallstrategische Ansatz in Hamburg nicht im Bereich reststoffarmer Syntheseverfahren, sondern bei der innerbetrieblichen Schließung von Kreisläufen (Wasser, Lösemittel), bei Entgiftung von Abfällen durch separate Sammlung und Substitution von Einsatzstoffen sowie bei der Nachbehandlung und umweltverträglichen Verwertung von Schlacken und Filterstäuben" (GAL 1988,S.67).

Diese Bewertung aus grün-alternativer Sicht entspricht dem Entwicklungsindex

Tabelle 4.19: Abfallaufkommen ausgewählter Hamburger Wirtschaftszweige des Verarbeitenden Gewerbes 1980 - 1984.
(Berechnet nach unveröffentl. Zusammenstellungen des Stat. Landesamtes Hamburg)

| | | Abfallaufkommen in 1000 t | | | Entwicklung des | |
		1980	1982	1984	Abf.aufk. 80/84 %	Prod.index 80/84 %
22	Mineralöl	55,7	55,4	48,2	-11,7	+7,1
25	Steine und Erden	31,9	38,1	33,0	+3,4	-1,5
28	NE Metallerzeugung		37,5	54,5	+45,3	-3,9
32	Maschinenbau	34,7	32,4	29,3	-15,6	+0,3
33	Straßenfahrzeugbau	21,3	24,2	84,5	+296,7	-4,4
34	Schiffbau	53,5	54,4	43,4	-18,9	-38,2
36	Elektrotechnik	29,2	22,5	23,2	-20,5	-2,2
40	Chemische Industrie	49,4	35,8	35,7	-27,3	+6,1
57	Druckereien	43,6	33,8	35,0	-18,7	-25,0
58	Kunststoffwaren	5,2	3,7	61,3	+1078,8	-8,8
59	Gummiverarbeitung	33,5	23,7	28,2	-15,8	-10,0
68	Ernährungsgewerbe	147,6	192,2	141,2	-4,3	-5,2

zum Abfallaufkommen, der zumindest bis 1984 keineswegs in die erwünschte Richtung weist (vgl. Tabelle 4.17). Das Gutachten weist weiterhin nach, daß die Hamburger Umweltpolitik keine konsequente Vermeidungsstrategie verfolgt, sondern lediglich neue Entsorgungskapazitäten (Verbrennungsanlagen) für das industrielle Abfallaufkommen schafft. Allerdings werden von den Autoren selbst Faktoren genannt, die einer konsequenten Abfallvermeidung entgegenstehen, wie "die bundesweite Unterentwicklung von technischer Innovation in der Reststoffvermeidung und eine kaum entwickelte Methodik der Produktlinienanalyse" (GAL 1988,S.6).

Im Unterschied zu Hamburg und zu den norddeutschen Flächenstaaten ist im Land Bremen primär die Investitionsgüterindustrie Verursacher problematischer Abfälle. Die wichtigsten Abfallerzeuger sind die Eisenschaffende Industrie, der Schiffbau und der Straßenfahrzeugbau sowie das Ernährungsgewerbe. Das Aufkommen an nachweispflichtigen Abfällen hat im Land Bremen annähernd 14 000 t betragen. Sie stammen überwiegend aus dem Schiffbau und gehören zum größten Teil der Abfallhauptgruppe 10 "Mineralölabfälle, Ölschlämme, Phenole" an (Schlichting 1986,S.115).

Zusammenfassung

Ein umweltentlastender Strukturwandel kann durch veränderte Produktionstechniken und Konsumgewohnheiten erreicht werden. Die statistische Analyse der Luft- und Wasserbelastung hat gezeigt, daß es im Produzierenden Gewerbe durchaus möglich ist, die Emissionen zu reduzieren und tendenziell das Wirtschaftswachstum von der Schadstoffproduktion zu entkoppeln. Die Untersuchung des Abfallaufkommens zeigt aber, daß keine Umstellung von Produktionsprozessen erfolgte (vgl. zusammenfassend Abb. 4.11). Dort, wo Verminderungen der Schadstoffemission auftreten, sind sie entweder durch Produktionsrückgänge aufgrund regionalwirtschaftlicher Wettbewerbsschwächen oder durch den Einsatz rückhaltender 'End-of-pipe'-Technologien zu erklären. Durch Absorption, Destillation, Filtration oder Elektrolyse lassen sich

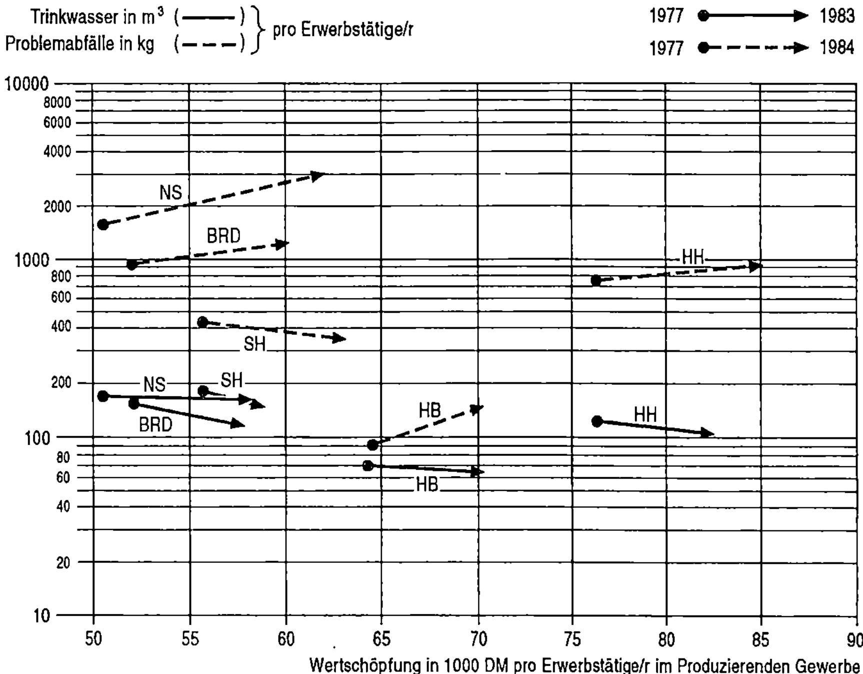

Datengrundlage:
Statistische Berichte des Statistischen Bundesamtes und der Statistischen Landesämter
(Q I, 2: Wasser- und Abwasseraufkommen, Q II, 2: Abfallbeseitigung), Volkswirtschaftliche Gesamtrechnung der Länder, Heft 15

Abb. 4.11:   Beziehungen zwischen Umweltbelastungen und wirtschaftlichem Wachstum in Norddeutschland 1977 - 1983/84

Luft- und Wassergemische reinigen, zurück bleiben Abfälle, besonders Problemabfälle, die sogar schneller anwachsen als das wirtschaftliche Wachstum. Die Analyse des Abfallbereichs belegt damit, daß ein umweltentlastender Strukturwandel der Produktion noch nicht eingetreten ist, es sei denn, man würde die Konzentration der Abfallstoffe und ihre überwachte Deponierung bereits als ausreichendes Kriterium betrachten. Dann würde auch die entscheidende abfallwirtschaftliche Komponente der neunziger Jahre, die Schaffung großer Müllverbrennungskapazitäten, zufriedenstellen. Dieses kann aber sicherlich nicht als ausreichend akzeptiert werden (IfÖR 1988).

Die vier norddeutschen Bundesländer haben hinsichtlich der Abfallintensität der Produktion unterschiedliche Strukturen. Schleswig-Holstein, Hamburg und Bremen weisen eine günstige Relation zwischen industriellem Abfallaufkommen und industrieller Wertschöpfung auf. Dagegen ist die Industrie Niedersachsens überdurchschnittlich abfallintensiv und umweltbelastend. Warum die Erzeugung von Abfall in den Ländern derart unterschiedlich ist, kann auf der Grundlage der Umweltstatistik kaum beantwortet werden. Dort, wo kleinräumige Angaben vorliegen, wie in Schleswig-Holstein, lassen sich differenziertere Aussagen machen. Besonders umweltbelastende Aktivitäten finden danach als Folge der industriellen Suburbanisierung der späten sechziger und siebziger Jahre im Umland von Verdichtungsräumen statt. Die relativ gute Emissionssituation Bremens läßt sich durch den unterdurchschnittlichen Anteil der emissionsintensiven Grundstoff- und Produktionsgüterindustrien erklären.

Zum Schluß eine Bemerkung zum methodischen Vorgehen. Die Abfallstatistik erlaubt durch ihre stoffliche Untergliederung eine weitaus genauere Darstellung der Emissionsintensität des Wirtschaftsprozesses als die Statistiken zu den Emissionen in die Luft bzw. in das Wasser. Daher und wegen der zunehmenden Bedeutung der Abfälle ist sie als wichtiges statistisches Instrument zur Beurteilung der hier thematisierten Fragestellung über die Umwelteffekte des Strukturwandels anzusehen. Allerdings ist die Führung dieser Statistik bei den Statistischen Landesämtern, insbesondere in den Stadtstaaten, bisher wenig geeignet, wissenschaftliche Hypothesen differenziert zu überprüfen. Auf Bundesebene gibt es interessante Ansätze einer Gesamtabfallbilanz (vgl. Spies 1985), die auf der Ebene der Länder und der Planungsregionen weiterzuführen sind. Die Möglichkeit des Zugriffs auf eine einheitlich und regional ausreichend differenzierte Statistik über die Emissionen in die Luft und in das Wasser sowie über die Abfälle wäre wichtig zur genaueren Analyse der Umweltbe- und -entlastungseffekte des regionalen Strukturwandels und zum gezielten regional- und umweltpolitischen Eingriff in die Produktionsstrukturen.

4.2 Die Wirkung von Umweltschutzmaßnahmen auf die Raumwirtschaft und auf regionale Disparitäten

Neben den Effekten, die raumstukturelle Veränderungen auf das Niveau der Umweltbelastungen haben, ist ihr Einfluß auf bestehende regionale Disparitäten von großer Bedeutung. Besonders bei der Betrachtung des umweltpolisch motivierten, induzierten Strukturwandels muß berücksichtigt werden, welche Einflüsse von Umweltschutzauflagen auf die regionale Wirtschaftsstruktur und die davon abhängigen Arbeitsmärkte ausgehen. Diese Einflüsse können sowohl negativ als auch positiv sein.

Negative Wirkungen sind besonders in solchen Ballungsräumen zu erwarten, in denen sich Emittenten konzentrieren, die von Umweltschutzbestimmungen betroffen sind. Altindustrialisierte Regionen sind dafür ein Beispiel. Durch ihre vergleichsweise wenig umweltverträglichen Produktionsprozesse werden die bereits bestehenden Strukturprobleme weiter verstärkt. Umweltschutzaufwendungen verstärken auf diese Weise die bestehenden Wettbewerbsschwächen.

Allerdings beinhalten Ausgaben für den Umweltschutz immer auch eine Förderung des Angebots an Gütern und Dienstleistungen. Daher können von Umweltschutzauflagen auch positive regionalwirtschaftliche Entwicklungen eingeleitet werden. Solche Regionen, die sich frühzeitig auf den neuen 'Zukunftsmarkt Umweltschutz' spezialisiert haben, erzielen Pioniervorteile. Weiterhin bietet die Umweltschutzpolitik zahlreiche Ansatzpunkte für aktive Arbeitsmarkt- und Technologiepolitik, wodurch Maßnahmen zum Umweltschutz auch Bestandteil regionaler Struktur- und Raumordnungspolitik werden können (vgl. Oßenbrügge 1991).

Ein Indikator für die Bedeutung der beiden angesprochenen Aspekte ist der finanzielle Aufwand, der von der Wirtschaft und von der öffentlichen Hand für Umweltschutz aufgebracht wird. Einige Globalangaben über die Umweltschutzausgaben sollen zunächst die Größenordnungen illustrieren. Die Datengrundlagen ergeben sich aus dem § 11 Umweltstatistikgesetz sowie aus der Finanzstatistik, die Berechnungsmethode folgt Ryll (1990,S.90ff.). Insgesamt haben die Ausgaben für Umweltschutzzwecke in den alten Bundesländern 1987 etwas über 32 Mrd. DM betragen (Tabelle 4.20). Seit Mitte der siebziger Jahre steigern sich die Ausgaben um etwa 4 % jährlich.

Abbildung 4.12 veranschaulicht die für die erwähnten positiven wirtschaftlichen Folgewirkungen wichtigen Investitionen für den Umweltschutz. Sie sind zwischen 1975 und 1986 beim Staat in etwa gleich geblieben, beim Produzierenden Gewerbe jedoch stark angestiegen. Die staatlichen Investitionen werden insbesondere durch die kommunalen Gebietskörperschaften getätigt. Die Gemeinden, Zweckverbände,

Tabelle 4.20:   Monetäre Indikatoren für Ausgaben im Umweltschutz.
(Ryll u. Schäfer 1986; Ryll 1990; Statistisches Bundesamt 1988,S.157-160)

	1975[*]	1980[*]	1987[*]	1987[#]	Veränderungen 75-80	80-87
		in Mio. DM			in %	
Investitionen						
Prod. Gewerbe	3090	2650	6900	7746	-14,2	+160,4
Staat	6410	8060	6950	7918	+25,7	-13,8
Bruttoanlagevermögen						
Prod. Gewerbe	28590	37160	52180	-,-	+30,0	+40,4
Staat	101140	131450	169600	-,-	+30,0	+29,0
Laufende Ausgaben						
Prod. Gewerbe	4050	5160	7260	9050	+27,4	+40,7
Staat	3790	4690	6330	7580	+23,8	+35,0
Gesamtausgaben						
Prod. Gewerbe	7140	7810	14160	16940	+9,4	+81,3
Staat	10200	12750	13280	15310	+25,0	+4,2

[*] in Preisen von 1980
[#] in jeweiligen Preisen

kreisfreien Städte und Landkreise veranlaßten 1987 über 90 % der Sachinvestitionen. In den Kernen von Verdichtungsräumen, wie in Hamburg, Bremen oder Hannover, wurden zwischen 1980 und 1985 durchschnittlich 110-125 DM je Einwohner und Jahr investiert, in den weniger verdichteten Räumen waren es im gleichen Zeitraum 80-100 DM. Trotz dieser Schwankungen kann die Nachfrage der öffentlichen Hand in Norddeutschland als homogen und dezentral eingestuft werden, einzelne Regionen werden von ihr weder besonders benachteiligt noch bevorteilt.

Im Produzierenden Gewerbe waren 1987 bundesweit etwa 7,6 % aller Anlageinvestitionen für Umweltschutzzwecke bestimmt. Besonders hohe Aufwendungen in Relation zu den Gesamtinvestitionen sind bei der Elektrizitätswirtschaft, dem Bergbau sowie der Grundstoff- und Produktionsgüterindustrie entstanden, außerdem bei einzelnen Branchen des Nahrungs- und Genußmittelgewerbes. Absolut betrachtet weisen drei Wirtschaftszweige: die Elektrizitätswirtschaft mit 4,25 Mrd. DM, die chemische Industrie mit 1,07 Mrd. DM und der Bergbau mit 0,65 Mrd. DM zusammen einen Anteil von 77 % der gesamten Bruttoanlageninvestitionen für den Umweltschutz im Jahre 1987 auf (Statistisches Bundesamt 1990,S.168f).

Wenn alle staatlichen und industriellen Investitionen auf Umweltbereiche aggregiert werden (Abb. 4.12), zeigt sich 1986 ein deutliches Übergewicht des Gewässerschutzes (52,9 %), gefolgt von der Luftreinhaltung (36,9 %), der Abfallbeseitigung (7,1 %) und dem Lärmschutz (3,1 %). Die Erhöhung der Umweltschutzinvestitionen seit 1980 betrifft besonders die Luftreinhaltung, aber auch der Abfallbeseitigung kommt immer größere Bedeutung zu. Dieser Sektor wird sicherlich der Wachstumsbereich der neunziger Jahre werden.

Die dargestellten monetären Angaben sind für die Bearbeitung der Fragestellungen dieses Abschnitts in zweierlei Hinsicht zu differenzieren und zu erweitern. Zum einen läßt sich die regionalwirtschaftliche 'Betroffenheit' durch die räumliche Verteilung und sektorale Differenzierung der Ausgaben des Produzierenden Gewerbes konkretisieren. Da Umweltschutzausgaben grundsätzlich die Kapitalproduktivität der Unternehmen negativ beeinflussen, auch wenn zumindest für die Umweltschutzinvestitionen eine ganze Reihe staatlicher Finanzierungsinstrumente bereitstehen, dürfte eine räumliche Konzentration der Ausgaben zu regionalen Wettbewerbsnachteilen führen.

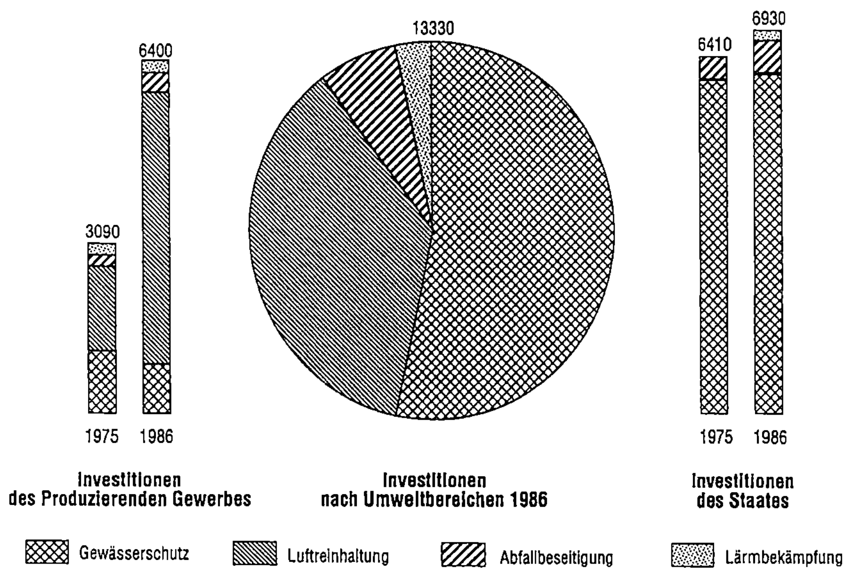

Abb. 4.12:   Investitionen in den Umweltschutz.
(Ryll 1990; Statistisches Bundesamt 1990)

Zum anderen spiegeln die monetären Indikatoren den Umfang der Nachfrage für Umweltschutzgüter und -dienste wieder. Die Sachinvestitionen des Staates und des Produzierenden Gewerbes, die 1987 ca. 16 Mrd. DM betragen haben, fließen gewerblichen Anbietern, besonders der Investitionsgüterindustrie, dem Baugewerbe und den Ingenieurdienstleistungen zu. Das Standortmuster dieser Betriebe gibt Hinweise auf diejenigen Wirtschaftsräume, die von Umweltschutzausgaben profitieren bzw. in denen Umweltschutzinvestitionen möglicherweise regionalökonomische Multiplikatoreffekte auslösen.

Regionale Betroffenheit von Umweltschutzauflagen und regionale Begünstigung durch Umweltschutzausgaben können räumlich zusammenfallen, brauchen es aber nicht. Daher ist eine Analyse der räumlichen Verteilungswirkungen der Umweltpolitik notwendig, um zu prüfen, ob zwischen diesem Politikbereich und Ausgleichszielen der regionalen Wirtschafts- und Raumordnungspolitik Konflikte bestehen. Dies wäre beispielsweise dann der Fall, wenn eine Region mit großen Strukturproblemen und hoher Arbeitslosigkeit gleichzeitig hohe Umweltschutzausgaben tätigen muß, die von wettbewerbsstarken Regionen abgeschöpft werden und auf diese Weise deren Leistungskraft erhöhen und die betroffene Region zusätzlich schwächen.

4.2.1 Regionale Wettbewerbsnachteile durch Umweltschutzauflagen

Das Einsetzen der Umweltdiskussion in den siebziger Jahren war gleichzeitig der Beginn einer Debatte über die Zukunftsaussichten des Wirtschaftsstandortes Bundesrepublik Deutschland. Neben Aspekten wie Lohnhöhe, Lohnnebenkosten, Dauer von Genehmigungsverfahren u.a. sind Umweltschutzauflagen seitdem regelmäßig Gegenstand von Klagen der Unternehmerverbände. Anfänglich propagierten auch die Gewerkschaften den 'Job-killing'-Charakters des Umweltschutzes, dem unterstellt wurde, daß er einen milliardenschweren Investitionsstau und damit erhebliche Arbeitsplatzverluste verursache. Inzwischen verläuft die Diskussion zwar erheblich differenzierter, dennoch lebt die Standortdebatte bei Vorlage neuer Gesetzesinitiativen zum Umweltschutz immer wieder neu auf.

Grundsätzlich sind im Rahmen der Diskussion über die regionale Wettbewerbsfähigkeit folgende Wirkungen der Umweltpolitik auf Standortstruktur und Wachstumstendenz denkbar, die dem Ziel der Schaffung gleichwertiger Lebensbedingungen entgegenstehen (Klemmer 1984):

1. Wenn betriebliche Finanzmittel für Umweltschutzinvestitionen gebunden werden, die die Kapitalintensität erhöhen, kann es zu wachstumslimitierenden Effekten kommen. Diese Wirkung ist besonders dann zu erwarten, wenn eine Verschärfung der Umweltschutzauflagen auf stagnierende Produktionskapazitäten trifft. Bei einer ansonsten guten konjunkturellen Situation werden auf diese Weise 'unproduktive' Betriebe aus dem Wettbewerb gedrängt und ein umweltentlastender Strukturwandel beschleunigt. Bei schwachem Konjunkturverlauf kann dagegen aber die Gefahr

entstehen, daß auch 'überlebensfähige' Betriebe aus dem Bestand fallen und so die regionale Wettbewerbsfähigkeit nachteilig beeinflußt wird.

2. Wenn Schwellenwerte für Gesamtemissionsmengen festgelegt sind und wenn einzelne Emissionsgenehmigungen nach dem sogenannten 'Windhundverfahren' vergeben werden, d.h. daß die ersten Betriebe bzw. der Bestand bereits den Schwellenwert erreichen und somit Vorteile im Vollzug der Umweltpolitik haben, dann ergibt sich ein konservierender Bestandsschutz. Dieser behindert den autonomen Strukturwandel der Regionalwirtschaft, weil die Flexibilität der regionalen Wirtschaftsstruktur und ihre Fähigkeit, sich an neue Rahmenbedingungen anzupassen, reduziert wird. Dieser Effekt trifft besonders dann ein, wenn es sich dabei um eine Begünstigung großer Altanlagenbetriebe handelt.

Am Beispiel der Umweltschutzausgaben im Produzierenden Gewerbe und über Fallstudien in Norddeutschland soll im folgenden geklärt werden, welche Auswirkungen von der Umweltpolitik in den achtziger Jahren ausgegangen sind und ob sie zu einer besonderen regionalwirtschaftlichen Betroffenheit geführt haben.

Die Verteilung der Investitionen des Produzierenden Gewerbes (Tabelle 4.21) zeigt in etwa die räumliche Verteilung der umweltbelastenden Industrien. Insbesondere die Länder, deren Industrien durch Umweltschutzauflagen zu vergleichsweise hohen Investitionen gezwungen werden, müssen sich mit den gerade genannten Wirkungen der Umweltpolitik auf den regionalen Strukturwandel auseinandersetzen. Es wäre sicherlich günstiger gewesen, diesen Aspekt auf der Ebene funktionaler Wirtschaftsräume zu bearbeiten. Leider sind Statistiken unterhalb der Länderebene sehr häufig mit Geheimhaltungsvermerken versehen (zur Datenlage vgl. Wackerbauer et al. 1990,S.52f und Gernert 1990,S.52f.).

Von den annähernd 20 Mrd. DM Umweltschutzinvestionen des Produzierenden Gewerbes 1985-87 (im Durchschnitt der Jahre 1985-87 etwa 7,2 % der Gesamtinvestitionen), entfällt nahezu die Hälfte (46,3 %) auf Betriebe aus Nordrhein-Westfalen. Auch der Anteil der Umweltschutzinvestitionen an den Gesamtinvestitionen ist mit 12,4 % in Nordrhein-Westfalen am höchsten, am zweithöchsten ist er im Saarland. Dieser Anteilswert liegt dagegen in den gleichfalls mit hohen industriellen Investitionen ausgezeichneten Ländern Bayern, Baden-Württemberg und Hessen weit unter dem Durchschnitt des Bundesgebietes. Auch die vier norddeutschen Länder weisen eine relativ günstigere Struktur auf: während hier 14,8 % der Gesamtinvestitionen getätigt worden sind, betrug der Anteil Norddeutschlands an den Investitionen für den 'unproduktiven' Umweltschutz nur 11,1 %.

Bereits diese Angaben machen deutlich, daß eine an betrieblichen Emissionen ansetzende Umweltpolitik die Betriebe in den altindustrialisierten Regionen in Nordrhein-Westfalen und im Saarland vor erheblich größere Problemen stellt als die süddeutschen Wirtschaftsräume. Dies ist sicherlich ein Erklärungsmoment des regional ungleich verlaufenden Strukturwandels in der alten Bundesrepublik in den achtziger Jahren.

Allerdings gehen in die Daten der Tabelle 4.21 auch die Investitionen der Elektrizitätswirtschaft mit ein. Diese bewirken aufgrund der nicht an Wirtschaftsräume bzw. Bundesländer gebundenen Preisgestaltung keine unmittelbar negativen Effekte für ihre Standorträume. Für die weitere Analyse der 'regionalen Betroffenheit' in Norddeutschland wird daher die Elektrizitätswirtschaft ausgeblendet.

Tabelle 4.21:   Gesamtinvestitionen und Investionen für den Umweltschutz des Produzierenden Gewerbes nach Ländern für die Jahre 1985 - 1987. (Statistisches Bundesamtes, Fachserie 19, Reihe 3 (1977ff.)

| | Gesamtinvestitionen | | Umweltschutzinvestitionen | | Anteil |
| | Summe 85-87 in Mio. DM | Länderanteil | Summe 85-87 in Mio. DM | Länderanteil | Sp.3 in % von Sp.1 |
	1	2	3	4	5
Schleswig-Holstein	7810,3	2,9	422,8	2,1	5,4
Hamburg	4530,3	1,7	258,7	1,3	5,7
Niedersachsen	24728,7	9,1	1314,6	6,7	5,3
Bremen	3048,1	1,1	205,5	1,0	6,7
Nordrhein-Westfalen	73816,8	27,0	9140,1	46,3	12,4
Hessen	23840,9	8,7	1120,6	5,7	4,7
Rheinland-Pfalz	13965,3	5,1	872,2	4,4	6,3
Baden-Württemberg	52564,4	19,2	2437,5	12,3	4,6
Bayern	54498,9	19,9	2534,1	12,8	4,7
Saarland	5191,0	1,9	590,7	3,0	11,4
Berlin(West)	9364,5	3,4	849,2	4,3	9,1
Bundesgebiet	273358,6	100,0	19745,9	100,0	7,2

Den Anteil der Umweltschutzinvestitionen des Verarbeitenden Gewerbes an den Gesamtinvestitionen zwischen 1979 und 1987 illustriert Abb. 4.13. Ohne die Elektrizitätswirtschaft liegen die norddeutschen Regionen teilweise über dem Bundesdurchschnitt. Verursacht wird diese Verschiebung im Vergleich zu den Angaben in Tabelle 4.21 durch den überproportional hohen Anteil der Atomkraftwerke an der norddeutschen Energieerzeugung, deren Investitionen in Sicherungsanlagen nicht zu den Umweltschutzinvestitionen gezählt werden. Umgekehrt spielen die hohen Aufwendungen für Filteranlagen in konventionellen Kraftwerken in Norddeutschland eine geringe Rolle für die Höhe der regionalen Ausgaben.

Auffällig ist weiterhin der uneinheitliche Verlauf der Investitionen, der besonders durch die beiden Spitzenwerte der Industrie in den Stadtstaaten Hamburg und Bremen verursacht wird. Der erste 'Ausschlag' Hamburgs läßt sich auf einmalige

Anlageinvestitionen der Raffinerien sowie der Aluminium- und Kupferhütten Anfang der achtziger Jahre erklären. Die zweite, schwächere Ausgabenerhöhung Hamburger Betriebe ist durch zunehmende Investitionen der Nahrungsmittelindustrie zu erklären, deren Produktionsindex in der gleichen Zeit stark rückläufig gewesen ist. Der Bremer Spitzenwert 1983 ist durch den Fahrzeugbau hervorgerufen worden, der den Anteilswert der Umweltschutzinvestitionen einmal auf nahezu 10 % der Gesamtinvestitionen gehoben hat. Auch die Schwankungen in Schleswig-Holstein lassen sich durch das Investitionsverhalten einzelner Branchen bzw. einzelner Betriebe erklären. Die höchsten Werte werden in diesem Bundesland immer dann erreicht, wenn die Betriebe der Chemieindustrie in Brunsbüttel neue Anlagen bauen. Hinzu kommen Investitionen der Papier- und Pappeerzeugung in Glückstadt und im Hamburger Umland.

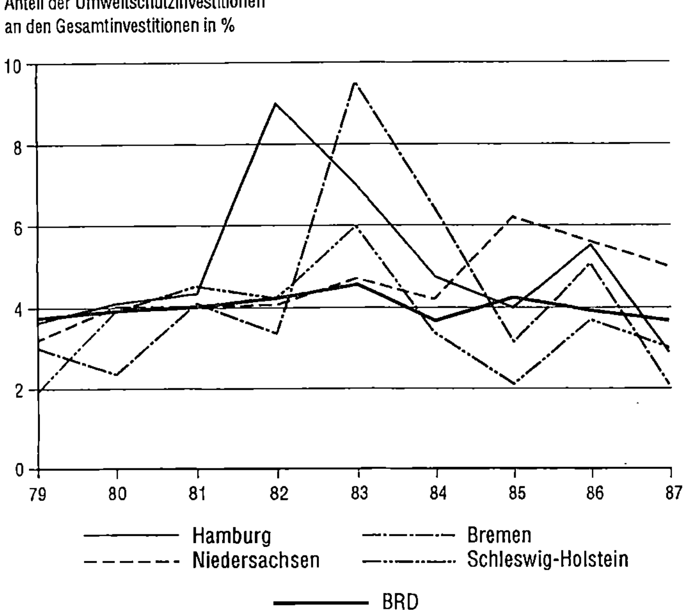

Abb. 4.13: Anteil der Umweltschutzinvestitionen an den Gesamtinvestitionen des Verarbeitenden Gewerbes in Norddeutschland 1979 - 1987

Im Unterschied zu den stark schwankenden, im letzten Berichtsjahr 1987 aber unter den Bundesdurchschnitt fallenden Anteilswerten liegen die Umweltschutzinvestitionen des Verarbeitenden Gewerbes in Niedersachsen bis 1984 in etwa auf gleicher Höhe wie der Bundesdurchschnitt. Seitdem übertreffen sie diesen aber um

1-2 Prozentpunkte. Verantwortlich für diese abweichende Entwicklung sind die Investitionen in den altindustrialisierten Regionen im Süden Niedersachsens (Raum Hildesheim-Salzgitter-Goslar), die neuen Standorte für Grundstoffindustrien an der Küste und der Straßenfahrzeugbau in Wolfsburg.

Das Niedersächsische Institut für Wirtschaftsforschung (NIW) hat die Umweltschutzinvestitionen der Industrie des Landes mit denen der Industrie in den übrigen Ländern Westdeutschlands verglichen (vgl. Bonkowski u. Legler 1986; Wackerbauer et al. 1990). Dabei sind vor allem die Hypothesen bearbeitet worden, ob die landesweit aggregierten Umweltschutzinvestitionen (a) allein aus der sektoralen Struktur des Produzierenden Gewerbes und ihrer wirtschaftlichen Bedeutung erklärt werden können, oder ob sie (b) durch das allgemeine Investitionsklima im Land gesteuert werden, d.h. ob dann im Umweltbereich investiert wird, wenn sowieso neue Produkte entwickelt und Produktionsprozesse erneuert werden. Für die zuletzt genannte Hypothese spricht das Argument, daß "Umweltschutzinvestitionen allein schon deswegen der Bestandteil der allgemeinen Investitionstätigkeit sind, weil es bei gegebenen Verhaltensweisen der Unternehmen und bei gegebenen Normen der Verwaltung schwerfällt, Anreize zur nachträglichen Installierung umwelttechnischen Fortschritts zu geben. Wird jedoch 'sowieso' investiert, kann darauf eingewirkt werden, daß der neueste Stand der Technik automatisch Berücksichtigung findet" (Wackerbauer et al. 1990,S.65).

Hinsichtlich der ersten Annahme ergibt sich ein Ergebnis, das den Aussagen zur Emissionsintensität im vorhergehenden Abschnitt entspricht: Die niedersächsiche Industrie ist aufgrund ihrer strukturellen Zusammensetzung als überdurchschnittlich umweltbelastend einzuschätzen. Vor diesem Hintergrund bleiben die tatsächlichen Umweltschutzinvestitionen des sekundären Sektors hinter Erwartungswerten, die sich aus der Sektorstruktur ableiten lassen, zurück, auch wenn sie, wie in Abb. 4.13 zu sehen, bereits über dem Bundesdurchschnitt liegen. Daher ist die zweite Annahme wahrscheinlicher, die eine graduelle umweltschutzbezogene Verbesserung der Produktion als Entwicklungstendenz annimmt: Der Vollzug der Umweltpolitik in Niedersachsen nimmt offensichtlich Rücksicht auf die ungünstige Produktionsstruktur und erspart den industriellen Unternehmen weitergehende Rückgänge der Kapitalproduktivität durch eine 'sanfte', dem generellen Investitionsverhalten angepaßte Umweltpolitik.

Zu ähnlichen Ergebnissen ist auch eine etwas ältere Untersuchung in Hamburger Betrieben gekommen (Hartwich 1984). Weitaus gravierender als die aus Umweltschutzauflagen entstandenen Kosten, die die Investitionsstrategien der befragten Betriebe keineswegs beeinflußten, waren Gemengelagen im Verdichtungsraum, die Flächenkonkurrenzen zwischen Wohn- und emissionsextensiven Gewerbenutzungen hervorrufen. Der Normalvollzug umweltpolitischer Maßnahmen wird in dieser Studie als der des 'Bargaining' bezeichnet, als Sanierungspartnerschaft, bei der die vollziehende Behörde eine Art Moderatorfunktion einnimmt. Sie steht zwischen den Gesetzen, Normen und öffentlichen Interessen einerseits und den Unternehmenswünschen nach möglichst geringen Kostenbelastungen und schneller Realisierung von Investitionsvorstellungen andererseits. Offensichtlich gelingt dabei den Unternehmen "die Durchsetzung eigener Interessen durch das 'intelligente' Eingehen auf eine bestimmte Regelungsstruktur und das aktive Wahrnehmen von Handlungschancen gegenüber anderen Beteiligten" (Hartwich 1984,S.177).

Die Einzelergebnisse für Niedersachsen und Hamburg machen zwar deutlich, daß Wirtschaftsräume mit Strukturproblemen und hoher Arbeitslosigkeit relativ hohe Umweltschutzinvestitionen aufbringen müssen. Diese Form regionalwirtschaftlicher Betroffenheit wird aber durch einen 'flexiblen' Vollzug abgefedert. Auf diese Weise wird der jeweils vorhandene regionale Bestand an Betrieben geschont, um zusätzliche sozialpolitische Verwerfungen zu vermeiden. Damit ist jedoch die Fortschreibung hoher Emissionsniveaus verbunden und die Fortsetzung des Widerspruchs zwischen Ökonomie und Ökologie vorprogrammiert.

4.2.2 Die regionalwirtschaftliche und raumordnungspolitische Bedeutung des Umweltschutzgewerbes für Wachstumsstrategien

Unter dem Umweltschutzgewerbe versteht man die Anbieter von solchen Gütern und Dienstleistungen, die von den Gebietskörperschaften und den Unternehmen zum Zwecke der Reduzierung von oder zur Vorbeugung vor Umweltbelastungen nachgefragt werden. Dabei kann es sich um Anlagen und Anlagenteile (Komponenten), um Hilfs- und Betriebsstoffe, um Ingenieurs- und Beratungsleistungen sowie um Transport- und Vertriebsleistungen handeln. Hinsichtlich einer qualitativen Einteilung der Technologie lassen sich die Bereiche der integrierten Produkt- und Verfahrenstechniken, der Schadstoffüberwachung durch Meß- und Regeltechnik, der Rückführung von Wirkstoffen durch Recyclingtechnologien und der Entsorgungs- und Sanierungstechniken für geschädigte Ökosysteme unterscheiden. Das Angebot ist außerordentlich vielfältig, es reicht vom relativ simplen Sammeln von Altglas über die Schließung von Kreisläufen in komplexen Produktionsprozessen bis hin zur Forschungs- und Entwicklungstätigkeit für effiziente Sanierungstechnologien und umweltverträgliche Produkte. Der Begriff 'Umweltschutzmarkt' ist daher auch recht schillernd und wird von Fall zu Fall unterschiedlich definiert. (In Abb. 4.1 wird beispielsweise eine Einteilung in 'End-of-pipe'-, Recycling- und Prozeßtechnologien vorgenommen; ausführlicher: Oßenbrügge 1991; Wackerbauer et al. 1990).

Im folgenden Abschnitt werden solche Ergebnisse aus empirischen Untersuchungen betont, die Aufschluß über das räumliche Verteilungsmuster und den Beitrag zum regionalwirtschaftlichen Wachstum des Umweltschutzgewerbes geben. Dazu ist es angebracht, zunächst wiederum von den Ausgaben für Umweltschutz auszugehen und ihre theoretischen Effekte zu erörtern. Vor allem nachfrageorientierte Ansätze der regionalen Wachstumstheorie beschreiben Wirkungsketten, die auch von Umweltschutzinvestitionen ausgelöst werden können. Als erstes ist auf die Exportbasis-Theorie hinzuweisen. Der Motor für die Entwicklung eines Wirtschaftsraumes ist danach der Sektor, der seine Umsatzerlöse aus Exporten realisiert (basic-activities) und dadurch nachgelagerte Sektoren aktiviert (non-basic-activities). In Rückbezug auf die keynesianische Multiplikatoranalyse werden aus den Beziehungen dieser beiden Bereiche regionale Multiplikatoreffekte erwartet (vgl. Lauschmann 1976,S.108ff.,162ff.). Trotz der zweifellos schwierigen Prüfung des Exportbasis-Konzeptes in empirischen Analysen wird diesem Ansatz in der wissenschaftlichen Politikberatung hohe Bedeutung beigemessen, so z.B. vom Sachverständigenrat zur Begutachtung der gesamtwirtschaftlichen Entwicklung für die Regionalpolitik Ostdeutschlands (Sachverständigenrat - JG 1990/91, Ziffer 505f.). Ein der Exportbasis-Theorie ähnliches Argumentationsmuster läßt sich auch aus dem Konzept der keynesianisch orientierten, endogenen Regionalentwicklung ableiten. Dieses Konzept geht davon aus, daß der Impuls für regionales Wachstum nicht extern angesiedelt ist, wie bei der Exportbasis-Theorie, sondern daß eine neue regionale Nachfrage die Multiplikatoreffekte erzeugt. Zur Erzeugung von Wachstumsprozessen wäre es Voraussetzung, daß die regionalen Umweltschutzinvestitionen des Staates und des Produzierenden Gewerbes signifikant erhöht, vom regionalen Bestand des Umweltschutzgewerbes aufgenommen und in neue Arbeitsplätze, zusätzliche Anlageinvestitionen oder höhere Einkommen umgesetzt werden.

Vor dem Hintergrund dieser theoretischen Ansätze läßt sich als erstes folgende Hypothese aufstellen: Nach der Exportbasis-Theorie begünstigt der Umweltschutzmarkt tendenziell solche Regionen, die ein hohes Anbieterpotential bei relativ geringen Umweltschutzinvestitionen aufweisen. In diesen müßte das Potential für Exporterlöse am größten sein. Zur Prüfung für die Länder der alten Bundesrepublik wird den bereits bekannten Länderwerten über den Anteil der Umweltschutzinvestitionen an den Gesamtinvestitionen ein Angebotspotential gegenübergestellt (Tabelle 4.22). Letzteres ist vom Ifo-Institut ermittelt worden, das eine Unternehmensliste des Vogel-Verlags 'Umweltmarkt von A-Z' nach Bundesländern untergliederte und zusätzlich die Angebotsbereiche (Produkte, Dienstleistungen) nach Umweltbereichen

Tabelle 4.22: Anbieter von Umweltschutzgütern und -dienstleistungen sowie Umweltschutzinvestitionen nach Bundesländern 1988. (Wackerbauer et al. 1990,S.215 nach Angaben aus dem 'Umweltmarkt von A-Z' (Vogel-Verlag); eigene Berechnungen, vgl. Tabelle 4.21)

| | Unternehmen | | Angebotsvielfalt[1] | | Anteil der Umwelt-schutzinvestitionen[2] |
	Anzahl abs.	Anteil in %	Anzahl abs.	Anteil in %	in %
Schleswig-Holstein	37	2,8	258	2,6	2,1
Hamburg	46	3,5	460	4,6	1,3
Niedersachsen	91	6,9	696	6,9	6,7
Bremen	12	0,9	104	1,0	1,0
Nordrhein-Westfalen	431	32,9	3252	32,3	46,3
Hessen	177	13,5	1641	16,3	5,7
Rheinland-Pfalz	60	4,6	352	3,5	4,4
Baden-Württemberg	262	20,0	1955	19,4	12,3
Bayern	157	12,0	1077	10,7	12,8
Saarland	9	0,7	81	0,8	3,0
Berlin(West)	28	2,1	198	2,0	4,3
Bundesgebiet	1310	100,0	10075	100,0	100,0

[1] Anzahl der nach Umweltbereichen unterschiedenen Güter und Dienstleistungen der Unternehmen.
[2] an den Gesamtinvestitionen des Produzierenden Gewerbes.

(Abfallwirtschaft, Gewässerschutz, Luftreinhaltung, Lärmdämmung, Energieeinsparung, Meß- und Regeltechnik) auszählte.

Auch wenn die Qualität der Daten als nicht sonderlich hoch einzustufen ist, sind einige bemerkenswerte Zusammenhänge offensichtlich. Zumindest hinsichtlich des Unternehmenspotentials scheinen die Wirtschaftsräume in Baden-Württemberg und Hessen die Gewinner der Umweltpolitik zu sein, denn zwischen dem Anteil der Investitionen, die dort getätigt werden, und dem Anteil der Anbieter bzw. der unterschiedlichen Produkte und Dienstleistungen läßt sich eine Differenz von sieben Prozentpunkten und mehr feststellen. Der quantitativ größte Abfluß regionaler Nachfrage ist in Nordrhein-Westfalen zu vermuten, während im Saarland die Relation ausgesprochen ungünstig ist: einem hohen Aufkommen an Umweltschutzinvestitionen steht ein sehr kleines Potential an regionalen Anbietern gegenüber. In den übrigen Ländern scheinen Nachfrage und Angebot relativ ausgeglichen zu sein; Vorteile lassen sich noch für Hamburg, Nachteile für Berlin ableiten. Werden die hier benutzten Daten als ausreichende Prüfbasis zugrundegelegt, ist insgesamt davon auszugehen, daß die Umweltpolitik die Exportbasis von Baden-Württemberg und Hessen stärkt und damit einen sowieso vorhandenen Trend der disparitären Entwicklung der Regionen der alten Bundesrepublik intensiviert.

Eine Schätzung, die von der regionalen Herkunft der Umsatzerlöse ausgeht und

Tabelle 4.23:   Indikatoren zur Bewertung der regionalpolitischen Bedeutung des Umweltschutzgewerbes

---

1-3: Typisierende Indikatoren

1.   Umweltschutzindustrie vs. Verarbeitendes Gewerbe ohne Umweltschutzumsatz, um den Effekt der Umweltschutzorientierung generell zu erfassen.

2.   Spezialisierung auf dem Umweltschutzmarkt nach dem Anteil der Umsatzerlöse, um den Effekt der Abhängigkeit oder auch Spezialisierung auf diesen Geschäftsbereich zu bestimmen.

3.   Regionale Herkunft der Umsatzerlöse, um die theoretisch zu erwartenden Auswirkungen der exogenen vs endogenen Orientierung abzuschätzen.

4-6: Wachstumstheoretisch relevante Indikatoren

4.   Beitrag zur regionalen Wertschöpfung, um eine generelle regionalpolitische Bewertung der Betriebe durchzuführen.

5.   Investitionsintensität (in Relation zum Umsatz/zu den Beschäftigten), um Koppelungseffekte und Potentiale für Multiplikatoren zu bewerten.

6.   Beschäftigungsentwicklung 1980-88, um direkte Arbeitsmarkteffekte zu evaluieren.

7-8: Standorttheoretisch relevante Indikatoren

7   Regionstyp des Standortes, um eine räumliche Differenzierung der Anbieterstruktur durchzuführen.

8   Positive/negative Standortbewertung der Unternehmen, um die Regionstypen zu bewerten.

---

damit genauere Anhaltspunkte zur Beantwortung der oben aufgeführten Hypothese liefert, zeigt für Norddeutschland folgendes Bild (Oßenbrügge 1991,S.75f.): In den vier norddeutschen Bundesländern sind vom Staat und vom Produzierenden Gewerbe 1987 ca. 2 Mrd. DM für den Umweltschutz investiert worden. Zwischen 45 % und 55 % dieser Nachfrage flossen aus Norddeutschland ab, d.h. zwischen 0,9 und 1,1 Mrd. DM. Gleichzeitig betrugen diejenigen Umsatzerlöse der norddeutschen Anbieter von Umweltschutzgütern, die außerhalb Norddeutschlands realisiert werden konnten, gleichfalls zwischen 0,95 und 1,1 Mrd. DM. Die relative Ausgeglichenheit des norddeutschen Umweltschutzmarktes, die aus Tabelle 4.22 herauszulesen ist, wird also bestätigt. Es ist sogar eine leichte Begünstigung der Region zu erkennen, denn der Anteil der anbietenden Unternehmen in Norddeutschland beträgt 14,1 %, der Anteil der angebotenen Güter und Dienstleistungen sogar 15,1 %, während die Umweltschutzinvestionen an den Gesamtinvestitionen des Produzierenden Gewerbes nur einen Anteilswert von 11,1 % aufweisen.

Die gerade referierten Umsatzangaben entstammen einer Betriebsbefragung in den norddeutschen Bundesländern aus dem Jahr 1989, in die 290 Einzelbefragungen eingegangen sind (Oßenbrügge 1991). Einige der Ergebnisse geben weiterführende Hinweise auf die regionalpolitische Bedeutung der Betriebe, die Güter und Dienstleistungen im Umweltbereich anbieten. Sie werden im folgenden unter besonderer Berücksichtigung der Umweltschutzindustrie, d.h. der Betriebe des Produzierenden Gewerbes, die Güter und Dienstsleistungen für den Umweltschutz herstellen, zusammengefaßt, um auf dieser Grundlage die theoretisch erwarteten mit empirisch beobachtbaren Effekten zu vergleichen.

Der Beitrag des Umweltschutzgewerbes zum regionalen Wirtschaftswachstum und zur Beeinflussung der regionalen Standortstruktur kann mit den Befragungsergebnissen nicht für alle theoretisch relevanten Parameter quantifiziert werden; jedoch lassen sich einige Variablen als Indikatoren für die Validität der theoretischen Hypothesen heranziehen (Tabelle 4.23).

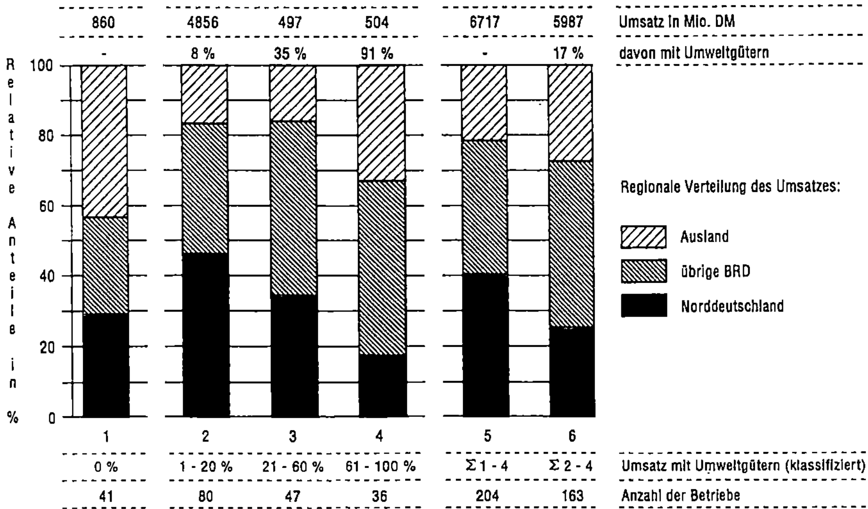

Abb. 4.14:   Typisierung der Umweltschutzindustrie Norddeutschlands nach Umsatzgrößen. (Betriebsbefragung 1989)

Die Erhebung hat in Norddeutschland 204 Betriebe des Produzierenden Gewerbes erfaßt. Von diesen sind 163 auf dem Umweltschutzmarkt präsent; die übrigen 41 weisen ein ähnliches Güterangebot aus, ihr Umsatz ist aber nicht von der gesetzgeberisch induzierten Nachfrage abhängig. Diese Betriebe dienen hier als Kontrollgruppe. Die 163 Umweltschutzbetriebe sind nach dem Umsatz im Umweltschutzbereich in Klassen eingeteilt, die die Bedeutung des Umweltschutzmarktes für den einzelnen Betrieb wiedergeben. Die meisten Betriebe gehören in die Gruppe der 'Mitnehmer', die durchschnittlich 8 % Umweltschutzanteil am Gesamtumsatz realisieren (Gruppe

2 in Abb. 4.14). Als ausgespochene Umweltschutzspezialisten lassen sich die Betriebe kennzeichnen, die über 90 % ihres Umsatzes mit Umweltschutzleistungen erreichen (Gruppe 4 in Abb. 4.14).

Die in Tabelle 4.23 zur Typisierung herausgestellten Indikatoren lassen sich an der Abb. 4.14 veranschaulichen. Die gewählte Gruppenbildung läßt sich nicht nur für eine Wirkungsanalyse der Spezialisierung auf dem Umweltschutzmarkt verwenden. Es ergibt sich auch die Möglichkeit, die Exportorientierung mit einzubeziehen. Dabei zeigt sich sehr deutlich, daß die 'Mitnehmer'(Gruppe 2) eine sehr stark regional operierende Gruppe sind, die den postkeynesianisch-endogenen Typ repräsentieren, während die Gruppe 4 eher dem Basic-activities-Sektor der Exportbasis-Theorie entspricht. Die Gruppe 3 liegt dazwischen. Die Kontrollgruppe (Gruppe 1) zeigt in ihrem Verhältnis Inland-Ausland-Umsatz Werte auf, die auf gleichem Niveau liegen wie die des Verarbeitenden Gewerbes insgesamt.

Mit der getroffenen Einteilung läßt sich also sehr gut zeigen, welche betrieblichen Reaktionen erfolgen, wenn sich Unternehmen des Produzierenden Gewerbes nicht, zum geringen Teil oder ausgesprochen abhängig von staatlichen und gewerblichen Investitionen für den Umweltschutz machen. Und es läßt sich außerdem zeigen, ob die endogene oder exogene Ausrichtung des Absatzes der Betriebe regionalpolitisch unterschiedlich zu bewertende Effekte erzeugt.

Die Auswertung der wachstumstheoretisch relevanten Indikatoren ergibt, daß die endogen orientierten Betriebe, die nur zu einem geringen Teil auf dem Umweltschutzmarkt tätig sind, den relativ höchsten Beitrag zur regionalen Wertschöpfung leisten. Es läßt sich die banal anmutende Feststellung machen, daß dann, wenn der Absatz regional verläuft, auch die Vorleistungen regional bezogen werden. Gleichzeitig weisen diese Betriebe die geringsten Vorleistungen auf, was auf eine große Fertigungstiefe schließen läßt. Diese endogen orientierten Betriebe sind durchschnittlich älter und überwiegend in den Verdichtungsräumen lokalisiert. Ihre Bestandserhaltung wird durch die vom Gesetzgeber induzierten Umweltschutzinvestitionen unterstützt. Die Bewertung der Gruppe der 'Mitnehmer' ist ambivalent: In Zeiten schneller struktureller Veränderung besteht die Gefahr, daß diese Betriebe zu einem typischen Problem altindustrialisierter Gebiete beitragen, nämlich der bestandserhaltenden Interessenverflechtung von regionalen Arbeitgeber- und Arbeitnehmerorganisationen mit den politisch-administrativen Eliten der Länder. Das - wenn auch nur partielle - Verlassen auf staatliche oder vom Staat veranlaßte Aufträge hat bereits in anderen Branchen, wie in der Stahl- oder in der Werftindustrie zu schwerwiegenden regionalpolitischen Problemen geführt. Die in der Öffentlichkeit hoch akzeptierten Umweltschutzausgaben könnten so die gleiche Funktion bekommen wie die Subventionen in den Montansektor oder die Werftindustrie. Es ist aber auch darauf hinzuweisen, daß bei besonderen regionalen Schwächeerscheinungen, wie beispielsweise Arbeitsmarkteinbrüchen, zusätzliche staatliche Umweltschutzinvestitionen zu einer durchaus erwünschten Stabilisierung beitragen können. Dieses entspricht Strategien der gewerkschaftlichen Beschäftigungsprogramme, die durch Förderung des endogen orientierten Betriebspotentials den Arbeitsmarkt stabilisieren wollen.

Vor dem Hintergrund der angesprochenen regionalen Entwicklungstheorien ist es aber insgesamt unbefriedigend, daß bei den endogenen 'Mitnehmern' neben den Einkommenseffekten keine nennenswerten Kapazitäts- und Komplementäreffekte anfallen. So kommt es durch die Aktivität auf dem Umweltschutzmarkt nicht zu zusätzlichen Investitionen. Geht man davon aus, daß die Investitionen der entscheidende Faktor zur Erzielung von Multiplikatoreffekten und damit für regionales Wachstum sind, dann sind die 'Umweltschutzspezialisten' (Gruppe 4) die Schlüsselgruppe. Bezogen auf den Umsatz weist die Gruppe der 'Umweltschutzspezialisten' nahezu doppelt so hohe Investitionen auf wie die endogenen Betriebe. Die Betriebe dieser Gruppe beurteilen die zukünftige Entwicklung des Umweltschutzmarktes weitaus positiver als die endogen orientierten 'Mitnehmer'. Von den 'Umweltschutzspezialisten' gehen außerdem mehr und weitreichendere technologische Komplementäreffekte aus, sei es hinsichtlich Aufwendungen für Forschung und Entwicklung oder hinsichtlich der Weiterbildung der Mitarbeiter.

Die Dynamik der exportorientierten Spezialisten spiegelt sich auch in den Beschäftigungseffekten wieder (Abb. 4.15). In einer Zeit, die in Norddeutschland durch einen starken Einbruch auf dem Arbeitsmarkt gekennzeichnet ist (vgl. die Kontrollgruppe mit 0 %), ist die Umweltschutzindustrie ein stabilisierender Faktor gewesen. Die endogen orientierten Betriebe haben die Beschäftigtenzahl zwischen 1980 und 1984 stabil gehalten und sie mit dem ersten konjunkturellen Aufwind erhöht. Umweltschutzinvestitionen haben hier zu einer Abfederung der Krisenphänomene geführt. Als regionalpolitisch außerordentlich bedeutsam erweisen sich aber erneut die 'Umweltschutzspezialisten', die einen neuen Unternehmenstyp mit offensichtlich expandierenden Umsätzen darstellen.

Interessanterweise sind die Umweltschutzspezialisten nicht an einen bestimmten Regionstyp gebunden, sie sind sowohl in als auch außerhalb der Verdichtungsräume zu finden. Abb. 4.16 zeigt sehr deutlich, daß sich seit den siebziger Jahren ein homogenes Standortmuster zu entwickeln beginnt; eine Verschiebung vom Verdichtungsraum über die industrielle Suburbanisierung hin zum ländlichen Raum wird deutlich. Dieses Ergebnis steht in einem deutlichen Kontrast zu früheren Erhebungen und Erklärungen der Standortverteilung der Umweltschutzindustrie (Benkert 1987), ist aber auf der Grundlage neuerer industriegeographischer Erklärungsansätze durchaus plausibel (Keeble 1989).

Die Standortanforderungen der Umweltschutzindustrie werden nicht nur in den Ballungsräumen erfüllt, sondern auch periphere Regionen haben die Chance, in die Standortwahl einbezogen zu werden. Dieses drückt sich auch in den Standortbewertungen aus: Die periphere Lage wird zwar häufig als Standortnachteil benannt, bezieht sich aber nicht unbedingt auf die Qualifikationen der Arbeitskräfte. Dieser Engpaßfaktor hat offensichtlich an Bedeutung verloren.

Stärker aber als die Standortnachteile in der Peripherie scheinen die spezifischen Standortnachteile in den Ballungsräumen zu sein, wodurch der Peripherie neue Betriebe zugeführt werden. Gemengelagen, Flächenknappheiten, aber auch das regionale und lokale 'industriepolitische Klima' wirken sich als Push-Faktoren in den Verdichtungsräumen aus und erklären das in der Abb. 4.16 veranschaulichte Standortverhalten.

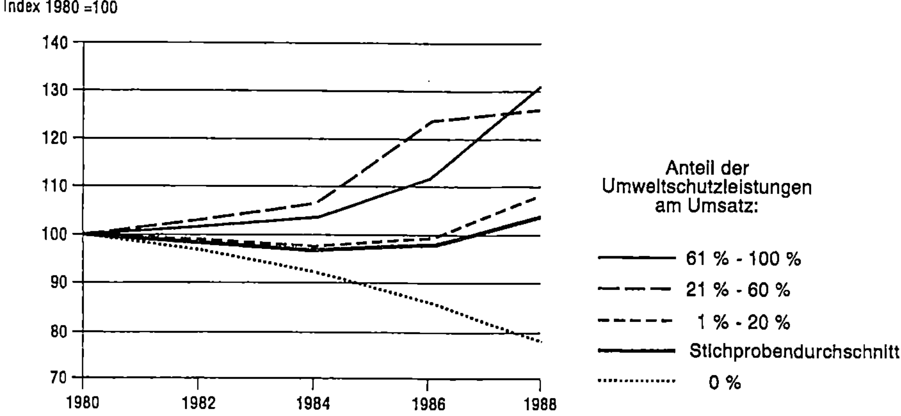

Abb. 4.15: Beschäftigtenentwicklung der norddeutschen Umweltschutzindustrie nach dem Anteil der Umweltschutzleistungen am Umsatz. (Betriebsbefragung 1989)

Damit trägt das Anbieterpotential des Umweltschutzmarktes insgesamt zu einer Dezentralisierung der Industriebeschäftigten bei. Die Schaffung von Arbeitsplätzen, die letzlich von der Umweltschutzgesetzgebung abhängig sind, erscheint strukturpolitisch dann problemfrei, wenn es sich bei den Betrieben um 'Umweltschutzspezialisten' mit Fern- bzw. Exportorientierung handelt. Solche Betriebe sind ein Gewinn für die regionale Wirtschaftsstruktur, weil davon auszugehen ist, daß die Nachfrage nach technischen Umweltschutzleistungen in Zukunft weiter steigen wird. Damit sind regionalpolitische Strategien, die eine Verbindung von Struktur- und Umweltpolitik für bestimmte Standorte anvisieren, zur Steigerung der regionalen Wettbewerbsfähigkeit sinnvoll und erfolgversprechend. Wenn es zusätzlich gelingt, die Qualität der eingesetzten Umwelttechnik in Richtung umweltentlastender Produkt- und Prozeßinnovationen zu verbessern, wäre eine Wachstumsstrategie eingeleitet, die dem Anspruch der qualitativen Verbesserung durchaus gerecht würde. Allerdings sind in der praktischen Regionalpolitik dafür erst sehr wenige Zeichen gesetzt worden (vgl. Oßenbrügge 1991,S.109f.).

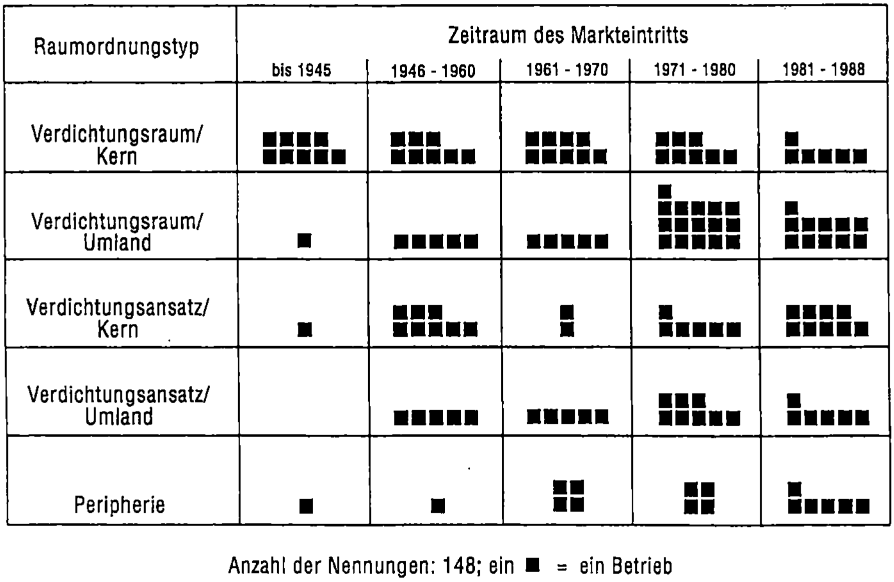

Raumordnungstyp	Zeitraum des Markteintritts				
	bis 1945	1946 - 1960	1961 - 1970	1971 - 1980	1981 - 1988
Verdichtungsraum/ Kern	∎∎∎∎∎ ∎∎∎∎∎	∎∎∎∎ ∎∎∎∎∎	∎∎∎∎∎ ∎∎∎∎∎	∎∎∎ ∎∎∎∎∎	∎ ∎∎∎∎∎
Verdichtungsraum/ Umland	∎	∎∎∎∎∎	∎∎∎∎∎	∎ ∎∎∎∎∎ ∎∎∎∎∎ ∎∎∎∎∎	∎ ∎∎∎∎∎ ∎∎∎∎∎
Verdichtungsansatz/ Kern	∎	∎∎∎ ∎∎∎∎∎	∎ ∎	∎ ∎∎∎∎∎	∎∎∎∎ ∎∎∎∎∎
Verdichtungsansatz/ Umland		∎∎∎∎∎	∎∎∎∎∎	∎∎∎ ∎∎∎∎∎	∎ ∎∎∎∎∎
Peripherie	∎	∎	∎∎ ∎∎	∎∎ ∎∎	∎ ∎∎∎∎∎

Anzahl der Nennungen: 148; ein ∎ = ein Betrieb

Abb. 4.16: Raumtyp und Zeitraum des Markteintritts der norddeutschen Umwelt-schutzindustrie. (Betriebsbefragung 1989)

5   Schlußbetrachtung

Diese Arbeit schlägt einen weiten Bogen, der den einzelnen in seiner materiellen und psychischen Befindlichkeit, die Gesellschaft in ihrer politischen Organisationsform, die Wirtschaft in ihrer umwelt- und technikbezogenen Struktur und die natürliche Umwelt in ihren Funktionen für menschliche Nutzungen umfaßt. Die einzelnen Bereiche sind schon an sich sehr komplex und schwierig zu bearbeiten. Hinzu treten die Wechselbeziehungen, aus denen sich vielleicht die entscheidenden Problembereiche ergeben (vgl. Fritsch 1985,S.37ff., Marx 1988,S.199ff.). Dazu zählen die Wahrnehmung der Landschaftszerstörung durch den Menschen, die Legitimationsprobleme der politischen Organisationen in der Umweltpolitik, die ambivalente Rolle der Technik (umweltzerstörende Großtechnologien vs umwelterhaltende Technologien) oder die unterschiedliche gesellschaftliche Betroffenheit von Umweltproblemen. Eine gewisse Ordnung ist durch das anfänglich vorgestellte Wirkungsmodell hergestellt worden (Abb. 1.2), das auch die Intentionen der Arbeit verdeutlicht. Diese sei als Einleitung der Schlußbetrachtung wiederholt: Sowohl auf grundsätzlicher als auch auf konkreter Ebene ist der Frage nach den Wirkungen der individuellen und gesellschaftlichen Wahrnehmung von Umweltgefahren nachgegangen worden. Zu welchen umweltentlastenden Handlungen führt die Risikoperzeption in den Subsystemen der Gesellschaft, Politik und Ökonomie? Zur Konkretisierung wurde diese Frage an Regionalbeispielen aus Norddeutschland untersucht und soweit es möglich war, so beantwortet, daß strukturelle Wirkungszusammenhänge zwischen Umweltgefahren und Raumentwicklung aufgezeigt werden konnten. Die Schlußbetrachtung nimmt diese noch einmal auf, wodurch sowohl eine Zusammenfassung der Untersuchung gegeben als auch zukünftige gesellschaftliche Konfliktfelder und wissenschaftliche Aufgabenbereiche abgesteckt werden sollen. Entsprechend der Reihenfolge der Einzeluntersuchungen wird zunächst das Verhältnis zwischen Umweltzerstörung und Geschichte behandelt, anschließend das Verhältnis zwischen der Wahrnehmung von Umweltgefahren und politisch-ökonomischem Handeln und zuletzt die Beziehungen zwischen der Umweltqualität und der Wirtschaftsstruktur sowie den regionalen Strukturwandel. Den Abschluß der Arbeit bildet ein Konkretisierungsversuch der Wirtschafts- und Sozialgeographie des Umweltschutzes, um weitere wissenschaftliche Aufgabenbereiche zu benennen.

Verlust des historischen Umweltbewußtseins

Bereits im Übergang vom 18. zum 19. Jahrhundert war vielen Zeitgenossen klar, daß die zu der Zeit noch in den Anfängen stehende industrielle Produktionsweise ein enormes Potential für eine Veränderung aller Lebensbereiche beinhaltete. Der Industrialisierungsprozeß führte dann auch im Verlauf des 19. Jahrhunderts in nahezu jeder Hinsicht zu einem grundlegenden Wandel. In ihrer räumlichen Form vollzog sich die Industrialisierung als Urbanisierung, die nicht in Kontinuität mit tradierten städtischen Lebensformen stand, da allein aufgrund des Bevölkerungszuwachses der neuen bzw. der schnell wachsenden alten Städte alle Infrastruktureinrichtungen und Ver- bzw. Entsorgungstechnologien in kürzester Zeit als unzulänglich, hoffnunglos überlastet und technologisch überaltert erschienen.

Etwa Mitte des 19. Jahrhunderts wurde es erstmals offensichtlich, daß die neue Form der Raumorganisation sich möglicherweise dysfunktional zum überwiegend akzeptierten Entwicklungsmodell der industriellen Modernisierung verhielt. In den Städten wuchsen die Umweltprobleme, die zwar am stärksten das industrielle Proletariat, aber auch die reicheren Klassen und die Stadtbevölkerung insgesamt bedrohten. Daher verwundert es nicht, daß in allen größeren Städten eine umfassende Debatte einsetzte, wie der lebensbedrohenden Verschmutzung des Wassers, der Verwesung des Bodens, der Verpestung der Luft und den wachsenden Abfallbergen beizukommen sei. Gegenüber der 'romantischen' Grundsatzkritik an der Industrialisierung setzte sich im Laufe der Zeit die technokratisch orientierte, aufgeklärte 'Realpolitik' durch, die neue Möglichkeiten der Anwendung von Maschinen konsequent für die Entwicklung und für den Einsatz von Entsorgungstechnologien zu nutzen suchte. Jedoch blieb die großstädtische Infrastruktur nicht widerspruchsfrei, sondern erzeugte, wie etwa bei der Choleraepidemie in Hamburg 1892, neue Umweltkatastrophen, die Tausende von Opfern kostete. Das verbreitetste Mittel der Stadtreinigung, die Schwemmkanalisation, verseuchte zudem die Flüsse im Unterlauf und gefährdete die Existenzgrundlage der Fischer. Der Fall Hamburg hat deutlich gemacht, daß diese als 'modern' zu charakterisierenden Umweltprobleme in ihrem Verursachungszusammenhang erkannt und öffentlich diskutiert worden sind. Es gab bereits sehr früh alternative oder doch zumindest modifizierende Konzepte der Stadtentwicklung, die Prinzipien ökologischer Kreisläufe reflektierten.

Die frühe Umweltschutzdiskussion vor der und um die Jahrhundertwende blieb jedoch wirkungslos. Vielmehr folgt in der regionalen Umweltgeschichte Hamburgs und des Unterelberaumes auf die 'Lösung' der Stadtreinigungsfrage, d.h. auf den 'Export' der Umweltprobleme in die räumlich benachbarten Ökosysteme, die Industrialisierung der ländlichen Flächennutzungen. Dieser Prozeß verlief bis in die siebziger Jahre des 20. Jahrhunderts nahezu ungebrochen, obwohl auch im ländlichen Raum immer wieder Gegenstimmen laut wurden, die forderten, den Landschaftswandel zu verlangsamen und die Wachstumseuphorie einzudämmen.

Es ist aus heutiger Sicht überraschend, warum sich trotz der Brisanz der Umweltprobleme der letzten zwei Jahrhunderte und der Fragwürdigkeit der praktizierten Lösungen in der Öffentlichkeit und in der Wissenschaft, besonders in der Geographie, kein kritisches Wissen akkumuliert hat. Heute überwiegt doch vielmehr die Meinung, es mit einem relativ neuen, vorher wenig beachteten Problem zu tun zu haben. Dieses ist nicht nur ignorant im Hinblick auf die historische Entwicklung, sondern befördert auch kurzfristige Lösungsmuster, die den alten Fehler - ein Problem beseitigen und dabei ein neues erzeugen - reproduzieren. Wenn heute allerseits beklagt wird, daß die systematische Umweltpolitik seit Mitte der siebziger Jahre überwiegend 'End-of-pipe'-Technologien hervorgebracht hat, deren Reinigungserfolge in einem Umweltbereich durch neue Verschmutzungsprobleme in einem anderen Bereich begleitet werden, dann befindet sich diese Umweltpolitik eigentlich noch auf dem Stand des letzten Jahrhunderts. Und die Umweltpolitik wird in diesem Sinn 'frühindustriell' bleiben, wenn nicht endlich Maßnahmen ergriffen werden, die der Reichweite und der Radikalität der früheren Kritiker entsprechen.

Zunehmende Distanz zwischen dem individuellen/öffentlichen Umweltbewußtsein und den politischen Handlungsresultaten

Trotz der bereits langen Geschichte der Umweltzerstörung ist das heute feststellbare, relativ ausgeprägte Umweltbewußtsein in der Öffentlichkeit sicherlich ein Produkt der Diskussionen und Konflikte der siebziger und achtziger Jahre. Inzwischen sind die Argumente der früheren Außenseiter, der 'Umwelt-Apostel', der 'Öko-Freaks' und der 'Natur-Bewegten' zum rhetorischen Bestandteil der Programme aller Parteien und Verbände inklusive der Industrievertretungen geworden. Glaubt man den Beteuerungen, befinden wir uns bereits im 'Jahrhundert der Umwelt'; betrachtet man aber die Substanz der Aussagen oder den Veränderungswillen der politischen und administrativen Akteure oder die Erfolgsbilanz der Umweltpolitik, dann wird schnell deutlich, daß der Umweltschutz zu den symbolischen Politikbereichen gehört. Zwischen der individuellen Akzeptanz von Umweltschutzmaßnahmen und der Bereitschaft zum umweltentlastenden Handeln einerseits und der individuellen Bewertung der Kompetenz und Effizienz der exekutierten Umweltpolitik andererseits besteht eine Kluft, die zeigt, daß das politische System in der Umweltfrage gegenwärtig ein enormes Legitimationsdefizit aufweist.

Warum gerade in den letzten Jahren das Umweltbewußtsein so stark diffundiert ist, kann nur zum Teil mit der Neuartigkeit der Umweltprobleme zusammenhängen. Auch die These, daß die soziale Sensibilisierung für Umweltfragen die materielle Befriedigung der Menschen voraussetze, Umweltschutz sich somit nur in einer ökonomisch saturierten Gesellschaft entwickeln könne, ist angesichts der wirtschaftlichen Krisenphänomene, der Massenarbeitslosigkeit und der Finanzknappheit der öffentlichen Hand nur partiell zutreffend. Wesentlicher ist sicherlich die große Aufmerksamkeit, die die Medien Umweltproblemen, wie z.B. der Zerstörung des Regenwaldes, widmen und die eine Betroffenheit von der globalen Umweltzerstörung erzeugen. Diese Betroffenheit ist allerdings nur wenig in der Alltagswelt verankert. Daher bleiben die Betroffenen passiv und versuchen nicht aktiv Einfluß auf die Politik zu nehmen. Das Legitimationsdefizit des politisch-administrativen Systems kann deshalb als politischer Ausdruck der durch die Befragung festgestellten Distanz zwischen Einstellung und Verhalten des einzelnen angesehen werden: Die unzulängliche Umweltpolitik reflektiert die Passivität des einzelnen bzw. die Handlungsbarrieren und mangelhaften selektiven Anreize, die verhindern, daß Betroffenheit und Handlungsbereitschaft in praktisches umweltentlastendes Handeln umgesetzt werden.

Angesichts der Größe der gegenwärtigen Umweltprobleme und ihrer Dynamik ist eine Politik, die Handlungsrestriktionen des einzelnen widerspiegelt, aber völlig unzureichend. Das politische System hätte in dieser Situation vielmehr präventive Funktionen zu übernehmen und wirksame Strategien zu entwickeln, statt die Unverantwortlichkeit zu verwalten. Dabei mangelt es nicht an Vorschlägen, die Einzelmaßnahmen betreffen oder die auch als Globalstrategien zu bezeichnen sind. Die Frage ist, warum sie nicht oder nur so gebrochen ihren Weg in die Praxis finden, so daß sie nichts Grundsätzliches bewirken.

Insgesamt ist die derzeitige Situation daher widersprüchlich; einerseits agiert das politische System in einer Form, als ob noch reichlich Handlungsspielraum für die Vermeidung einer dauerhaften Umweltkrise vorhanden wäre, andererseits nimmt der Begriff 'Ökodiktatur' bedrohliche Formen an: Ökologische Sachzwänge drängen die Gesellschaft in undemokratische politische Formen hinein, weil individuelle Freiheiten den Zwängen und Notwendigkeiten der Erhaltung biologischer Überlebensfähigkeit geopfert werden müssen. Die hohe Akzeptanz weitreichender umweltpolitischer Maßnahmen ist ein Indiz dafür, daß viele Menschen intuitiv diese Möglichkeit befürchten und daher einem rechtzeitigen Umbau der Industriegesellschaft zustimmen. Diese Aussage darf aber nicht dahingehend mißverstanden werden, daß ein solcher Umbau ohne soziale Konflikte und neue Verteilungsfragen vorangehen würde. Umso wichtiger ist es, daß möglichst bald ein struktureller Wandel eingeleitet wird, um die dann auftretenden politischen Fragen in demokratischen Abstimmungsprozessen zu verhandeln, die neben Einsicht eben auch viel Zeit erfordern.

Zu diesem politisch induzierten Strukturwandel gibt es keine Alternative. Autonome Ansätze, die sich aus Theorien der postindustriellen Gesellschaft herleiten lassen, haben bisher keine nennenswerten umweltentlastende Effekte aufgezeigt. Die Notwendigkeit einer politischen Steuerung des Marktgeschehens wird im nächsten Absatz verdeutlicht.

Die Kontinuität des Widerspruchs zwischen Ökonomie und Ökologie

Die Umwelt als ein sich selbst regulierendes System natürlicher Eigenschaften und Potentiale ist in irreversible Prozesse eingebunden. Zu den wichtigsten gehören zweifellos die Produktion, die an sich nur eine Transformation von Rohstoffen in konsumierbare Güter darstellt, bei der Schadstoffe in die Umwelt abgegeben werden, und der Konsum als Transformation von Gütern in Abfälle. Parallel zur wirtschaftlichen Entwicklung entwertet sich die Umwelt, indem immer neue Rohstoffe - im wörtlichen Sinne - ausgegraben und über die Produktion und den Konsum in Abfallstoffe umgewandelt werden. Diese Transformationen sind überwiegend irreversibel. Anders als in traditionellen Agrargesellschaften, die das Prinzip der natürlichen Regeneration ihrer Produktion beachteten und dieses aus religiösen und/oder technologischen Gründen auch mußten, ist das wirtschaftliche Handeln der Moderne durch den weltumspannenden Abbau natürlicher Ressourcen und den Aufbau von ubiquitären Umweltproblemen gekennzeichnet. Auch das heute häufig propagierte 'künstliche' Recycling, die Wertstoffrückgewinnung, ist dort, wo es überhaupt durchgeführt wird, mit Aufwand in Form von Energie und Arbeit verbunden. Recycling kostet etwas, genauso wie die Reparatur von Umweltschäden und der durch frühere Ausbeutungen heute erschwerte Zugang zu Rohstoffen. Die Entwertung der Umwelt wird somit durch einen immer kostspieliger werdenden ökonomischen Prozeß begleitet. Dieser Zusammenhang drückt den grundlegenden und nicht aufhebbaren Widerspruch zwischen Ökonomie und Ökologie aus (vgl. dazu die Rezeption thermodynamischer Aussagen in der Umweltökonomie: Georgescu-Roegen 1987; Binswanger 1988; Altvater 1987; Eisel 1986).

Dieser Widerspruch ist räumlich und zeitlich in zweierlei Hinsicht zu differenzieren. Beispielsweise haben, historisch betrachtet, ökologisch unterschiedlich angepaßte Handlungsformen immer nebeneinander bestanden. Gesellschaften entwickelten in der Regel ein territorial gebundenes, kulturell verankertes Naturverständnis, aus dem sich Wissen und Normen für raumgestaltende Handlungen ableiten ließen. Die damit verbundene Variabilität der Formen der Umweltnutzung wird mit der Vereinheitlichung der Erde durch das 'kapitalistische Weltsystem' vermindert. Seit Mitte des 19. Jahrhunderts entfaltet sich der Widerspruch zwischen Ökologie und Ökonomie daher in einer ganz bestimmten Art der Zeitlichkeit und Räumlichkeit, die sich folgendermaßen beschreiben läßt: In der inzwischen weltweit vorherrschenden Produktionsweise wird Geld ausgegeben bzw. investiert, damit es zurückfließt. Dieses Moment kennzeichnet das Grundprinzip der Reversibilität ökonomischer Prozesse (Altvater 1987). Anders ausgedrückt: Die moderne Ökonomie läßt sich beschreiben als die sich immer wiederholende 'schöpferische Zerstörung' des Bestehenden bzw. Überformung der natürlichen und bebauten Umwelt, um die Kapitalproduktivität zu erhalten oder zu steigern. Der Aufbau von Produktionsanlagen und die Entwicklung von Transport- und Kommunikationslogistik, aber auch Veränderungen im Reproduktionsbereich, d.h. im Wohnungswesen und im Infrastrukturbereich, sind in einen Zirkulationsprozeß des Geldes bzw. des Kapitals eingebunden, den die ökonomischen Eliten mit dem Ziel der maximalen Kapitalrentabilität zu steuern suchen. Dieser Zusammenhang ergibt die wichtigsten Determinanten der 'systemischen Produktion von Raum' und der Nutzung von Umweltfunktionen. Ein charakteristischer Aspekt der gegenwärtigen Ökonomie liegt darin, daß sich die erfolgreiche Zirkulation in einer mengenmäßigen Beschleunigung ausdrückt. Ihr allgemeines Kennzeichnen ist die Steigerung von Produktion und Konsum in sich verkleinernden Zeitintervallen, wobei sich der stoffliche Umsatz in der Produktion und im Konsum pro Zeiteinheit erhöht. Um dieses auch räumlich durchzusetzen, müssen Hindernisse und Barrieren, die den Zirkulationsprozeß verlangsamen können, abgebaut werden. Die deutlichsten Beispiele finden sich im Transportwesen, das, angefangen mit der Eisenbahn, die natürlichen Oberflächenformen einebnete bzw. zerschnitt (Schivelbusch 1977). Der Prozeß der Beschleunigung hat dazu geführt, daß in der modernen Produktionslogistik Transportkosten keinen entscheidenden Aspekt mehr darstellen; darauf aufbauende Standorttheorien gehören heute zur Wissenschaftsgeschichte.

Gegenwärtig spielen politische und soziale sowie ökologische Barrieren eine größere Rolle: Investitionsentscheidungen lassen sich nicht unmittelbar umsetzen, weil Genehmigungsverfahren eingehalten werden müssen; Verzögerungen treten durch Proteste und Einsprüche von sozialen Gruppen ein. Das sogenannte 'Investitionsrisiko' erhöht sich dadurch deutlich. Eine Reaktion auf diese neuen Barrieren für den Zirkulationsprozeß sind 'Dezentralisierungen' gewesen. So wurde beispielsweise mit hohen Schornsteinen ein Ferntransport von Schadstoffen eingeleitet, der die Umweltbelastungen der Produktionsstandorte gleichmäßig und weiträumig verteilt. Weitere Beispiele sind Verlagerungen umweltschädigender Produktionsstätten in wenig belastete Regionen oder der Export von 'Problemabfällen' aus den hochindustrialisierten Ländern in entlegene Gebiete. Diese Strategien der Problemstreuung waren und sind so lange möglich, wie die ökologische Kapazität noch nicht generell und überall überschritten ist und es noch Regionen gibt, in denen Artenvielfalt und Potentiale zur Assimilation von Schadstoffen vorhanden sind. Da aber die Oberfläche des Planeten Erde ein vollständig interagierendes Ökosystem ist, kann das Ausnützen von Kapazitätsnischen zu unerwartet weitreichenden Systemreaktionen führen. Die Hoffnung, daß sich die Probleme von alleine durch die räumliche Verteilung der Belastungen im Prozeß der natürlichen Regeneration auflösen würden, hat sich als trügerisch erwiesen. Problematische Substanzen, die seit der Urbanisierung in immer entferntere Regionen exportiert worden sind, kehren in die Metropolen zurück. Es wird langsam zum Allgemeinwissen, daß die beschleunigte Zirkulation offensichtlich immer deutlichere selbstnegatorische Züge annimmt, und die daher einer weitaus stärkeren als der bisher üblichen politischen Regulierung bedarf. Die sich daraus ergebenden wissenschaftlichen Konsequenzen sollen abschließend in drei Aspekten angesprochen werden.

Leitthemen der Wirtschafts- und Sozialgeographie des Umweltschutzes

Aus den bereits genannten Schlußfolgerungen, dem Verlust des historischen Umweltbewußtseins, der Distanz zwischen der Intensität der ökologischen Betroffenheit und dem politischen Handeln sowie der Unfähigkeit der Ökonomie, aus sich selbst heraus den Widerspruch zwischen Ökonomie und Ökologie zu überwinden, ergeben sich die Fragehorizonte für das weitere wissenschaftliche Arbeiten. In Form von Leitthemen stecken sie Bereiche ab, die auf zukünftige Arbeitsfelder der Wirtschafts- und Sozialgeographie hinweisen.

1. Als erstes Leitthema soll die Nutzung ökologischer Potentiale zum Aufbau und zur Veränderung von Raumstrukturen angesprochen werden. Die historische Betrachtung der Regionalentwicklung verfolgt das Ziel, räumliche Organisationsformen der Gesellschaft als abhängige Variable der jeweiligen ökonomisch-technischen Möglichkeiten zur Nutzung ökologischer Potentiale zu erklären. Dazu ist es sinnvoll, auf solche Entwicklungsmodelle zurückzugreifen, die zyklische oder formationsspezifische Aspekte betonen wie z.B. Theorien der Langen Wellen oder die Regulationstheorie (Läpple 1986, Mahnkopf 1988). Die grundlegende Fragestellung lautet dabei, ob für bestimmte historische Perioden, die ein besonders Zusammenspiel politischer, ökonomischer und technischer Faktoren darstellen, auch bestimmte Nutzungsformen der Umwelt vorliegen und es dabei zu einer spezifischen Ausbildung räumlicher

Strukturen kommt. Das aus der Regulationstheorie abgeleitete Fordismuskonzept legt es beispielsweise nahe, die letzte Prosperitätsphase hochindustrieller Gesellschaften (in Nordamerika seit den dreißiger Jahren, in Europa nach dem 2. Weltkrieg) als 'entfesselte' Nutzung und vor allem Übernutzung ökologischer Potentiale zur Herstellung und Befriedigung des Massenkonsums zu begreifen, der ein konstitutives Merkmal für dieses Akkumulationsssmodell gewesen ist. Der Fordismus hat zudem eine Raumstruktur erzeugt, die eine Vielzahl völlig ungelöster Umweltprobleme aufweist, wie z.B. die autogerechte Stadt, deren Funktionstrennung und flächenhafte Ausdehnung emissionsintensive Transportvorgänge geradezu erzwingt.

Historische Modelle dieser Art, die hier nur angedeutet werden, machen es möglich, komplexe Wechselwirkungen zwischen den Subsystemen zu verdeutlichen und für Erklärungen mittlerer Reichweite zugänglich zu machen. Sie lassen auch Szenarios zu, in denen zukünftige Entwicklungen, wie z.B. die mögliche Prosperitätskonstellation der fünften langen Welle, auf Umweltverträglichkeit und Raumwirkung diskutiert werden. Der Bereich der akademischen Spekulation wird dabei dann verlassen, wenn solche Zusammenhänge frühzeitig relativ eindeutig erkannt und politisch modifizierbar werden.

2.   Aus der historisch-geographischen Betrachtung läßt sich ein weiteres Leitthema benennen. Die soziale Wahrnehmung von Umweltproblemen und die politischen Reaktionsformen haben in einem territorial gebundenen Kontext begonnen und spezifisch regionale Lösungen hervorgebracht. Zwar verschwand diese Raumgebundenheit tendenziell durch eine immer allgemeiner werdende Fortschritts- und Technologiegläubigkeit im Verlauf der Industrialisierung. Auch ist die ökologische Betroffenheit heute eher von globalen Problemen geprägt als von konkreten Risiken der jeweiligen Aktionsräume. Dennoch erscheint es sinnvoll, sich um einen Wiederaufbau eines historisch begründeten Umweltbewußtseins regionaler Kollektive zu bemühen. Dabei geht es um die Ablösung des Fortschrittsparadigmas, das besonders in der Modernisierungstheorie beheimatet ist. Da dort der "Hauptgewinn des Modernisierungsprozesses ... in der wachsenden Herrschaft des Menschen über seine natürliche und soziale Umwelt" (Wehler 1975,S.17) gesehen wird, gilt es, ein Gegenbewußtsein zu schaffen, das die Abhängigkeit der Alltagswelt und der Region von ökologischen Potentialen und historisch gewachsenen Raumstrukturen wirksam werden läßt.

Die damit implizit ausgedrückte Forderung nach einer Verstärkung des Regional- und Umweltbewußtseins ist allerdings keinesfalls als Rückschrittsmoment zu begreifen analog der 'Großstadtfeindschaft' des späten 19. Jahrhunderts und danach. Vielmehr beinhaltet die Sensibilisierung für die regionale Umweltgeschichte einen emanzipatorischen Anspruch, der an der eigenen Erfahrung und an konkretem, tradiertem Wissen ansetzt. Landeskunden als Landschaftsbiographien und als regionale Kulturwissenschaft sind in diesem Sinn wichtiger Bestandteil der zukünftigen Geographie.

3. Als letztes soll ein zukünftiges Leitthema angesprochen werden, auf das implizit schon mehrfach hingewiesen worden ist. Es betrifft das Spannungsfeld, daß durch den Trend zur Deregulierung und ökonomischen Liberalisierung staatlicher Aktivitäten einerseits und dem Interventionsbedarf und die Notwendigkeit politischer Regulierung andererseits erzeugt wird. Der wirtschaftliche Strukturwandel generell und grundlegende Veränderungen in Europa wie die Etablierung des Europäischen Wirtschaftsraumes und der Strukturbruch in Osteuropa haben räumliche Disparitäten zur Folge, die sich in Unterschieden der wirtschaftlichen Leistungskraft, des Lebensstandards und der Umweltqualität ausdrücken. Die bereits erfolgte Aufgabe oder zumindest die weitere Reduzierung der politischen Intervention in den Wirtschaftsprozeß wird die räumlichen Disparitäten unweigerlich verstärken und Folgeprobleme hervorrufen wie regionale Konflikte, Armutsmigration und fortgesetzte Überausbeutung ökologischer Potentiale. Der Zusammenbruch der planwirtschaftlichen Modelle darf aus diesem Grund nicht zum unangezweifelten Paradigma der sich selbst regulierenden Marktwirtschaft führen, sondern muß neue Felder zur politischen Steuerung einzelner Märkte öffnen.

Raumordnung, Landesplanung und regionale Strukturpolitik werden wichtige Politikbereiche, um bereits absehbare Zukunftsprobleme zu lösen. Von einer angemessen Integration der Umweltfrage in diese Politikbereiche ist man aber noch weit entfernt. Ebenso notwendig wie die konzeptionelle Neuorientierung und Programmentwicklung ist die Verbesserung der Implementation umfassender Regionalprogramme, die gleichzeitig die Effizienz der Umwelt- und Regionalpolitik erhöht und neue Partizipationsformen ausprobiert. Aus der Sicht einer anwendungsorientierten Geographie sind dafür Vorschläge zu unterbreiten und Methodologien zum Umgang mit Umweltgefahren zu entwicklen, die der Unsicherheit und Unzulänglichkeit der gegenwärtigen Situation Rechnung tragen, gleichzeitig aber keinen Zweifel aufkommen lassen, daß die umweltverträgliche Umstrukturierung der Wirtschaft an sich und ihrer räumlichen Organisationsformen rasch und weitreichend angegangen werden muß.

ANHANG

Fragebogen Private Haushalte

Vollständiges Verzeichnis der Assoziations- und Korrelationskoeffizienten

Anteile der lokalen/regionalen Problemnennungen nach Befragungsorten als Datengrundlage der Clusteranalyse

Universität Hamburg
Institut für Geographie
und Wirtschaftsgeographie
Wirtschaftsgeographische Abteilung
Bundesstr. 55
2000 Hamburg 13

Dr. J. Oßenbrügge
Tel. 040/4123-4909

Fragebogen Private Haushalte

A   Wohnung und Wohnungsumgebung

1.   Wohnort/Stadtteil: _______________________________

2.   Seit wann leben Sie am jetzigen Wohnort/Stadtteil?

(Jahr)

3.   Wohnen Sie hier als Mieter oder als Eigentümer?

Mieter einer Wohnung . . . . ( )
Mieter eines Hauses   . . . . ( )
Eigentümer einer Wohnung . . . . ( )
Eigentümer eines Hauses   . . . . ( )

4.   Sind Sie an diesem Wohnort/Stadtteil auch aufgewachsen?

ja   nein

wenn nein,
wo sind Sie überwiegend aufgewachsen?

In einer Großstadt   . . . . ( )
Am Rand einer Großstadt . . . . ( )
In einer Kleinstadt   . . . . ( )
In einem Dorf   . . . . ( )
Sonstiges _______________________________

5.   Merkmale der Wohnsituation (a) und des Wohnumfeldes (b):
a)   b)
Einzelhaus . . . . ( )   Reines Wohngebiet . . . . ( )
Mehrfamilienhaus . . . . ( )   Mischgebiet . . . . ( )
Blockrandbebauung . . . . ( )   Grünanlagen . . . . ( )
(Groß-)Wohnsiedlung . . . . ( )   laute, verkehrsreiche Straße . . ( )
                                    Industriegebiet
                                    in der Nachbarschaft . . . . ( )
                                    Dorf . . . . ( )
                                    Streusiedlung . . . . ( )
                                    Sonstiges _______________________

6.   Haben Sie die Absicht in naher Zukunft umzuziehen?

ja   nein

wenn ja, warum? _______________________________

7. Welches sind Ihrer Meinung nach die wichtigsten Umweltprobleme überhaupt?

____

8. Wie beurteilen Sie <u>ganz allgemein</u> den Zustand unserer Umwelt, also die Qualität der Luft, des Wassers und des Bodens?

Beurteilen Sie den Zustand unserer Umwelt im allgemeinen als

zerstört	.... ( )
stark gefährdet	.... ( )
in Teilbereichen gefährdet	.... ( )
im großen und ganzen in Ordnung	.... ( )
unproblematisch	.... ( )

9. Und wie beurteilen Sie den Zustand der Umwelt <u>hier in Ihrer Wohngegend</u>?

Der Zustand ist

zerstört	.... ( )
stark gefährdet	.... ( )
in Teilbereichen gefährdet	.... ( )
im großen und ganzen in Ordnung	.... ( )
unproblematisch	.... ( )

10. Durch welche konkreten Umweltprobleme fühlen Sie sich a) persönlich gefährdet oder b) in Ihrer Handlungsfreiheit eingeschränkt?

a)_______________________________________

b)_______________________________________

11. Wen halten Sie für die hauptsächlichen Verursacher der von Ihnen genannten Umweltprobleme?

____

12. Entscheiden Sie bitte, welche der folgenden drei Behauptungen für die Verursacher der Umweltprobleme zutrifft.

Sie haben die Umweltprobleme nicht beabsichtigt .... ( )

Sie haben die Umweltprobleme fahrlässig herbeigeführt .... ( )

Sie haben die Umweltprobleme bewußt in Kauf genommen .... ( )

13. Werden sich die Umweltprobleme Ihrer Einschätzung nach
    in den nächsten 10 Jahren verschärfen oder entspannen?

    Sie werden sich entspannen .... ( )
    Sie werden sich verschärfen .... ( )
    Sie bleiben gleich   .... ( )

14. Woher erhalten Sie Ihre Informationen über Umweltprobleme?
    (bitte möglichst genau angeben)

    ____

C	Einkauf und Haushaltsführung

15. Achten Sie bei Ihrem Einkauf darauf, die Verpackungsmenge so gering
    wie nötig zu halten?

    immer ( )   häufig ( )   manchmal ( )   selten ( )   nie ( )

16. Kaufen Sie Nahrungsmittel aus biologischem Anbau?

    immer ( )   häufig ( )   manchmal ( )   selten ( )   nie ( )

17. Verwenden Sie biologisch leicht abbaubare Reinigungsmittel?

    immer ( )   häufig ( )   manchmal ( )   selten ( )   nie ( )

18. Achten Sie bei der Hausarbeit auf einen möglichst geringen Verbrauch
    von Wasser?

    immer ( )   häufig ( )   manchmal ( )   selten ( )   nie ( )

19. Sammeln Sie Abfallstoffe getrennt?

        ja   nein

    wenn ja, welche?   _______________________________

20. Besitzen Sie einen PKW oder können Sie einen mitbenutzen?

        ja   nein

    Hat sich Ihre PKW-Nutzung und Ausrüstung aus Gründen
    des Umweltschutzes in den letzten Jahren verändert?

        ja   nein

    wenn ja, wie?   _______________________________

21.   Sind Sie zur Verbesserung der Umweltsituation bereit,

1)   für umweltschonende Produkte spürbar mehr Geld auszugeben?

ja   nein

2)   auf solche Waren zu verzichten, die bei der Herstellung oder
beim Verbrauch Umweltprobleme erzeugen?

ja   nein

3)   einen größeren Aufwand bei der Hausarbeit in Kauf zu nehmen?

ja   nein

4)   Ihre PKW-Nutzung auf das Notwendigste einzuschränken?

ja   nein

**22.   Informieren Sie sich gezielt über Möglichkeiten, wie man
Umweltbelastungen im Alltagsleben vermeiden kann?**

ja   nein

**23.   Für wie wichtig halten Sie den Beitrag, den Sie als Verbraucher durch
Ihr Verhalten (Einkauf/Hausarbeit) zum Umweltschutz leisten?**

(1 = sehr wichtig; 5 = ganz unwichtig)

1   2   3   4   5

D   Umwelt und Politik

**24.   Wie stark interessieren Sie sich für politische Auseinandersetzungen
über Umweltschutzmaßnahmen?**   (1 = sehr stark, 5 = überhaupt nicht)

1   2   3   4   5

**25.   Wie zufrieden sind Sie mit den bisherigen staatlichen Maßnahmen zum
Umweltschutz?**   (1 = sehr zufrieden, 5 = sehr unzufrieden)

1   2   3   4   5

**26.   Haben Sie sich aus Umweltschutzgründen schon einmal an einer der
folgenden Aktivitäten beteiligt?**

Spende für Umweltschutzverbände .... ( )
Teilnahme an einer Unterschriftenaktion .... ( )
Teilnahme an Versammlungen oder Bürgeranhörungen .... ( )
Teilnahme an einer Protestaktion/Demonstration .... ( )
Mitarbeit in Initiativen, Vereinen oder Verbänden .... ( )
Keine Aktivitäten .... ( )

**27.   Werden Sie sich in Zukunft an Aktionen von Umweltgruppen und
Bürgerinitiativen beteiligen, wenn die Umweltprobleme nicht abnehmen?**

ja   nein   w.n.

28. Wie schätzen Sie insgesamt die Wirkung von Umweltschutzgruppen und Bürgerinitiativen auf umweltpolitische Maßnahmen ein?

(1 = sehr einflußreich, 5 = überhaupt nicht einflußreich)

1   2   3   4   5

29. Welchen Stellenwert hat Ihrer Meinung nach der Umweltschutz bei den einzelnen politischen Parteien?

(1 = sehr hoher Stellenwert, 5 = überhaupt keinen Stellenwert)

CDU/CSU	1	2	3	4	5
FDP	1	2	3	4	5
SPD	1	2	3	4	5
Grüne	1	2	3	4	5

30. Welchen Einfluß werden die umweltpolitischen Lösungsvorschläge der Parteien auf Ihre nächste Wahlentscheidung haben?

(1 = sehr großen, 5 = überhaupt keinen)

1   2   3   4   5

31. Glauben Sie, daß verschärfte Gesetze und Auflagen unsere Umweltprobleme lösen werden?

ja   nein   t.w   w.n.

E   Einstellungen und Werte

---

32. Stimmen Sie mit den folgenden Gedanken überein?

1) Große, zusammenhängende Gebiete der Bundesrepublik Deutschland, also mindestens 10% der Gesamtfläche, sollten ausschließlich der Natur überlassen und der menschlichen Nutzung entzogen sein.

ja   nein   w.n.

2) Im Zweifelsfall sollte der Umweltschutz Vorrang vor allen anderen Nutzungen haben.

ja   nein   w.n.

3) Wissenschaft und Technik werden unsere zukünftigen Umweltprobleme lösen.

ja   nein   t.w.   w.n.

4) Die heutigen Umweltbelastungen führen bereits zu erheblichen Gesundheitsrisiken.

ja   nein   t.w.   w.n.

33. **Es folgen eine Reihe von Behauptungen. Bitte sagen Sie uns, ob Sie Ihnen zustimmen oder nicht.**

a) Umweltprobleme spielen für mich eine große Rolle.
stimmt ( )   stimmt nicht ( )   t.w.   w.n.

b) Ich denke zwar manchmal über die Umweltverschmutzung nach, aber eigentlich berührt mich dieses Problem wenig.
stimmt ( )   stimmt nicht ( )   t.w.   w.n.

c) Ich persönlich trage Verantwortung für den Erhalt der Umwelt und bin daher verpflichtet, etwas für den Umweltschutz zu tun.
stimmt ( )   stimmt nicht ( )   t.w.   w.n.

d) Die Umweltverschmutzung stellt für mich eine tagtägliche Belastung dar.
stimmt ( )   stimmt nicht ( )   t.w.   w.n.

e) Ich fühle mich durch die Umweltverschmutzung akut gefährdet.
stimmt ( )   stimmt nicht ( )   t.w.   w.n.

f) Uns drohen Umweltkatastrophen mit unermeßlichen Folgen.
stimmt ( )   stimmt nicht ( )   t.w.   w.n.

g) Meiner Meinung nach sollten umweltbelastende Produkte verboten werden, auch wenn sich daraus für die Verbraucher Veränderungen ergeben können, die jetzt noch nicht absehbar sind.
stimmt ( )   stimmt nicht ( )   t.w.   w.n.

h) Atomkraftwerke sind für unsere Energieversorgung sehr wichtig.
stimmt ( )   stimmt nicht ( )   t.w.   w.n.

i) Es liegt hauptsächlich in der Verantwortung der Industrie, gegen die Umweltverschmutzung anzugehen.
stimmt ( )   stimmt nicht ( )   t.w.   w.n.

h) Bevor ich mehr gegen die Umweltverschmutzung tue, sollten erst die Politiker und die Industrie mehr unternehmen als bisher.
stimmt ( )   stimmt nicht ( )   t.w.   w.n.

k) Ob ich mich für mehr Umweltschutz einsetze oder nicht ist eigentlich egal, weil ich doch keinen Einfluß habe.
stimmt ( )   stimmt nicht ( )   t.w.   w.n.

34. Geschlecht   m ( )   w ( )

35. Zu welcher Altersgruppe gehören Sie?

$$
\begin{array}{ll}
16 - 20 & \dots\dots\dots\dots\dots\dots\ (\ ) \\
21 - 30 & \dots\dots\dots\dots\dots\dots\ (\ ) \\
31 - 45 & \dots\dots\dots\dots\dots\dots\ (\ ) \\
46 - 60 & \dots\dots\dots\dots\dots\dots\ (\ ) \\
\text{über } 60 & \dots\dots\dots\dots\dots\dots\ (\ )
\end{array}
$$

36. Wieviele Kinder unter 16 Jahren haben Sie? _____

37. Welchen Schulabschluß haben Sie?

____

38. Sind Sie erwerbstätig?   ja   nein

Wenn ja: Bitte geben Sie uns Ihre betriebliche Funktion und die
Branchenzugehörigkeit Ihres Betriebes an.

Wenn nein:

____

in Ausbildung . . . . ( )
Wehr-/Zivildienst . . . . ( )
arbeitslos* . . . . ( )
im Haushalt tätig . . . . ( )
Rentner/in, in Pension * . . . . ( )

* Bitte geben Sie uns Ihre zuletzt ausgeübte Tätigkeit an:

____

39. Wieviel Jahre sind Sie bis heute erwerbstätig gewesen?

(Jahre)

40. Welcher Gruppe entspricht Ihr Haushaltseinkommen, wenn Sie Steuern
und Sozialversicherung abziehen?

$$
\begin{array}{lll}
\text{bis } 1200 & \text{DM} & \dots\dots\dots\dots\ (\ ) \\
1200\text{-}1800 & \text{DM} & \dots\dots\dots\dots\ (\ ) \\
1800\text{-}2500 & \text{DM} & \dots\dots\dots\dots\ (\ ) \\
2500\text{-}3500 & \text{DM} & \dots\dots\dots\dots\ (\ ) \\
3500\text{-}4500 & \text{DM} & \dots\dots\dots\dots\ (\ ) \\
\text{über } 4500 & \text{DM} & \dots\dots\dots\dots\ (\ )
\end{array}
$$

41. Sind Sie bereit, auf einen Teil Ihres Einkommens zu verzichten, wenn
damit wirksame Umweltschutzmaßnahmen finanziert werden?

ja   nein

42.   **Wie oft gehen Sie folgenden Freizeitbeschäftigungen nach?**
(1 = sehr häufig, 5 = nie)

Garten- und Feldarbeit	1	2	3	4	5
Spazierengehen, Fahradausflüge	1	2	3	4	5
Baden in Flüssen,Seen, im Meer	1	2	3	4	5
Sport in der Natur	1	2	3	4	5

43.   **Meiden Sie wegen der zunehmenden Umweltprobleme bestimmte Urlaubsorte ?**

Ja   Nein

Wenn ja, wohin fahren Sie nicht (mehr)? ___________________________

44.   **Setzen Sie sich in Ihrer Familie, an Ihrem Arbeitsplatz oder mit Freunden und Bekannten über Umweltprobleme auseinander?**

	oft	manchmal	nie
Familie	( )	( )	( )
Nachbarn	( )	( )	( )
Freunde und Bekannte	( )	( )	( )
Arbeitskollegen	( )	( )	( )

45.   **Meinen Sie, daß Sie persönlich heute in unserer Gesellschaft Anerkennung finden, wenn Sie sich umweltbewußt verhalten?**

(1 = ja, sehr, 5 = nein, überhaupt nicht)

1   2   3   4   5

46.   **Bitte geben Sie uns abschließend Ihre Meinung zu folgenden beiden Aussagen:**

Ich stimme der Schließung besonders umweltbelastender Fabriken zu, auch wenn dadurch Arbeitsplätze verloren gehen.

ja   nein

Können Sie sich vorstellen Ihren Arbeitsplatz zu kündigen, falls Ihr Betrieb erhebliche Umweltprobleme verursacht.

ja   nein

VIELEN DANK FÜR IHRE MITARBEIT

<u>Anhang</u>: Korrelationsmatrix der Haushaltsbefragung

Vollständiges Verzeichnis der Korrelationskoeffizienten

a) Variablen der Gefahrenwahrnehmung und Umweltbewertung

<u>SOZIODEMOGRAPHISCHE UND SOZIÖKONOMISCHE MERKMALE</u>

	1	2	3	4	5	6
Geschlecht	-0,11'	-0,11'	-0,11'	-0,01	-0,05	-0,02
Alter	-0,22''	-0,22''	-0,22''	-0,01	-0,19	-0,28''
Anzahl der Kinder	0,11'	0,11'	0,11'	0,07'	0,05'	0,05'
Ausbildung	0,10'	0,10'	0,10'	-0,07'	0,11	0,19''
Erwerbstätigkeit	0,03	0,03	0,03	0,05	0,02	0,09'
Wirtschaftszweig (Nur Erwerbstätige)	0,21''	0,21''	0,21''	0,02	0,11'	0,06
Einkommen	0,03	-0,03	-0,03	0,16''	-0,06'	-0,02
Multipler Korrelationskoeffizient	0,27	0,36	0,30	0,19	0,25	0,35
Bestimmtheitsmaß	0,06	0,12	0,09	0,03	0,05	0,11

<u>STANDORT- UND UMWELTEINFLÜSSE</u>

	1	2	3	4	5	6
Zentralität des Wohnortes	0,15''	0,22''	0,28''	0,14''	-0,13''	-0,20''
Zentralitätswechsel	0,06	-0,01	-0,16''	-0,18''	0,06'	0,10'
Wohnverhältnis	-0,10'	0,17''	0,23''	-0,11'	-0,11'	-0,16''
Wohnform	0,10'	-0,11'	-0,23''	0,18''	0,13''	0,14''
Ortsansässigkeit	0,14''	-0,26'	-0,17''	0,03	0,13''	0,22''
Naturnutzen durch Gartenarbeit	0,05	-0,14''	-0,17''	-0,09'	0,07'	0,17
Naturnutzen durch sportliche Tätigkeiten	-0,15''	0,11'	0,08'	0,01	-0,01	-0,09'
Multipler Korrelationskoeffizient	0,23	0,34	0,34	0,25	0,18	0,29
Bestimmtheitsmaß	0,04	0,10	0,10	0,06	0,02	0,08

<u>SELEKTIVE ANREIZE / INFORMATION</u>

	1	2	3	4	5	6
Selektive Anreize - Gesamtindikator	(-0,67'')	0,17''	0,29''	0,18''	-0,18''	-0,10'
Gesellschaftliche Anerkennung	0,10'	0,02	0,03	0,02	-0,05	-0,03
Systemvertrauen	0,15''	-0,16''	-0,12'	0,00	0,12'	0,22''
Interne/externe Steuerung	0,18''	-0,17''	-0,13'	-0,01	0,09'	0,14''
Perzipierter Einfluß	0,29''	-0,20''	-0,14''	0,01	0,07'	0,06'
Verursacher / Verantwortung	-0,03	-0,08'	-0,05	0,00	-0,08'	0,06'
Kommunikation in der Familie	0,22''	-0,17''	-0,09'	0,04	0,15''	0,07
Kommunikation mit Nachbarn	-0,02	-0,04	-0,04	-0,01	0,13''	-0,01
Kommunikation mit Freunden	0,28''	-0,22''	-0,22''	-0,07'	0,20''	0,15''
Kommunikation mit Kollegen	0,06	0,01	-0,04	-0,05	0,02	-0,02
Informationstyp	0,19''	-0,21''	-0,15''	0,02	0,19''	0,16
Interesse an Umweltpolitik	-0,36''	0,23''	0,18'	0,01	-0,17''	-0,11
Multipler Korrelationskoeffizient	0,48	0,37	0,37	0,21	0,37	0,32
Bestimmtheitsmaß	0,22	0,13	0,13	0,02	0,12	0,09

1. Ökologische Betroffenheit (NEUBET) 2. Bewertung der globalen Umweltqualität (F8)
3. Bewertung der lokalen Umweltqualität (F9) 4. Differenz globaler zu lokaler Umweltqualität (STDDIFF)
5. Unzufriedenheit mit der Umweltpolitik (F25) 6. Bewertung der zukünftigen Entwicklung (F13)

Anhang: Korrelationsmatrix der Haushaltsbefragung

b) Variablen des umweltentlastenden Handelns

SOZIODEMOGRAPHISCHE UND SOZIÖKONOMISCHE MERKMALE

	7	8	9	10	11	12
Geschlecht	-0,10'	-0,05	0,05	-0,01	-0,01	-0,08
Alter	0,06'	-0,15''	-0,18''	-0,19''	0,19''	-0,25
Anzahl der Kinder	0,15''	0,04	0,06'	0,09'	0,14''	0,14
Ausbildung	0,15''	0,16''	0,35''	0,14''	-0,18''	0,22
Erwerbstätigkeit	0,05	0,12'	0,10'	0,11'	-0,09'	0,08
Wirtschaftszweig (Nur Erwerbstätige)	0,31''	0,11'	0,28''	0,13''	-0,17''	0,28
Einkommen	0,20''	0,04	-0,02	0,07'	-0,06'	0,06
Multipler Korrelationskoeffizient	0,30	0,23	0,30	0,27	0,24	0,31
Bestimmtheitsmaß	0,08	0,04	0,14	0,06	0,05	0,09

STANDORT- UND UMWELTEINFLÜSSE

	7	8	9	10	11	12
Zentralität des Wohnortes	0,08'	-0,05	-0,10'	0,00	0,05	-0,18''
Zentralitätswechsel	0,03	0,04	0,09'	0,01	-0,08'	0,10'
Wohnverhältnis	0,14''	-0,07'	-0,07'	0,02	0,11'	-0,09'
Wohnform	-0,14''	0,06'	0,05	-0,02	0,04	0,08'
Ortsansässigkeit	0,03	0,10'	0,16''	0,11'	-0,13'	0,21''
Naturnutzen durch Gartenarbeit	-0,22''	0,05	0,08'	0,02	-0,02	0,11'
Naturnutzen durch sportliche Tätigkeiten	-0,16''	-0,19''	-0,15''	-0,18''	0,16''	-0,14''
Multipler Korrelationskoeffizient	0,28	0,22	0,22	0,20	0,22	0,28
Bestimmtheitsmaß	0,07	0,04	0,04	0,03	0,04	0,07

SELEKTIVE ANREIZE / INFORMATION

	7	8	9	10	11	12
Selektive Anreize - Gesamtindikator	-0,18''	-0,17''	-0,24''	-0,19''	0,23''	-0,25''
Gesellschaftliche Anerkennung	0,10'	0,08'	0,08'	0,19''	-0,15''	0,07'
Systemvertrauen	0,08'	0,05	0,14''	0,04	-0,01	0,10'
Interne/externe Steuerung	0,17''	0,06'	0,19''	0,25''	-0,17''	0,21''
Perzipierter Einfluß	0,35''	0,06'	0,18''	0,46''	-0,29''	0,28''
Verursacher / Verantwortung	0,09'	0,00	0,01	0,07'	-0,02	0,03
Kommunikation in der Familie	0,27''	0,16''	0,22''	0,20''	-0,15''	0,20''
Kommunikation mit Nachbarn	-0,05	0,04	0,09'	-0,05	-0,03	0,01
Kommunikation mit Freunden	0,18''	0,19''	0,34''	0,19''	-0,23''	0,26''
Kommunikation mit Kollegen	0,06	0,13''	0,03	0,03	-0,09'	0,00
Informationstyp	0,30''	0,18''	0,42''	0,25''	-0,23''	0,25''
Interesse an Umweltpolitik	-0,31''	-0,14''	-0,32''	-0,34''	0,26''	0,31''
Multipler Korrelationskoeffizient	0,49	0,30	0,56	0,53	0,42	0,45
Bestimmtheitsmaß	0,22	0,08	0,30	0,27	0,17	0,19

Anhang: Korrelationsmatrix der Haushaltsbefragung

Forts. b) Variablen des umweltentlastenden Handelns

<u>GEFAHRENWAHRNEHMUNG UND RISIKOBEWERTUNG</u>

	7	8	9	10	11	12
Ökologische Betroffenheit	0,39''	0,27''	0,38''	0,42''	-0,41''	0,53''
Bewertung der globalen Umweltqualität	-0,18''	-0,16''	-0,32''	-0,23''	0,22''	-0,40''
Bewertung der lokalen Umweltqualität	-0,18''	-0,22''	-0,39''	-0,18''	0,19''	-0,38''
Differenz globaler zu lokaler Umweltqualität	-0,05	-0,12'	-0,17''	0,00	0,04	-0,09'
Zufriedenheit mit der Umweltpolitik	0,13''	0,23''	0,26''	0,12'	-0,17''	0,35''
Bewertung der zukünftigen Entwicklung	0,09'	0,19''	0,25''	0,17''	-0,18''	0,32''
Multipler Korrelationskoeffizient	0,39	0,31	0,46	0,42	0,40	0,60
Bestimmtheitsmaß	0,15	0,09	0,21	0,18	0,15	0,35

7. Ökologisches Konsumentenverhalten	10. Standortwechsel wg. Umweltbelastungen
8. Umweltpolitisch motivierter Protest	11. Bereitschaft zur politischen Aktion
9. Einfluß auf die Wahlentscheidung	12. Akzeptanz strikter Umweltpolitik

Anteile der lokal/regionalen Problemnennungen als Grundlage für die Clusteranalyse

	k.A.	2	8	7	9	1	5	4	10	6	3	11	12	so
12 Stade	0,22	0,18	0,04	0,16	0,10	0,31	0,14	0,04	0,06	0,12	0,45	0,00	0,00	0,04
07 Glückstadt	0,33	0,24	0,06	0,06	0,06	0,43	0,08	0,10	0,00	0,06	0,12	0,02	0,02	0,08
08 Brunsbüttel	0,16	0,23	0,05	0,07	0,11	0,39	0,12	0,11	0,00	0,11	0,21	0,02	0,00	0,04
03 Osdorfer Born	0,30	0,42	0,04	0,00	0,04	0,40	0,02	0,06	0,04	0,16	0,04	0,00	0,00	0,08
01 Schanzenviertel	0,16	0,43	0,09	0,00	0,03	0,17	0,10	0,36	0,02	0,07	0,14	0,02	0,03	0,03
04 Niendorf	0,20	0,38	0,06	0,02	0,00	0,26	0,16	0,22	0,04	0,14	0,10	0,06	0,04	0,00
06 Winterhude	0,14	0,45	0,06	0,00	0,00	0,33	0,06	0,24	0,02	0,31	0,12	0,02	0,02	0,06
02 Barmbek	0,39	0,24	0,06	0,00	0,02	0,24	0,10	0,31	0,00	0,12	0,06	0,02	0,02	0,02
05 Wilhelmsburg	0,25	0,37	0,02	0,27	0,06	0,10	0,06	0,19	0,00	0,06	0,10	0,00	0,00	0,00
09 Burg	0,46	0,07	0,00	0,07	0,07	0,11	0,32	0,04	0,00	0,04	0,14	0,00	0,00	0,00
13 Himmelpforten	0,37	0,15	0,07	0,04	0,00	0,19	0,19	0,04	0,04	0,00	0,19	0,00	0,00	0,04
15 Großenwörden	0,44	0,17	0,00	0,00	0,00	0,22	0,22	0,06	0,17	0,00	0,00	0,00	0,00	0,00
10 Wewelsfleth	0,39	0,03	0,00	0,03	0,06	0,29	0,06	0,03	0,06	0,06	0,35	0,03	0,00	0,00
14 Freiburg	0,40	0,07	0,10	0,03	0,00	0,27	0,07	0,03	0,17	0,07	0,20	0,03	0,03	0,00
11 Brokdorf	0,47	0,06	0,06	0,12	0,00	0,18	0,00	0,00	0,06	0,06	0,06	0,06	0,00	0,00
16 Barnkrug	0,39	0,22	0,06	0,11	0,00	0,28	0,06	0,00	0,11	0,11	0,06	0,00	0,00	0,00

Kennziffern der Problemnennungen:

[1] Grundwasser- und Trinkwasserverschmutzung, Situation der Flüsse und Meere (insb. Elbe und Nordsee), Tankerunfälle mit Ölpest, Verklappungen im Meer

[2] Luftverschmutzung, Smog

[3] Klimaveränderung, Ozonloch, FCKW, CO_2, Treibhauseffekt, Regenwaldzerstörung

[4] Industrie-, Haus-, Kunststoff- und Giftmüll, Verpackungsmaterialien, Deponien

[5] Lärm, Tiefflieger, Verkehrslärm

[6] Atomindustrie, Atomkraftwerke, radioaktiver Müll, Atombombentests; bei b) überwiegend Atomkraftwerke

[7] Überdüngung, Gülleausbringung, Pestizide

[8] Baum- und Waldsterben

[9] Chemische bzw. künstliche Stoffe in der Umwelt, Chemieprodukte

[10] Industrielle Emissionen, überwiegend bezogen auf die Chemische Industrie

[11] Emissionen bestimmter nahegelegener Industriebetriebe

[12] Abgase und Gestank der Kraftfahrzeuge

[13] Gifte in der Nahrung

Literatur

Adlwarth W, Wimmer F (1986) Umweltbewußtsein und Kaufverhalten - Ergebnisse einer Verbraucherpanel-Studie. Jb Absatz- und Verbrauchsforschung 2:166-192

Allensbach, Institut für Demoskopie (1987) In welchem Zustand ist unsere Umwelt? (Allensbacher Berichte 25)

Altenburg T, Oßenbrügge J (1987) Komponenten einer ökologisch orientierten Regionalentwicklung in Lateinamerika. In: Heske H (Hg) Ernte-Dank? Landwirtschaft zwischen Agrobusiness, Gentechnik und traditionellen Landbau. Giessen, S.185-203

Altner G (1988) Ethische Fundierung des Präventationsprinzips in Technik, Wirtschaft und Gesellschaft. In: Simonis UE (Hg) Präventive Umweltpolitik. Frankfurt/Main, S.79-92

Altvater E (1986) Lebensgrundlage (Natur) und Lebensunterhalt (Arbeit). In: Altvater E, Hickel E, Hoffmann J et al. (1986) Markt, Mensch, Natur. Zur Vermarktung von Arbeit und Umwelt. Hamburg, S.133-155

Altvater E (1987) Ökologische und ökonomische Modalitäten von Zeit und Raum. Prokla 17 (2):35-54

Andersen A (Hg)(1990) Umweltgeschichte. Das Beispiel Hamburg. Hamburg

Archibugi I, Nijkamp P (Hg) (1989) Economy and Ecology: Towards Sustainable Development. Dordrecht

BWVL (Beh. f. Wirtschaft und Verkehr) (1964) Über die Verschmutzung der Elbe und ihrer Nebenflüsse sowie die Bemühungen sie rein zu halten. Hamburg

Bahrenberg G, Hard G (1987) Dietrich Bartels - statt einer Würdigung. In: Bahrenberg G, Deiters J, Fischer MM et al. (Hg) Geographie des Menschen. Dietrich Bartels zum Gedenken. Bremen, S.1-6

Bahro R (1984) Pfeiler am anderen Ufer. Berlin

Balderjahn I (1986) Das umweltbewußte Konsumentenverhalten. Eine empirische Studie. Berlin

Baranskiy NN (1987) Natural Environment in Economic Geography. Soviet Geography 87:684-694

Barkenhoff-Stiftung (Hg)(1982) Lebercht Migge. Der Sonnenhof in Worpswede als Siedlungsmodell. Lilienthal

Barry BB (1975) Neue Politische Ökonomie. Ökonomische und Soziologische Demokratietheorie. Frankfurt/Main

Bartels D (1970) Einleitung. In: Bartels D (Hg) Wirtschafts- und Sozialgeographie. Köln, S.13-48

Bartels D (1978) Raumwissenschaftliche Ansätze sozialer Disparitäten. In: Mitteilungen der Österreichischen Geographischen Gesellschaft 120:227-242

Bartels D (1982) Wirtschafts- und Sozialgeographie. In: Handwörterbuch der Wirtschaftswissenschaft, 9. Bd. Wirtschaft und Politik bis Zölle, Nachtrag. Fischer, Stuttgart, S.44-55

Bartels D (1984) Lebensraum Norddeutschland? Eine engagierte Geographie. In: Bartels D (Hg) Lebensraum Norddeutschland. Kiel, S.1-31

Baubehörde (1968) Die Stadtentwässerung Hamburg. Hamburg

Beck U (1986) Risikogesellschaft. Auf dem Weg in eine andere Moderne. Frankfurt/Main

Beck U (1988) Gegengifte. Die organisierte Unverantwortlichkeit. Frankfurt/Main

Beckenbach F, Hampicke U, Schulz W (1988) Möglichkeiten und Grenzen der Monetarisierung von Natur und Umwelt. Berlin (Schriftenreihe des IÖW 20/88)

Becker G (1986) Das Gefälle. Internationale Arbeitsteilung und die Krise der Regionalpolitik. Braunschweig

Benkert W (1981) Die raumwirtschaftliche Dimension der Umweltnutzung. Berlin

Benkert W (1987) Standortfaktoren und Standortwahl der Umweltschutzindustrie. Raumforschung und Raumordnung 87:237-241

Benninghaus H (1976) Deskriptive Statistik. Stuttgart

Bertram H, Schamp W (1989) Räumliche Wirkungen neuer Produktionskonzepte in der Automobilindustrie. Geographische Rundschau, 41 (5):284-290

Bick H (1985) Mensch und Natur. In: Wildenmann R (Hg) Umwelt, Wirtschaft, Gesellschaft. Wege zu einem neuen Grundverständnis. Gerlingen, S.19-40

Billig A, Briefs D, Pahl AD (1987) Das ökologische Problembewußtsein umweltrelevanter Zielgruppen. Wertwandel und Verhaltensänderung. (Umweltbundesamt Texte 21/87)

Binswanger HC (1988) Ökologisch orientierte Wirtschaftswissenschaft. In: Glaeser B (Hg) Humanökologie. Opladen, S.143-152

Binswanger HC, Frisch H, Nutzinger HG et al. (1988) Arbeit ohne Umweltzerstörung. Strategien für eine neue Wirtschaftspolitik. Fischer, Frankfurt/M

Boesch M (1989) Engagierte Geographie. Stuttgart

Boesler K-A (1983) Politische Geographie. Stuttgart

Bohmbach J (1976) Vom Kaufmannswik zum Schwerpunktort. Die Entwicklung Stades vom 8. bis zum 20. Jahrhundert. Stade

Bongaerts J (1988) Umweltschutz und technische Innovation - ein Überblick. In: Simonis UE (Hg) Lernen von der Umwelt - Lernen für die Umwelt. Berlin, S.245-262

Bonkowski S, Legler H (1986) Umweltschutz und Wirtschaftsstruktur in Niedersachsen - Pilotstudie im Auftrag des Niedersächsischen Ministers für Wirtschaft und Verkehr. NIW (Niedersächsisches Institut für Wirtschaftsforschung e.V.), Hannover

Bonne G (1901) Die Notwendigkeit der Reinhaltung der deutschen Gewässer, vom gesundheitlichen, volkswirtschaftlichen und militärischen Standpunkte aus erläutert durch das Beispiel der Unterelbe bei Hamburg-Altona. Leipzig

Bose M, Pahl-Weber E (1986) Regional- und Landesplanung im Hamburger Planungsraum bis zum "Groß-Hamburg-Gesetz" 1937. In: Bose M u.a. ... ein neues Hamburg entsteht. Planen und Bauen 1933-1945. Hamburg

Brand K-W, Honolka H (1987) Ökologische Betroffenheit, Lebenswelt und Wahlentscheidung. Opladen

Brüggemeier F-J, Rommelspacher T (Hg) (1987) Besiegte Natur. Geschichte der Umwelt im 19. und 20. Jahrhundert. München

Brunowsky R-D, Wicke L (1984) Der Öko-Plan. Durch Umweltschutz zum neuen Wirtschaftswunder. München/Zürich

Bürgerschaftsdrucksache 2239 (1969) Das Entwicklungsmodell für Hamburg und sein Umland. Mitteilung des Senats an die Bürgerschaft vom 10.6.1969

Bürgerschaftsdrucksache 9/3173 (1981) Unterbringung, Behandlung oder anderweitige Verwertung der bei Unterhaltungsbaggerung im Hamburger Hafen anfallenden Mischbodens. Mitteilung des Senats an die Bürgerschaft Nr. 29 vom 24.2.1981

Bürgerschaftsdrucksache 11/839 (1983) Sicherung der Unterhaltungsbaggerung im Hamburger Hafen sowie Baggerungen in Alster, Bille und Nebengewässern. Mitteilung des Senats an die Bürgerschaft Nr. 85 vom 14.6.1983

Bürgerschaftsdrucksache 11/3159 (1984) Umweltpolitisches Aktionsprogramm. Mitteilung des Senats an die Bürgerschaft Nr. 201 vom 13.11.1984

Bürgerschaftsdrucksache 11/6765 (1986) Bericht der Enquete-Kommission zur Untersuchung des Unterelberaumes. Bürgerschaft der Freien und Hansestadt Hamburg vom 23.9.1986

Buchholz W (1984) Intergenerationelle Gerechtigkeit und erschöpfbare Ressourcen. Berlin

Capra F (1983) Wendezeit. Bausteine für ein neues Weltbild. Bern

Corbin A (1984) Pesthauch und Blütenduft. Eine Geschichte des Geruchs. Berlin

Cox KR (1979) Location and Public Problems. Oxford

Cox KR, Johnston RJ (Hg) (1982) Conflict, Politics and the Urban Scene. London

DGB - Landesbezirk Nordmark (1988) Strukturprogramm Küste. Hamburg

DRU (1979) Differenziertes Raumordnungskonzept für den Unterelberaum. Bremen, Hamburg, Hannover, Kiel

Damkowski W, Hajen L, Strauf H-G, Wand K (1989) Problemregion Unterelbe. Arbeit, Umwelt und Länderkooperation. Hamburg

Dangschat J, Oßenbrügge J (1990) Hamburg: Crisis Management, Urban Regeneration and Social Democrats. In: Judd D, Parkinson M (Hg) Leadership and Urban Regeneration. Newbury Park, S.86-108.

Danielzyk R, Helbrecht I (1989) Ruhrgebiet: Region ohne Gegenwart Ansätze zu einer qualitativen Regionalforschung als Kritik. In: Sedlacek P (Hg) Programm und Praxis qualitativer Sozialgeographie. Oldenburg, S.101-132

Daten zur Umwelt (1986ff). Umweltbundesamt (Hg). Schmidt, Berlin

Denecke T (1895) Nachträgliches zur Hamburger Cholera-Epidemie von 1892. In: Münchener Medicinische Wochenschrift 42:957-961

Dierkes M, Hansmeyer K-H (1985) Umwelt und Gesellschaft - Beiträge und Empfehlungen zur Rechts-, Politik- und Wirtschaftswissenschaftlichen Analyse von Umweltproblemen. In: Zeitschrift für Umweltpolitik (1):1-28

Diercke Weltaltlas (1988). Braunschweig

Dornier-System (1985) Ökologische Belastung des Unterelberaumes. Gutachten der Länder Bremen, Hamburg, Niedersachsen und Schleswig-Holstein. Hamburg

Downs A (1968) Ökonomische Theorie der Demokratie. Tübingen

Ebermann T, Trampert R (1984) Die Zukunft der Grünen. Ein realistisches Konzept für eine radikale Partei. Hamburg

Eisel U (1986) Die Natur der Wertform und die Wertform der Natur. Studien zu einem dialektischen Naturalismus. Berlin

Ellenberg H u.a. (1978) Ökosystemforschung in Hinblick auf Umweltpolitik und Entwicklungsplanung. Forschungsbericht. Bonn

Esser J, Hirsch J (1987) Stadtsoziologie und Gesellschaftstheorie. Von der Fordismuskrise zur 'postfordistischen' Regional- und Stadtstruktur. In: Prigge W (Hg) Die Materialität des Städtischen. Basel, S.31-56

Essig H (1985) Erfassung öffentlicher Umweltschutzausgaben und -einnahmen durch die Finanzstatistik. In: Wirtschaft und Statistik 12:957-966

Ester P, vd Meer F (1982) Determinants of individual environmental behaviour. In: The Netherlands' Journal of Sociology 18:57-94

Evans RJ (1990) Tod in Hamburg. Stadt, Gesellschaft und Politik in den Cholerajahren 1830-1910. Reinbek

Evers A (1989) Risiko und Individualisierung. In: Kommune, 7 (6):33-49

Ewers H-J u.a. (1988) Produktionsprozesse und Umweltverträglichkeit. Hannover (Akademie für Raumordnung und Landesplanung, Beiträge 104)

Feddersen F und Kruck R (1982) Der Einfluß der Umweltpolitik auf die wirtschaftliche Entwicklung in den Ballungsräumen und die Möglichkeit einer ballungsraumspezifischen Umweltpolitik. Bonn

Fietkau H-J (1984) Bedingungen ökologischen Handelns. Weinheim

Fietkau H-J, Kessel H (1981) Umweltlernen. Veränderungsmöglichkeiten des Umweltbewußtseins. Königsstein/Ts

Fietkau H-J, Kessel H, Tischler W (1982) Umwelt im Spiegel der öffentlichen Meinung. Frankfurt/Main

Fillip K (1978) Geographie und Erziehung. München

Finke L (1986) Landschaftsökologie. Braunschweig

Fischer J-H (1985) Stadtentwicklung und Umweltplanung - dargestellt am Beispiel Hamburg. Göttingen

Fränzle O (1988) Umweltbelastung und Umweltschutz in der Bundesrepublik Deutschland. In: Geographische Rundschau 40 (1):4-11

Fränzle O, Killisch W, Mich N (1987) Die regionale Differenzierung und zeitliche Veränderung der Emissionssituation in der Bundesrepublik Deutschland. In: Fränzle O (Hg) Geoökologische Umweltbewertung. Kiel

Frederichs G (1986) Technikskepsis in der Bevölkerung. In: Zeitschrift für Umweltpolitik (1):1-17

Frey BS (1972) Umweltökonomie. Göttingen

Frey BS (1980) Ökonomie als Verhaltenswissenschaft. Ansatz, Kritik und der europäische Beitrag. In: Jahrbuch für Sozialwissenschaft, 31:21-35

Friedrichs J u.a. (Hg) (1986) Süd-Nord-Gefälle in der Bundesrepublik? Opladen

Fritsch B (1985) Das Prinzip Offenheit. Anmerkungen zum Verhältnis von Wissen und Politik. München

GAL (Hg) (1988) Sondermüll. Bearbeitet von der Umweltgruppe Physik/Geowissenschaften, Hamburg

Gaffky G (Hg) (1894) Die Cholera im Deutschen Reiche im Herbst 1892 und im Winter 1892/93. Bd 1: Die Colera in Hamburg. Berlin (Arbeiten aus dem kaiserlichen Gesundheitsamte, Bd. 10)

Gather M (1990) Städtehygiene und groß-städtische Entsorgung in Deutschland vor 1914. Das Beispiel der frühen kommunalen Umweltplanung in Frankfurt am Main. In: Wolf K, Schymik F (Hg) Frankfurt und das Rhein-Main-Gebiet. Frankfurt, S.133-173

Gather M (1992) Kommunale Handlungsspielräume in der öffentlichen Abfallentsorgung. Möglichkeiten und Grenzen einer aktiven Umweltplanung auf kommunaler Ebene im Raum Frankfurt. New York

Gaumert T, Riedel-Lorje J (1982) Eine Studie über die biologischen Verhältnisse in der Elbe von 1842-1943. Hamburg

Geipel R (1987) Gesellschaftliches Verhalten bezüglich potentieller und tatsächlicher Katastrophenfälle: Die Sicht der Hazard-Forschung. In: Bayrische Rück (Hg) Gesellschaft und Unsicherheit. Karlsruhe, S.68-84

Georgescu-Roegen N (1987) Entropiegesetz und ökonomischer Prozeß im Rückblick. Berlin (Schriftenreihe des Instituts für ökologische Wirtschaftsforschung 5/87)

Gernert J (1990) Umweltökonomie - Investitionen, Standortentscheidungen und Arbeitsmärkte am Beispiel einzelner Industriegruppen Südwestdeutschlands. Berlin

GHK (Gesamthochschule Kassel) (Hg) (1981) Leberecht Migge 1881-1935. Gartenkultur des 20. Jahrhunderts. Kassel

Giddens A (1981) A contemporary critique of historical materialism. London

Gillwald K (1983) Umweltqualität als sozialer Faktor. Zur Sozialpsychologie der natürlichen Umwelt. Frankfurt/Main

Graskamp R, Halstrick-Schwenk M, Janßen-Timmen R, Löbbe K, Wencke M (1991) Umweltschutz, Strukturwandel und Wirtschaftswachstum. Essen

Günther R, Winter G (Hg) (1986) Umweltbewußtsein und persönliches Handeln. Der Bürger im Spannungsfeld zwischen Administration, Expertentum und sozialer Verantwortung. Bletz/Weinheim/Basel

Haas H-D, Lempa S (1988) Das Entsorgungsverhalten der Bevölkerung in Teilen der nördlichen Stadtbezirke von München. München

Habermas J (1981a) Theorie des kommunikativen Handeln. 2 Bde., Frankfurt/M

Habermas J (1981b) 'Dialektik der Rationalisierung'. J. Habermas im Gespräch mit A. Honneth, E. Knödler-Bunte und A. Widmann. In: Ästhetik und Kommunikation 45/46

Habermas J (1982) Moderne und Postmoderne Architektur. In: Arch+ (61):54-59

Halfmann J, Japp KP (1990) Riskante Entscheidungen und Katastrophenpotentiale. Elemente einer soziologischen Risikoforschung. Opladen

Halstrick M, Löbbe K (1987) Analyse der strukturellen Entwicklung der deutschen Wirtschaft. Schwerpunktthema: Strukturwandel und Umweltschutz. Essen

Hard G (1983) Zu Begriff und Geschichte der "Natur" in der Geographie des 19. und 20. Jahrhunderts. In: Großklaus G, Oldemeyer E (Hg) Natur als Gegenwelt. Beiträge zur Kulturgeschicht der Natur. Karlsruhe

Hard G (1987) "Bewußtseinsräume". Interpretationen zu geographischen Versuchen, regionales Bewußtsein zu erforschen. In: Geographische Zeitschrift 75:127-148

Harmsen H (1948) Hygienische Probleme der zentralen Hamburger Trinkwasserversorgung. In: Festschrift der Hamburger Wasserwerke, Hamburg, S.55-64

Härtel H-H, Matthies K, Mously M (1987) Zusammenhang zwischen Strukturwandel und Umwelt. Spezialuntersuchung 2 im Rahmen der HWWA-Strukturberichterstattung 1987. Hamburg

Hartwich H-H (Hg) (1984) Vollzug und Wirkungen regionaler Umeltpolitik. Ihre Bedeutung für die private Industrie Hamburgs 1970-1980. Ein Untersuchungsbericht. Opladen

Harvey D (1973) Social Justice and the City. London

Harvey D (1984) On the history and present condition of geography: an historical materialist manifesto. In: The Professional Geographer 36:1-11

Harvey D (1985) The urbanization of capital. Oxford

Hegger M, Pohl W (1988) Bekenntnisökologie versus Ökotechnologie. In: Arch+ 94:44-48

Heinemann K (Hg) (1987) Soziologie wirtschaftlichen Handelns. Opladen (Kölner Zeitschrift für Soziologie und Sozialpsychologie - Sonderheft)

Hellstern G-M, Wollmann H (1984) Entwicklung, Aufgaben und Methoden von Evaluierung und Evaluierungsforschung. In: Akademie für Raumordnung und Landesplanung (Hg) Wirkungsanalysen und Erfolgskontrolle in der Raumordnung. Hannover, S.7-27.

Herms U, Tent L (1982) Schwermetallgehalte in Hafenschlick sowie in landwirtschaftlich genutzten Hafenschlammspülfeldern im Raum Hamburg. Geologisches Jahrbuch 82:3-11

Herrmann B (Hg) (1986) Mensch und Umwelt im Mittelalter. Stuttgart

Herz TA (1987) Werte, sozio-politische Konflikte und Generationen. Eine Überprüfung der Theorie des Postmaterialismus. Zeitschrift für Soziologie 16:56-69

Hölder E und Mitarbeiter (1991) Wege zu einer Umweltökonomischen Gesamtrechnung. Ein Diskussionsbeitrag des Statistischen Bundesamtes. Stuttgart

Höllhuber D (1982) Innerstädtische Umzüge in Karlsruhe. Plädoyer für eine sozialpsychologisch fundierte Humangeographie. Erlangen.

Hübler K-H (1984) Wirkungsanalysen und -prognosen in der Umweltpolitik - zur Evaluierung umweltpolitischer Maßnahmen. In: Akademie für Raumordnung und Landesplanung (Hg) Wirkungsanalysen und Erfolgskontrolle in der Raumordnung. Hannover, S. 207-234

Hübler K-H (1987) Wechselwirkungen zwischen Raumordnungspolitik und Umweltpolitik. In: Akademie für Raumordnung und Landesplanung (Hg.) Wechselseitige Beeinflussung von Umweltvorsorge und Raumordnung. Hannover, S.11-43.

IÖfR (1988) Abfall vermeiden. Leitfaden für eine ökologische Abfallwirtschaft. Frankfurt/Main

Inglehart R (1979) Wertwandel in den westlichen Gesellschaften: Politische Konsequenzen von materialistischen und postmaterialistischen Prioritäten. In: Klages H u.a. (Hg) Wertwandel und gesellschaftlicher Wandel. Frankfurt/M, S.279-316

Jänicke M (1986) Staatsversagen. Ohnmacht der Politik in der Industriegesellschaft, München

Jänicke M (1988) Ökologische Modernisierung. Optionen und Restriktionen präventiver Umweltpolitik. In: Simonis UE (Hg) Präventive Umweltpolitik. Frankfurt/M, S.13-26

Jänicke M, Moench H, Ranneberg Th (1986) Umweltentlastung durch Strukturwandel. Eine Vorstudie über 31 Industrieländer. IIUG dp 86-1, Berlin

Jänicke M, Simonis UE, Weigmann G (Hg) (1985) Wissen für die Umwelt. 17 Wissenschaftler bilanzieren. Berlin

Kaase M (1985) Die Entwicklung des Umweltbewußtseins in der Bundesrepublik Deutschland. In: Wildenmann R (Hg) Umwelt, Wirtschaft, Gesellschaft. Gerlingen, S.289-316

Kade G , Vorlaufer K (1972) Bodenordnung, Raum- und Umweltplanung. In: Schultze H (Hg) Umwelt-Report. Unser verschmutzter Planet. Frankfurt/Main, S.80-86

Kampe D (1987) Ziele und Indikatoren der Raumplanung zum Gewässerschutz und Stand der Abwasserbeseitigung. In: Informationen zur Raumentwicklung (1/2):1-16

Karl H, Klemmer P (1990) Einbeziehung von Umweltindikatoren in die Regionalpolitik. Berlin

Keeble D (1989) Core-Periphery Disparities, Recession and New Regional Dynamisms in the European Community. In: Geography 74 (1):1-11

Kelting O (1934) Die Wasserversorgung in Hamburg bis zu ihrem Ausbau nach dem großen Brande 1842. Hamburg

Kemper F-J (1984) Der GSK-Ansatz zur Analyse von Kontingenztabellen. In: Bahrenberg G u.a. (Hg) Zur Methodologie und Methodik der Regionalforschung, Osnabrück, S.101-121

Kern H (1972) Ein Modell für die wirtschaftliche Entwicklung der Region Unterelbe, Beh. f. Wirtschaft und Verkehr, Hamburg

Klemmer P (1984) Räumliche Auswirkungen der Umweltschutzpolitik. In: Akademie für Raumordnung und Landeskunde (Hg) Umweltvorsorge durch Raumordnung, Hannover, S.21-33

Klemmer P (1988) Regionalpolitik und Umweltpolitik. Untersuchungen der Interdependenzen zwischen Regionalpolitik und Umweltpolitik. Hannover

Klöpper R (1985) Überlegung zur Regionalisierung der Umweltgefährdung. In: ILS (Hg) Beiträge zur Raumforschung, Raumordnung und Landesplanung. Dortmund, S.249-251

Knauer P (1986) Ökosystemforschung und ökologische Planung. In: Geographische Rundschau 38 (6):290-293

Knauer P (1988) Anwendungsbeispiele aus der ökologischen Planung. In: Akademie für Raumordnung und Landeskunde (Hg) Regionalprognosen und ihre Anwendung. Hannover, S.385-416

Koch G - Statistisches Büreau der Hamburgischen Steuer-Deputation (1894) Statistik der Choler-Epidemie. In: Gaffky G (Hg) (1894) Die Cholera im Deutschen Reiche im Herbst 1892 und im Winter 1892/93. Bd 1: Die Colera in Hamburg. Berlin (Arbeiten aus dem kaiserlichen Gesundheitsamte, Bd. 10)

Kost K (1989) Großstadtfeindlichkeit und Kulturpessimismus als Stimulans für Politische Geographie und Geopolitik bis 1945. In: Erdkunde, 43 (3):161-170

Krause A, Schröder L (1979) Vegetationskarte der Bundesrepublik Deutschland 1:200000 - Potentielle natürliche Vegetation - Blatt CC 3118 Hamburg-West. Bonn-Bad Godesberg

338

Kruck R (1985) Räumliche Wirkungen der Umweltpolitik - Umweltschutzinvestitionen in verdichteten und in ländlichen Räumen Nordrhein-Westfalens.

Küchler M (1979) Multivariate Analyseverfahren. Stuttgart

Lalli M (1988) Urban Identity. In: Environmental Social Psychology 88:303-311

Langeheine R, Lehmann J (1986) Die Bedeutung der Erziehung für das Umweltbewußtsein. Kiel

Läpple D (1986) Trendumbruch in der Raumentwicklung. Auf dem Weg zu einem neuen industriellen Entwicklungstyp? In: Informationen zur Raumentwicklung (11/12):909-920

Läpple D (1987) Zur Diskussion über 'Lange Wellen', 'Raumzyklen' und gesellschaftliche Restrukturierung. In: Prigge W (Hg) Die Materialität des Städtischen. Basel u.a., S.59-76

Lauschmann E (1976) Grundlagen einer Theorie der Regionalpolitik. 3. Aufl. Hannover

Leipert C (1986) Sozialproduktkritik, Nettowohlfahrtsmessung und umweltbezogene Rechnungslegung. Historische Entwicklung und alternative Forschungslinien. In: Zeitschrift für Umweltpolitik (3):281-299

Leipert C (1989) Die heimlichen Kosten des Fortschritts. Wie Umweltzerstörung das Wirtschaftswachstum fördert, Frankfurt/Main

Leipert C, Simonis UE (1987) Umweltschutz - Umweltschäden. Ausgaben und Aufgaben. In: Geographische Rundschau 39 (6):300-306

Leo GH (1969) William Lindley. Ein Pionier der technischen Hygiene. Hamburg

Leser H (1991) Ökologie wozu? der graue Regenbogen oder Ökologie ohne Natur. Berlin u.a.

Lichtheim A (1928) Die Wasserversorgung. In: Stein E (Hg) Die Stadt Altona. Berlin

Lienert GA (1973) Verteilungsfreie Methoden in der Biostatistik. Bd I, 2. Aufl. Meisenheim

Linde R (1909) Die Niederelbe. 3. Aufl. Bielefeld u.a

Linse U (1986) Ökopax und Anarchie. Eine Geschichte der ökologischen Bewegungen in Deutschland. München

Lühr H-P (1987) Umwelt und Technologie - Chance für die Zukunft. Hamburg u.a

Maass D (1990) Der Ausbau des Hamburger Hafens: 1840 bis 1910. Hamburg

Mahnkopf B (Hg) (1988) Der gewendete Kapitalismus. Kritische Beiträge zur Theorie der Regulation. Münster

Malkis A, Grasmick HG (1977) Support for the ideology of the environmental movement. In: Western Sociological Review 8:25-47

Marx D (1988) Wechselwirkungen zwischen Umweltschutz und Raumordnung/Landesplanung. Hannover

Marx D, Knigge R (1972) Ökonomische Ansätze einer Umweltschutzpolitik. In: Raumforschung und Raumordnung 30:168-179

Maslow AH (1970) Motivation and personality. New York

Meadows D, Meadows D, Zahn E, Milling P (1972) Die Grenzen des Wachstums: Bericht des Club of Rome zur Lage der Menschheit. Stuttgart

Medizinal-Kollegium Hamburg (1901) Die Gesundheitsverhältnisse Hamburgs im neunzehnten Jahrhundert. Hamburg

Meyer-Abich KM (1985) Im sozialen Frieden zum Frieden mit der Natur. In: Jänicke M u.a. (Hg) Wissen für die Umwelt. 17 Wissenschaftler bilanzieren. Berlin, S.291-301

Mönig R (1990) Effekte und Konsequenzen staatlicher Umweltschutzpolitik für urban-industrielle Ballungsgebiete. Am Beispiel der Stadt Wuppertal. Frankfurt/M

Muller EN, Opp KD (1986) Rational Choice and Rebellious Collective Action. In: American Political Science Review 80:471-489

Müller P, Flacke W, Krüger J, Hübschen J (1984) Ökologische Belastungsanalyse Landkreis Stade. Ms. Landkreis Stade

Münch R (1972) Mentales System und Verhalten. Tübingen

Naschold F (1978) Alternative Raumpolitik. Kronsberg

Nuhn H, Oßenbrügge J (1983) Planung und Durchführung der Umsiedlung Altenwerders. In: Nuhn H, Oßenbrügge J, Söker E (Hg) Expansion des Hamburger Hafens und Konsequenzen für den Süderelberaum. Hamburg, S.79-162

Nuhn H, Oßenbrügge J (1984) Räumliche Konflikte im Hamburger Hafenerweiterungsgebiet. In: Schätzl L (Hg) Regionalpolitik zwischen Ökonomie und Ökologie. Hannover, S.129-162

ÖAR (1987) Eigenständige Regionalentwicklung. Erfahrungsbericht des ÖAR. (Österreichische Arbeitsgemeinschaft für eigenständige Regionalentwicklung) Wien

Oldemeyer E (1983) Entwurf einer Typologie des menschlichen Verhältnisses zur Natur. In: Großklaus G, Oldemeyer E (Hg) Natur als Gegenwelt. Zur Kulturgeschichte der Natur. Karlsruhe

Olson M (1965) The Logic of Collective Action. Cambridge. (Deutsch: Logik des kollektiven Handelns. Tübingen 1968)

Opp K-D (1985) Sociology and Economic Man. In: Journal of Institutional and Theoretical Economics 141:213-243

Opp K-D, Burow-Auffahrt K, Hartmann P. et al. (1984) Soziale Probleme und Protestverhalten. Opladen

Oßenbrügge J (1982) Industrieansiedlung und Flächennutzungsplanung in Stade-Bützfleth und Drochtersen. In: Nuhn H, Oßenbrügge J (Hg) Wirtschafts- und sozialgeographische Beiträge der Regionalentwicklung (...) im Unterelberaum. Hamburg, S.33-88

Oßenbrügge J (1983) Politische Geographie als räumliche Konfliktforschung. Konzepte zur Analyse der politischen und sozialen Organisation des Raumes auf der Grundlage anglo-amerikanischer Forschungsansätze. Hamburg

Oßenbrügge J (1984a) Socio-spatial relations between local state, collective identity and conflict behavior. In: Taylor P, House J (Hg) Political Geography: Recent Advances and Future Directions. London, S.65-80

Oßenbrügge J (1984b): Zwischen Lokalpolitik, Regionalismus und internationalen Konflikten: Neuentwicklungen in der anglo-amerikanischen Politischen Geographie. In: Geographische Zeitschrift, 72 (1):22-33

Oßenbrügge J (1985) Industrialisierung der Peripherie: Auswirkungen neuer Standorte auf die Regionalentwicklung in Nord-West-Deutschland. In: Rieckmann P (Hg) Alternative Hafen- und Küstenpolitik. Hamburg, S.15-29

Oßenbrügge J (1986) Ökologische Regionalentwicklung für die Metropolen und die Peripherien. Thesen für einen ökologischen Internationalismus. In: Stadt & Land (Hg) Ökologische Regionalentwicklung. Kiel, S.25-37

Oßenbrügge J (1987) Raumbegriffe in Ansätzen zur selbstbestimmten Regionalentwicklung. In: Bahrenberg G, Deiters J, Fischer MM et al. (Hg) Geographie des Menschen. Dietrich Bartels zum Gedenken. Bremen, S.499-512

Oßenbrügge J (1988) Regional Restructuring and the Ecological Welfare State - Spatial Impacts of Environmental Protection in West Germany. In: Geographische Zeitschrift 76 (2):78-96

Oßenbrügge J (1991) Raumwirtschaftliche Analyse des Umweltschutzmarktes in Norddeutschland. Paderborn

Oßenbrügge J (Hg) (1987) Eigenständige Regionalentwicklung im Elbe-Weser-Dreieck. Bericht zum Großen Geländepraktikum. Ms. Hamburg

Otremba E (1969) Der Wirtschaftsraum - seine geographischen Grundlagen und Probleme. Erde und Weltwirtschaft 1. Stuttgart

Peters A (1985) Die Erfassung der räumlichen Verteilung von Schwefeldioxid- und Stickoxid-Emissionen als Informationsgrundlage für die Raumordnung. In: Informationen zur Raumentwicklung (11/12):1003-1013

Peters A (1987) Abfallaufkommen und Abfallbeseitigung in den Kreisen der Bundesrepublik Deutschland unter Umweltgesichtspunkten. In: Informationen zur Raumentwicklung (1/2):17-26

Projektgruppe "Aktionsprogramm Ökologie" (1983) Abschlußbericht der Projektgruppe "Aktionsprogramm Ökologie". Argumente und Forderungen für eine ökologisch ausgerichtete Umweltvorsorgepolitik. In: Der Bundesminister des Inneren (Hg) Umweltbrief 29

Projektgruppe Ökologische Wirtschaft (1987) Produktlinienanalyse: Bedürfnisse, Produkte, und ihre Folgen. Köln

Rach D (1987) Landschaftsverbrauch in der Bundesrepublik Deutschland. In: Informationen zur Raumentwicklung (1/2):27-43

Rambach JJ (1801) Versuch einer physisch-medizinischen Beschreibung von Hamburg. Hamburg

Rammstedt O (1979) Möglichkeiten und Grenzen eines Konzepts zur Hebung des Umweltbewußtseins aus der Sicht der Social Movement Theory. In: Fietkau H-J, Kessel H. (Hg) Strategien zur Hebung des Umweltbewußtseins in der Bevölkerung der Bundesrepublik Deutschland. Berlin

Rauschelbach B (1987) Entwicklung des Unterelberaumes. Ansätze für ein Umweltinformationssystem. In: Geographische Rundschau 39:268-277

Redclift M (1984) Development and the environmental crisis. Red or green alternatives? London

Reiche J, Fülgraff G (1987) Eigenrechte der Natur und praktische Umweltpolitik - Ein Diskurs über anthropozentrische und ökozentrische Umweltethik. In: Zeitschrift für Umweltpolitik (3):231-250

Renn H (1975) Nichtparametrische Statistik. Stuttgart

Reynolds D (1981) The Geography of Social Choice. In: Burnett AD, Taylor PJ (Hg) Political Studies from Spatial Perspective. Chichester, pp 91-110

Riedel W, Müller C, Packschies M (1989) Landschaftsbezogene Datenerhebung für kommunale Umweltplanung. In: Geographische Rundschau 41:500-505

Rodenstein M (1988) Mehr Licht, mehr Luft. Gesundheitskonzepte im Städtebau seit 1750. Frankfurt/Main

RON (1968) Gemeinsame Landesplanungsarbeit Hamburg/Niedersachsen: 1. Empfehlung zur räumlichen Entwicklung vom 30.10.1958. In: Speckter H, Möller P (Hg) Raumordnung an der Niederelbe. Methoden und Ziele. Kiel

Roth R, Rucht D (Hg) (1987) Neue soziale Bewegungen in der Bundesrepublik Deutschland. Frankfurt/Main/New York

Ryll A (1990) Struktur und Entwicklung der Umweltschutzausgaben: Investitionen, Umweltkapitalstock und laufende Ausgaben. In: Zimmermann K, Hartje VJ, Ryll A: Ökologische Modernisierung der Produktion. Berlin, S.83-134

Ryll A, Schäfer D (1986) Bausteine für eine monetäre Umweltberichterstattung. In: Zeitschrift für Umweltpolitik (2):105-135

Sachverständigenrat - JG 1990/91 (1990) Auf dem Wege zur wirtschaftlichen Einheit Deutschlands. Jahresgutachten des Sachverständigenrates zur Begutachtung der gesamtwirtschaftlichen Entwicklung. Metzler-Poeschel, Stuttgart

Sandner G (1981) Analyse industrieller Effekte auf Privathaushalte, kommunale Finanzstruktur und Gewerbe/dienstleistungssektor - Fallstudie Unterelberaum. Endbericht zum Forschungsbericht

Schamp EW (1983) Grundansätze der zeitgenössischen Wirtschaftsgeographie. In: Geographische Rundschau 35 (2):74-80

Schamp EW (1984) Plädoyer für eine politisch-ökonomische Wirtschaftsgeographie. In: Wirtschaftsgeographie und Wirtschaftswissenschaften. Frankfurt, S.69-87 (Frankfurter Wirtschafts- und Sozialgeographische Schriften 46)

Schätzl L (1978) Wirtschaftsgeographie I - Theorie. (4.Aufl 1992). Paderborn

Schimank U (1983) Neoromantischer Protest im Spätkapitalismus. Der Widerstand gegen die Stadt- und Landschaftszerstörung. Bielefeld

Schivelbusch W (1977) Geschichte einer Eisenbahnreise. Zur Industrialisierung von Raum und Zeit im 19. Jahrhundert. München

Schlichting K (1986) Abfälle im Produzierendem Gewerbe des Landes Bremen. In: Statistische Monatsberichte Bremen (6):114-121

Scholz H (1966) Raumordnung im Elbe-Weser-Dreieck. Osnabrück

Schreiber H, Timm G (Hg) (1990) Im Dienste der Umwelt und der Politik. Zur Kritik der Arbeit des Sachverständigenrates für Umweltfragen. Berlin

Schultz H-D (1980) Die deutschsprachige Geographie von 1800 bis 1970. Berlin

Schulze C (1989) Akteure im Umweltschutz. Leverkusen

Schumacher F (1969) Wie das Kunstwerk Hamburg nach dem großen Brande entstand. (zuerst Berlin 1919)

Siebert H (1978) Ökonomische Theorie der Umwelt. Tübingen

Sieferle RP (1984) Fortschrittsfeinde. Opposition gegen Technik und Industrie von der Romantik bis zur Gegenwart. München

Sieferle RP (1985) Heimatschutz und das Ende der romantischen Utopie. In: Arch+ (81):38-42

Siegel S (1987) Nichtparametrische statistische Methoden. 3.Auflage, Eschborn

Simson J von (1978) Die Flußverunreinigungsfrage im 19. Jahrhundert. In: Viertel-
jahrschrift für Sozial- und Wirtschaftsgeschichte Bd 65, 3:370-390
Simson J von (1983) Kanalisation und Städtehygiene im 19. Jahrhundert. VDI-Verlag,
Düsseldorf
Sloterdijk P (1983) Kritik der zynischen Vernunft. 2 Bde. Frankfurt/Main
Speckter H (1968) 40 Jahre Landesplanung im Niederelbegebiet. In: Speckter H,
Möller P (Red) Raumordnung an der Niederelbe. Methoden und Ziele. Kiel u.a
Spies W (1985) Erste Ergebnisse einer Abfallbilanz für die Bundesrepublik
Deutschland. Wirtschaft und Statistik 85:27-35
Sprenger R-U (1989) Beschäftigungswirkungen der Umweltpolitik - eine nachfrage-
orientierte Untersuchung. Schmidt, Berlin (Umweltbundesamt Berichte 4/89)
Sprenger R-U, Knödgen G (1983) Struktur und Entwicklung der Umweltschutzindu-
strie in der Bundesrepublik Deutschland. Berlin (Umweltbundesamt Berichte 9)
Sprösser, S (1988) Wirtschaftswachstum und Umweltschutz - eine theoretische und
empirische Analyse der Zielbeziehungen. Ifo - Institut für Wirtschaftsforschung,
München
SRU - Der Rat von Sachverständigen für Umweltfragen (1987) Umweltgutachten
1987. Kohlhammer, Stuttgart
Stadtentwässerung Zürich (Hg) (1987) Von der Schissgrub zur modernen Stadtent-
wässerung. Zürich
Stadt & Land (1984) Kritische Untersuchungen zur Planung der A26. Kiel
Stadt & Land (Hg) (1986) Ökologische Regionalentwicklung. Theoretische und
empirische Beiträge. Kiel
Statistisches Bundesamt (1988ff) Informationen der Umweltstatistik. Stuttgart
Statistisches Bundesamt - Fachserie 4, Reihe 2.1 (1977ff.) Indizes der Produktion und
der Arbeitsproduktivität, Produktion ausgewählter Erzeugnisse im Produzierenden
Gewerbe. Stuttgart
Statistisches Bundesamt - Fachserie 4, Reihe 4.2.1 (1977ff.) Beschäftigte, Umsatz und
Investitionen der Unternehmen und Betriebe im Bergbau und im Verarbeitenden
Gewerbe. Stuttgart
Statistisches Bundesamt - Fachserie 19, Reihe 1.2 (1977ff.) Abfallbeseitigung im
Produzierenden Gewerbe und in Krankenhäusern. Stuttgart
Statistisches Bundesamt - Fachserie 19, Reihe 2.1 (1977ff.) Öffentliche Wasserver-
sorgung und Abwasserbeseitigung. Stuttgart
Statistisches Bundesamt - Fachserie 19, Reihe 2.2 (1977ff.) Wasserversorgung und
Abwasserbeseitigung im Bergbau und im Verarbeitenden Gewerbe und bei
Wärmekraftwerken für die öffentliche Versorgung. Stuttgart
Statistisches Bundesamt - IV E 41,42 (1990) Ergebnisse einer Abfallbilanz für die
Bundesrepublik Deutschland für die Jahre 1980, 1982, 1984, 1987. Wiesbaden
Steiner D, Jaeger C, Walther P (1988) Jenseits der mechanistischen Kosmologie -
Neue Horizonte für die Geographie? Zürich
Steinhausen D, Langer K (1977) Clusteranalyse. Einführung in Methoden und Ver-
fahren der automatischen Klassifikation. Berlin u.a
Stöckl H (1982) Kognitive räumliche Disparitäten. In Niedenzu A, Stöckl H, Geipel
R, Wahrnehmung und Bewertung sperriger Infrastruktur. Kallmünz

Sukopp H, Trautmann W, Korneck D (1978) Auswertung der Roten Liste gefähr-
derter Farn- und Blütenpflanzen in der Bundesrepublik Deutschland für den
Arten- und Biotopschutz. Bonn-Bad Godesberg.
Tesdorpf J (1984) Landschaftsverbrauch. Berlin
Uhlig G (1981) Siedlungskonzepte Migges und ihre reformpolitische Bedeutung. In:
GHK (Gesamthochschule Kassel (Hg) Leberecht Migge 1881-1935. Gartenkultur
des 20.Jahrhunderts. Kassel, S. 96-119
Umlauf J (1972) Zum Verhältnis von Umweltschutz und Raumordnung. In: Raumfor-
schung und Raumordnung 30:195-199
Umweltbericht - Niedersachsen (Umweltministerium) (1988) Umweltschutz in Nie-
dersachsen. Auszug aus dem Umweltbericht. Der Niedersächsische Umweltmini-
ster (Hg). Hannover
Umweltbundesamt (Hg) (1981) Handbuch zur ökologischen Planung - Bd 2. Daten-
verarbeitung. Schmidt, Berlin (Umweltbundesamt Berichte 4/81)
Uppenbrink M, Knauer W (1987) Funktion, Möglichkeiten und Grenzen von Umwelt-
qualitäten und Eckwerten aus der Sicht des Umweltschutzes. In: Akademie für
Raumordnung und Landesplanung (Hg) Wechselseitige Beeinflussung von Um-
weltvorsorge und Raumordnung. Hannover, S.45-131
Urban D (1986) Was ist Umweltbewußtsein? Exploration eines mehrdimensionalen
Einstellungskonstruktes. In: Zeitschrift für Soziologie 15 (5):363-377
VDI (1988) Entsorgungskonzepte für Siedlungsabfall - Planung und Durchsetzbarkeit
- Tagung Frankfurt/M, 18. und 19. Mai 1988
VER (Hg) (1986) Ansätze einer Eigenständigen Regionalentwicklung. Vorträge und
Protokolle der Tagung vom 17./18.11.1986 in Melsungen. Hg Verein zur Förde-
rung der Eigenständigen Regionalentwicklung in Hessen. Kassel
Van Lier KD, Dunlap RE (1980) The Social Bases of Environmental Concern: A
Review of Hypothesis, Explanations and Empirical Evidence. In: Public Opinion
Quarterly 181-197
Völksen G (1988) Die Marschen an der Unterelbe. Landschaftsveränderungen im
Land Hadeln und Kehdingen. Hannover
Volkswirtschaftliche Gesamtrechnung der Länder, Heft 15 (1986) Entstehung, Ver-
teilung und Verwendung des Sozialprodukts in den Ländern der Bundesrepublik
Deutschland. Gemeinschaftsveröffentlichungen der Statistischen Landesämter,
Statistisches Landesamt Baden-Württemberg, Stuttgart
Volkswirtschaftliche Gesamtrechnung der Länder, Heft 16 (1988) Bruttowertschöp-
fung der kreisfreien Städte und Landkreise in der Bundesrepublik Deutschland.
Gemeinschaftsveröffentlichungen der Statistischen Landesämter, Statistisches
Landesamt Baden-Württemberg, Stuttgart
Vorholz F (1984) Ökologische Vorranggebiete - Funktionen und Folgeprobleme.
Frankfurt/Main
Wachter D (1990) Externe Effekte, Umweltschutz und regionale Disparitäten. Be-
gründung und Ausgestaltungsmöglichkeiten einer umweltbezogenen internalisie-
rungsorientierten Regionalpolitik. Zürich
Wackerbauer J u.a. (1990) Der Umweltschutzmarkt in Niedersachsen. Eine Struktur-
und Potentialanalyse. Ifo-Inst für Wirtschaftsforschung, München

Weichart P (1975) Geographie im Umbruch. Ein methodologischer Beitrag zur Neukonzeption der komplexen Geographie. Wien
Weichart P (1989) Werte und die Steuerung von Mensch-Umwelt-Systemen. In: Glaeser B (Hg) Humanökologie. Grundlagen präventiver Umweltpolitik. Opladen, S. 46-56
Weizsäcker EU von (1989) Erdpolitik: ökologische Realpolitik an der Schwelle zum Jahrhundert der Umwelt. Darmstadt
Wehler H-U (1975) Modernisierungstheorie und Geschichte. Göttingen
Wey K-G (1982) Umweltpolitik in Deutschland. Kurze Geschichte des Umweltschutzes in Deutschland seit 1900. Opladen
Wicke L (1982) Umweltökonomie. München
Wischermann C (1983) Wohnen in Hamburg vor dem Ersten Weltkrieg. Münster
Zeigler D, Johnson JH, Brunn S (1983) Technological Hazards. AAG-Resource Publications in Geography. State College, Pennsylvania
Zimmermann H, Bunde J (1987) Umweltpolitik und Beschäftigung - Systematik der Wirkungen umweltpolitischer Maßnahmen auf die Beschäftigung. In: Zeitschrift für Umweltpolitik (4):311-333
Zimmermann K (1985) Umweltpolitik und Verteilung. Eine Analyse der Verteilungswirkungen des öffentlichen Gutes Umwelt. Berlin
Zimmermann K, Nijkamp P (1986) Umweltschutz und regionale Entwicklungspolitik - Konzepte, Inkonsistenzen und integrative Ansätze. In: Dies u.a.: Umwelt - Raum - Politik. Berlin, S.19-101
Zimmermann K, Hartje VJ, Ryll A (1990) Ökologische Modernisierung der Produktion. Strukturen und Trends. Berlin